# DICTIONNAIRE DE BOTANIQUE

**Bernard BOULLARD**
Professeur Émérite de Biologie Végétale
à l'Université de Rouen/Haute-Normandie

La loi du 11 mars 1957 n'autorise que les "copies ou reproductions strictement réservées à l'usage privé du copiste et non destinées à une utilisation collective". Toute représentation ou reproduction, intégrale ou partielle, faite sans le consentement de l'éditeur, est illicite.

© COPYRIGHT 1988

**EDITION MARKETING**
EDITEUR DES PREPARATIONS
GRANDES ECOLES MEDECINE

32, rue Bargue 75015 PARIS

ISBN 2-7298-8845-4

# AVERTISSEMENT

> *" C'est à vous qu'il faut renvoyer toutes les exhortations que vous me faites sur l'entreprise d'un Dictionnaire de Botanique, dont il est étonnant que ceux qui cultivent cette Science sentent si peu la nécessité."*
> Lettre de Jean-Jacques ROUSSEAU
> à M. de la Tourette.
> 26 Janvier 1770

Nous conseillons vivement à l'utilisateur de ce Dictionnaire la lecture préalable, *in extenso*, de cet Avertissement.

## I. Pourquoi ce Volume ?

Le monde des Sciences est certes si vaste que l'on puisse admettre son "découpage" en fonction des domaines d'investigation des chercheurs. Personne ne niera qu'il soit judicieux (ou au moins commode) de distinguer, par exemple, les sciences médicales, les sciences sociales, les sciences humaines, les sciences de la matière, ou celles de la vie. Il convient toutefois de regretter la tendance qui a incité certains intellectuels à faire usage (lorsqu'ils entendent désigner tout à la fois la Physique, la Chimie, les Mathématiques, la Botanique, la Zoologie, la Géologie, etc...) de la très fâcheuse expression condensée : **Sciences exactes et naturelles**. Cela laisse en effet supposer qu'à côté de la "rigueur" de certaines disciplines, règne "l'approximation" en matière de sciences de la nature. Ne nous laissons surtout pas abuser par ce clivage fallacieux.

En Botanique / Biologie végétale, comme ailleurs, il convient, il s'impose même, de faire preuve de précision, d'éviter les contre-sens, d'utiliser un terme adé-

quat si l'on ne veut courir le risque de dire, ou d'écrire, tout autre chose que ce que l'on pense ! Plus de trente années d'Enseignements universitaires (avec leur cortège d'examens écrits et oraux), de participation à des Congrès et Colloques, d'activités au sein de Sociétés de "naturalistes", ou simplement de contacts avec des personnes qui se piquent de culture, nous ont bien des fois révélé, chez nos interlocuteurs, la méconnaissance ou le mésusage de nombreux termes de Botanique / Biologie végétale. Maintenant "retraité", et donc *a priori* plus "libre", nous avons donc, avec amour, rédigé (et illustré nous-même) ce petit Dictionnaire afin de rendre service à maints Lecteurs potentiels : Enseignants de tous niveaux (et de toutes disciplines);
        Scolaires, Lycéens et Etudiants;
        Amateurs, Amis et Protecteurs de la Nature;
        Ecologues, Forestiers, Horticulteurs, etc...

Que tous ces Amis veuillent bien excuser les imperfections qu'ils pourrront déceler dans le présent ouvrage. Qu'ils aient l'amabilité de nous les signaler, nous les en remercions par avance.

## II. Nos Sources.

Au-delà de connaissances accumulées au cours de notre carrière, nous avons :
- pour sélectionner les Termes présentés dans ce Dictionnaire,
- pour insister sur certaine(s) facette(s) de leur utilisation dans les exposés scientifiques,
- pour choisir tel ou tel croquis particulièrement suggestif,

consulté divers ouvrages que nous nous faisons un devoir de citer ici en rendant hommage aux mérites de leurs auteurs.

En premier lieu, nous nous sommes inspiré du "Gatin", " *Dictionnaire aide-mémoire de Botanique* " achevé de rédiger en 1914 par C.L. GATIN (mort au combat en février 1916), révisé et corrigé par Mme ALLORGE-GATIN, et publié en 1924 par les Editions Lechevalier.

Nous avons souvent consulté les 6 volumes suivants
    MOREAU (F.). *Botanique*. Encyclopédie de la Pléiade, volume X. 1 vol., 1533 p., 1960, Gallimard, éd. Paris.

    ABBAYES (H. des) et Collab. *Botanique*. Collection : Précis de Sciences Biologiques. 1 vol., 1039

p., 1963, Masson éd. Paris.
BEILLE (L.). *Précis de Botanique Pharmaceutique.* In Bibl. de l'Etud. en Pharmacie, tome I, 1120 p. et 8 pl.; tome II, 1790 p., 1935, Maloine édi teur Paris.
GARNIER (G.) et Collab. *Ressources médicinales de la Flore française.* 2 tomes, 1511 p. et 37 pl., 1961 Vigot Frères éd. Paris.
GUINOCHET (M.). *Notions fondamentales de Botanique générale.* 1 vol., 446 p., 1965, Masson édit. Paris.
JACAMON (M.). *Guide de Dendrologie.* 1 pochette, 19p. et 69 fiches dépliables, 1979, Ecole Nat. Génie Rural, Eaux et Forêts éd., Nancy.

Nous avons eu également recours à 4 ouvrages classiques :
BOUCHET (Ph.). *Cryptogamie.* Collection des Abrégés de Pharmacie. 1vol., 207 p., 1979, Masson édit. Paris.
GUIGNARD (J.L.). *Botanique.* Collection des Abrégés de Pharmacie, 1 vol., 259 p., 1986, Masson édit. Paris.
GUILLIERMOND (A.) et MANGENOT (F.). *Précis de Biologie végétale.* Collection du P.C.B., 1 vol., 1110 p., 1946, Masson éd. Paris.
LANGHE (J.E. de) et Collab. *Nouvelle Flore de Belgique, du Grand-Duché de Luxembourg, du Nord de la France et des Régions voisines.* 2ème éd., 1 vol. 900 pages, 1978, Edit. Patrimoine Jardin Botanique National de Belgique, Meise, Belgique.

## III. Les Limites de la Botanique / Biologie végétale.

Apparemment le Règne Végétal s'individualise bien par rapport aux Animaux et au Monde inanimé. La notion de Plante paraît évidente. Et pourtant, si l'on partage les vues argumentées de Whittaker, il convient de s'interroger sur l'opportunité de maintenir les Champignons parmi les Plantes ou de conserver les Unicellulaires ou les Procaryotes dans ce Règne Végétal ! Nous n'avons, ici, rien voulu bouleverser et les termes proposés se rapportent à **tous** les Végétaux classiquement, traditionnellement tenus pour tels, des Bactéries aux Angiospermes, Champignons inclus.

Plus délicat fut pour nous le choix entre les mots **à proposer** parce qu'ils relèvent indiscutablement de la discipline dont nous traitons, et les mots **à écarter** parce qu'ils s'en écartent trop. C'est donc le problème des "limites" de la Botanique / Biologie végétale qui nous a sans cesse harcelé, et ce d'autant plus intensément que, dans la Sciencce moderne, c'est souvent à l'interface entre les disciplines que se font jour les plus spectaculaires des acquisitions. Un certain nombre des Termes que nous avons définis se situent donc aux confins de l'Agronomie, de la Biochimie, de l'Ecologie, de la Génétique ou de la Physiologie. Nous avons cependant, en permanence, veillé à "ne pas aller trop loin"... du centre de nos préoccupations.

## IV. Le Contenu de cet Ouvrage.

Nous nous sommes limité aux Termes "essentiels". Ce qualificatif situe, à lui seul, nos ambitions. Il explique le volume relativement réduit de ce Dictionnaire (1500 termes environ y sont définis en 388 pages). Il ne s'agit donc pas d'une oeuvre encyclopédique, laquelle eut exigé plusieurs tomes et des milliers de pages !

Nous avons délibérément limité cet Ouvrage à la définition et à l'illustration des seuls Termes qu'on utilise couramment lorsqu'on évoque (oralement ou par écrit) le Règne végétal, laissant sciemment de côté les noms des Plantes elles-mêmes. C'est donc un Répertoire commenté de mots singularisant **la façon d'écrire ou de parler propre à la Botanique / Biologie végétale**.

Naturellement, nous avons aussi écarté certains Termes, plus ou moins tombés en désuétude de nos jours, tels que :

"Duodécemfide" : à calice partagé en 12 découpures égalant au moins la moitié de sa longueur totale;

"Hébégyne" : à pistil pubescent;

"Sesquiflore" : plante ayant une fois et demie autant de fleurs qu'une autre du même genre;

"Xanthocarpe" : à fruits jaunes...

Cependant que nous avons, pareillement, éliminé quelques autres Mots dont la spécialisation nous a paru excessive, compte-tenu du but que nous nous sommes fixé au point I ci-dessus. Ainsi en est-il (simples exemples) des qualificatifs "Haplochéiliques" ou "Syndetochéiliques" appliqués aux stomates, ou "Physalidophages", "Ptyophages", "Thamniscophages", "Tolypophages", "Tolypothamniscophages" sinon "Tolypophysalidophages" visant à préciser des subtilités morpho-physiologiques citées chez les Endomycorhizes.

Pour chacun des Termes inclus dans notre Ouvrage, on trouvera, en principe, des informations concernant, tour à tour :

- Sa Nature : Nom ou adjectif;
- Son Genre : Masculin ou féminin. C'est là une notion qui fait très souvent l'objet de confusions de la part des Etudiants... entre autres;
- Son Etymologie : Cette approche facilite souvent beaucoup la compréhension du terme et suggère des rapprochements de mots;
- Sa Définition de base : A laquelle, s'il y a lieu, on adjoint les diverses acceptions du mot dans le Règne végétal;
- Un (ou des) Exemple(s) : De nature à mieux préciser encore le sens du Terme;

cependant que, pour près de 950 Termes, une illustration regroupée en bas de page facilitera encore la consultation du Dictionnaire.

B. Boullard

**Abaxiale,** adj. (lat. <u>axis</u>, essieu). | Qui se rapporte à la partie inférieure (ou dorsale) d'une feuille. Ex. au niveau des nervures, le liber est en position abaxiale par rapport au bois. V. adaxiale.

**Abcission,** n.f. (lat. <u>abcessus</u>, éloignement). | Processus préparatoire à la chute des feuilles, fleurs ou fruits, qui se traduit essentiellement par la différenciation d'une zone de cellules subérisées à la base du pétiole d'une feuille ou du pédoncule d'une fleur ou d'un fruit.

**Abiotique,** adj. (préf. <u>a</u>, privatif et gr. <u>bios</u>, vie).| Caractérise un milieu qui ne permet pas la présence d'êtres vivants.

**Abondance,** n.f. (lat. <u>abundare</u>, abonder). | En phytosociologie cette notion se rapporte à l'expression conventionnelle du nombre d'individus d'une espèce considérée sur une surface donnée. On la lie communément à la notion de dominance (v. ce mot), ce qui conduit à l'expression d'un coefficient dit "d'abondance-dominance."

**Absorbant,** adj. (lat. <u>absorbere</u>, avaler). | S'applique aux poils localisés sur la racine à proximité de sa coiffe (dans une zone qualifiée de "pilifère") et contribuant au prélèvement de l'eau et des sels miné-

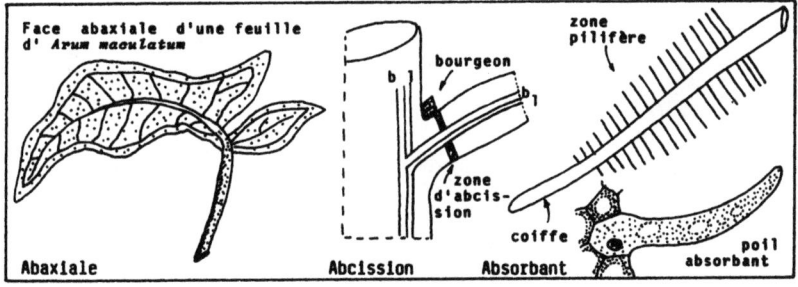

raux du sol.

**Absorption,** n.f. (lat. absorbere, avaler). ❙ Ingestion d'un aliment par un être vivant. C'est une étape antérieure à l'assimilation (v. ce mot) avec laquelle il ne faut pas confondre ce terme.

**Abyssal,** adj. (gr. abussos, sans fond). ❙ Qui appartient aux fonds marins. La flore n'y est guère représentée.

**Acanthocarpe,** adj. (gr. akantha, épine, et karpos, fruit). ❙ Se dit d'une espèce de Plante Supérieure dont les fruits sont épineux. Ex. les capsules de la Pomme épineuse (*Datura stramonium*) qui appartiennent bien à une plante acanthocarpe.

**Acaule,** adj. (préf. a, privatif et gr. kaulos, tige). Se dit d'un végétal dont la tige est réduite à un simple plateau et, de ce fait, paraît souvent absente. Ex. la Pâquerette (*Bellis perennis*) ou la Violette odorante (*Viola odorata*) sont des plantes acaules.

**Accidentelle,** adj. (lat. de accidens, qui survient). ❙ Se dit d'une espèce végétale se rencontrant dans un groupement qui n'est pas celui où, normalement, on s'attend à l'observer.

**Acclimatation,** n.f. (gr. klima, inclinaison). ❙ Adaptation d'une espèce à vivre dans une station située en dehors de son aire habituelle. Cela implique naturellement des similitudes pédologiques et climatiques entre les deux types de stations.

**Accommodation** n.f. (lat. accommodare, de commodus,

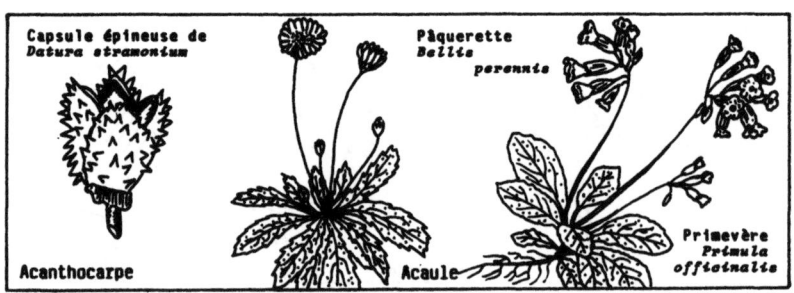

Capsule épineuse de *Datura stramonium* — Acanthocarpe
Pâquerette *Bellis perennis* — Acaule
Primevère *Primula officinalis*

convenable). | Modification phénotypique (et donc non génétiquement fixée) de l'aspect d'un végétal en fonction des conditions particulières offertes par le milieu dans lequel il vit. L'accommodation n'a donc pas le caractère stable de l'adaptation (v. ce mot). Voir aussi phénotype.

**Accrescent,** adj. (lat. <u>accrescens</u>, croissant). | Se dit de pièces florales qui poursuivent leur croissance après que la fécondation ait eu lieu. Ex. les sépales de l'Amour en cage ou les styles des Benoîtes sont accrescents.

**Accrochant,** adj. (scand. <u>krôkr</u>, croc). | Se dit d'une diaspore (fruit ou graine) munie d'aspérités en crochets qui facilitent la zoochorie ( v. ce mot). Ex. les fruits de l'Aigremoine (*Agrimonia eupatoria*) sont accrochants.

**Accumulation,** n.f. (lat. <u>accumulare</u>, accumuler). | Absorption très importante d'un élément par une cellule isolée (ou par les diverses cellules d'un tissu) de telle sorte que la concentration en cet élément arrive à être supérieure dans les vacuoles à ce qu'elle est dans le milieu extérieur.

**Acéré,** on dit encore Acéreux, adj. (lat. <u>acies</u>, pointe d'arme garnie d'acier). | Qualifie un organe très piquant. Ex. une aiguille d'Epicéa de Sitka (*Picea sitchensis*) est particulièrement acérée.

**Achaine,** n.m. (de <u>a</u>, privatif et gr. <u>khainen</u>, ouvrir). | Forme un peu ancienne pour écrire le mot akène (V. ce mot). Ex. un achaine d'*Helianthus annuus*, le Soleil de nos jardins.

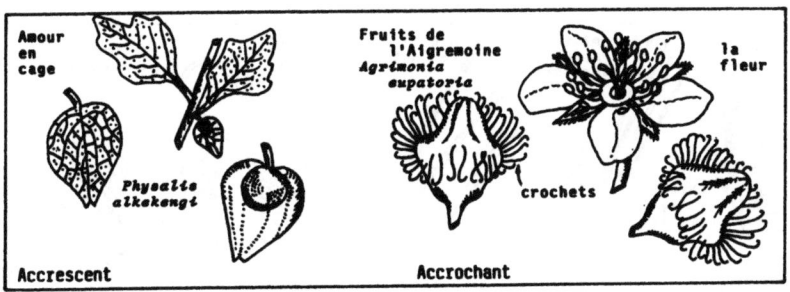

**Achlamydée**, adj. (préf. a, privatif, et gr. khlamys, manteau). ▍ Se dit d'une fleur dépourvue de périanthe (v. ce mot) ou de la plante entière qui possède de telles fleurs. Les fleurs de Saule ou celles de l'Ortie sont achlamydées.

**Aciculaire**, adj. (lat. acicula, petite aiguille). ▍ Se dit d'un organe rigide, aigu, piquant comme une aiguille. Ex. les pseudophylles (v. ce mot) des Pins et des Sapins sont manifestement aciculaires.

**Acidiphile** ou **Acidophile**, adj. (lat. acidus, acide et gr. philos, ami). ▍ Caractère d'une plante se rencontrant de préférence sur sol très acide, dont le pH se situe entre 3,5 et 5 (comme des Sphaignes, ou de l'Osmonde royale, ou encore la Canche flexueuse) ou sur des sols légèrement acides, dont le pH est de 4,5 à 6 (comme la Fougère-Aigle ou la Germandrée petit chêne, deux espèces banales).

**Acrocarpe**, adj. (gr. akros, extrémité et karpos, le fruit). ▍ Caractérise une Bryophyte (Mousse en particulier) dont les gamétanges (v. ce mot) se différencient à l'extrémité des axes, ce qui entraîne une position, évidemment, comparable des sporophytes qui font suite aux pièces femelles. Le terme acrogène est parfois préféré lorsqu'il s'agit d'Hépatiques. Voir aussi pleurocarpe.

**Acrogamie**, n.f. (gr. akros, extrémité et gamos, mariage. ▍ Type particulier de fécondation d'un ovule (v. ce mot) dont le micropyle (v. ce mot) est obturé par les téguments. Dans ce cas, le tube pollinique s'introduit en lysant les cellules du nucelle du pôle opposé.

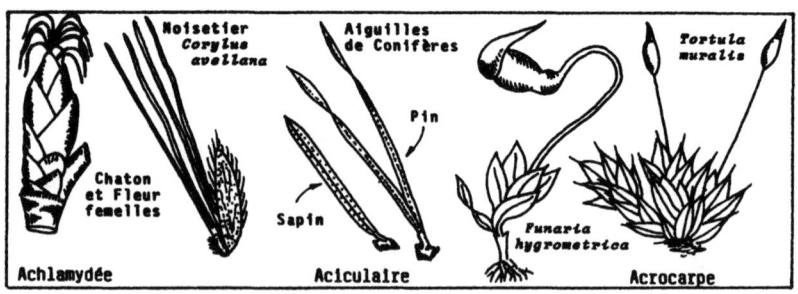

**Acrogyne,** adj. (gr. akros, extrémité et gynê, femme). Caractère de certaines Hépatiques chez lesquelles les archégones (v. ce mot) sont régulièrement situés à l'apex des axes, ce qui, par voie de conséquence, met un terme à l'élongation de ces derniers.

**Acropète,** adj. (gr. akros, extrémité et petere; gagner). ❙ Se dit du développement progressif d'organes, ou de l'évolution de leur maturation, lorsqu'ils s'effectuent de la base vers l'apex de l'axe qui les supporte. Ex. La floraison des Lupins et celle des Glaïeuls sont acropètes.

**Actinomorphe,** adj. (gr. aktinos, rayon et morphé, forme). ❙ Caractère d'une fleur dont les pièces des verticilles successifs sont disposées symétriquement par rapport à l'axe de la fleur. Ex. la fleur de Tulipe ou celle du Lys sont actinomorphes.

**Actinomycètes,** n.m.pl. (gr. aktinos, rayon et mukès, champignon). ❙ Bactéries ramifiées pouvant élaborer un pseudo-mycélium. Les Actinomycètes sont aptes à libérer des sphéroïdes ou des conidies (v. ce mot). ❙ Certains Actinomycètes sont capables de vivre en symbiose avec des Plantes Supérieures et, conjointement, de fixer l'azote libre atmosphérique. On qualifie alors les organes mixtes de nodosités (v. ce mot) actinomycétiques. Les Aulnes et les Argousiers élaborent de telles nodosités.

**Actinostèle,** n.f. (gr. aktinos, rayon et stêlê, colonne). ❙ Chez les Plantes Vasculaires, il s'agit d'une stèle dont la colonne ligneuse centrale, côtelée, affecte, en section transversale, un contour étoilé, sinueux. Ex. la stèle d'un *Asteroxylon* ou celle d'un *Ly-*

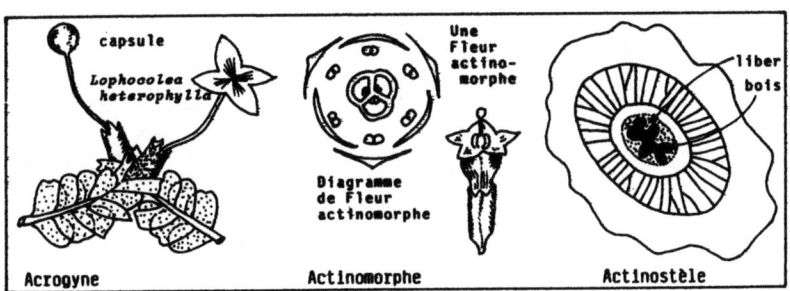

Acrogyne — capsule — *Lophocolea heterophylla*
Diagramme de Fleur actinomorphe — Une Fleur actinomorphe — Actinomorphe
Actinostèle — liber — bois

**ACU**

*copodium*, deux Ptéridophytes, sont des actinostèles.

**Acuminé,** adj. (lat. acutus, aigu). ▌ Se dit d'un organe (souvent d'une feuille) dont la pointe s'amenuise brusquement en se prolongeant. Ex. les feuilles du Tilleul (*Tilia*) sont acuminées.

**Acutilobé,** adj. (lat. acutus, aigu et gr. lobos, lobe). ▌ Se dit d'une feuille dont les lobes sont pointus si ce n'est piquants. Ex. la feuille de Houx ou chacune des folioles de celle du *Mahonia* sont acutilobées.

**Acyclique,** adj. (préf. a, privatif et gr. kyklos, cercle). ▌ Désigne une fleur dont les pièces florales s'insèrent sur le réceptacle en disposition spiralée (et non cyclique comme c'est le cas le plus fréquemment). Ex. les fleurs des Calycanthacées sont acycliques. Voir aussi spiralée.

**Adaptation,** n.f. (lat. adaptare, adapter). ▌ Résultat de la mise en oeuvre de processus morphologiques et physiologiques (surtout) afin de permettre la survie d'un végétal dans un milieu écologiquement marqué. Les caractères adaptatifs sont génétiquement fixés (à la différence de ce qui régit l'accommodation, v. ce mot).

**Adaxiale,** adj. (lat. axis, essieu). ▌ Qualifie la partie supérieure (ou ventrale) d'une feuille. Ex. au niveau des nervures, le bois est en position adaxiale par rapport au liber. Voir abaxiale.

**Adélophycé,** adj. (préf. a, privatif et gr. phucos, algue). ▌ Qualifie la période de la vie d'une Algue dans la nature pendant laquelle, du fait de son extrê-

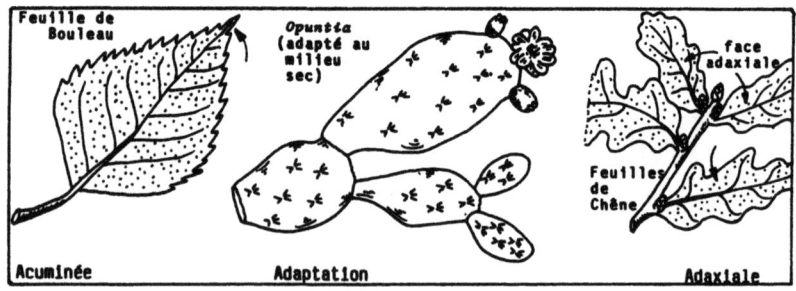

me ténuité, elle n'est pas observable à l'oeil nu. Ex. la phase gamétophytique (v. ce mot) des Laminaires, Algues Brunes, représente leur stade adélophycé.

**Adhérent**, adj. (lat. adhaerere, adhérer). ❙ Qui est soudé (partiellement ou totalement) avec un organe voisin. Ex. l'ovaire de la fleur de Poirier, soudé au réceptacle déprimé, est un ovaire adhérent.

**Adsorption**, n.f. (lat. absorbere, absorber). ❙ Phénomène très différent de celui lié à l'absorption (v. ce mot) en ce qu'il n'y a, ici, aucunement pénétration mais seulement fixation de molécules (plus ou moins complexes) sur une surface.

**Adventice**, adj. (lat. adventicius, supplémentaire). ❙ Se dit d'une plante originaire d'une autre contrée qui colonise un territoire sans qu'on l'y ait sciemment introduite. Elle a pu, par exemple, "s'échapper" d'un jardin botanique. ❙ Se dit encore d'une espèce végétale "indésirable", présente dans une culture d'une autre espèce, souhaitée celle-là. En général, l'homme essaie de l'éliminer par des façons culturales appropriées (et en particulier par le recours à des herbicides sélectifs). Ex. la Folle-Avoine ( *Avena fatua* ) ou les Coquelicots ( le *Papaver rhoeas* notamment ).

**Adventif**, adj. (lat. adventicius, supplémentaire). ❙ Qualifie un organe (par ex. une racine ou un bourgeon) qui apparaît dans une position bien particulière, non classique, en dehors des processus normaux de ramification. Ex. les racines adventives sont classiques chez les Monocotylédones (v. ce mot) et sur les tiges grimpantes du Lierre ou à la base d'une bouture de *Pelargonium*. Citons encore les bourgeons adventifs ,

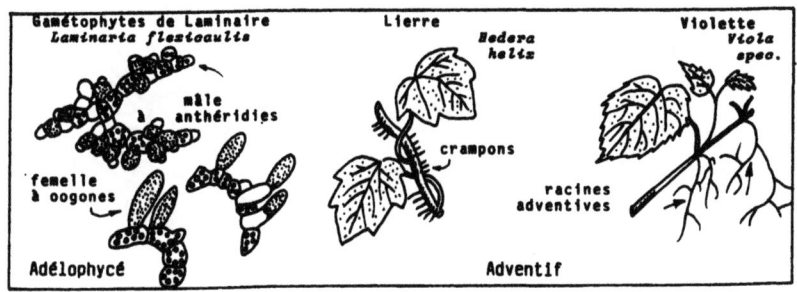

## AER

qui se développent à la suite d'une section de tronc ou de branche.

**Aérenchyme**, n.m. (gr. aêr, air et egkhuma, effusion). ▌ Parenchyme lâche caractéristique de certains végétaux aquatiques. Entre les cellules disjointes abondent les espaces aérifères (méats ou lacunes, v. ces mots). Ex. l'aérenchyme de la moelle des Joncs.

**Aérifère**, adj. (lat. aer, air et ferre, porter). ▌ Se dit d'un élément de structure végétale (lacune notamment) qui renferme de l'air. Ex. les lacunes aérifères du pétiole du Nénuphar blanc (*Nymphaea alba*).

**Aérobie**, adj. (gr. aêr, air et bios, vie). ▌ Caractère d'un microorganisme qui exige (ou tolère) la présence d'air ou d'oxygène libre dans le milieu où il vit. Ex. les *Rhizobium* associés aux Légumineuses sont des germes aérobies, tout comme le Bacille diphtérique.

**Aérobiose**, n.f. (gr. aêr, air et bios, vie). ▌ Vie en présence d'air ou d'oxygène libre.

**Aérocystes**, n.m.pl. (gr. aêr, air et kystis, vessie). ▌ Ce terme désigne, chez les Algues marines, les renflements remplis d'air (ou d'un gaz de composition différente) qui jouent le rôle de flotteurs. Ex. les aérocystes du *Fucus vesiculosus*.

**Affine**, adj. (lat. affinitas, voisinage). ▌ Qui présente des ressemblances avec. Souvent cette "affinité" de formes traduit des liens de parenté entre espèces. Mais la prudence s'impose toujours dans les interprétations. Ex. dans le monde des Ptéridophytes, les Sélaginelles sont affines aux Lycopodes.

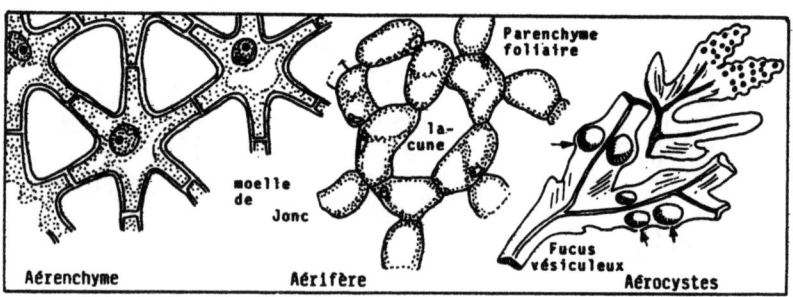

Aérenchyme — Aérifère — Aérocystes

# AGA

**Agame,** adj. (de a, privatif et du gr. gamos, mariage). | Caractéristique des végétaux susceptibles de se propager sans devoir recourir aux processus de la fécondation.

**Agar-Agar,** mot malais. | Polyoside de membrane chez diverses Algues marines, à partir desquelles on l'extrait industriellement. L'agar-agar, ou gélose, peut donner des gels colloïdaux avec l'eau. Il est très utilisé en Microbiologie (pour solidifier les milieux de culture).

**Agrumes,** n.m.pl. (ital. agrume). | Désignation de l'ensemble des végétaux ligneux fruitiers de la famille des Rutacées. Ex. le Citronnier, le Mandarinier, sont des agrumes. Parfois, on utilise ce terme pour désigner les fruits seuls: Citron, Mandarine...

**Aigrette,** n.f. (provençal aigreta). | Faisceau de poils ou de soies que portent les fruits (ou les graines) de certaines plantes, ce qui facilite leur dispersion anémophile (v. ce mot). Ex. les aigrettes des graines de Saules ou celles qui agrémentent les akènes des Astéracées ( ex- Composées).

**Aiguille,** n.f. (lat. acucula, aiguille de sapin ). | L'un des deux types de feuilles des Conifères (v. ce mot). Les aiguilles sont caractérisées par leur étroitesse et leur extrémité plus ou moins pointue. Ex. les aiguilles des Cèdres à section losangique et celles des Mélèzes plus aplaties et souples.

**Aiguillon,** n.m. (lat. aculeonem, ou aiguillon). | Piquant d'origine épidermique, susceptible de tomber en laissant une cicatrice discrète. | Ne pas confondre

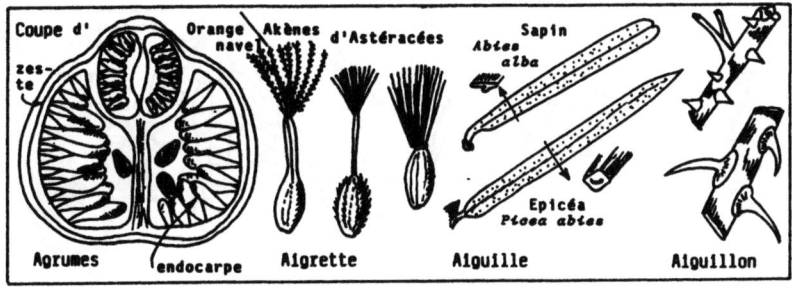

**AIL**

ce terme avec épine (v. ce mot). Ex. les aiguillons de la tige du Rosier.

**Aile,** n.f. (lat. <u>ala</u>, aile).❙ Partie marginale, plus ou moins mince, d'une tige, d'un fruit, ou d'une graine, facilitant (dans ces deux derniers cas) la dispersion par le vent. Ex. l'aile d'un samare de Frêne ou celle d'une silique de *Thlaspi arvense*.

**Ailé,** adj. (lat. <u>ala</u>, aile). ❙ Se dit d'un organe qui a différencié une ou plusieurs ailes. Ex. le pétiole des feuilles du Citronnier ou le fruit des Erables sont ailés.

**Aire,** n.f. (lat. <u>area</u>, aire). ❙ Territoire de la planète au sein duquel peuvent se rencontrer à l'état spontané (aire naturelle) ou du fait de l'homme (aire artificielle) une espèce de plante, ou un groupement végétal. Ex. l'aire de l'Olivier.

**Akène** (on écrit parfois **Achaine** ou **Achène**). n.m. (<u>a</u>, privatif et gr. <u>khainen</u>, ouvrir). ❙ Fruit sec indéhiscent dont la graine n'est pas soudée au péricarpe (v. ce mot). Ex. l'akène du Pissenlit ou celui du Noisetier.❙ Certains fruits secs indéhiscents, d'apparence composée, dérivent de carpelles disjoints (<u>initialement</u>: par exemple chez les Apocarpiques, v. ce mot; ou <u>tardivement</u> : à l'approche de la maturité seulement). On parle alors de polyakènes. Ex. le polyakènes de la Renoncule.

**Akinète,** n.f. (<u>a</u>, privatif et gr. <u>kinêtos</u>, mobile). ❙ Forme durable de survie à l'état de dormance de certaines spores pourvues d'une épaisse paroi squelettique.

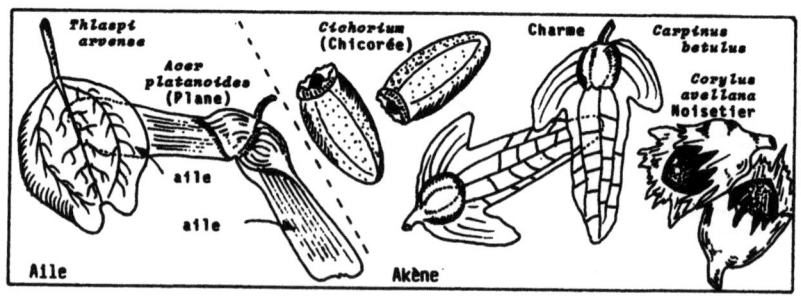

**Albumen**, n.m. (mot latin, blanc d'oeuf). ▌ Tissu de réserve d'une graine destiné, tôt ou tard, à être consommé par l'embryon. Le noyau de chaque cellule possède un lot triple de chromosomes. ▌ Si l'albumen est encore représenté lorsque l'embryon a achevé son développement dans la graine, celle-ci est dite albuminée. ▌ Si l'albumen a été consommé par l'embryon pendant la maturation de la graine, celle-ci est alors qualifiée de graine exalbuminée. ▌ On distingue encore: l'albumen <u>amylacé</u> (dont les cellules sont riches en amidon); et l'albumen <u>corné</u> (dont les réserves sont localisées, sous forme d'hémicellulose , au niveau des parois squelettiques considérablement épaissies. Ex. l'albumen corné de la Datte, fruit du Palmier-Dattier, *Phoenix dactylifera*.

**Aleurone**, n.f. (gr. <u>aleuron</u>, farine). ▌ L'aleurone se présente (chez les seuls Spermaphytes) sous la forme de grains. C'est une substance de réserve constituée de composés azotés, et localisée chez de très nombreuses graines. Née de la déshydratation et de la fragmentation des vacuoles, c'est donc un contenu figuré de la cellule qui en recèle. ▌ La structure intime des grains d'aleurone varie selon la position systématique de la plante. Les plus complexes d'entre eux révèlent la coexistence de globoïdes et d'un cristalloïde. Ex. l'aleurone de la graine de Ricin (*Ricinus communis*).

**Alginate**, n.m. (lat. <u>alga</u>, algue). ▌ Composés chimiques dérivés de l'acide alginique et présents chez diverses Algues brunes. Les usages industriels des alginates sont très variés.

**Algine**, n.f. (lat. <u>alga</u>, algue). ▌ Composé chimique

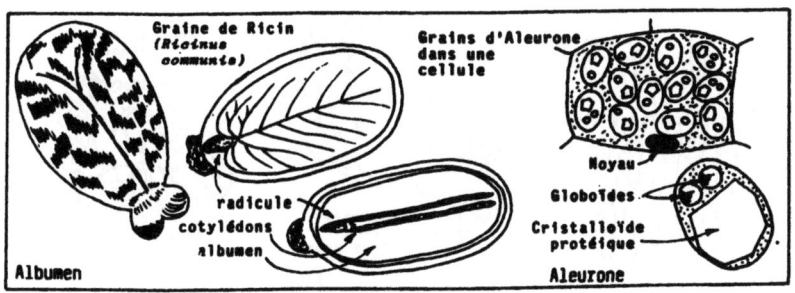

## ALG

de nature glucidique, à valeur de mucilage, élaboré par certaines Algues Brunes, susceptible de s'accumuler en position extracellulaire. Après extraction, cette substance est utilisée en confiserie et en papeterie. Ex. l'algine des Laminaires ou du *Macrocystis pyrifera*.

**Algologie**, n.f. (lat. alga, algue et gr. logos, science) | Partie des sciences qui consiste à étudier, sous leurs divers acpects, les Algues. Le spécialiste de telles études est appelé "Algologue". | Syn. Phycologie.

**Algues**, n.f.pl. (lat. alga, algue). | Embranchement de Thallophytes Eucaryotes caractérisé, tout à la fois, par la possession de chlorophylle (fut-elle masquée) et de cystes (sporo- et gaméto-cystes). Ex. les *Fucus*, les *Porphyra* et les *Ulva* sont, respectivement, des Algues Brunes, Rouges et Vertes.

**Aliment**, n.f. (lat. alimentum, aliment). | Composé chimique nécessaire au métabolisme et à la croissance d'un végétal. Ex. le gaz carbonique, les nitrates, des molécules organiques précises, figurent, selon les groupes de végétaux considérés, au nombre de leurs aliments.

**Allélopathie**, n.f. (gr. allêlôn, les uns les autres et pathos, mal). | Interaction entre plantes (microorganismes exclus) liée à l'influence de leurs métabolites, et s'exerçant souvent à distance, sans contact.

**Allogamie**, n.f. (gr. allos, autre et gamos, mariage). | Pollinisation d'une fleur par le pollen libéré par les étamines d'une fleur portée par un autre individu, mais de la même espèce, variété ou cultivar. | On peut encore parler de "pollinisation croisée". Ainsi :

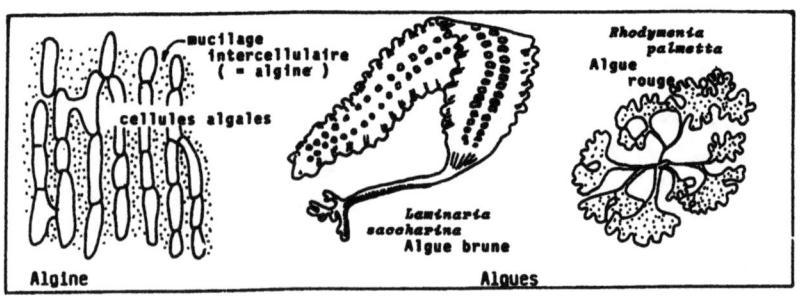

Algine — Algues

Les Primevères sont des plantes allogames.

**Allopolyploïde,** n.m. (gr. allêlôn, les uns les autres, et polys, nombreux). ▌ Individu polyploïde né de l'hybridation entre deux individus d'espèces voisines, les lots de chromosomes parentaux coexistant dans chaque cellule de l'individu allopolyploïde. Ex. certaines Primevères sont allopolyploïdes.

**Alpine,** adj. (lat. alpinus, dérivé des Alpes). ▌ Se dit d'une plante qui ne croît pas nécessairement dans les Alpes, mais qui pousse, même dans d'autres régions montagneuses du globe, au niveau de l'étage alpin ( où il n'y a plus d'arbres, notamment).

**Alternance,** n.f. (lat. alternare, alterner). ▌ Succession des phases haploïde et diploïde du fait des inévitables fécondation et réduction chromatique lorsqu'un végétal connaît les processus sexués de la reproduction. On dit encore " alternance de générations".

**Alternes,** adj. (lat. alternus, alterne). ▌ Disposition de diverses pièces qui sont placées alternativement, et non en face l'une de l'autre. ▌ Disposition alterne des éléments conducteurs primaires (bois et liber) de la racine où les faisceaux primaires de bois et de liber alternent (alors qu'ils sont superposés dans une structure primaire de tige). ▌ Disposition alterne des feuilles le long d'une tige: chaque feuille de cette tige s'insère à un niveau différent de la précédente, et les feuilles successives se situent suivant des génératrices distinctes le long de la tige. ▌ Disposition alterne des pièces florales: ce qualificatif s'emploie lorsque les pièces des verticilles floraux successifs sont en alternance régulière

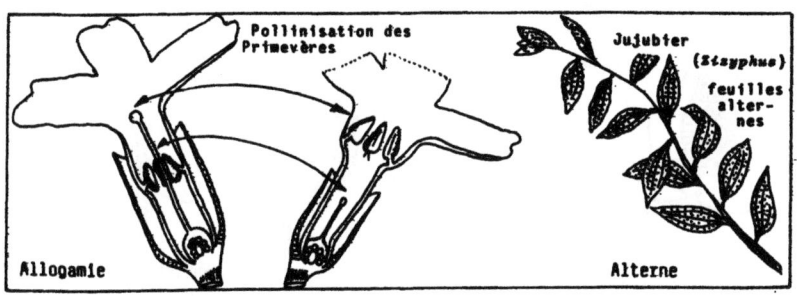

## AMA

d'un verticille au verticille suivant.

**Amande,** n.f. (lat. <u>amandula</u>, amande). ❙ Chez les Angiospermes, ce terme désigne la graine contenue dans un noyau. Ex. les graines des drupes (v. ce mot) sont des amandes. Ainsi en est-il chez la Pêche.

**Amastigomycètes,** n.m.pl. (<u>a</u>, privatif; gr. <u>mastigos</u>, mouvement et <u>mukês</u>, champignon). ❙ Ensemble des Champignons qui ne différencient jamais de spores et/ou de gamètes mobiles. Se situent là les Septomycètes et (chez les Siphomycètes) les Zygomycètes (v. ces termes).

**Améliorant,** adj. (lat. <u>melior</u>, meilleur et anc. franç. <u>ameillour</u>, améliorer). ❙ Se dit d'un végétal qui améliore la fertilité du sol sur lequel on le cultive. Ainsi, du fait de leur aptitude à fixer symbiotiquement l'azote atmosphérique, les Fabacées ou les plantes à actinorhizes, se comportent dans nos assolements comme des plantes améliorantes. Ex. Trèfle, Luzerne, Sainfoin, Lotier, sont des plantes améliorantes, au même titre que les Aulnes (*Alnus*) de nos forêts. ❙ Sont aussi tenues pour améliorantes les essences qui "pompent" l'eau excédentaire du sol, ou celles dont les feuilles se décomposent aisément pour enrichir le sol en humus. Ex. Le Tilleul est, de ce dernier point de vue, une essence améliorante.

**Amentifère,** adj. (lat. <u>amentum</u>, chaton). ❙ Chez les Dicotylédones Apétales (v. ces mots) ce terme qualifie un végétal qui différencie des inflorescences en chatons (ou amentums). Ce végétal peut être monoïque ou dioïque. Ex. les Chênes, Châtaigniers, Bouleaux ou Peupliers sont des Amentifères. On dit encore,

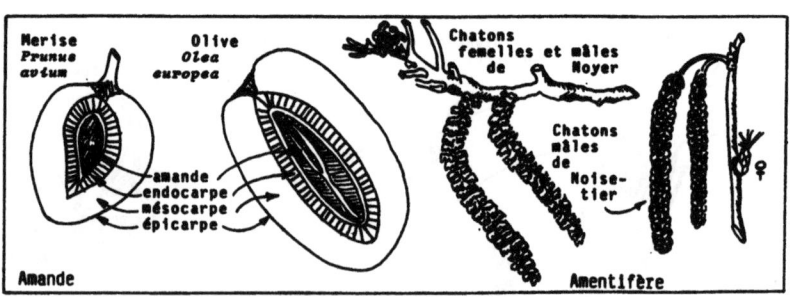

en se fondant sur un autre caractère, lié aux inflorescences femelles celui-là, que nombre d'Amentifères sont des Cupulifères.

**Amidon**, n.m. (gr. amylon: a, privatif et mulê, meule : qui peut s'obtenir sans recourir à une meule).| Glucide de réserve (polyholoside) élaboré à la faveur de la photosynthèse, extrêmement commun sous forme de "grains" intracellulaires (ou "amyloplastes"). On en trouve en particulier en abondance dans des racines, des tiges, des tubercules, des graines . | Chaque grain d'amidon présente des zones liées à des différences de degré d'hydratation du dépôt. Forme et taille des grains sont très variables selon l'espèce végétale qui les a élaborés.| La coloration en bleu violacé de l'amidon par l'eau iodée est classique.| Les réserves amylacées de divers organes souterrains sont appelées fécule (v. ce mot). | Sous l'appellation d'amidon floridéen, on désigne un polyoside synthétisé par certaines Algues à l'extérieur de leurs plastes. C'est donc un amidon extraplastidial qui se colore comme le glycogène, en acajou par l'eau iodée.

**Amitose**, n.f. (a, privatif et gr. mitos, filament).|Le plus simple des processus de division des cellules vivantes, sans que le noyau subisse les "phases" si spectaculaires de la mitose. C'est une simple fragmentation (parfois à la faveur de l'étirement avec étranglement médian de la cellule initiale).

**Amixie**, n.f. (a, privatif et gr. mixis, mélange). | Phénomène relatif à l'impossibilité d'hybridation qui règne entre deux espèces végétales pourtant voisines. On dit encore "hercogamie".Un tel phénomène fait prendre conscience des difficultés de certains croise-

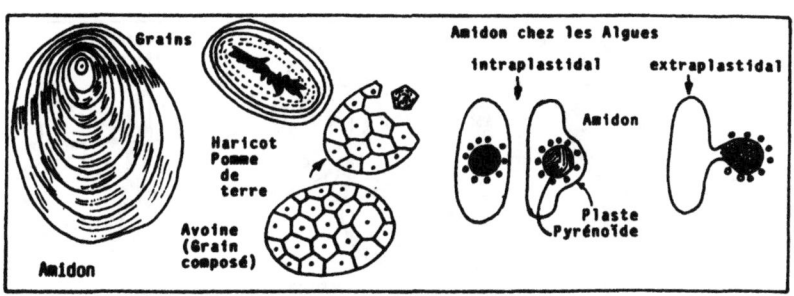

ments.

**Amphibie,** n.m. ou adj. (gr. amphi, tous les deux, et bios, vie). ❙ Ce terme qualifie un végétal, ou désigne ce végétal lui-même, lorsqu'il est capable de prospérer aussi bien sur la terre ferme que dans l'eau. Cette dualité de milieux de vie possibles s'accompagne généralement de modifications morphologiques nettement perceptibles. Ex. certaines Renouées (*Polygonum amphibium* tout particulièrement) sont amphibies.

**Amphicarpe,** adj. (gr. amphi, de deux côtés et karpos, fruit). ❙ Qualificatif s'appliquant à un végétal qui peut élaborer des fruits de formes différentes selon qu'ils dérivent de fleurs normales (et mûrissent dans l'air) ou de fleurs chasmogames (qui conduisent alors à des fruits mûrissant sous le sol).

**Amphigastres,** n.m.pl. (gr. amphi, autour de , et gastêr, ventre). ❙ Petites pièces d'aspect foliacé (parfois extrêmement réduites ou fortement laciniées) qui occupent une position ventrale le long des tiges prostrées de certaines Hépatiques à feuilles. Certains auteurs les considèrent comme équivalent à une troisième rangée de feuilles plus ou moins avortées. Ex. la *Frullania dilatata* possède des amphigastres.

**Amphimixie,** n.f. (gr. amphi, tous les deux et mixis mélangé).❙ Union de cellules sexuelles mâle et femelle provenant de thalles ou de rameaux de sexe différent, avec appariement de leurs stocks chromosomiques respectifs. Il s'agit là de l'acte essentiel du phénomène de la fécondation. Une telle union de gamètes engendre un zygote et constitue l'un des moments -clés dans les cycles d'alternance.

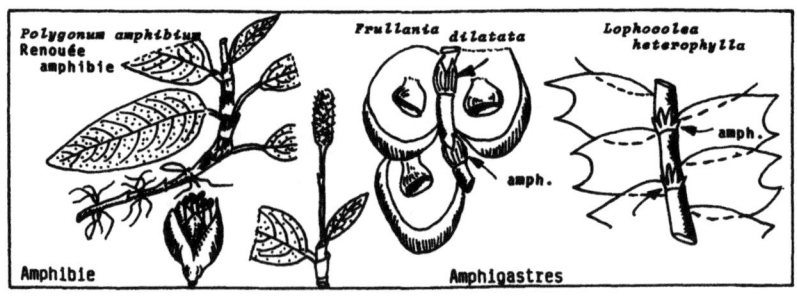

Amphibie — Amphigastres

**Amphithallisme,** n.m. (gr. amphi, autour de, et thallos, rameau). | Conduite propre à certaines espèces de Champignons qui, bien qu'étant hétérothalliques, sont, en apparence, homothalliques. Ainsi en est-il du Coprin éphémère, dont les basides produisent des spores binucléées (pourvues chacune d'un noyau + et d'un noyau -). Le mycélium primaire qui dérive de la germination de ces spores possède de la sorte des cellules uninucléées (les unes à noyau +, et les autres avec un noyau -). Il pourra, par la suite, y avoir union entre cellules d'un même mycélium, comme si la distinction entre (+) et (-) n'existait pas.

**Amphithecium,** n.m. (gr. amphi, autour de; theca, thèque ou sac). | Chez certains Lichens (du groupe nommé Discolichens) on désigne ainsi une "doublure" externe du rebord de chaque apothécie (v. ce mot), laquelle possède donc: un rebord propre et un rebord thallin (ou amphithecium, précisément). Ex. les apothécies des *Lecanora* possèdent un amphithecium.

**Amplexicaule,** adj. (lat. amplexus, qui a embrassé, caulis, tige). | Qualifie des feuilles ou des bractées entourant complètement la tige au niveau de leur insertion. Ex. le Lamier amplexicaule (*Lamium amplexicaulis*) ou les feuilles amplexicaules du *Papaver somniferum*.

**Amylacé,** adj. (gr. amylon, qui n'est pas moulu). | Sera dit d'un organe, ou d'un tissu, riche en amidon.

**Amyloïde,** n.m. (gr. amylon, qui n'est pas moulu). | Composé glucidique membranaire des Champignons, proche des hémicelluloses, mais colorable en bleu (ou rouge), par l'iode. Par hydrolyse il donne du galactose.

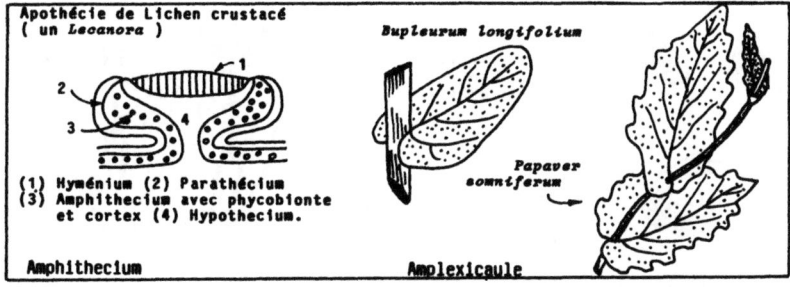

Apothécie de Lichen crustacé (un *Lecanora*)
(1) Hyménium (2) Parathécium (3) Amphithecium avec phycobionte et cortex (4) Hypothécium.
Amphithecium

*Bupleurum longifolium*
*Papaver somniferum*
Amplexicaule

**AMY**

**Amylopectine,** n.f. (gr. amylon, qui n'est pas moulu). ¶ L'un des composants de l'amidon, à molécule ramifiée constituée d'éléments de glucose alpha diversement associés. Son poids moléculaire est de l'ordre de 170.000.

**Amyloplaste,** n.m. (gr. amylon, ce qui n'est pas moulu; plastēs, qui façonne. ¶ Plaste capable de se charger d'amidon, et donc de se présenter comme un "grain d'amidon". La taille et la forme des amyloplastes vaarient beaucoup avec les espèces végétales. ¶ La croissance d'un amyloplaste se fait à partir d'un hile (v. ce mot) par dépôts successifs d'amylopectine et d'amylose (v. ces mots) avec des degrés d'hydratation différents, conférant au "grain" un aspect zoné.

**Amylose,** n.f. (gr. amylon, qui n'est pas moulu). ¶ L'un des composants de l'amidon, à molécule formée de chaînes non ramifiées de 300 à 1.000 unités de glucose. Son poids moléculaire est voisin de 50.000.

**Anabiose,** n.f. (gr. anabiôsis, résurrection). ¶ Reprise d'une vie active après une phase de repos prolongé d'une cellule, d'un organe, ou même d'un végétal tout entier. Ex. les Sphaignes (Mousses des lieux humides) sont particulièrement aptes à l'anabiose.

**Anabolisme,** n.m. (gr. ana, en haut, bolos, jet). ¶ Phase constructrice du métabolisme, et donc synthèse de la matière vivante. Voir aussi assimilation.

**Anacrogyne,** adj. (préf. an, n'est pas; gr. akros, extrémité; gynê, femme). ¶ Se dit d'une Hépatique chez laquelle les gamétanges (v. ce mot) femelles ne sont pas élaborés à l'apex des axes. Les sporophytes dérivés

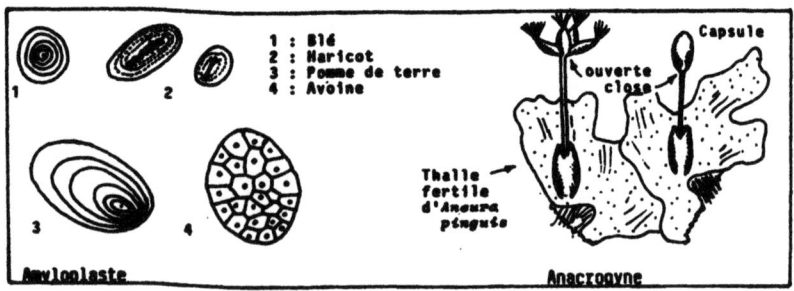

pourront donc se développer de loin en loin, à quelque distance de l'apex. Ex. le *Pellia epiphylla* est assurément une Hépatique anacrogyne.

**Anaérobie,** adj. (gr. a, privatif; aêr, air; bios, vie). ▌ Se dit d'un être vivant (le plus souvent d'un microbe) capable de survivre en absence totale d'oxygène. On dit encore que l'individu est placé en anaérobiose. ▌ Selon qu'un microbe vivra, ou non, apte au développement en anaérobiose aussi bien qu'en présence d'oxygène, on le qualifiera : d'anaérobie facultatif ou d'anaérobie obligatoire.

**Analogues,** adj. (gr. analogos, qui est en rapport avec). ▌ Des organes qui remplissent la même fonction, mais sont de natures différentes, sont qualifiés d'analogues. Ex. la fixation contre un mur peut être assurée par des rameaux ou par des racines spécialisées. Ce sont alors des organes analogues.

**Anaphase,** n.f. (gr. ana, en remontant; phasis, apparition).▌ L'une des phases de la mitose cellulaire. Elle suit la métaphase et précède la télophase. Elle est notamment caractérisée par la migration des lots de chromosomes dédoublés vers les pôles.

**Anastomose,** n.f. (gr. anastomôsis, ouverture).▌ Mise en communication de deux éléments constitutifs d'un végétal. ▌ On réserve en général ce terme à deux cas précis.▌ L'anastomose entre hyphes fongiques ( soit au sein d'une même espèce ; soit entre mycéliums d'espèces différentes). Le phénomène est classique chez les Basidiomycètes et correspond au passage de la haplophase à la dicaryophase (puisqu'il y a alors plasmogamie et caryonymphie, v. ces termes). ▌ L'anas-

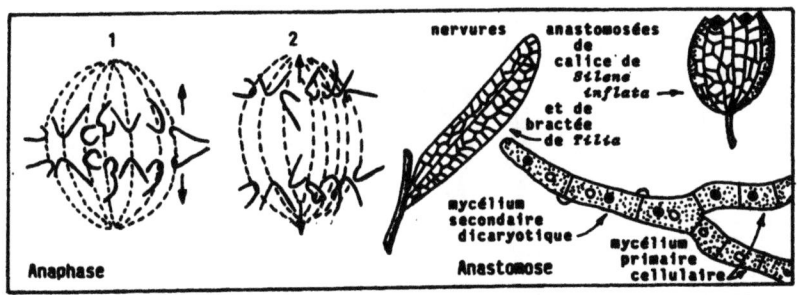

Anaphase      Anastomose

## ANA

tomose des nervures d'une feuille ou d'une bractée, conduisant à l'élaboration d'un réseau irriguant le limbe de l'organe.

**Anatomie,** n.f. (lat. anatomia, anatomie; en gr. anatemnein, disséquer). ❙ L'une des parties très essentielles de la biologie, l'autre étant la physiologie. ❙ L'anatomie végétale, c'est l'étude des caractères des tissus et de leur agencement en structures spécialisées dans les divers organes des plantes.

**Anatrope,** adj. (gr. anatropê, renversement). ❙ Position très fréquente de l'ovule des Angiospermes au sein de l'ovaire. Dans un ovule anatrope, le nucelle et le(ou les) tégument(s) sont rabattus contre son funicule. Le hile et le micropyle sont alors très proches. La partie du funicule soudée avec le corps de l'ovule prend le nom de raphé.

**Andréales,** n.f.pl. (du Botaniste André). ❙ L'un des ordres de Bryophytes (v. ce mot) faisant partie de la classe des Mousses, et que caractérisent : le protonéma filamenteux ou thalloïde ; la coexistence d'un très court pédicelle et d'un pseudopode gamétophytique; enfin, la déhiscence de la capsule par des fentes longitudinales (cf. chez les Hépatiques).

**Andrécie,** n.f. (gr. andros, homme; oikia, maison). ❙ Ensemble des anthéridies, des paraphyses et des feuilles périgoniales au niveau d'une sommité fertile mâle de Mousse.

**Androcée,** n.m. (gr. andros, homme; oikia, maison). ❙ Ensemble des pièces fertiles mâles d'une fleur, regroupées le plus souvent en verticille(s).

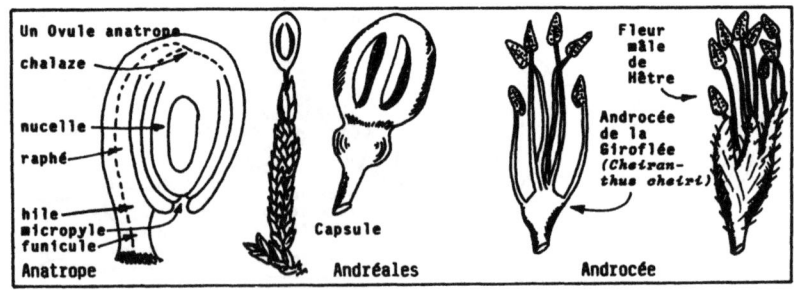

**Androgynie,** n.f. (gr. andros, homme; gynê, femme).
▮ Caractère d'un végétal qui possède, tout à la fois, sur le même sujet, des fleurs mâles et des fleurs femelles. On le qualifie alors d'androgyne. Ex. chez les Cypéracées, le *Carex androgyna* possède des fleurs mâles et des fleurs femelles dans la même inflorescence.

**Androsporophylle,** n.f. (gr. andros, homme; spora, semence; phyllon, feuille). ▮ Feuille fertile à vocation mâle. On dit parfois microsporophylle et, plus communément, étamine (v. ce mot).

**Anémochore,** adj. (gr. anemos, vent; chor, disséminer).
▮ Se dit d'un fruit, d'une graine, comme de toute diaspore, adapté à la dispersion par le vent à la faveur de la possession d'aigrettes de poils ou d'ailes membraneuses. Ex. l'akène du Pissenlit ou du Chardon, comme la graine de l'Epicéa (à un degré moindre certes) sont anémochores.

**Anémophile,** adj. (gr. anemos, vent; philos, ami).
▮ Qualifie la pollinisation des fleurs lorsqu'elle est réalisée grâce au transport du pollen par le vent, et à certaines dispositions morphologiques des pièces femelles qui les rendent particulièrement réceptives. Ex. chez les Amentifères ( Fagacées, Bétulacées...) ou chez les graminées (Poacées) l'anémophilie est manifeste. Syn. "anémogame".

**Anémophilie,** n.f. (gr. anemos, vent; philos, ami).
▮ Caractère des plantes dont la pollinisation, ou la dispersion des diaspores, sont assurées par le vent. Ex. les plantes à chatons (Noisetier, Peuplier) pour leur pollinisation; les plantes à semences velues (telles celles du cotonnier) sont anémophiles (pour

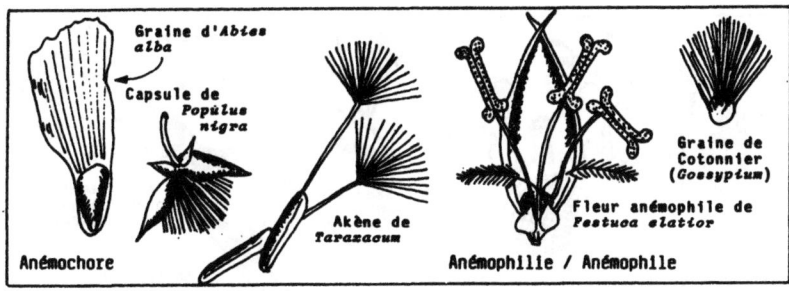

Anémochore

Graine d'*Abies alba*

Capsule de *Populus nigra*

Akène de *Taraxacum*

Anémophilie / Anémophile

Graine de Cotonnier (*Gossypium*)

Fleur anémophile de *Festuca elatior*

## ANG

leur dispersion). Syn. "Anémogamie".

**Angiocarpes**, n. m. pl. (gr. <u>aggeion</u>, capsule; <u>karpos</u>, fruit). ▌Qualifie des Champignons dont le carpophore ne s'ouvre pas spontanément, et dont la dispersion des spores n'est possible qu'après l'altération biologique de la paroi de la fructification. Ex. les Lycoperdons (ou Vesses-de-Loup) sont des Basidiomycètes Angiocarpes. Syn. "Gastéromycètes".

**Angiospermes**, n.f.pl. (gr. <u>aggeion</u>, capsule; <u>sperma</u>, semence). ▌Important groupe de Plantes Supérieures caractérisées par la possession (au niveau de leurs fleurs) d'un ovaire enclosant un ou des ovules, lesquels organes (à la suite d'une double fécondation, v. ce mot) deviendront, respectivement, un fruit renfermant une ou plusieurs graines.

**Angustifolié**, adj. (lat. <u>angustus</u>, étroit; <u>folium</u>, feuille). ▌Se dit d'un végétal qui possède des feuilles étroites. Ex. la Massette à feuilles étroites (*Typha angustifolia*).

**Anhydrobiose**, n.f. (gr. <u>an</u>, privatif; <u>hudôr</u>, eau; <u>bios</u>, vie. ▌Vie très ralentie dans des conditions de forte dessiccation des organismes. Ex. des Bryophytes (des Mousses surtout) sont aptes à l'anhydrobiose.

**Anisogamie**, n.f. (gr. <u>a</u>, privatif; <u>isos</u>, égal; <u>gamos</u>, mariage). ▌Différence manifeste entre les deux gamètes appelés à copuler lors de la fécondation. ▌Si c'est une différence de taille, de forme, l'anisogamie est dite morphologique. ▌Si c'est une différence de comportement, l'anisogamie est dite physiologique. ▌Elle peut d'ailleurs être à la fois l'une et l'autre.

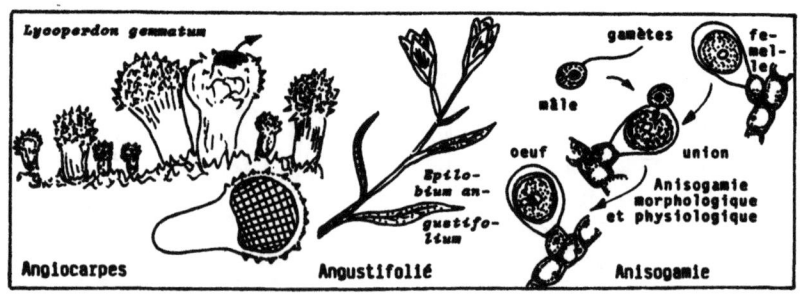

Angiocarpes — Angustifolié — Anisogamie

**ANI**

Ex. chez les *Ulva* (Algues Vertes) il y a anisogamie morphologique; chez les *Fucus* (Algues Brunes) il y aura, simultanément, anisogamie morphologique et physiologique.

**Anisomorphe,** adj. (gr. a, privatif; isos, égal; morphê, forme). ▮ Qualifie un cycle de reproduction comportant deux phases morphologiquement bien distinctes. Ex. le cycle d'une Laminaire (Algue Brune) à haplophase très ténue, et diplophase fort massive (v. ces mots) est un cycle anisomorphe.

**Anisostémone,** adj. (gr. a, privatif; isos, égal; lat. stamina, étamine). ▮ Qualifie une fleur dont le nombre d'étamines est inférieur à celui des pétales. Ex. la fleur d'une Orchidée, ou celle d'une Véronique, sont anisostémones.

**Anneau,** n.m. (lat. annellus, anneau). ▮ Chez les Champignons Autobasidiomycètes (v. ce mot) on donne souvent le nom d'anneau au voile partiel des fructifications hémiangiocarpes (v. ce mot) après qu'il se soit détaché du bord du carpophore et demeure rabattu et retenu le long du pied. Ex. l'anneau d'une Lépiote. ▮ Chez les Ptéridophytess (v. ce mot) il s'agit d'un arc de cellules à paroi inégalement épaissie que l'on rencontre au niveau du sporange des Filicales (ou Fougères terrestres), et qui joue un rôle déterminant dans les processus de déhiscence de ce sporange. Les particularités de cet anneau mécanique constituent des caractères précieux pour la classification des Filicales. ▮ Chez les Végétaux Supérieurs à formations secondaires, on emploie parfois ce terme pour désigner le dépôt annuel de bois secondaire dérivant de l'activité du cambium. Voir aussi "Cerne".

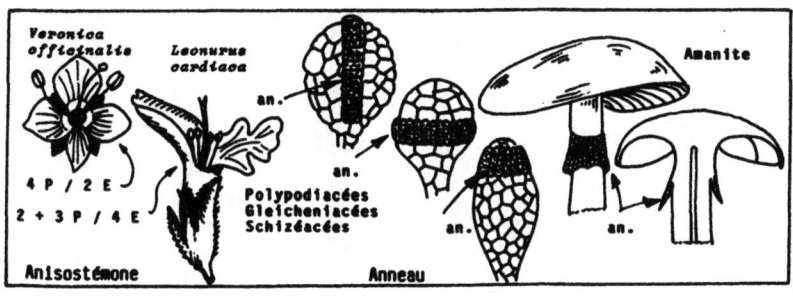

## ANN

**Annélation**, n.f. (lat. <u>annellus</u>, anneau). ▌Elimination annulaire de tous les tissus extérieurs au bois, au niveau d'une tige, et tout spécialement d'un tronc. Cette opération entraîne irrémédiablement la mort du sujet dont les parties souterraines ne reçoivent plus les métabolites nés de la photosynthèse (lesquels transitent <u>via</u> le liber). ▌Lorsque l'annélation ne concerne qu'un rameau, elle peut stimuler la genèse de racines adventives au-dessus du niveau de cette annélation et, de ce fait, constituer un moyen efficace de réalisation de marcottes aériennes (moyennant, bien sûr, quelques précautions, en particulier pour prévenir les risques de dessiccation).

**Annuel**, adj. (lat. <u>annualis</u>, annuel). ▌Qualifie une plante qui peut boucler son cycle de développement (de la graine à la graine) au cours d'une même année civile. ▌Sous nos cieux, il s'agit souvent de végétaux dont les semences germent au printemps et dont la totalité de l'appareil végétatif s'altère avant l'hiver Seules les semences assurent alors la survie de l'espèce. Ex. la Mercuriale des jardins (*Mercurialis annua*), est une annuelle (on dit encore une "Thérophyte").

**Anse d'anastomose**, n.f. (lat. <u>ansa</u>, anse). ▌Petite formation latérale en forme de crochet rabattu qui flanque, à la hauteur de chaque cloison, le mycélium secondaire de Champignons Basidiomycètes et correspond aux processus très spéciaux de division simultanée des deux noyaux de chaque dicaryon de ce mycélium. On dit encore que l'on est en présence d'un mycélium "à boucles".

**Anthère**, n.m. (gr. <u>antherôs</u>, fleuri, épanoui). ▌Partie

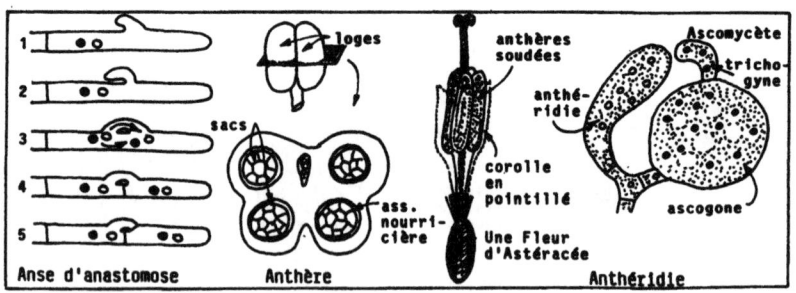

Anse d'anastomose    Anthère    Anthéridie

terminale fertile d'une étamine, assez nettement renflée le plus souvent, et au sein de laquelle on reconnaît usuellement deux loges, chacune scindée à son tour en deux sacs polliniques. C'est là qu'à partir de cellules-mères diploïdes s'élaborent, par méîose les microspores, ou grains de pollen, haploïdes. A maturité, ce pollen sera libéré à la faveur de divers procesus possibles de déhiscence (v. ce mot) sauf en de rares cas où le pollen agglutiné sera véhiculé en masses appelées pollinies (v. ce mot).

**Anthéridie**, n.f. (gr. anthêros, fleur). ▍ Compartiment mâle au sein duquel s'élaborent les gamètes mâles (ou anthérozoïdes). ▍ On rencontre des anthéridies typiques chez les Algues, les Champignons, les Bryophytes et les Fougères. ▍ Selon le niveau d'évolution des groupes végétaux considérés, l'anthéridie y a valeur de gamétocyste ou de gamétange (v. ces mots).

**Anthéridiophore**, n.m. (gr. anthêros, fleuri; phoros, qui porte). ▍ Chez certaines Hépatiques, un tel terme désigne une partie du gamétophyte mâle différenciée en "chapeau" lobé, pédonculé, au niveau duquel se situent les gamétanges mâles ( ou anthéridies). Ex. les anthéridiophores du *Marchantia polymorpha*.

**Anthérozoïde**, n.m. (gr. antheros, fleuri; zoôn, être vivant). ▍ C'est le gamète mâle chez les végétaux. Il s'agit d'une cellule le plus souvent ciliée ou flagellée et, en conséquence, mobile. On utilise aussi le terme synonyme "Spermatozoïde". Ex. Les anthérozoïdes de *Fucus* ou ceux du *Polytrichum*, respectivement: une Algue Brune et une Mousse.

**Anthèse**, n.f. (gr. anthêsis, floraison). ▍ Développe-

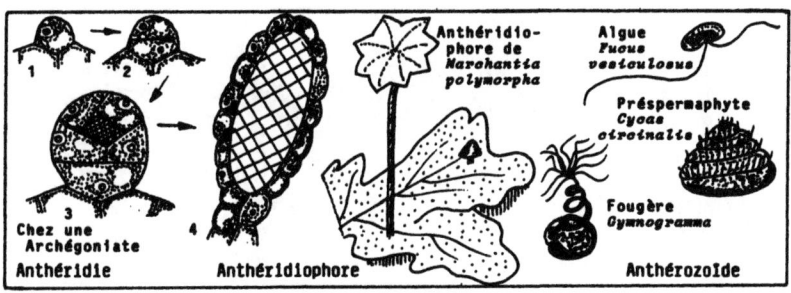

# ANT

ment des pièces florales depuis l'épanouissement de la fleur jusqu'à son flétrissement. C'est donc la "floraison" pendant toute sa phase spectaculaire.

**Anthocérotes**, n.f.pl. | L'une des Classes de Bryophytes (v. ce mot) limitée au seul Ordre des Anthocérotales et que caractérisent : leur gamétophyte foliacé, frisoté, stomatifère, dont les cellules ne possèdent souvent qu'un unique chloroplaste à pyrénoïde (cf. chez les Algues); leur capsule portée par un pédicelle et, tout à la fois, pourvue d'une columelle (cf. chez les Mousses) mais s'ouvrant par des valves (cf. chez les Hépatiques), s'allongeant enfin par sa base grâce à l'activité d'un méristème (cf. chez les Plantes Supérieures).

**Anthocyanes**, n.f.pl. (gr. anthos, fleur; kyanos, bleu sombre). | Pigments phénoliques colorant certaines cellules végétales. En solution dans le suc vacuolaire les anthocyanes changent de couleur en fonction du pH intravacuolaire.| En général rouges pour des pH situés entre 2 et 5, elles virent au bleu entre 7 et 10, cependant qu'elles se montrent violettes aux environs de la neutralité. | Ainsi un pétale qui doit sa couleur à des anthocyanes vacuolaires, bleu en milieu alcalin, peut, par exposition à des vapeurs acides, virer au rouge. | Les anthocyanes colorent des fruits, des tiges, des racines et, surtout, des fleurs.

**Anthropochore**, adj. (gr. anthrôpos, homme; chor, disséminé). | Qualifie des espèces végétales sauvages dispersées par l'homme, souvent à son insu. Ex. les Orties.Il peut bien entendu, s'agir aussi bien de Champignons que de Plantes Supérieures.

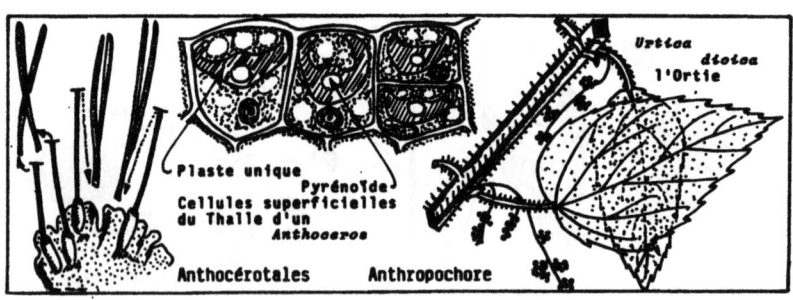

Plaste unique
Pyrénoïde
Cellules superficielles du Thalle d'un *Anthoceros*

Anthocérotales      Anthropochore

*Urtica dioica* l'Ortie

**Anthropophile,** adj. (gr. anthrôpos, homme; philos, ami). ▌Ce terme sert à qualifier un végétal qui bénéficie, pour sa dispersion, du concours de l'homme, soit que ce dernier le véhicule, soit qu'il crée des conditions propices à son développement.

**Antibiose,** n.f. (gr. anti, contre; bios, vie). ▌Comportement particulier d'une espèce A à l'encontre d'une espèce B, à savoir que, par le truchement de substance(s) qu'elle élabore et excrète (ou Antibiotique(s), v. ce mot) la plante A est capable de s'opposer à la croissance et au développement de l'espèce B. C'est l'inverse même d'une Symbiose. ▌Ce phénomène, hautement favorable lorsque sont inhibés des germes pathogènes, est fort gênant lorsqu'il se manifeste au détriment d'espèces utiles.

**Antibiotique,** n.m. et adj. (gr. anti, contre; bios, vie). ▌Substance synthétisée par un microorganisme (ou parfois, depuis quelques années, par l'homme de laboratoire) et capable, à de très faibles doses, d'inhiber la croissance (voire même d'éliminer) divers autres germes. Ex. la pénicilline élaborée par le *Penicillium notatum* est l'un des antibiotiques les plus connus.

**Antipodes,** n.f.pl. (gr. anti, contre; podos, pied). ▌Ce terme désigne les trois cellules du sac embryonnaire de l'ovule des Angiospermes (v. ces mots), qui se situent au pôle opposé à l'oosphère et aux deux synergides (v. ces mots). ▌Normalement les antipodes ne participent pas à la double fécondation et dégénèrent.

**Aoûté,** adj. (du lat. agustus). ▌Se dit couramment d'un bourgeon qui a acquis sa structure et sa coloration

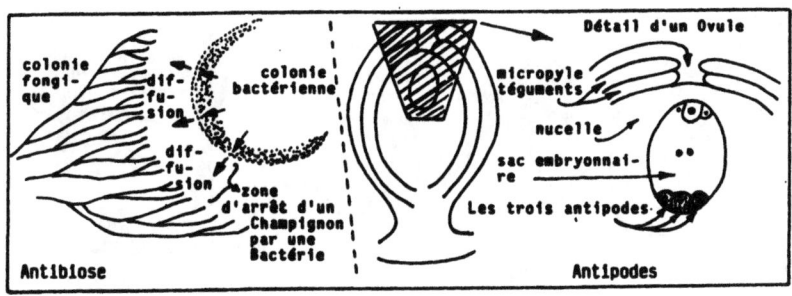

## APE

définitives dès le milieu de l'été (en août en principe). On dit encore que l'aoûtement a eu lieu. ▌ Le bourgeon (qui supportera alors, en principe, les froids hivernaux sans dommage) ne fera, au cours de la reprise de végétation, au printemps suivant, que de se "détélescoper" lorsque sonnera l'heure du débourrement.

**Apérianthée,** adj. (gr. <u>a</u>, privatif; <u>peri</u>, autour; <u>anthos</u>, fleur).▌ Se dit d'une fleur qui ne possède aucune pièce d'un périanthe normal (et donc ni sépales, ni pétales). Ex. une fleur de Saule (*Salix*) ou une inflorescence de Noisetier (*Corylus*) qu'elle soit mâle ou femelle sont apérianthées.

**Apétale,** adj. (gr. <u>a</u>, privatif; <u>petalon</u>, pétale).▌ Qualifie une fleur qui n'a qu'un seul verticille de pièces protectrices. On considère alors que ce sont les pétales (la corolle) qui font défaut, et donc que sont seuls présents les sépales (le calice). Ex. les fleurs de l'Ortie (*Urtica*) ou celles du Poivrier (*Piper*) sont apétales, tout comme celles des Anémones (dont les sépales sont pourtant parfois vivement colorés).▌ Le terme Apétales désigne aussi l'une des sous-classes de Dicotylédones (v. ce mot) qui regroupe artificiellement des plantes primitives et des plantes surévoluées... se rejoignant donc par convergence (v. ce mot).

**Aphylle,** adj. (gr. <u>a</u>, privatif; <u>phyllon</u>, feuille). ▌ Un végétal aphylle est un végétal dont la tige est dépourvue de feuilles fonctionnelles. Tout au plus y discerne-t-on parfois des écailles brunes. Ex. la Cuscute (*Cuscuta*) est une plante holoparasite aphylle.

**Apical,** adj. (lat. <u>apex</u> ou <u>apicis</u>, pointe). ▌ Qualifie

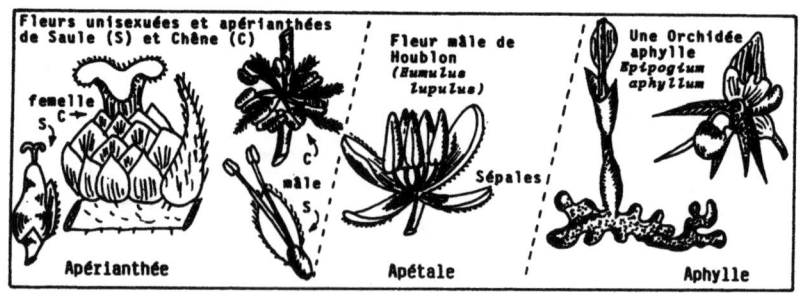

Fleurs unisexuées et apérianthées de Saule (S) et Chêne (C) — femelle — Apérianthée
Fleur mâle de Houblon (*Humulus Lupulus*) — mâle — Sépales — Apétale
Une Orchidée aphylle *Epipogium aphyllum* — Aphylle

API

ce qui appartient à la partie sommitale d'un organe (racine, tige, mycélium, thalle..). Ex. la cellule apicale d'une tige de Mousse. ▌ Par croissance apicale on entend la croissance d'un organe qui se réalise à la faveur de l'activité de cellules spécialisées localisées à son apex. ▌ La dominance apicale régit les modalités de la croissance des autres parties d'un végétal situées plus bas que cet apex. ▌ Pour ce qui est de la Déhiscence apicale, v. ce mot.

**Apiculé,** adj. (lat. apicis, en pointe). ▌ Qualifiera un organe dont l'apex se rétrécit brusquement en une pointe courte, assez molle et arquée. Ex. chez les Fabacées: la gousse unisperme de la Lentille; ou, chez les Brassicacées, la silicule de l'*Iberis amara*.

**Aplanogamètes,** n.m.pl. (gr. a, privatif; planos, déplacement; gamos, mariage).▌ Se dit de gamètes dépourvus de tout organe de motilité (cils ou flagelles, v. ces mots). Ex. les gamètes mâles des Algues Rouges (ou Rhodophycées) sont des aplanogamètes.

**Aplanospores,** n.f.pl. (gr. a, privatif; planos, déplacement; spora, semence). ▌ Spores incapables de se mouvoir d'une façon autonome (à la faveur de la possession de cils ou de flagelles, v. ces mots). Ex. les spores d'un *Mucor* ou celles d'un *Polypodium* tel *vulgare* sont des aplanospores.

**Apocarpe,** adj. (gr. apo, loin de; karpos, fruit). ▌ Caractère d'une fleur dont les carpelles ne sont pas soudés entre eux. Il y a "Apocarpie" et l'on préfère parfois l'adjectif Apocarpique à Apocarpe. On utilise encore les mots Dialycarpie et Dialycarpique (v. ces termes). Ex. les fleurs de Renoncules sont

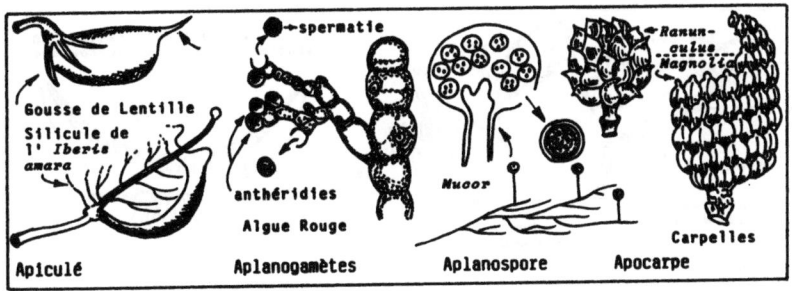

Gousse de Lentille
Silicule de l'*Iberis amara*
Apiculé

spermatie
anthéridies
Algue Rouge
Aplanogamètes

*Mucor*
Aplanospore

*Ranunculus Magnolia*
Carpelles
Apocarpe

## APO

apocarpes, de même que celles des Magnolias qui engendreront des cénocarpes après fécondation.

**Apogamie,** n.f. (gr. apo, loin de; gamos, mariage).
| C'est une forme non sexuée de propagation, ou développement dun individu diploïde à partie d'une seule et même cellule diploïde, et donc capable, sans recours à la fécondation de se développer en un individu.
| Les cellules aptes à un tel comportement peuvent être des tétraspores anormales (diploïdes, nées par conséquent sans réduction chromatique ou méïose) et on les dit alors apoméïotiques. Ex. chez certaines Fougères, diverses Roses ou plusieurs Epervières, il y a apogamie.

**Apomixie,** n.f. (gr. apo, loin de; mixis, union. |
Reproduction à partir d'une seule cellule (ce qui peut, ou non, se réaliser au niveau des organes sexuels eux-mêmes) mais en l'absence de phénomènes nucléaires usuels: il n'y a ici ni méïose, ni fécondation. L'apogamie, l'apoméïose, l'aposporie et la parthénogenèse sont les diverses modalités de l'apomixie.

**Apophyse,** n.f. (gr. apo, loin de; phusis, croissance).
| Chez les Mousses, au niveau de la capsule du sporophyte, l'apophyse correspond parfois à un renflement basal stérile, qui fait suite au pédicelle ou soie. Ex. l'apophyse de la capsule d'une Funaire hygrométrique (*Funaria hygrometrica*).

**Aposporie,** n.f. (gr. apo, loin de; spora, semence).
| Chez les Bryophytes et les Ptéridophytes, développement d'un gamétophyte sans qu'il y ait eu, au préalable, genèse de spores méïotiques. Le gamétophyte asporique possède alors la même garniture chromosomique que le sporophyte qui l'a engendré.

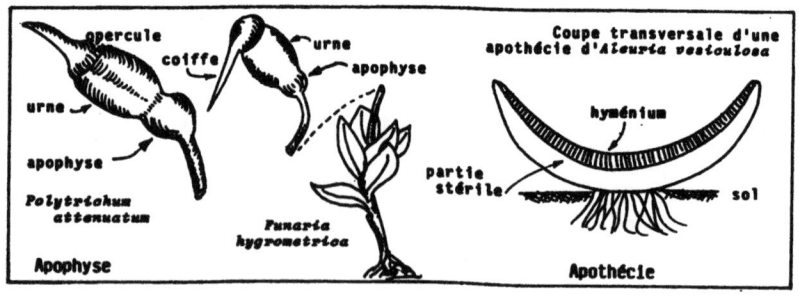

**APO**

**Apothécie,** n.f. (gr. <u>apothêkê</u>, réservoir). | Formation sexuée particulière élaborée par certains Champignons Ascomycètes, largement ouverte (à la différence des périthèces, v. ce mot) et au sein de laquelle se localise l'hyménium (v. ce mot). Ex. les fructifications du Champignon des *Xanthoria parietina*, Lichens foliacés très communs, ou celles des Pézizes, sont des apothécies.

**Appressorium,** n.m. (mot latin). | Extrémité (le plus souvent renflée) d'une hyphe fongique ou d'un tube pollinique prenant contact avec les tissus à l'intérieur desquels ils vont poursuivre leur progression.

**Apprimé,** adj. | Se dit d'un élément étroitement appliqué contre un autre, sans y adhérer pour autant. Ex. les poils de la Renoncule bulbeuse (*Ranunculus bulbosus*) ou les siliques (v. ce mot) du *Sisymbrium officinale* entre autres cas, sont apprimés, respectivement, contre la tige ou contre l'axe de l'infrutescence de ces plantes.

**Arachnéen,** adj. (gr. <u>arakhnê</u>, araignée). | Qualificatif applicable à des formations qui ont "la légèreté d'une toile d'araignée". Ex. un mycélium fongique ou le protonéma d'une Mousse terrestre peuvent être qualifiés d'arachnéens par la délicatesse de leur structure.

**Arborée,** adj. (lat. <u>arbor</u>, arbre). | Se dit d'une formation végétale à dominante herbacée, simplement ponctuée, de loin en loin, par la présence de quelques arbres épars. Ex. une savane arborée.

**Arborescent,** adj. (lat. <u>arborescere</u>, devenir arbre).

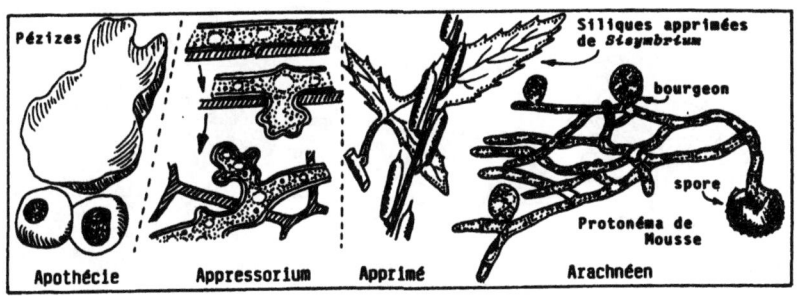

## ARB

| Qui a la taille et le port d'un arbre. Ex. un Palmier (qui n'est pas un arbre) est cependant un végétal arborescent.

**Arboretum**, n.m. (lat. arbor, arbre). | Sorte de parc spécialisé dans lequel on entretient une collection d'arbres afin de mieux connaître leurs caractères, leur adaptation et leurs performances dans une région donnée. | Lorsque les essences sont très nombreuses et représentées chacune par quelques sujets seulement, l'arboretum est dit de collection. | Lorsque chaque essence constitue une mini-parcelle et renseigne donc sur les aptitudes sylvicoles de l'espèce, c'est un arboretum forestier. | Ex. l'arboretum de l'Académie d'Agriculture de France à Harcourt (Eure) est, en partie de collection, en partie forestier.

**Arbre**, n.m. (lat. arbor, arbre). | Végétal ligneux d'au moins sept mètres de hauteur, caractérisé par la possession d'une tige principale (ou tronc), laquelle se ramifie en branches formant un houppier (v. ce mot). Ex. le Hêtre ( *Fagus silvatica* ) ou le Cèdre du Liban ( *Cedrus libani* ) sont des arbres.

**Arbrisseau**, n.m. (lat. arboriscellus, arbrisseau). | Végétal ligneux de moins de quatre mètres de hauteur, ramifié dès la base, et donc dépourvu de tronc (v. ce mot), si net, par contre, chez les arbres et les arbustes (v. ces mots). Ex. les Forsythias ( *Forsythia suspensa* ), les Lauriers-Roses ( *Nerium oleander* ) tout comme les Hortensias sont des arbrisseaux.

**Arbuscule**, n.m. (lat arbuscula, arbuscule). | Nom donné à chaque ensemble (toujours intracellulaire par rapport aux cellules de l'hôte) de ramifications si

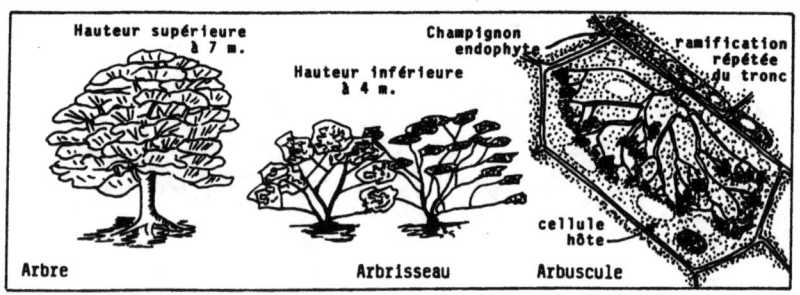

Arbre — Hauteur supérieure à 7 m.
Arbrisseau — Hauteur inférieure à 4 m.
Arbuscule — Champignon endophyte, ramification répétée du tronc, cellule hôte

répétées, sans cesse plus ténues, né à partir d'une hyphe (elle, inter- ou intra-cellulaire) de Champignon. Celui-ci est soit symbiotique: impliqué dans la constitution d'endomycorhizes, de mycothalles ou de mycorhizomes (v. ces mots); soit parasite: agent pathogène de plantes très diverses. Cet ensemble mime donc un petit arbre. Ex. les arbuscules présents dans les cellules corticales des racines de l'Oignon (*Allium cepa*) mycorhizées.

**Arbuste,** n.m. (lat. arbustum, arbuste). Végétal ligneux de moins de sept mètres de hauteur, mais offrant par ailleurs tous les caractères d'un arbre. C'est en fait "un petit arbre". Ex. chez nous, l'Arbre de Judée ( *Cercis siliquastrum* ) ou le *Lagerstroemia indica*.

**Archégone,** n.m. (gr. arkhaios, ancien; gynê, femme). Il s'agit du compartiment femelle, le plus souvent en forme de bouteille, au niveau du ventre de laquelle se situerait la cellule fertile femelle ou oosphère (v. ce mot). On rencontre des archégones chez les Bryophytes et les Ptéridophytes sous leur forme typique. Leur morphologie s'altère de plus en plus lorsque l'on s'élève chez les Préspermaphytes, puis chez les Spermaphytes (v. ces mots).

**Archégoniates,** n.m.pl. (gr. arkhaios, ancien; gynê, femme. Ensemble de tous les végétaux dont les gamétanges femelles sont des "archégones" (v. ce mot). On trouve donc là les Bryophytes et toutes les plantes vasculaires.

**Archégoniophore,** n.m. (gr. arkhaios, ancien; gynê, femme; phoros, qui porte). Chez certaines Hépatiques, où

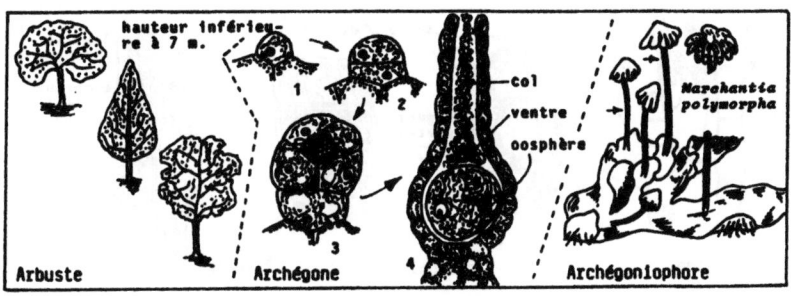

Arbuste — Archégone — Archégoniophore

## ARC

ce terme désigne une partie du gamétophyte femelle différenciée en "chapeau" assez profondément lobé, pédicellé, au niveau duquel se situent les gamétanges femelles (ou Archégones). Ex. les archégoniophores du *Marchantia polymorpha*.

**Archéobaside,** n.f. (gr. arkhaios, ancien; basis, base).
❙ Chez les Champignons Basidiomycètes, ce terme désigne une baside cloisonnée horizontalement et émettant de ce fait 4 stérigmates latéraux portant une spore chacun. Voir le terme "Baside". Ex. les Urédinales et les Ustilaginales sont archéobasidiées.

**Archéthalle,** n.m. (gr. arkhaios, ancien; thallos, rameau).❙ Regroupement fortuit, peu organisé, de cellules chez certains Thallophytes. Véritable "amas" de cellules, à peine structuré. Ex. chez les Cyanobactéries, chez des Algues vertes, entre autres, se rencontrent des Archéthalles.

**Aréoles,** n.f. (lat. areola, dimin. de area, aire).
❙ Formations circulaires au niveau de certains éléments conducteurs (ou trachéides aréolées). Au niveau de chaque aréole les parois secondaires des deux trachéides voisines sont décollées (et forment une sorte de dôme perforé, de part et d'autre). Mais il subsiste, au milieu de chaque aréole, un fin pseudo-diaphragme (épaissi en torus, v.ce mot, dans sa partie centrale chez les Conifères) constitué par la lamelle mitoyenne et la membrane primaire. ❙ Les aréoles facilitent les échanges transversaux (de trachéide à trachéide) et permettent de la sorte la montée de la sève en chicane.

**Arête,** n.f. (lat. arista, épi). ❙ Chez les Champi-

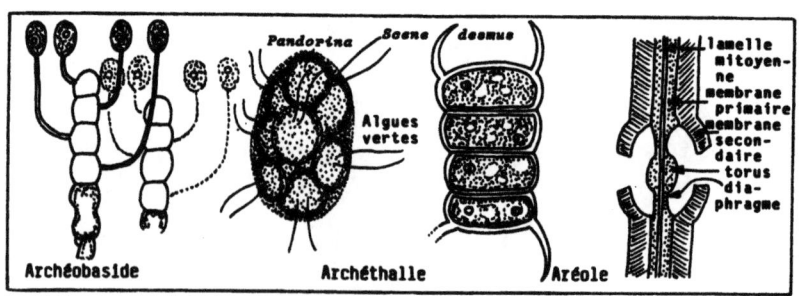

gnons: bord libre d'une lamelle de carpophore de Basidiomycète. Chez certaines espèces de Champignons, la prise en considération de la structure des arêtes des lamelles est importante pour leur identification.| Chez certaines Poacées : formation fine, raide, prolongeant les glumelles, pièces scarieuses de la fleur. On dit que ces pièces sont aristées.

**Arhize**, adj. (gr. <u>a</u>, privatif; <u>rhiza</u>, racine). | Se dit d'un végétal qui est dépourvu de racines. Certaines Orchidées sont arhizes et leur appareil souterrain est réduit à un rhizome en griffe.

**Arille, Arillode**, n.m. (bas lat. <u>arillus</u>, grain de raisin).| Production d'origine tégumentaire, se développant après la fécondation, et ayant donc valeur d'induvie (v. ce mot), se constituant au niveau, voire autour de certaines graines, lesquelles s'en trouvent parfois presque totalement enveloppées (sans que l'arille ou l'arillode leur soit jamais soudé). | L'arille se forme à partir de la région du hile; l'arillode dérive, lui, de la région du micropyle (V. ces mots). | Ex. le plus classique est celui des graines d'If (*Taxus baccata*) qui possèdent un arille très ornemental (et attractif) de la couleur rouge corail. Les graines de *Viola* appartenant à diverses espèces possèdent un arille qui attire les fourmis. Chez le Fusain d'Europe *(Euonymus europaeus)* existe un arillode.

**Arthrospore**, n.f. (gr. <u>arthron</u>, articulation; <u>spora</u>, semence). | Spore à paroi épaisse née par désarticulation de la structure filamenteuse qui l'a engendrée. Maints Champignons et diverses Cyanobactéries dissèminent des arthrospores. C'est un mode de propagation végétative efficace.

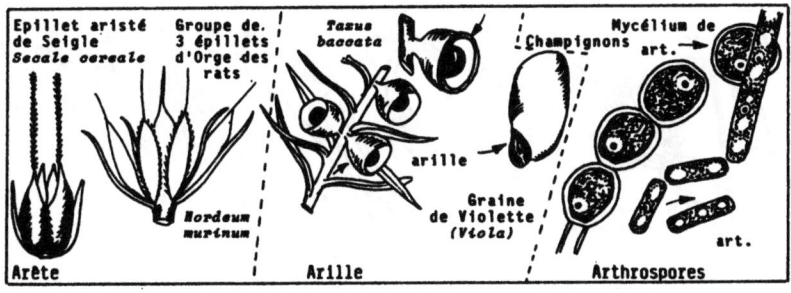

Arête — Arille — Arthrospores

# ART

**Article,** n.m. (lat. articulus, articulation). ❙ Chacun des fragments d'un organe qui peut spontanément s'isoler, le moment venu. Certains fruits, notamment, sont articulés. Tel est le cas bien connu des siliques (v. ce mot) du Radis *(Raphanus raphanistrum)*. ❙ Chacun des compartiments binucléés d'un mycélium secondaire de Basidiommycète ( v. aussi Dicaryon).

**Ascidies,** n.f. (gr. askidion, petite outre). ❙ Feuille différenciée en cornet par certaines espèces de végétaux carnivores (v. ce mot) et qui constituent autant de pièges pour des proies animales. Ex. les *Sarracenia*, les *Nepenthes* ou les *Utricularia* possédent, sous des formes variées, des ascidies efficaces.

**Ascocarpe,** n.m. (gr. askos, outre; karpos, fruit). ❙ Nom général donné aux fructifications d'Ascomycètes au niveau desquelles se situent les asques élaborant de typiques ascospores (v. ces mots).

**Ascogène,** adj. (gr. askos, outre; gynê, femme). ❙ Chez les Champignons Ascomycètes (v. ce mot) ce qualificatif s'emploie à propos de filaments particuliers, émanant du gamétocyste femelle, ou ascogone (v. ce mot), et capables d'engendrer des asques à leur apex. Ce sont de tels filaments qu'on appelle hyphes ascogènes.

**Ascogone,** n.m. (gr. askos, outre; gynê, femme). ❙ Chez les Champignons Ascomycètes (v. ce mot) ce terme désigne chacun des gamétocystes femelles, lesquels recevront chacun le contenu d'une anthéridie (via) le trichogyne et engendreront les hyphes ascogènes.

**Ascolichens,** n.m.pl. (gr. askos, outre; leikhen, lé-

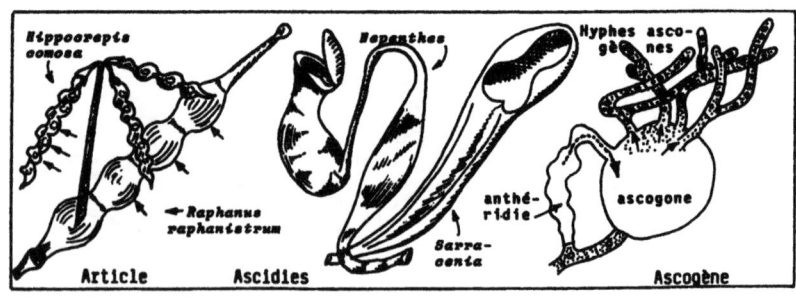

Article     Ascidies     Ascogène

cher). ❙ Groupe de Lichens dont l'associé fongique est un Ascomycète (v. ce mot). La plupart des Lichens sont des Ascolichens.

**Ascomycètes,** n.m.pl. (gr. askos, outre; mukês, champignon). ❙ Champignons supérieurs à hyphes septées, et dont la caryogamie et la réduction chromatique ont pour siège l'asque (v. ce mot) à l'intérieur duquel seront élaborées (le plus souvent) 8 ascospores. ❙ Chez les plus évolués des Ascomycètes, les asques sont engendrés et groupés au niveau de l'hyménium que recèlent deux types essentiels de fructifications: les apothécies et les périthèces (v. ces mots).❙ Ex. les Pézizes, les Morilles, les Helvelles ou les *Rhytisma* (qui altèrent de leurs plages noires circulaires les feuilles des Erables) sont des Ascomycètes.

**Ascospore,** n.f. (gr. askos, outre; spora, semence). ❙ Chacune des spores (normalement au nombre de 8) élaborées après caryogamie et réduction chromatique au sein d'un asque (v. ce mot).

**Asexué,** adj. (lat. a, privatif; sexus, sexe). ❙ Se dit d'un mode de propagation qui ne procède pas de la sexualité. Ex. le bouturage ou le marcottage sont des procédés de propagation asexuée.

**Asperme,** adj. (gr. a, privatif; sperma, semence). ❙ Se dit d'un fruit qui ne renferme aucune graine. Ex. les fruits engendrés par parthénogenèse dits encore "fruits sans pépins", tels certains raisins, certaines clémentines, sont aspermes.

**Asque,** n.m. (gr. askos, outre). ❙ Organe qui caractérise les Champignons Ascomycètes, se présentant comme

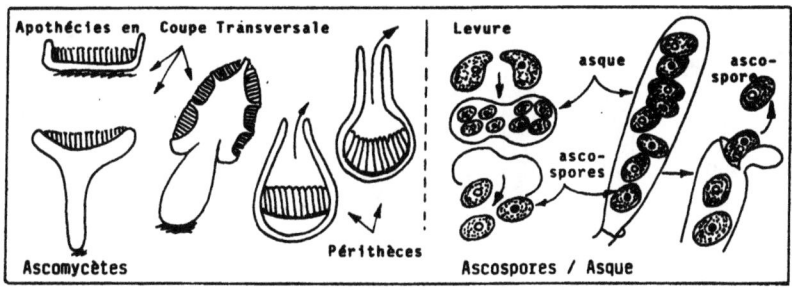

## ASS

un sac à simple paroi squelettique au sein duquel se réalisent successivement : la caryogamie, puis la méïose génératrice d'ascospores (v. ce mot) internes ❙ En général, les asques sont groupés au niveau de fructifications et constituent là un ensemble fertile appelé hyménium (v. ce mot). Ils libèrent leurs ascospores soit par simple déchirure de la partie sommitale de leur paroi, soit par délimitation et soulèvement d'un opercule. L'appareil de déhiscence des asques est extrêmement complexe et nous ne saurions en développer toutes les facettes ici!

**Assimilation**, n.f. (lat. assimilare, assimiler). ❙ Remaniement, au prix d'un important apport d'énergie, obtenue notamment grâce au catabolisme, des molécules absorbées (au titre d'aliments) en molécules de matière vivante du végétal considéré. C'est de l'anabolisme. ❙ Si l'énergie exigée est fournie par la lumière, on parle de photosynthèse ou assimilation chlorophyllienne. ❙ Si l'énergie exigée provient de réactions chimiques connexes, on parle de chimiosynthèse.

**Assise**, n.f. (lat. assedere, être assis auprès). ❙ Assise génératrice: il en existe deux au niveau des organes des Végétaux Vasculaires élaborant des formations secondaires. Responsables de la croissance en diamètre, elles sont souvent appelées cambiums (v. ce mot). Ce sont des couches particulières de cellules ayant pour vocation d'engendrer des tissus secondaires au sein des organes. L'assise génératrice externe (ou assise subéro-phellodermique) différencie du liège (ou suber) à l'extérieur et du phelloderme à l'intérieur. L'assise génératrice interne (ou assise libéro-ligneuse) produit du liber secondaire à l'extérieur et du bois secondaire à l'intérieur.❙ Assise à gluten: assises périphériques protéiques (du "grain" de Blé

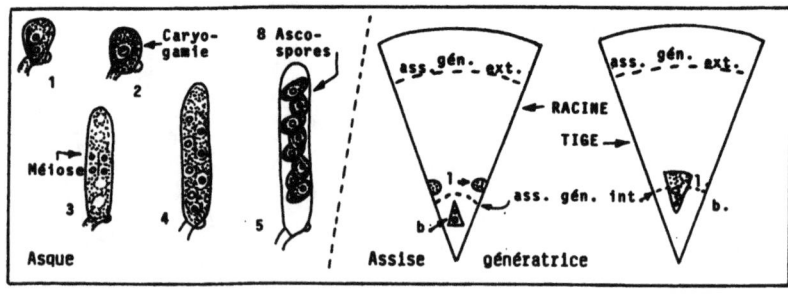

Asque / Assise génératrice

notamment). | Assise mécanique (voir aussi "endothécium" : assise de cellules pourvues d'épaississements membranaires et jouant un rôle décisif dans la déhiscence de l'anthère d'une étamine ou dans celle des sporanges de Ptéridophytes. | Assise pilifère: assise de cellules très étirées en poils, voués à jouer un rôle exceptionnel dans les processus d'absorption, au niveau des racines, à proximité de la coiffe. On lui préfère, maintenant, l'appellation d'épiderme (comme pour un organe aérien; v. ce mot). | Assise subéreuse : assise sous-épidermique d'une racine qui supplée l'épiderme ( ou assise pilifère) lorsque celui-ci s'élimine. Il s'agit alors ici d'une fonction de "revêtement".

**Association**, n.f. (lat. *associare*, associer). | Groupement de végétaux croissant dans des conditions écologiques données, ce qui explique qu'une association ait une composition floristique qui traduit un fond commun d'espèces que l'on qualifiera de caractéristiques de l'association végétale. Parmi elles croîtront aussi certaines espèces non strictement liées à l'association considérée mais qui y sont assez souvent rencontrées et on les appellera des espèces compagnes. Enfin l'on remarquera la présence inattendue de quelques espèces, plutôt liées à d'autres conditions, à d'autres associations: il s'agira d'espèces accidentelles.

**Atactostèle**, n.f.| Ce terme s'applique à la stèle (v. ce mot) de la plupart des Monocotylédones (et de quelques rares Dicotylédones). Chez ces végétaux, le système vasculaire est constitué par la coexistence de multiples faisceaux disposés communément en cercles concentriques. Ex. l'atactostèle d'un gros Palmier peut comporter plusieurs milliers de faisceaux.

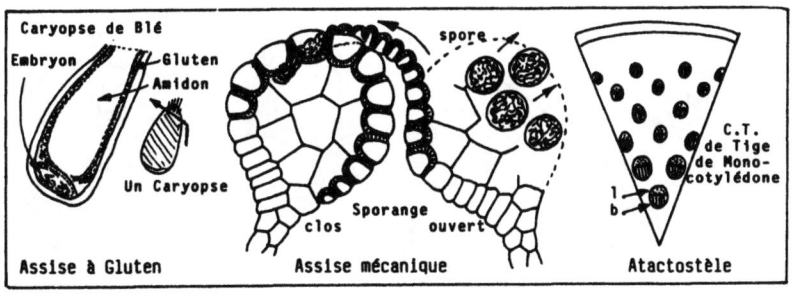

## ATE

**Atélomique,** adj. ▎ Mode de croissance caractérisé par la division possible de cellules échelonnées le long d'un filament algal. On dit encore que la croissance est "intercalaire".

**Aubier,** n.m. (lat. alburnum, blanc).▎ Bois jeune, situé en périphérie des organes, activement parcouru par la sève brute, et encore assez peu résistant. Il est usuellement plus clair et plus tendre que le bois de coeur et n'offre donc pas le même intérêt économique que lui.

**Autécologie,** n.f. (gr. autos, soi-même; oïkos, maison; logos, science). ▎ Etude de l'écologie d'une espèce... ou des espèces considérées une à une. S'oppose en cela à Synécologie (v. ce mot).

**Autobasidiomycètes,** n.m.pl. (gr. autos, soi-même; basis, base; mukês, champignon). ▎ Basidiomycètes (v.ce mot) évolués, pourvus de basides non cloisonnées appelées "Eubasides" ou "Homobasides" (v. ce mot).

**Autofécondation,** n.f. (préf. autos, soi-même; lat. fecundare, féconder). ▎ Phénomène sexuel mettant en jeu les gamètes mâle et femelle produits par un seul et même individu. ▎ Chez les Angiospermes, il est très rare que l'autofécondation se réalise au niveau d'une seule et même fleur bisexuée. Il est, par contre, fort courant qu'elle s'effectue entre les sexes complémentaires de deux fleurs différentes d'un même végétal. On parle encore d'Autogamie.

**Autofertile,** adj. (préf. autos, soi-même; lat. fertilis, fécond). ▎ Une espèce autofertile est une espèce capable, par autofécondation, d'engendrer des graines viables.

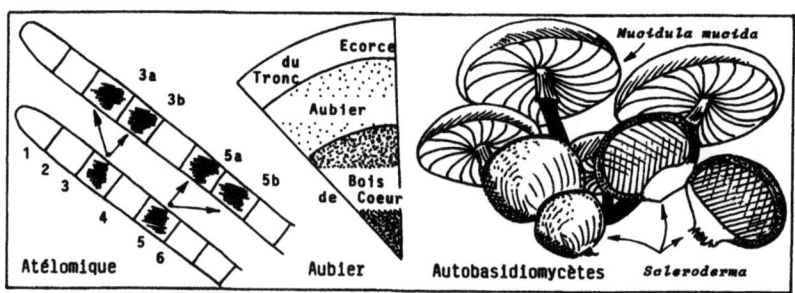

**Autogamie,** n.f. (gr. autos, soi-même; gamos, mariage).
❚ Dégradation des processus de la sexualité chez les Champignons Supérieurs qui conduit à la caryogamie (v. ce mot) entre noyaux d'un même dicaryon (v. ce mot). ❚ Fécondation d'une fleur par son propre pollen. Il y a donc autopollinisation. C'est nécessairement ce qui se produit dans le cas des fleurs cléistogames : (v. ce mot).

**Autoïque,** adj. (gr. autos, soi-même; oīkos, maison).
❚ Se dit d'un Champignon pathogène qui réalise l'ensemble de son développement sur un seul hôte. Voir aussi Autoxène.

**Autopolyploïde,** n.m. (gr. autos, soi-même; poly, multiple; eidos, forme). ❚ Désigne un individu appartenant à une variété de plante dont chaque noyau cellulaire a acquis, sans hybridation, un stock chromosomique multiple du stock diploïde normal.

**Autostérile,** adj. (préf. autos, soi-même; lat. sterilis, stérile). ❚ Une espèce autostérile est une espèce incapable, par autofécondation, d'engendrer des graines viables. Il lui faut recourir à la dichogamie (v. ce mot) ou à l'hétérothallisme physiologique (v. ce terme).

**Autotoxicité,** n.f. (gr. autos, soi-même; toxikon, toxique).❚ Comportement de certains végétaux susceptibles de libérer des Excrétions racinaires (v. ce terme) préjudiciables à leur propre développement, voire même à leur survie. Ex. L'Epervière piloselle ( *Hieracium pilosella* ) fait preuve d'autotoxicité.

**Autotrophe,** adj. (gr. autos, soi-même; trophê, nourri-

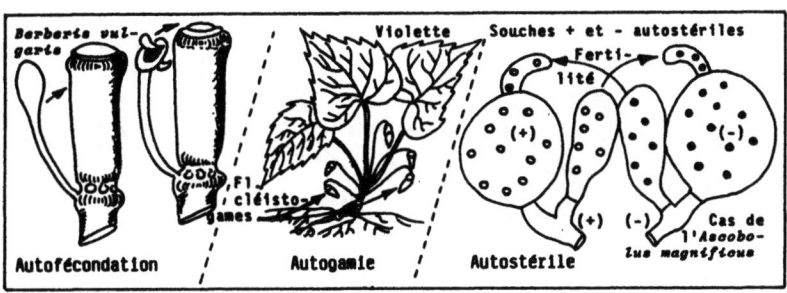

## AUT

ture). | Terme qui qualifie (ou sert à désigner, si on l'emploie comme nom) un végétal capable de synthétiser toute sa matière vivante (organique donc) à partir de sources exclusivement minérales. La plante peut y parvenir, soit par photosynthèse, soit par chimiosynthèse (v. Assimilation). | On appelle "Autotrophie" le mode de vie des plantes autotrophes. V. aussi "Hétérotrophe".

**Autoxène,** adj. (gr. autos, soi-même; xenos, étranger). | Se dit d'un parasite, et en particulier d'un Champignon du groupe des Rouilles (ou Urédinales) pouvant "boucler" son cycle de reproduction en se développant sur un seul hôte. Ex. le *Puccinia buxi*, agent d'une Rouille sur le Buis (*Buxus sempervirens*) est autoxène. | Voir aussi Autoïque.

**Auxiblaste,** n.m. (gr. auxanos, croître; blastos, germe). | Au niveau de la ramure, ce terme désigne une pousse longue chez une plante Gymnosperme. On rapprochera ce terme de mésoblaste et de brachyblaste, types de rameaux que peut supporter un auxiblaste.

**Auxines,** n.f.pl. (gr. auxanos, croître). | Composés chimiques secrétés en des zones privilégiées d'un végétal et qui agissent puissamment, même à très faibles doses, sur la croissance des cellules de tissus encore jeunes. On sait maintenant produire des auxines de synthèse.

**Axe,** n.m. (lat. axis, essieu). | Axe principal: Ensemble majeur constitué par le tronc et la racine principale d'une espèce. | Axes secondaires : Organes latéraux par rapport à l'axe principal (il peut s'agir soit de rameaux, soit de racines). | Axe défini :Axe que

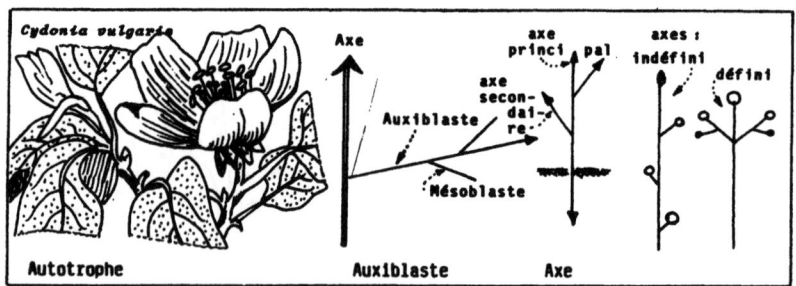

termine une fleur, laquelle en limite donc l'extension. Ainsi en est-il chez la Centaurée. ▌ <u>Axe indéfini</u> Axe terminé par un bourgeon feuillé (et non par une fleur), ce qui lui permet de poursuivre sa croissance. Ex. chez le Chou.

**Axile,** adj. (lat. <u>axis</u>, essieu). ▌ Type de placentation correspondant à un ovaire pluricarpellé dont les différents carpelles se sont d'abord fermés (chacun pour soi) puis soudés entre eux.▌ Les ovules sont donc disposés en "2n" files le long de l'axe central de l'ovaire ( " n" désignant le nombre de carpelles à l'origine du gynécée).

**Axillaire,** adj. (lat. <u>axilla</u>, aisselle). ▌ Qui se situe à l'aisselle d'un organe (rameau, feuille, bractée). Ex. Bourgeon axillaire : bourgeon qui se localise à l'aisselle d'une feuille et tire son origine d'un îlot de cellules méristématiques placé à la partie interne de chaque ébauche foliaire. Il pourra engendrer une ramification en se développant.

**Azygospore,** n.f. (gr. <u>a</u>, privatif; <u>zugos</u>, paire; <u>spora</u>, semence). ▌ Chez les Champignons Zygomycètes, de l'Ordre des Mucorales, ce terme désigne la formation résultant du développement d'un gamétocyste en pseudozygote par parthénogenèse.

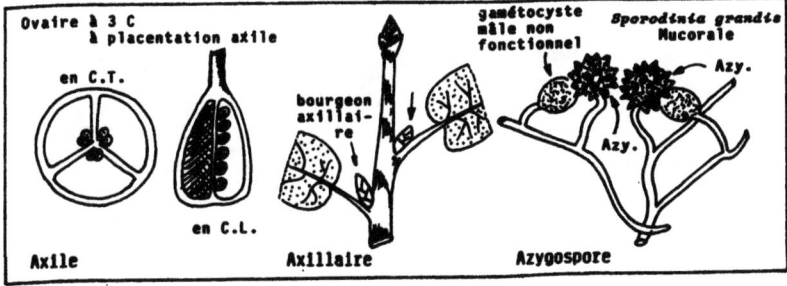

# B

**Bactéries**, n.f.pl. (gr. <u>baktêria</u>, bâton). ▌ Procaryotes hétérotrophes (hormis quelques Bactéries aptes à la photo- ou à la chimio-synthèse) de très petite taille. Leur matériel nucléaire est à l'état diffus et leur paroi est riche en mucopolysaccharides spéciaux. Ex. le Bacille du Charbon ou les divers *Rhizobium* des Fabacées.

**Bactériochlorophylle**, n.f. (gr. <u>baktêria</u>, bâton; <u>khlôros</u>, vert; <u>phyllon</u>, feuille). ▌ Pigment que renferment certaines Bactéries dans leur cytoplasme. Les bactériochlorophylles sont très proches des chlorophylles et fonctionnent comme elles. Leur présence caractérise les Bactéries photosynthétiques, chez lesquelles l'énergie lumineuse est utilisée pour l'assimilation du gaz carbonique.

**Bactériophage**, n.m. (gr. <u>bakteria</u>, bâton; <u>phagein</u>, manger). ▌ Forme excessivement ténue (très comparable à un virus si elle ne lui est identique) susceptible de parasiter et de détruire une Bactérie donnée. Ex. le Rhizobiophage destructeur des précieux *Rhizobium* associés symbiotiquement aux Fabacées (ex-Légumineuses).

**Bactériose**, n.f. (gr. <u>baktêria</u>, bâton). ▌ Affection pathologique d'un être vivant dont le responsable est une Bactérie. La maladie se traduit, selon les cas, par des pourritures, des tumeurs, des nécroses

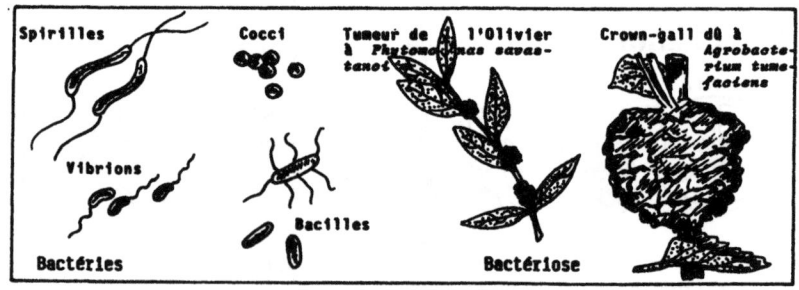

ou des flétrissements. Ex. le Crown-gall (v. ce mot) des *Pelargonium* imputable à l'*Agrobacterium tumefaciens* est une bactériose.

**Bactéroïde,** n.m. (gr. baktêria, bâton). | Forme d'évolution des *Rhizobium* symbiotiques des Fabacées. Courts, trapus, ovoïdes, les bactéroïdes correspondent à la forme active dans les processus biochimiques de fixation de l'azote libre du sol au niveau des nodosités (v. ce mot).

**Baie,** n.f. (lat. bacca, baie). | Fruit charnuu à pépins dont le péricarpe est, s'il s'agit d'une espèce végétale appréciée, totalement comestible. | On distingue selon la position relative de l'ovaire dans la fleur dont elles dérivent, des baies infères et des baies supères (v. ces mots). Ex. la Citrouille ou la Groseille sont des baies infères; le Raisin ou la Tomate sont des baies supères.

**Balais de sorcière.** | Formations pathologiques liées aux attaques d'essences ligneuses par certains Champignons pathogènes (le plus souvent agents de Rouilles, v. ce mot).| Au niveau de l'attaque fongique, les rameaux (normalement plagiotropiques, v. ce mot) se développent verticalement (géotropisme négatif, v. ce mot) et se ramifient considérablement. Il en résulte une formation mimant un balai "abandonné" dans l'arbre. Ex. les balais de sorcière du *Melampsorella caryophyllacearum* sur Résineux dans nos forêts.

**Baliveau,** n.m. (anc. fr. baif, puis boiviaus, baliveau). | Jeune arbre non ébranché.| Dans un taillis on désigne aussi de la sorte un jeune arbre réservé du fait de ses promesses d'avenir.

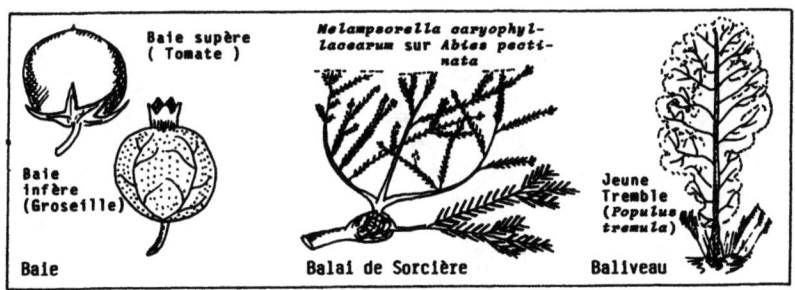

Baie supère (Tomate)

*Melampsorella caryophyllacearum* sur *Abies pectinata*

Baie infère (Groseille)

Jeune Tremble (*Populus tremula*)

Baie — Balai de Sorcière — Baliveau

## BAL

**Balle,** n.f. (anc. franç. baller, vanner). | Enveloppe des graines de Céréales constituées par les glumes et les glumelles (éléments du périanthe des fleurs de Poacées). Le vannage a pour objet de séparer la balle des grains.

**Bandelettes,** n.f.pl. (germ. binda puis bandelle).| Ce terme "petite bande" désigne des formations sécrétrices (parfois appelées à tort canaux sécréteurs) particulières aux diakènes des Apiacées.

**Barbe,** n.f. (lat. barba, barbe). | Prolongement fin et raide de la glume de diverses Poacées qualifiées de ce fait de "barbues". Ex. le Blé barbu. V. aussi Arête.

**Baside,** n.f. (gr. basis, base). | Formation qui se localise au niveau de l'hyménium des Champignons Basidiomycètes. | Limitée par une simple paroi squelettique, elle est le siège, tour à tour, de la caryogamie puis de la réduction chromatique, génératrice de 4 basidiospores externes. | On distingue plusieurs types de basides : archéobasides, hétérobasides, holobasides (v. ces mots) correspondant à des groupes de Basidiomycètes plus ou moins évolués.

**Basidioles,** n.f.pl. (gr. basis, base). | Ce terme désigne, chez certains Basidiomycètes, des formations (à valeur de basides stériles) que l'on rencontre au niveau de l'hyménium, à la surface des lamelles, entre les basides fertiles et les cystides (v. ces mots).

**Basidiolichens,** n.m.pl. (gr. basis, base; leikhen,étym. v. à Lichen). | Groupe de Lichens dont l'associé fongique est un Basidiomycète (v. ce mot). Les Basidioli-

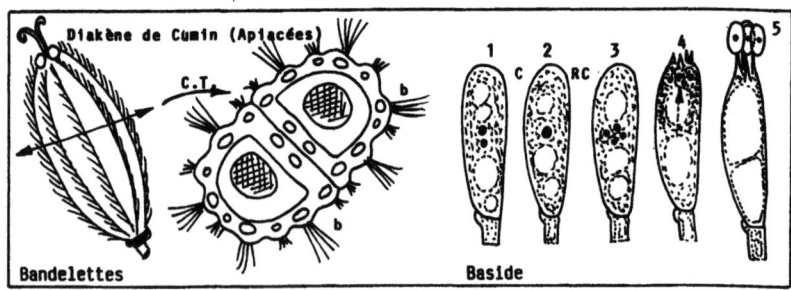

Bandelettes — Baside

chens sont peu nombreux dans le monde, et particulièrement exceptionnels en Europe.

**Basidiomycètes**, n.m.pl. (gr. basis, base; mukês, champignon). ❙ Champignons supérieurs chez lesquels la caryogamie et la méïose se situent au niveau d'une baside et conduit à la genèse de 4 basidiospores externes (v. ces mots). Ex. les Amanites, les Russules, les Clavaires ou les Rouilles sont des Basidiomycètes.

**Basidiospore**, n.f. (gr.basis, base; spora, semence). ❙ Spore externe, portée par un stérigmate, et élaborée après caryogamie puis réduction chromatique au sein d'une baside. ❙ Normalement, chaque baside engendre 4 basidiospores. Chacune d'elles possède une paroi stratifiée, avec une épispore et une endospore.

**Basipète**, adj. (gr. basis, base; petere, gagner). ❙ Se dit du sens d'évolution d'un phénomène (onde de floraison par exemple) lorsqu'il se propage à partir du sommet d'un organe en direction de sa base.

**Basiphile** ou **basophile**, adj. (gr. basis, base; philos, ami). ❙ Se dit d'une plante se rencontrant de préférence sur un sol de pH élevé, supérieur à 7. Ainsi en est-il du Mouron rouge (*Anagallis arvensis*) ou du Pas d'Ane (*Tussilago farfara*).

**Bennettitales**, n.f.pl. (du botaniste anglais Bennett). ❙Ordre de Gymnospermes (v. ce mot) fossiles qui connurent leur apogée au Jurassique et disparurent au Crétacé supérieur.❙ C'étaient des arbres, pourvus de grandes frondes, considérés comme monocarpiques (v. ce mot) et dont la fleur préfigure peut-être celle des Angiospermes ? Les genres les plus connus en sont les *Cycade-*

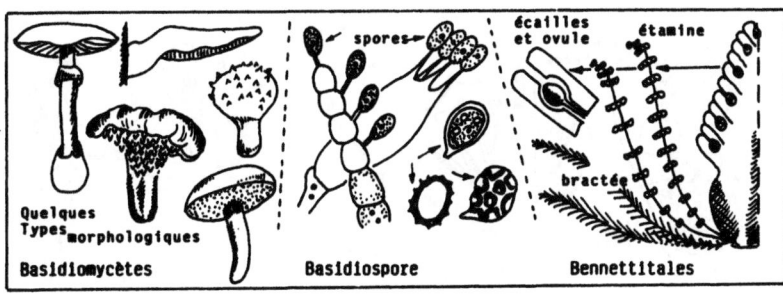

Quelques Types morphologiques

Basidiomycètes    Basidiospore    Bennettitales

# BEU

*oidea* et les *Williamsonia*.

**Beurre**, n.m. (lat. <u>butyrum</u>, beurre). | Huile élaborée et mise en réserve par divers végétaux sous forme solide. Ex. Beurre de cacao: réserve lipidique de la graine du Cacaoyer; beurre de coco : réserve lipidique de la graine (amande) de divers Cocotiers.

**Bicollatéral**, adj. (lat. <u>bi</u>, deux fois; <u>collateralis, collatéral</u>). | Se dit d'un ensemble conducteur composé d'un faisceau de bois que flanquent, dans le sens radial de l'organe, deux faisceaux de liber (l'un en dedans, l'autre au dehors du bois). Ex. les faisceaux libéro-ligneux bicollatéraux de la tige de Bryone dioïque ( *Bryonia dioica* ). Voir collatéral.

**Bicuspide**, adj. (lat. <u>bi</u>, deux fois; <u>cuspidis</u>, pointe). | Qualifie une pièce fendue à son sommet et se terminant donc en deux pointes. Ex. certaines feuilles de l'Hépatique *Lophocolea heterophylla* sont bicuspides.

**Bifide**, adj. (lat. <u>bi</u>, deux fois; <u>findere</u>, fendre). | Se dit d'un organe fendu en deux parties formant entre elles un angle aigu. Ex. la feuille bifide d'un *Bauhinia* ou les pétales bifides d'une Silène.

**Bifurqué**, adj. (lat. <u>bifurcus</u>, fourchu).| Se dit d'un ensemble fendu en deux branches à la façon d'une fourche. Ex. l'inflorescence de la Spargoute (*Spergula arvensis*) est bifurquée.

**Bilabié**, adj. (lat. <u>bi</u>, deux fois; <u>labrum</u>, lèvre). | Se dit d'un calice ou d'une corolle dont les pièces sont soudées en deux lots qui constituent chacun une lèvre. | Ce caractère est, en particulier, typique

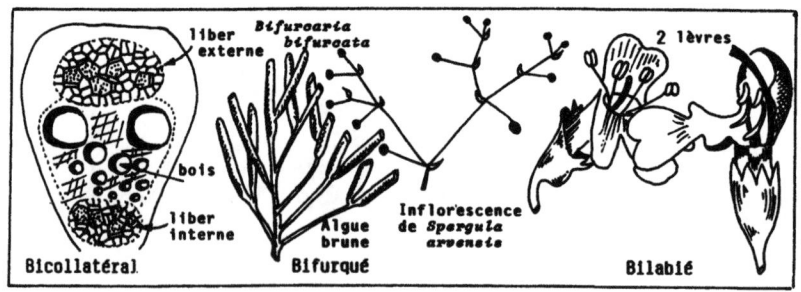

des corolles de fleurs de Lamiacées (ex-Labiées).
Ex. la corolle d'une Sauge, ou celle d'un Romarin,
sont des corolles bilabiées.

**Bille,** n.f. (lat. bilia, tronc d'arbre). | Voir Fût.

**Bilobé,** adj. (préf. bi, deux fois; gr. lobos, lobe).
| Partagé en deux lobes. Ex. la feuille de l'Hépatique
*Frullania dilatata* est bilobée, de même que celle
du Ginkyo (*Ginkyo biloba*).

**Biloculaire,** adj. (préf. bi, deux fois; francique
laubja, loge). | Se dit essentiellement d'un ovaire
lorsqu'il est partagé en deux par une cloison. Ex.
l'ovaire des Brassicacées est rendu biloculaire (par
une fausse-cloison, v. ce mot); celui des Scrofulariacées (ex. la Digitale) est typiquement biloculaire
et là chaque loge correspond à chacun des deux carpelles séparés dès le début.

**Biocénose** ou **biocoenose,** n.f. (gr.. bios, vie; koinos,
commun). | Ensemble de tous les êtres vivants (animaux
et végétaux) qui colonisent un même biotope (ex. une
forêt, une dune, une friche calcaire). Entre eux,
les interactions sont évidemment légion (entraide
ou rivalité s'y exercent sans cesse).

**Biologie,** n.f; (gr. bios, vie; logos, science). |
Science qui a pour objet la connaissance des êtres
vivants. Au sens large on y inclut, par ex., des consi-
dérations morphologiques et histologiques. Au sens plus
strict on se limite à ce qui touche aux cycles de
reproduction des espèces, à leur évolution et aux
interactions qu'elles subissent. | Selon que l'on
s'intéresse au monde des animaux ou à celui des plantes,

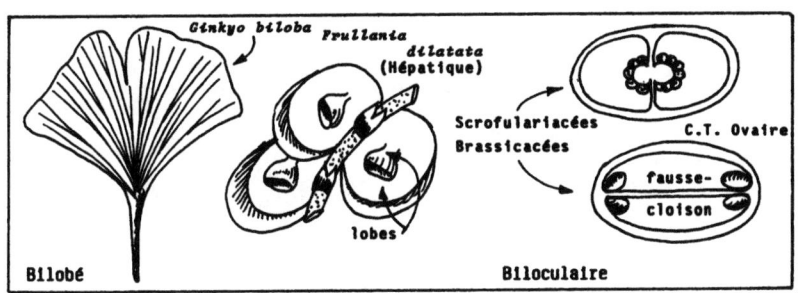

# BIO

on fait de la <u>biologie animale</u> ou de la <u>biologie végétale.</u>

**Biomasse,** n.f. (gr. <u>bios,</u> vie; lat. <u>massa,</u> bloc de pâte). | Poids de l'ensemble des êtres vivants qui colonisent un espace donné. Souvent on distingue la biomasse animale d'une part et la biomasse végétale, d'autre part.

**Biomorphose,** n.f. ((gr. <u>bios,</u> vie; <u>morphê,</u> forme). | Apparition de caractères morphologiques inhabituels chez les représentants d'une espèce donnée, sous l'influence d'un individu appartenant à une autre espèce. Ex. la Cyanobactérie intruse dans le thalle du *Ricasola amplissima* (Lichen foliacé) est responsable de biomorphoses dendroïdes (appelées *Dendriscaulon bolacinum*) au dessus du thalle foliacé d'origine.

**Biosphère,** n.f. (gr. <u>bios,</u> vie; <u>sphaira,</u> sphère). | Ce terme désigne la zone occupée par des êtres vivants au niveau du globe terrestre. L'épaisseur de cette "zone" reste extrêmement modeste par rapport à l'ensemble de notre planète. Ainsi les végétaux (hormis les semences ou spores véhiculées par les courants aériens) ne dépassent pas 120 ou 130 mètres de hauteur au-dessus du niveau du sol, et se raréfient considérablement avec la profondeur au sein des océans. Les Algues, par exemple, atteignent le niveau -100 mètres environ, dans les eaux les plus claires (à proximité des rivages marocains notamment).

**Biotique,** adj. (gr. <u>bios,</u> vie). | Qualifie tout ce qui concerne la vie ou en conditionne le maintien ou l'essor. On parle donc communément de conditions biotiques, d'indice biotique...

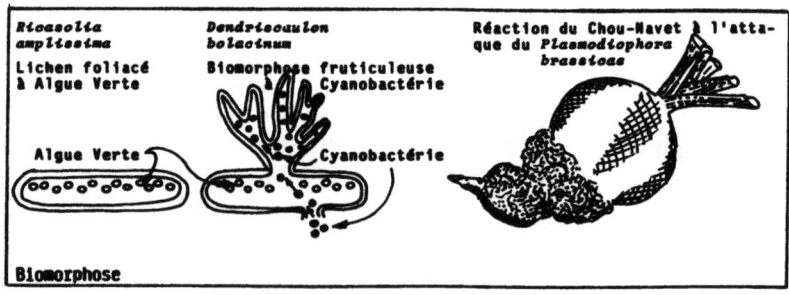

# BIO

**Biotope,** n.m. (gr. bios, vie; topos, lieu). | Synonyme de Station (v. ce mot).

**Biotrophe,** adj. (gr. bios, vie; trophê, nourriture). | Se dit d'un organisme hétérotrophe A qui s'alimente à partir d'un autre être vivant B. | Si l'individu A est le seul bénéficiaire de cette coexistence, au plan trophique, on le considère comme étant un parasite (v. ce mot). | Si les deux individus A et B procèdent à des échanges trophiques favorables pour chacun d'eux, on les tiendra alors pour symbiotes (v. ce mot).

**Bipartition,** n.f. (préf. bi, deux fois; lat. partitus, partager). | Séparation d'une unité en deux parties, qu'il s'agisse d'une cellule, d'un organe ou d'un individu tout entier.. | Ex. lors de l'amitose (v. ce mot) il y a bipartition de la cellule bactérienne (on dit encore qu'il y a scissiparité); le calice des Ajoncs (*Ulex*) révèle une nette bipartition.

**Bipenné,** adj. (lat. bi, deux fois; penna, penne). | Se dit d'un organe dont la ramification est deux fois pennée (v. ce terme). Ex. la fronde de l'Osmonde royale (*Osmunda regalis*) porte deux rangées de pennes : chacune d'entre elles est composée, à son tour, de 2 rangées de pinnules (v. les mots penne et pinnule).

**Bisannuel,** adj. (lat. bi, deux fois; annus, an).| Est bisannuel un végétal qui ne "boucle" son cycle qu'à la faveur d'un développement empiétant sur deux années civiles. | Ex. la Carotte (*Daucus carota*) qui, au cours de la première année, connaît le semis, puis le développement de ses feuilles et de son important pivot, avant le repos hivernal; au cours du printemps et de l'été de la seconde année, elle fleurira et

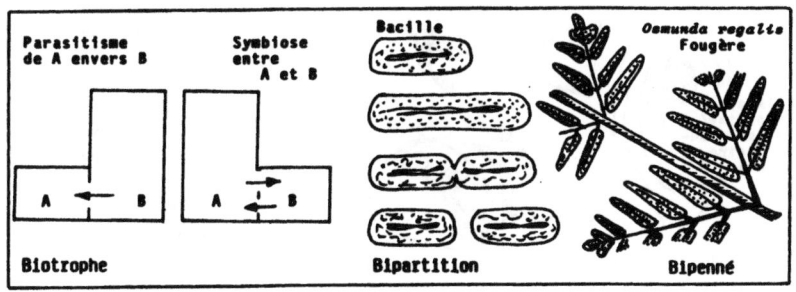

**BIT**

montera à graines. La Betterave est une plante typiquement bisannuelle.

**Bitegminé,** adj. (lat. bi, deux; tegumentum, tégument).
▮ Caractère d'un ovule (et de la graine qui en dérive) lorsque celui-ci est revêtu par deux téguments (alors appelés primine et secondine, v. ces mots).
▮ Ex. la superposition des deux téguments est manifeste dans le cas de la graine du Haricot : tégument externe (ou primine) plus ou moins coloré, plus ou moins épais, plus ou moins marbré; tégument interne (ou secondine) mince et parcheminé.

**Bivalve,** adj. (lat. bi, deux; valva, battant de porte).
▮ Se dit d'un fruit qui s'ouvre en deux valves. Ex. la gousse (v. ce mot) de l'Ajonc ( *Ulex europaeus* ) est typiquement bivalve, de même que la silicule de la Monnaie du pape ( *Lunaria biennis* ).

**Blanc,** n.m. (german. blank, blanc). ▮ Terme qui se rapporte au monde des Champignons. ▮ Blanc de champignon: désignation usuelle du mycélium des espèces de Champignons cultivés. Ex. larder une couche avec du blanc de Champignon de Paris. ▮ Blanc du Chêne: affection cryptogamique qui frappe surtout les jeunes plantules ou les rejets de Chênes, et dont l'agent est un Champignon Ascomycète (*Microsphaera alphitoides*)
▮ Il existe d'autres affections fongiques pareillement nommées "blanc", affectant même des légumes.

**Blastospore,** n.f. (gr. blastos, germe; spora, semence).
▮ Chez les Levures (Champignons Ascomycètes, v. ce mot) ce terme désigne chaque bourgeon, capable de se comporter comme une spore et d'assurer la propagation du Champignon. Lorsque le phénomène se répète

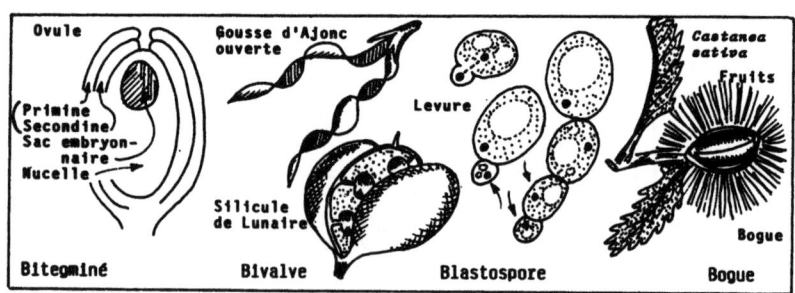

à un rythme soutenu, il peut s'élaborer des "chaînettes de cellules de levure. | Ex. la levure du Pulque mexicain, boisson fermentée de ce pays.

**Blet**, adj. (orig. german.). | Se dit d'un fruit charnu devenu mou, parce qu'il a dépassé le stade de la maturité normale. Pour certains fruits d'arrière-saison, le gel est souvent un facteur accélérant ce blettissement. Ex. les Nèfles ( fruits du *Mespilus germanica* ) et les Cormes (fruits du *Sorbus domestica*) ne se mangent que blettes.

**Bogue**, n.f. (breton bolc'h, bogue). | Ensemble de bractées soudées entourant les akènes de certaines Cupulifères. Ex. la bogue épineuse du Châtaignier ( *Castanea sativa* ).

**Bois**, n.m. (bas lat. bosci, bois). | Tissu conducteur de la sève brute, caractéristique des Végétaux Vasculaires. En fonction des groupes systématiques considérés (Ptéridophytes, Gymnospermes, Préangiospermes, Angiospermes) ses caractères diffèrent. C'est un tissu qui regroupe des cellules vivantes et des cellules mortes. | Il doit sa rigidité à la présence de lignine (v. ce mot) au niveau des parois squelettiques des cellules. | On peut y distinguer, selon les végétaux étudiés : des éléments conducteurs (vaisseaux ou trachéides); des éléments de soutien (fibres ligneuses); des cellules d'un parenchyme ligneux aux parois, tantôt demeurées celluloso-pectiques, tantôt, elles aussi, lignifiées. | Couramment, le bois, au niveau des parties jeunes, est distribué en faisceaux (bien individualisables sur des sections transversales d'organes): c'est alors de bois primaire qu'il s'agit. Avec l'âge, maints végétaux acquièrent des formations se-

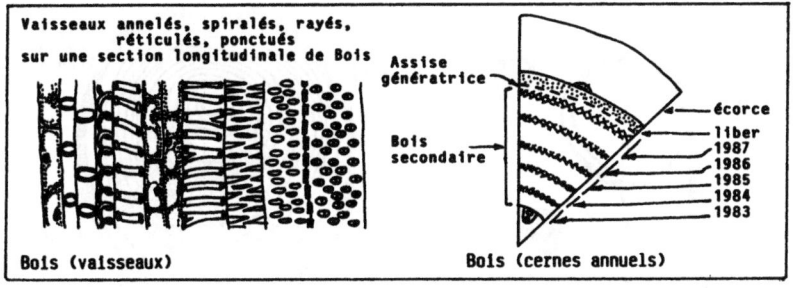

Bois (vaisseaux)   Bois (cernes annuels)

## BOI

condaires qui contribuent à l'accroissement en diamètre des organes, et résultent de l'activité d'une assise génératrice (v. ce mot). ❙ Ces formations secondaires ligneuses constituent des dépôts circulaires complets et, sous nos climats, la rythmicité de cette élaboration se traduit par la présence de cernes annuels. Chaque année, se succèdent la genèse de bois de printemps, ou bois clair, puis de bois d'été, ou bois plus sombre. C'est cette alternance de teintes (liée à des différences de structure intime) qui permet de "compter les cernes" et donc de déterminer l'âge d'un individu. ❙ Le bois le plus ancien, le plus central, n'est bientôt constitué que d'éléments morts. Imprégné de composés organiques, et parfois de minéraux (phénomène connu sous le nom de duraminisation) ce bois central, dur, sombre, prend le nom de bois de coeur. C'est celui qui est recherché, alors que le bois extérieur, plus clair, plus tendre, constitue l'aubier (v. ce mot), de valeur commerciale bien inférieure. ❙ Le bois est encore appelé xylème, et la science qui se consacre à son étude se nomme la xylologie.

**Bois de compression, Bois de réaction, Bois de tension.**
❙ On désigne par bois de réaction des tissus lignifiés anormaux qui se sont différenciés sous la pression de facteurs mécaniques extérieurs à la plante elle-même. Souvent un stimulus géotropique en est la cause essentielle. ❙ Chez les Conifères, à la partie inférieure des tiges obliques et des branches, se forme, sous l'influence de la pesanteur, du bois de réaction que l'on appelle alors, plus spécialement, bois de compression. ❙ On appelle par contre, bois de tension, celui qui se forme à la partie supérieure des branches obliques des essences ligneuses (Gymno- et Angiospermes).

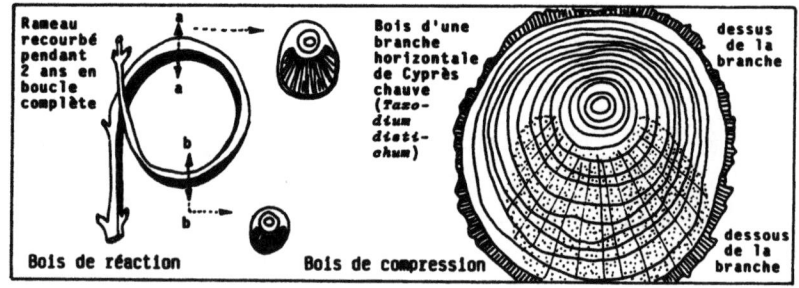

Rameau recourbé pendant 2 ans en boucle complète — Bois de réaction

Bois d'une branche horizontale de Cyprès chauve (*Taxodium distichum*) — Bois de compression — dessus de la branche — dessous de la branche

BOT

**Botanique**, n.f. (gr. botanikos, qui concerne les herbes). ▎ Discipline scientifique composite puisqu'elle regroupe l'ensemble des sciences qui étudient les végétaux. Son importance est considérable du fait de la multiplicité des applications des connaissances qui lui sont dues. Comme toute science actuelle, elle connaît des développements de plus en plus féconds "surtout sur ses marges" (aux confins d'autres disciplines) dans le monde de la Physiologie, de la Biotechnologie, de l'Ecologie, de la Chimie... entre autres.

**Botryoïde**, adj. (gr. botrus, grappe). ▎ Terme qui s'applique à une inflorescence aux ramifications secondaires abondantes et désordonnées. ▎ Ce terme s'applique aussi à tout système racinaire charnu, très rameux, à la façon d'une inflorescence de Chou-fleur. Ex. le système racinaire du *Cycas revoluta*, associé avec une Cyanobactérie (*Anaboena cycadae*) est botryoïde.

**Boucle**, n.f. (lat. buccula, boucle). ▎ Ce terme concerne le mycélium des Basidiomycètes. Voir son synonyme : Anse d'anastomose.

**Bourgeon**, n.m. (lat. burra, bourre). ▎ Ensemble de très jeunes pièces foliaires ou florales regroupées sur un axe extrêmement court, riche de cellules méristématiques. ▎ En fonction de leur position on distingue plusieurs types de bourgeons: le bourgeon terminal (qui se situe au sommet de l'axe); les bourgeons latéraux; les bourgeons adventifs ou les bourgeons proventifs (encore appelés dormants) qui sont des bourgeons pouvant se réveiller d'une manière inattendue; les bourgeons anticipés qui se développent avant l'époque normale de leur réveil et qui, de toute manière, ne passent pas l'hiver au repos comme on pouvait le penser.

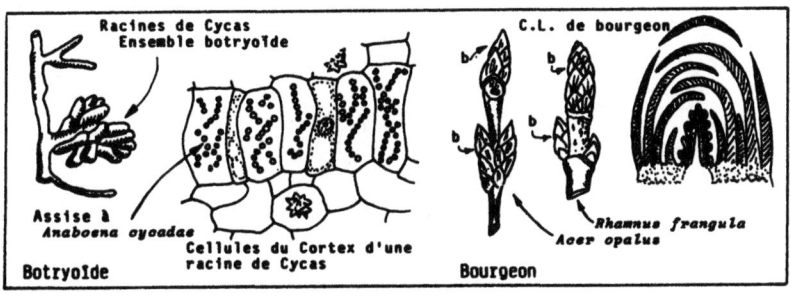

**BOU**

| En fonction de leur devenir on saura encore reconnaître : les bourgeons à bois qui engendrent des rameaux feuillés; les bourgeons à fleurs qui engendrent des rameaux fleuris; les bourgeons mixtes générateurs de feuilles et de fleurs.

**Bourgeonnement,** n.f. (lat. burra, bourre). | Action de bourgeonner. Outre le cas classique des Plantes Supérieures (cf. le terme Bourgeon) il est des possibilités de bourgeonnement dans d'autres groupes végétaux. | Bourgeonnement des Levures (Champignons Ascomycètes) : les éléments produits, lesquels se libèrent de la cellule-mère, s'appellent ici des blastospores, v. ce mot. | Bourgeonnement chez les Bryophytes : les éléments ainsi produits et disséminés s'appellent alors des propagules, v. ce mot. | On notera enfin les possibilités de bourgeonnement épiphylle (à la surface du limbe foliaire, au niveau des nervures) chez diverses plantes horticoles: Bégonias, Jacinthes, *Echeveria*, entre autres.

**Bouton,** n.m. (vieux fr. bouter pousser). | Formation différenciée par une plante en croissance et qui évoluera à son tour en tige, en feuille ou en fleur. Ce terme sous-entend le plus souvent un bouton floral, et donc un ensemble de pièces florales enserrées dans les sépales (constituant le calice). | Il se peut, dans le cas d'inflorescences compactes (comme les capitules des Astéracées: Chrysanthèmes, Dahlias, Pissenlits...) que chaque capitule tout entier constitue un seul et même "bouton", alors protégé par les bractées de l'involucre (v. ces mots).

**Bouturage,** n.f. (vieux fr. bouter, pousser). | Action qui consiste à utiliser des boutures (v. ce mot) pour

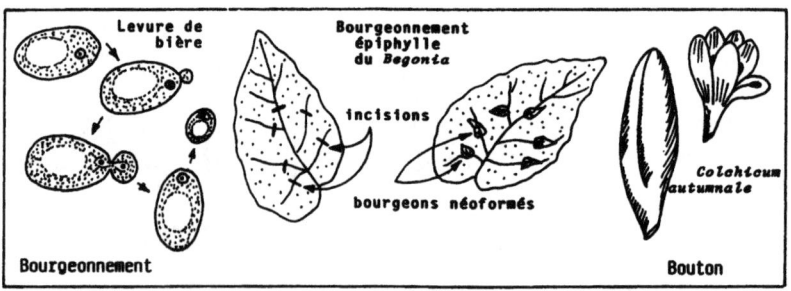

propager végétativement une espèce. | C'est un procédé extrêmement répandu chez les Champignons en particulier (par le biais de la production de spores internes, de spores externes ou par le recours au bourgeonnement. | Le bouturage est très couramment pratiqué en utilisant diverses Angiospermes. V. aussi "Bouture".

**Bouture,** n.f. (vieux fr. bouter, pousser). | Fragment de végétal susceptible de régénérer les organes qui lui manquent, et de reconstituer ainsi une plante entière capable de poursuivvre alors un développement parfaitement autonome. | On distinguera bien ce terme de celui de marcotte, v. ce mot.| C'est donc un mode efficace et rapide de propagation végétative (ou multiplication). | L'isolement d'une bouture, et sa reprise, peuvent se réaliser naturellement (bouturage naturel), ou résulter d'une entreprise humaine (bouturage artificiel). La pratique d'une telle technique représente une opération d'un grand intérêt économique pour maintes espèces fruitières, florales, et même légumières ou forestières. On peut facilement bouturer le Bégonia, la Saintpaulia, le Tradescantia, tout comme on réalise des boutures lorsque l'on "plante" des tubercules de Pomme de terre!

**Brachyblaste,** , n.m. (gr. brachy, court; blastos, germe). | Ce terme sert à désigner,chez quelques essences ligneuses du groupe des Gymnospermes (et notamment chez les Pins) un rameau très court se terminant par un bouquet de pseudophylles (v. ce mot) que l'on appelle communément aiguilles (v. ce mot). Voir aussi Rameau.

**Bractée,** n.f. (lat. bractea, feuille de métal). | Feuille (dont la morphologie et la taille diffèrent

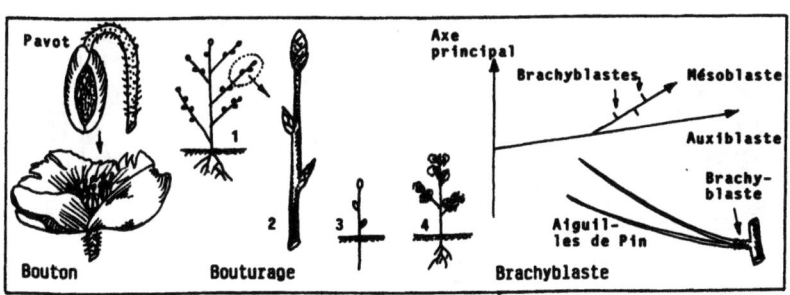

## BRA

en général fortement de celles des autres feuilles du végétal considéré) à l'aisselle de laquelle un bourgeon a différencié une fleur ou une inflorescence, d'où l'expression fréquente de "bractée axillante". ❙ Dans certains cas (Arbre aux pochettes, *Davidia involucrata* notamment) les bractées sont de très grande taille et spectaculaires. Ailleurs (chez les Astéracées à inflorescences en capitules, elles sont nombreuses et constituent un involucre (v. ce mot). ❙ Ce sont ces bractées que l'on consomme chez l'Artichaut ! ❙ Chez le *Poinsettia pulcherrima*, elles sont colorées, brillamment, en rouge, rose ou blanc et fort décoratives. ❙ Chez les Spadiciflorales (Palmiers) et végétaux systématiquement proches, elles constituent une spathe (v. ce mot) qui enveloppe totalement l'inflorescence jeune. ❙ En ce qui concerne le Tilleul, les bractées sont utilisées pour la préparation des infusions. ❙ De nombreux Conifères différencient des cônes dont les écailles (ou carpelles, v. ce mot) sont axillées chacune par une bractée souvent masquée entre les écailles.

**Bractéole,** n.f. (lat. bractea, feuille de métal). ❙ Petite bractée axillant chacun des rayons d'une inflorescence composée ou chacune des fleurs constituant une inflorescence, quel qu'en soit le type. Ex. les bractéoles du Muguet (*Convallaria maialis*) et du *Viola* de nos talus.

**Branche,** n.f. (bas lat. branca, patte, puis branche d'arbre). ❙ Ramification importante d'un végétal (et en particulier d'un arbre) directement insérée sur le tronc. Les branches se divisent elles-mêmes en pousses de calibre de plus en plus réduit jusqu'aux ultimes brindilles ou rameaux de l'année. ❙ Le maintien

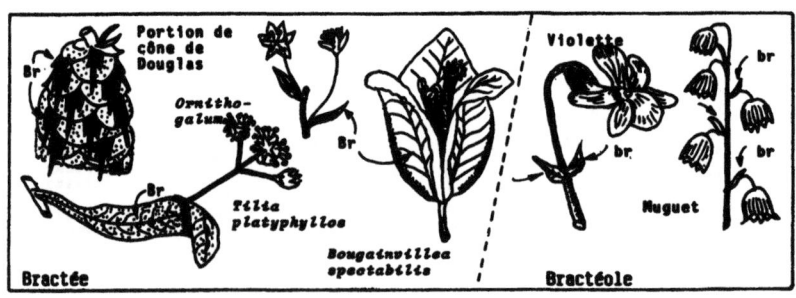

des branches sur l'arbre ou leur élimination spontanée (élagage naturel) dépendent beaucoup, entre autres motifs : de facteurs génétiques, de la densité du peuplement, de la présence, ou non, d'espèces de Champignons efficaces en matière de dégradation des branches affaiblies.

**Brèche,** n.f. (anc. haut allem. brecha, fracture).
❙ Discontinuité au niveau de la stèle (v. ce mot) du fait de dérivations vasculaires destinées à irriguer les branches et/ou les feuilles qui s'insèrent tout au long de la tige . On distingue donc des brèches foliaires et des brèches raméales.

**Brévistylée,** adj. (lat. brevis, court; stilus, style).
❙ Qualifie une fleur à style court, par opposition à certaines autres fleurs de la même espèce pour lesquelles, au contraire, leur long style justifie le qualificatif de longistylée (v. ce mot). Ce dimorphisme des styles va de pair avec la nécessité d'une pollinisation croisée (v. ce mot). Ex. les Primevères ont des fleurs brévistylées (les "paillettes" des horticulteurs, car on en voit les 5 anthères staminales à la gorge de la corolle) et des fleurs longistylées.

**Brise-vent,** n.m. (lat. brisare, briser; ventus, vent).
❙ Rideau constitué soit par des arbustes, soit par des arbres, soit par une juxtaposition des deux types afin de réduire la vitesse du vent et, ainsi, les pertes d'eau par la végétation qu'il protège, entre autres services rendus. Le rôle des brise-vent est essentiel près du littoral et dans les vastes plaines.

**Brou,** n.m. (vieux fr. brout, pomme verte). ❙ Chez divers fruits, ce terme désigne le péricarpe, au moins

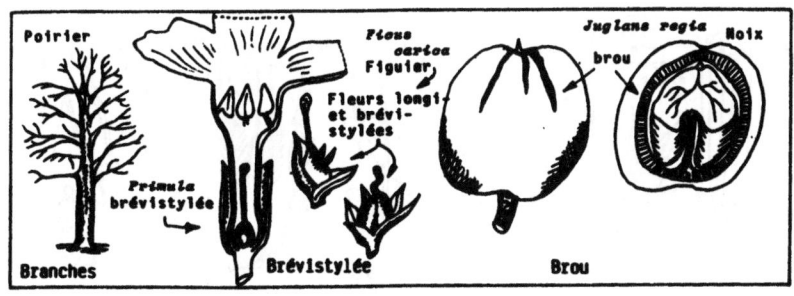

dans sa partie la plus périphérique (on dit parfois vulgairement "la coque") de couleur verte, puis brune. L'exemple le plus connu est celui du brou de la Noix, fruit du Noyer commun (*Juglans regia*).

**Broussin**, n.m. (lat. bruscum, broussin). ❙ Excroissance ligneuse, plus ou moins ovoïde, qui se rencontre le long du tronc et des branches de certains arbres. Au niveau de ces hypertrophies, encore appelées loupes, la disposition capricieuse des fibres ligneuses confère au bois, sur les sections parallèles à l'axe du tronc, ou de la branche, un caractère éminemment ornemental et apprécié, du fait du cheminement sinueux de ses veines. Ces hypertrophies peuvent atteindre des tailles considérables (1 m. de hauteur sur 30 ou 40 cm. d'épaisseur) . Les broussins de l'Orme sont fort recherchés.

**Bryales**, n.f.pl. (gr. bruon, mousse). ❙ L'un des Ordres de Bryophytes (v. ce mot) englobant toutes les Mousses (Sphagnales et Andréales exclues) et que caractérisent : le protonéma filamenteux; la présence de rhizoïdes cloisonnés; le gamétophyte en tige feuillée à symétrie radiale; la capsule, portée sur une longue soie, et possédant, tout à la fois, un opercule, un péristome, une columelle, mais ne différenciant pas d'élatères.

**Bryologie**, n.f. (gr. bruon, mousse; logos, science). ❙ Partie de la Botanique qui consiste à étudier les Bryophytes (Mousses, Hépatiques et Anthocérotes). Le spécialiste des Bryophytes est appelé Bryologue.

**Bryophytes**, n.m.pl. (gr. bruon, mousse; phuton, plante). ❙ Embranchement de Plantes Archégoniates non vasculari-

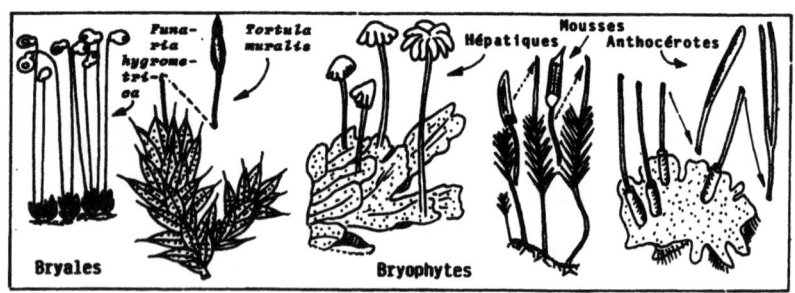

sées, regroupent classiquement: les Mousses, les Hépatiques et les Anthocérotes. Leur gamétophyte est (à de rares exceptions près) très dominant par rapport au sporophyte qui vit à ses dépens. Leur cycle (v. ce mot) est donc digénétique à dominance haploïde.

**Bulbe,** n.m. (lat. bulbus, bulbe). ▌ Organe le plus souvent souterrain, lieu d'accumulation de réserves pour le végétal. Sa tige, très courte, aplatie (le plateau du bulbe) supporte un ou plusieurs bourgeons entouré(s) de pièces foliaires plus ou moins déformées, et différencie vers le sol des racines adventives. ▌ On distingue, en fonction de la morphologie de leurs feuilles assez charnues en général : des bulbes écailleux dont les feuilles restent alors assez étroites (ex. le Lys); des bulbes tuniqués dont chaque feuille entoure totalement celles qui lui sont internes (et mérite donc bien le nom de tunique (ex. l'Oignon).▌Sous l'appellation de bulbe solide, on désigne une tige épaisse et courte, gorgée de réserves elle aussi, entourée, seulement à sa base, par quelques écailles ou bases de pétioles nullement hypertrophiés (Ex. le Glaïeul ou la Renoncule bulbeuse ( *Ranunculus bulbosus*). ▌ Les Végétaux Supérieurs pourvus de bulbes appartiennent à un Type biologique particulier : les Géophytes (v. ce mot).

**Bulbilles,** n.f.pl. (lat. bulbus, bulbe). ▌ Organes de propagation très efficaces chez certains végétaux dont ils assurent le bouturage naturel. Chaque bulbille en vie ralentie, riche en réserves, est normalement constituée d'un axe court, renflé, entouré de feuilles imbriquées. ▌ Les bulbilles se forment, selon les espèces, à l'aisselle des feuilles (ex. *Ranunculus ficaria*), à la place des fleurs, à l'aisselle des é-

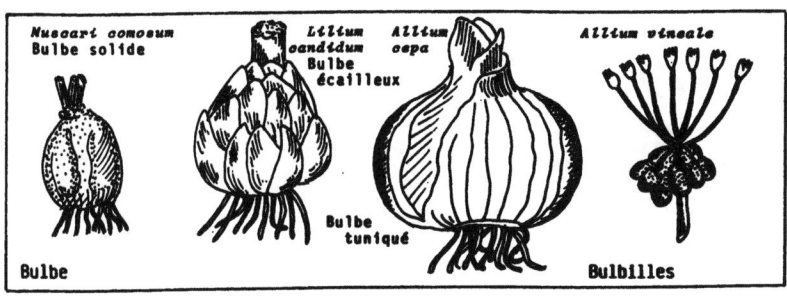

cailles des bulbes, voire à la face supérieure des feuilles, comme c'est le cas chez la Cardamine des prés (*Cardamine pratensis*) ou même sur les nervures des frondes de diverses Fougères !

**Bursicule**, n.f. (lat. bursa, bourse). Petite dépression du gynostème (v. ce mot) des Orchidacées, dans laquelle se situe le rétinacle (v. ce mot), petite glande visqueuse rattachant les courts pédicelles des pollinies, ou caudicules, au rostellum (v. ces mots).

**Buttage**, n.m. (anc. scandin. buir, butte). ▌Action qui consiste à créer une petite levée de terre tout autour de la base d'un végétal pour y favoriser le développement d'organes adventifs (v. ce mot) qu'il s'agisse de racines ou de tiges. ▌Le buttage des Pommes de terre est essentiel pour favoriser la formation de stolons (ou tiges souterraines) qui différencient à leurs apex les tubercules que l'on connaît.

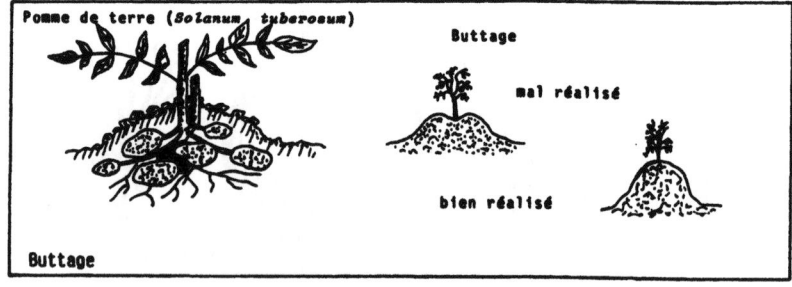

Buttage

# C

**Cabosse,** n.f. ▎Fruit du Cacaoyer ( *Theobroma cacao* ), qui renferme des graines aplaties appelées "fèves" de Cacao, au nombre d'une vingtaine par cabosse. ▎ Infrutescence (ou épi) du Maïs ( *Zea mays* ).

**Caduc, Caduque,** adj. (lat. cadere, tomber). ▎ Se dit du feuillage (ou de chaque feuille) d'un végétal destiné à tomber en cours d'année, après avoir rempli sa fonction, ce qui se produit normalement à l'approche de la mauvaise saison. Ex. les Lilas sont des arbustes à feuilles caduques. Les Chênes se partagent entre espèces à feuilles caduques (par ex. les *Quercus petraea* et *Qu. robur*, respectivement Chênes sessile et pédonculé) et espèces à feuilles persistantes (par ex. les *Qu. ilex* et *Qu. suber*, respectivement Chênes vert et liège). ▎ Ce terme s'applique parfois à des pièes florales qui choient précocement (par ex. les sépales des Pavots, *Papaver*).

**Caduciflore,** adj. (lat. cadere, tomber; floris, fleur). ▎ Se dit d'un végétal dont les fleurs sont précocement caduques.

**Caïeux,** n.m.pl. (lat. catellus, petit chien). ▎ On nomme ainsi de petits bulbes qui naissent à l'aisselle des pièces constitutives des bulbes écailleux et peuvent entraîner la fragmentation du bulbe initial. Ex. les caïeux de l'Ail ( *Allium sativum* ).

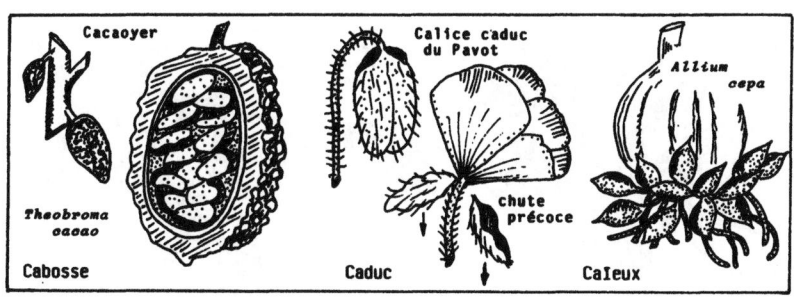

Cacaoyer — *Theobroma cacao* — Cabosse
Calice caduc du Pavot — chute précoce — Caduc
*Allium cepa* — Caïeux

## CAL

**Cal,** n.m. (lat. <u>callum</u>, callosité). ▌ Ce terme désigne, chez les végétaux, deux types de formations, les unes normales, d'autres pathologiques. ▌ <u>Sont normaux</u> : <u>soit</u> le revêtement de callose (v. ce mot) qui, à l'approche de la mauvaise saison, recouvre en les obstruant les cribles des tubes du liber; au printemps suivant, nombre de ces cals pourront se dissoudre et les tubes criblés redeviendront fonctionnels; <u>soit</u> les massifs cellulaires néoformés dans les cultures de tissus végétaux *in vitro*, cals susceptibles de se re-différencier en tissus fonctionnels. ▌ <u>Sont pathologiques</u> : les développements secondaires, à la suite de blessures, de tissus tendant à recouvrir la plaie; on parle alors de cals cicatriciels, et leur mise en place complète peut exiger plusieurs années.

**Calcicole** ou **Calciphile,** adj. (lat. <u>calx</u> ou <u>calcis</u>, chaux; <u>colere</u>, habiter; <u>philos</u>, ami). ▌ Ces termes soulignent l'aptitude qu'ont certaines plantes à prospérer, voire à préférer, les sols calcaires. Parfois cette préférence apparente pour le calcaire masque, en fait, la recherche de sols "chauds" parce qu'ils sont plus pauvres en eau, et la plante calcicole est alors plutôt une espèce <u>thermophile</u>. Ainsi en est-il du Buis souvent sur calcaire en régions septentrionales et plutôt sur silice en contrées plus méridionales : c'est une plante <u>calcicole-thermique</u>. ▌ Exemples de végétaux calcicoles : l'If (*Taxus baccata*), le Brachypode penné ( *Brachypodium pinnatum* ) ou la Mélique à longs cils (*Melica ciliata*).

**Calcifuge** ou **Calciphobe,** adj. (lat. <u>calx</u> ou <u>calcis</u>, de chaux; <u>fugere</u>, fuir). ▌ Ces termes soulignent la répulsion que manifestent certains végétaux pour les sols bien pourvus en calcaire. On les tient parfois pour

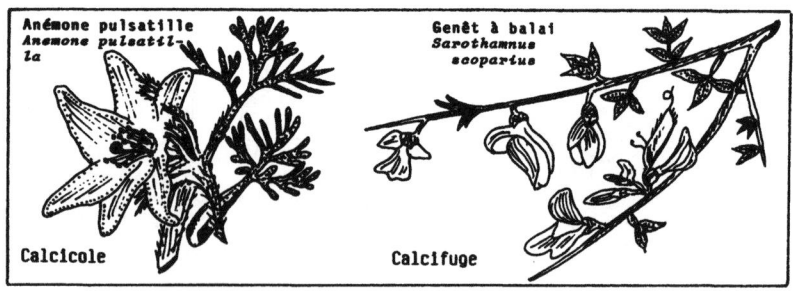

Anémone pulsatille
*Anemone pulsatilla*
Calcicole

Genêt à balai
*Sarothamnus scoparius*
Calcifuge

**CAL**

synonymes de "silicicoles". ▮ Ex. de végétaux calcifuges : l'Ajonc d'Europe (*Ulex europaeus*) et la majorité des Ericacées (Bruyères, Rhododendrons, Azalées ou Myrtilliers).

**Calice,** n.m. (lat. calyx, calice). ▮ Ensemble des pièces les plus externes du périanthe (ou sépales) à rôle éminemment protecteur. Lorsque le périanthe ne comprend qu'un seul verticille de pièces, on considère que ce sont celles du calice, même si ces pièces sont brillamment colorées. Ex. le calice des Anémones (qui n'ont pas de pétales). ▮ Les pièces du calice peuvent : choir précocement, juste en début de floraison (chez le Coquelicot, par ex.); persister, apparemment intactes jusqu'à la maturité des fruits (ex. chez la Tomate); persister, tout en brunissant du fait de leur dessiccation (ex. chez la Pomme); persister et se révéler accrescents (v. ce mot) comme chez l'Amour en cage (*Physalis alkekengi*).

**Caliciflores,** n.f.pl. (lat. calyx, calice; floris, fleur). ▮ Série de familles de plantes Dicotylédones Dialypétales dont les représentants possèdent des fleurs à réceptacle floral concave, en forme de calice (vase sacré) plus ou moins prononcé. Ex. les Rosacées sont des Caliciflores.

**Calicule,** n.m. (lat. calyx, calice). ▮ Ce terme sert à désigner, au niveau de la fleur de certaines Angiospermes, un involucre de pièces vertes, comparables à des sépales mais doublant ceux-ci extérieurement en un verticille alternant avec le réel calice. C'est un élément fréquent des fleurs de Rosacées ou de Malvacées, entre autres. Ex. le calice des Fraisiers est accompagné d'un calicule fort net.

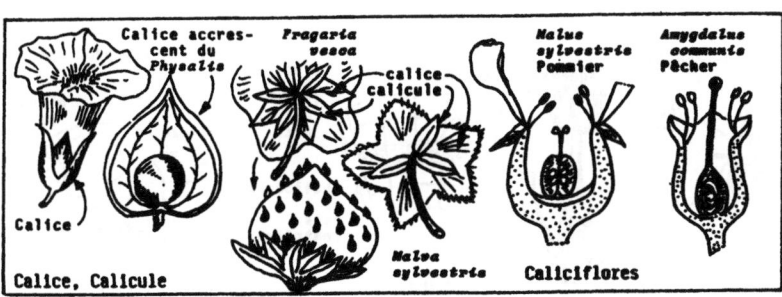

Calice, Calicule — Caliciflores

## CAL

**Callose,** n.f. (lat. callum, callosité). ▎ Polyglucoside formé de glucose bêta, assez fréquent au niveau de certaines parois squelettiques (notamment chez des Algues et chez des Champignons mais, plus particulièrement encore, à la surface des cribles des tubes libériens, où elle peut constituer des cals (v. ce mot).

**Calyptre,** n.f. (gr. kaluptêr, couverture). ▎ Chez les Bryophytes, on désigne ainsi la paroi de l'archégone. Après la fécondation de l'oosphère et le développement du jeune sporophyte, la calyptre haploïde entoure le sporogone diploïde, et constituera finalement la coiffe et la vaginule des Mousses; cependant que, chez les Hépatiques, elle ne sera pas entraînée par le sporogone en croissance et constituera une gaine à sa base, à son raccord avec le gamétophyte.

**Cambium,** n.m. (mot latin). ▎ Alors que l'on sait reconnaître le cambium externe (ou subéro-phellodermique), et le cambium interne, profond, (ou libéro-ligneux), on restreint parfois l'usage de ce terme (qui est synonyme d'assise génératrice ( v. ce terme) à la seule zone profonde, génératrice de liber centripète et de bois centrifuge. ▎ C'est grâce à l'activité saisonnière des cambiums que les tiges et racines s'accroissent en diamètre.

**Campanulée,** adj. (lat. campanula, campanule). ▎ Se dit d'une corolle gamopétale (v. ces mots) en forme de cloche. Ainsi la fleur des Campanules possède un tel type de corolle.

**Campylotrope,** adj. (gr. kamptos, recourbé; tropos, tour). ▎ Se dit d'un ovule d'Angiosperme arqué de

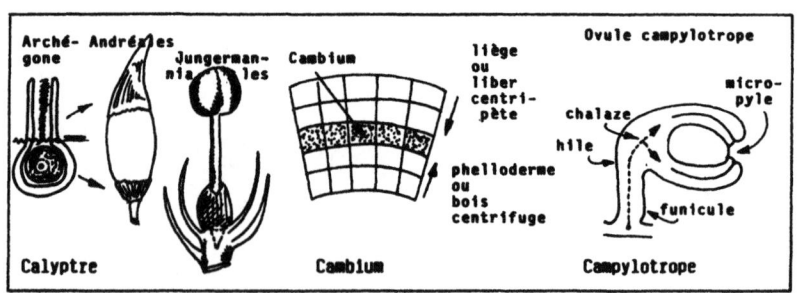

telle façon (par rapport à son funicule) que le micropyle se trouve, de ce fait, en position latérale, et que le cheminement : hile, chalaze, micropyle, parcourt une courbe prononcée. ▌ On dit encore d'un tel ovule, dépourvu de raphé (v. ce mot) qu'il est courbe. Ex. l'ovule des Brassicacées est campylotrope.

**Canal sécréteur.** ▌ Groupement de cellules sécrétrices (au sein d'un parenchyme le plus souvent) et ménageant entre elles une cavité (le canal proprement dit) dans lequel elles excrètent leur sécrétion. Ex. les bandelettes à essences des diakènes d'Apiacées, ou les canaux résinifères des Gymnospermes.

**Canaliculé,** adj. (lat. canalis, canal). ▌ Un organe caniculé est un organe creusé d'un petit sillon mimant un canal. Il en est ainsi de certains pétioles (ex. ceux des *Adenostyles*) ou de limbes foliaires (ex. chez les Oeillets,*Dianthus*).

**Cannelé,** adj. (ital. cannelatura, cannelure). ▌ Se dit notamment d'une tige, lorsqu'elle est parcourue par des côtes longitudinales (ou crêtes) ménageant entre elles des sillons. Ex. la tige de maintes Apiacées est cannelée.

**Capillaire,** adj. (lat. capillaris, capillaire). ▌ Se dit de certaines formations fines comme des cheveux. Ex. le système racinaire des Poacées est capillaire (un pied de Blé ou de Seigle possède 300 ou 400 mètres de racines capillaires); les feuilles immergées des *Batrachium*, ou des Myriophylles, sont capillaires.

**Capillitium,** n.m. (lat. capillaris, capillaire). ▌ Masse arachnéenne de filaments diploïdes anastomosés

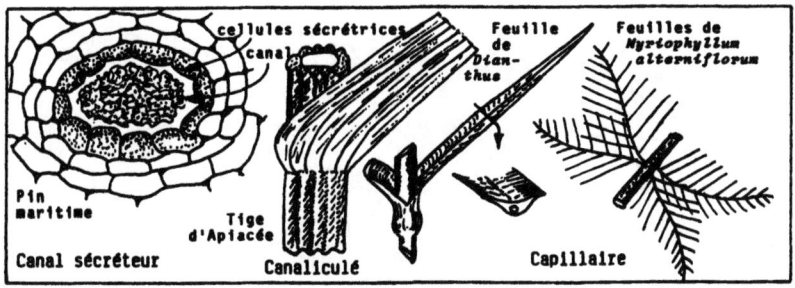

## CAP

se rencontrant dans les sporocystes mûrs de Myxomycètes (Champignons très inférieurs) et entre lesquels se situent les spores nées de la méïose. ❙ A la faveur de son hygroscopicité génératrice de mouvements brusques, le capillitium joue un rôle mécanique évident pour la dispersion des spores.

**Capité**, adj. (lat. capitatus, de caput, tête). ❙ Se dit d'un organe dont l'extrémité est globuleuse, à l'image d'une épingle à tête. Ex. les poils qui hérissent les feuilles des Rossolis ( les *Drosera* ) ou le stigmate de certaines fleurs sont capités.

**Capitule**, n.m. (lat. capitulum, petite tête). ❙ Inflorescence dense, centripète, indéfinie, résultant de la juxtaposition de nombreuses fleurs supportées par le sommet du pédoncule élargi en plateau. Ex. un capitule de Marguerite (*Leucanthemum vulgare*) ou de Pissenlit (*Taraxacum spec.*). C'est le type même d'inflorescence des Astéracées (ex-Composées). ❙ Lorsque l'inflorescence est un capitule de capitules, comme chez l'Edelweiss, on parle parfois d'incapitulescence.

**Capsule**, n.f. (lat. capsula, petite boîte). ❙ Chez les Angiospermes : Fruit sec déhiscent, renfermant plusieurs graines, dérivant d'un ovaire à un ou plusieurs carpelles, et s'ouvrant spontanément, à la faveur de fentes ou de pores. Ex. classiques : la capsule de Lychnis ou de Pavot. ❙ En fonction de particularités liées au nombre de carpelles impliqués, à la forme générale du fruit, aux modalités de déhiscence, on distinguera : les follicules, les gousses, les pyxides, les silicules ou les siliques, v. ces mots. ❙ Chez les Bryophytes: Partie massive du sporophyte (ou sporogone, v. ce mot) au coeur de laquelle

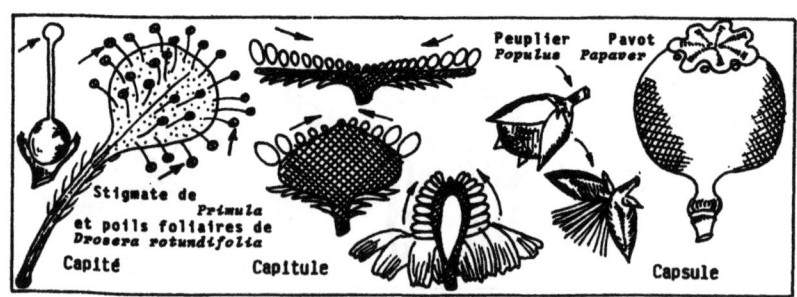

Stigmate de *Primula* et poils foliaires de *Drosera rotundifolia*
Capité — Capitule — Peuplier *Populus* Pavot *Papaver* — Capsule

seront élaborées les spores par méïose. En fonction du groupe de Bryophytes considéré, la capsule peut, ou non, comprendre : un péristome, une columelle, une apophyse... et s'ouvrir soit à son apex, soit par des fentes latérales. Synonyme : Urne.

**Carapace,** n.f. (esp. carapacho, carapace). ▌ Synonyme de frustule (v. ce mot) chez les seuls végétaux auxquels ce terme s'applique : les Diatomées ou Bacillariophycées (Algues microscopiques).

**Carénale,** adj. (du génois carena, ou du romain carina, carène). ▌ Se dit d'une préfloraison du type de celle que l'on rencontre chez les Césalpiniacées où, dans le bouton floral, la carène recouvre les ailes, lesquelles masquent à leur tour l'étendard. ▌ Un tel type de préfloraison est encore appelé préfloraison ascendante. Ex. la préfloraison est carénale chez le *Cercis siliquastrum* ou Arbre de Judée.

**Carence,** n.f. (lat. médiév. carentia, manquer). ▌ Défaut d'un élément chimique, de plusieurs, ou d'un composé déterminé, pour la croissance et/ou le développement normaux d'un végétal. ▌ Parmi les carences les plus étudiées, citons celles faisant suite à une absence, ou une insuffisance d'Azote, de Bore, de Cuivre, de Fer, de Magnésium. Ex. une carence en Bore est responsable de l'anomalie dite "du coeur creux" des Betteraves sucrières.

**Carène,** n.f. (du génois carena, ou du romain carina, carène). ▌ Ce terme s'applique tout spécialement (dans le monde végétal) aux deux pétales inférieurs soudés des corolles de fleurs de Fabacées (= Papilionacées) qui fait ressembler ces pièces à une carène de navire.

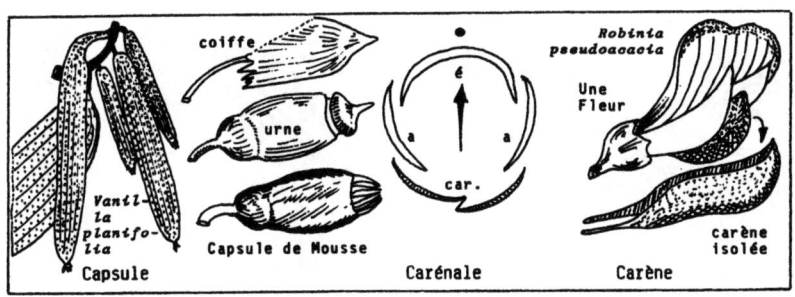

Capsule — Capsule de Mousse — Carénale — Carène

## CAR

**Carnivore,** adj. (lat. carnis, chair; vorare, dévorer).
❙ Ce terme s'applique à des végétaux appartenant soit aux Angiospermes, soit aux Champignons, capables de capturer et de digérer des proies animales. ❙ Certaines plantes immobilisent leurs proies grâce à des organes adhésifs desquels la victime ne peut se "décoller". ❙ D'autres encore effectuent de réels mouvements de capture. ❙ D'autres encore (possédant des formations en outres ou ascidies) noient leurs victimes. ❙ Il a été prouvé qu'une telle capture, suivie de la lyse enzymatique, constituait un mode efficace d'alimentation de la plante. Les proies essentielles sont, pour les Champignons carnivores: des Nématodes et des Rotifères, pour les Angiospermes carnivores: des Insectes et, parfois, de petits Reptiles (tels des Lézards). Les *Drosera, Pinguicula, Utricularia, Nepenthes, Sarracenia*, *Dionea* sont parmi les plus connues des Angiospermes carnivores.

**Caroncule,** n.f. (lat. caruncula, caroncule). ❙ Excroissance dérivée du hile ou du funicule (v. ces mots) se produisant parfois aussi en un point quelconque de la surface du tégument externe d'une graine. Souvent la caroncule est vivement colorée, ou attire manifestement certains Insectes (des Fourmis notamment). Ex. Chez les *Polygala*, les *Luzula forsteri* ou les Violettes, on peut observer des caroncules. Syn. "strophiole". Voir aussi "arille".

**Carotènes,** n.m. (gr. karôton, carotte). ❙ Pigments, rouge-orangé, responsables de la coloration de fleurs, fruits, graines, tiges, voire même racines, solubles dans les lipides. Ce sont des dérivés de l'isoprène.

**Carpelle,** n.m. (gr. karpos, fruit). ❙ Chez toutes

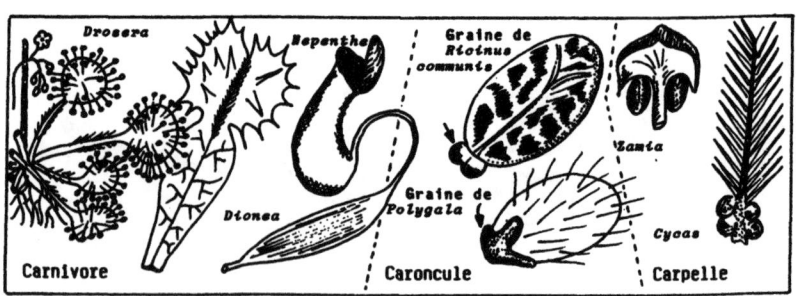

**CAR**

les plantes à ovules, ceux-ci sont portés sur, et parfois enclos dans des feuilles spécialisées à vocation femelle: ce sont les carpelles. ▌ Chez les Préspermaphytes (v. ce mot) les carpelles ont souvent une forme ramassée, ligneuse, en écailles (rappelant ceux des Gymnospermes, cf. infra) et sont groupés en cônes. Pourtant, chez les *Cycas*, les carpelles restent "foliacés", laciniés, et ne portent leurs ovules (de 2 à 6) qu'à leur base. ▌ Chez la plupart des Gymnospermes, l'unique carpelle de chaque fleur femelle reste largement ouvert, avec les ovules posés dessus. ▌ Chez les Angiospermes, les carpelles de chaque fleur sont plus ou moins soudés entre eux et l'ensemble est fermé et constitue le pistil ou gynécée (v. ces mots) de la fleur, avec, à l'intérieur, le (ou les) ovule(s).

**Carpogone,** n.f. (gr. karpos, fruit; gyné, femme).
▌ Appareil femelle de certaines Algues Rouges constitué par une partie basale renflée (ou oogone, v. ce mot) que prolonge un trichogyne grêle, récepteur de la spermatie, ou gamète mâle (v. ces mots).

**Carpophore,** n.m. (gr. karpos, fruit; phoros, qui a porté. ▌ Formation massive différenciée par les Champignons Supérieurs (appartenant au groupe des Basidiomycètes) et au niveau de laquelle se situe l'hyménium, ou partie fertile, marquant, par la libération de spores, l'issue des processus sexués. Ex. en automne, en sous-bois, on rencontre des carpophores de Bolets, de Lactaires, de Russules ou de Sclérodermes. ▌ On distingue maintes formes de carpophores que l'on qualifie, selon leur morphologie, de: conchoïdes, dimidiés, réfléchis, résupinés, stipités.. C'est là un vocabulaire très diversifié que l'on ne peut détailler.

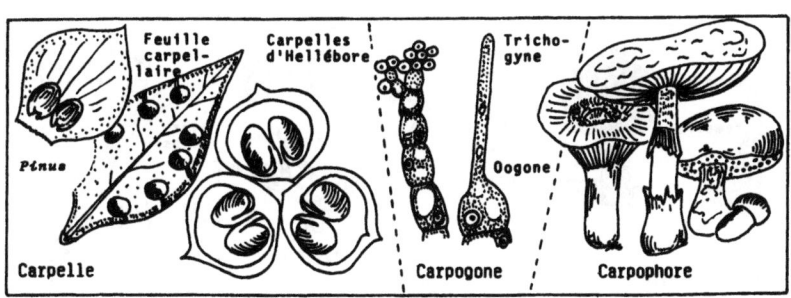

Carpelle / Carpogone / Carpophore

## CAR

**Carposporophyte**, n.m. (gr. karpos, fruit; spora, semence; phuton, plante). ▎ L'une des phases représentées au cours du cycle de reproduction de certaines Algues Rouges trigénétiques. C'est, après la fécondation, le premier des deux sporophytes, celui-ci engendrera (sans méïose !) des spores diploïdes (appelées carpospores) génératrices du second sporophyte (ou tétrasporophyte). Voir tous ces mots. On tient encore Gonimoblaste pour synonyme de Carposporophyte. Ex. chez le *Nemalion multifidum* existent des carposporophytes.

**Caryocinèse**, n.f. (gr. karuon, noyau; kinein, mouvoir). ▎ Synonyme de Mitose (v. ce mot) ou Karyokinèse.

**Caryogamie**, n.f. (gr. karuon, noyau; gamos, mariage). ▎ Union des noyaux des deux gamètes (mâle et femelle) ou des deux gamétocystes (en cas d'hologamie) engendrant de la sorte des noyaux à lot double de chromosomes par appariement. ▎ Dans l'immense majorité des cas caryogamie et plasmogamie (v. ce mot) sont simultanées. Mais, chez les Champignons Supérieurs, ces deux processus sont disjoints (voir à cet égard les mots Caryonymphie et Dicaryon).

**Caryonymphie**, n.f. (gr. karuon, noyau; nymphé, jeune mariée). ▎ Etat très particulier du mycélium secondaire élaboré par les Champignons Supérieurs au lendemain de la plasmogamie, sans que la caryogamie ait été consommée. Les compartiments néoformés ont donc un cytoplasme mixte, mais recèlent deux noyaux complémentaires qui ne s'apparient pas sur le champ. Cet appariement (cette caryogamie) n'aura lieu qu'au niveau de l'hyménium des carpophores (v. ce mot). Pour mieux traduire ce fait, on compare parfois la caryonymphie à de véritables "fiançailles de noyaux".

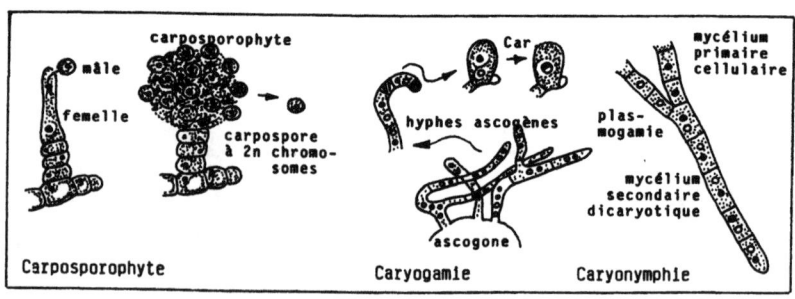

Carposporophyte — Caryogamie — Caryonymphie

# CAR

**Caryopse,** n.m. (gr. karuon, noyau; opsis, apparence).
❙ Fruit des Poacées très original en ce qu'il s'agit d'un akène dont la graine est soudée au péricarpe (ou paroi du fruit), v. ce mot. En cela le caryopse du Blé (par ex.) diffère nettement de l'akène, tel celui du Noisetier (la Noisette).

**Caryotype,** n.m. (gr. karuon, noyau; typos, marque).
❙ Ensemble des chromosomes du noyau d'une cellule après qu'ils aient été appariés et classés (souvent d'après des critères de taille et de forme). ❙ Le caryotype définit avec précision un type héréditaire. Synonyme : Formule chromosomique.

**Casque,** n.m. (esp. casco, casque).❙ Partie supérieure de la corolle (voire parfois du calice) de certaines fleurs, constituée par un ou plusieurs pétales (ou sépales) recourbés pour former une sorte de casque. Ex. le casque de la Sauge des prés (*Salvia pratensis*) ou celui des Aconits (*Aconitum*), correspondant, celui-ci, à un seul sépale pétaloïde (v. ce mot).

**Castration parasitaire** ❙ Résultat possible de l'influence d'un parasite animal ou végétal sur l'appareil reproducteur de son hôte. Cet effet néfaste peut résulter: soit de l'attaque directe des pièces fertiles, soit de modifications les frappant mais induites en de tous autres organes. ❙ Ex. la castration des fleurs femelles du *Melandryum dioicum* par l' *Ustilago violacea* entraîne le développement de 10 étamines normalement inhibées dans la fleur femelle normale.

**Catabolisme,** n.m. (gr. katabolé, action de jeter en bas). ❙ Phase du métabolisme qui repose sur la dégradation de composés avec libération d'énergie.

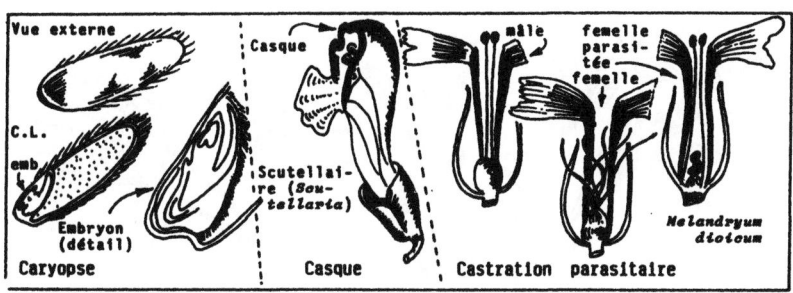

Caryopse | Casque | Castration parasitaire

# CAU

**Caudicule,** n.f. (lat. cauda, queue). ▍ Court pédicelle de chacune des pollinies (v. ce mot) d'une fleur d'Orchidée, assurant la fixation de la pollinie sur le rostellum (v. ce mot) par l'intermédiaire du rétinacle.

**Caulescent,** adj. (lat. caulis, tige). ▍ Un végétal caulescent est un végétal pourvu d'une tige. On l'appelle aussi parfois un "Caulophyte". On opposera à ce terme, le qualificatif acaule (v. ce mot). Ex. un Pomier est un végétal caulescent, cependant qu'une Pâquerette sera dite acaule.

**Cauliflore, Cauliflorie,** adj. et n.f. (lat. caulis, tige; florem, fleur). ▍ Chez l'Arbre de Judée ( *Cercis siliquastrum*) ou chez le Cacaoyer (*Theobroma cacao*) il y a manifestement cauliflorie. Les fleurs sont en effet directement portées par les plus fortes branches, et même par le tronc (ou tige:*caulis* en latin). Chez une plante cauliflore, les fruits (gousses de l'Arbre de Judée, cabosses du Cacaoyer) apparaissent donc tout le long du tronc et des éléments majeurs de la ramure.

**Caulinaire,** adj. (lat. caulis, tige). ▍ Qui tient à la tige ou qui appartient à la tige. Ex. Chez les *Phyteuma* (Scrophulariacées) on distingue les feuilles basales et les feuilles caulinaires d'après leur position et leur forme.

**Caytoniales,** n.f. (de Cayton, localité du S. de l'Angleterre où l'on a retrouvé des restes). ▍ L'un des Ordres du groupe des Préspermaphytes (v. ce mot). Plantes exclusivement connues par leurs restes fossiles. L'organisation de leurs pièces femelles a conduit certains botanistes à considérer les pennes (v. ce

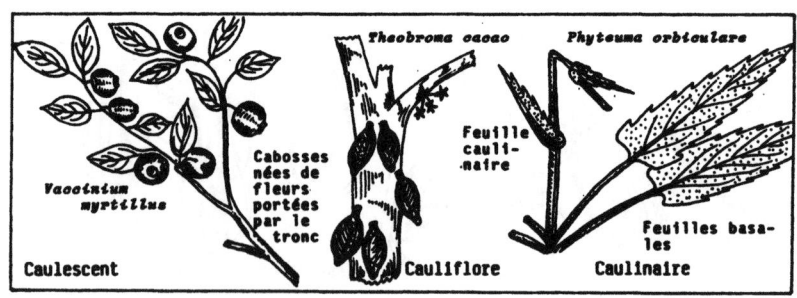

Caulescent — *Vaccinium myrtillus* — *Theobroma cacao* Cabosses nées de fleurs portées par le tronc — Cauliflore — *Phyteuma orbiculare* Feuille caulinaire — Feuilles basales — Caulinaire

mot) recourbées, rabattues sur les ovules, comme des archétypes de gynécée d'Angiospermes (v. ce mot).

**Cécidie,** n.f. (gr. kêkidos, noix de galle). | Hypertrophie avec biomorphoses produite chez un végétal à la suite de l'attaque localisée d'un animal (zoocécidie) ou d'un autre végétal (phytocécidie). | Lorsqu'il s'agit de phytocécidies, selon l'identité du végétal responsable de l'altération, on parle de mycocécidies, (si l'assaillant est un champignon), de bactériocécidie (si c'est une bactérie).

**Cellule,** n.f. (lat. cellula, diminutif de cella, case). | Unité structurale de base des êtres vivants. Dans le règne végétal, la cellule comprend, en principe : une paroi squelettique, un cytoplasme et un noyau. Mais il est, en fonction des groupes systématiques, bien des fluctuations en matière de membrane squelettique et de structure nucléaire notamment. | Depuis que Pasteur l'a définitivement prouvé "toute cellule ne peut dériver que d'une cellule préexistante". C'est la mise à la raison des tenants de la théorie de la génération spontanée. | Cellules-mères: ce terme désigne, au niveau d'un organe uni- ou pluricellulaire, toute cellule qui pourra (par méiose) donner naissance : soit à des spores (tétraspores, v. ce mot), susceptibles, à leur tour, d'évoluer en gamétophytes; soit directement à des gamètes capables de s'accoupler pour engendrer un oeuf (ou zygote). Selon le cas, une telle cellule-mère sera dite "mère de spores" ou "mère de gamètes". C'est, respectivement, ce qui se passe au sein d'un sporange de Fougère, ou au coeur d'un conceptacle de *Fucus*. Chez les Bryophytes, les Ptéridophytes, les cellules-mères se situent au coeur des sporanges; chez les Spermaphytes, les cellu-

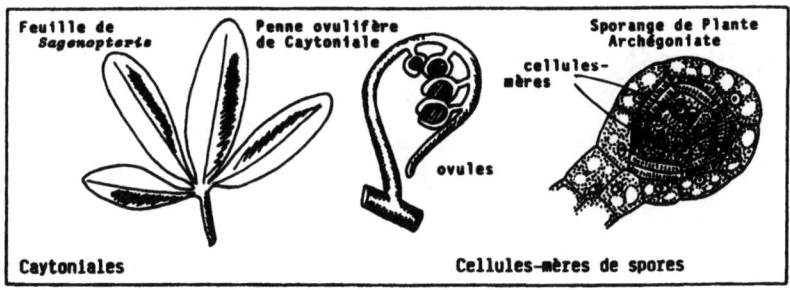

## CEL

les-mères de microspores se situent au niveau des deux sacs polliniques des anthères des étamines. | <u>Cellules stomatiques</u> : on désigne ainsi les deux cellules qui s'affrontent au niveau de chaque stomate (v. ce mot) et ménagent entre elles un ostiole dont elles déterminent l'ouverture ou la fermeture. | <u>Cellules annexes</u>:ou cellules adjacentes aux cellules stomatiques et qui présentent le plus souvent des formes distinctes de celle, homogène, du reste de l'épiderme (v. stomate). | <u>Cellules compagnes</u>: cellules parenchymateuses qui flanquent les tubes criblés du liber (v. ce mot).

**Cellulolytique,** adj. (lat. <u>cellula</u>, cellule; <u>lysis</u>, lyse). | Se dit d'organismes aptes à dégrader la cellulose. Ex. certaines Bactéries du sol ou de nombreux Champignons telluriques sont cellulolytiques.

**Cellulose,** n.f. (lat. <u>cellula</u>, cellule). | Polyholoside linéaire, polymère condensé du bêta-glucopyranose, constituant essentiel des dépôts secondaires au niveau des parois squelettiques des Végétaux Supérieurs. Mais parfois d'autres composés (hémicelluloses, lignine notamment) s'y superposent au cours de la différenciation cellulaire.

**Cénocyte,** n.m. (gr. <u>koinos</u>, commun; <u>kutos</u>, cellule). | Synonyme de Coenocyte (v. ce mot).

**Centrale,** adj. (lat. <u>centralis</u>, central). | Type de placentation (v. ce mot) correspondant à un ovaire pluricarpellé dont les différents carpelles constitutifs se sont d'abord fermés ( chacun pour soi ); puis soudés entre eux; et, enfin, ont perdu leurs cloisons mitoyennes, ne laissant en place qu'une colonne centrale au milieu d'une cavité ovarienne unique. Les

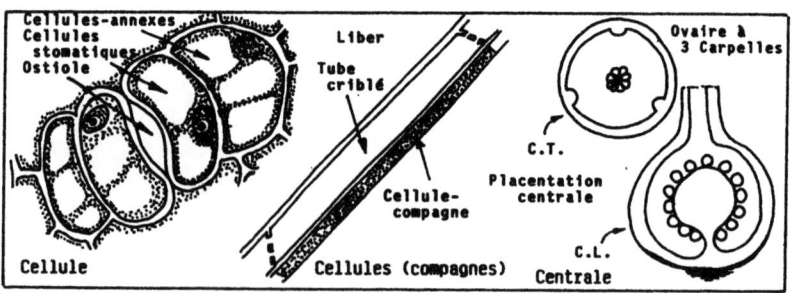

ovules sont donc disposés à l'intérieur de cette unique loge finale en "2n" files le long de l'axe central ("n" désignant le nombre de carpelles participant à la constitution de ce gynécée).

**Centrifuge**, adj. (lat. centrum, centre; fugere, fuir). ▌En matière d'assises génératrices ou cambiums: le phelloderme (pour le cambium externe) et le bois secondaire (né du cambium profond) ont tous deux un développement centrifuge puisque (au niveau de chacun de ces deux tissus secondaires) les dépôts les plus anciens sont les plus centraux, et les plus récents les plus périphériques. ▌En matière d'inflorescences chez les Angiospermes : on qualifie de centrifuge toute inflorescence dont l'onde d'épanouissement des fleurs part de son centre et progresse en direction de sa périphérie. Ex. une cyme bipare de Myosotis a un développement centrifuge. Synonyme : inflorescence définie.

**Centripète**, adj. (lat. centrum, centre; petere, gagner) ▌En matière d'assises génératrices ou cambiums: le liège (pour le cambium externe) et le liber secondaire (né du cambium profond) ont tous deux un développement centripète puisque (au niveau de chacun de ces deux tissus secondaires) les dépôts les plus anciens sont les plus périphériques et les plus récents les plus centraux. ▌En matière d'inflorescences chez les Angiospermes, on qualifie de centripète toute inflorescence dont l'onde d'épanouissement des fleurs part de la périphérie et progresse en direction de son centre. Ex. une grappe de Lupin ou un capitule de Tournesol ont un développement centripète.

**Cépée**, n.f. (lat. cippus, pieu, poteau). ▌ Ensemble

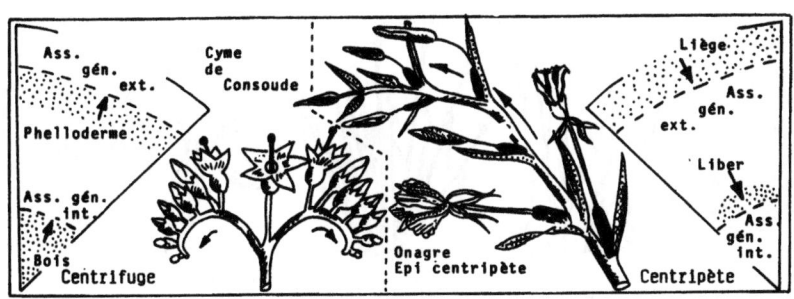

## CEP

des nouvelles tiges nées de rejets au niveau d'une souche après exploitation; ou ensemble des rejets au niveau d'un réseau de rhizomes. Ex. une cépée de Châtaignier, une cépée de Bambou.

**Céphalodie,** n.f. (gr. kephalé, tête). | Formation pathologique induite au niveau du thalle d'un Lichen par l'intrusion d'un phycobionte (v. ce mot) surnuméraire (étranger à la symbiose usuelle). C'est la forme, très couramment globuleuse, de l'hypertrophie induite (à laquelle participe majoritairement le Champignon) qui explique le choix du terme. | Ex. l'intrusion d'une Cyanobactérie dans un thalle de Lichen à Chlorophycée peut déclencher la genèse de céphalodies digitiformes qui hérissent le thalle (v. Biomorphose).

**Cerne,** n.m. (lat. circinus, compas, cercle). | Couche annuelle d'accroissement en diamètre du bois (au niveau d'un tronc notamment). Chaque cerne permet (avec plus ou moins de facilité il est vrai, suivant les essences, de distinguer du bois clair (dit bois initial ou bois de printemps) et du bois sombre (dit bois final ou bois d'été).

**Cespiteux,** adj. (lat. cippus, tronc d'arbre). | Qualifie un végétal qui croît en touffes compactes (à la faveur de l'activité de courts rhizomes s'il s'agit d'une Angiosperme herbacée). | Diverses Algues filamenteuses, ou la Canche cespiteuse (*Deschampsia cespitosa*) revêtent cet habitus cespiteux.

**Chagriné,** adj. (du turc çâgri, cuir grenu). | Se dit d'un fruit, d'une feuille... couvert de petites granulations lui conférant l'aspect de la peau de chagrin. Ex. les feuilles du *Viburnum rhytidophyllum* ont une surface

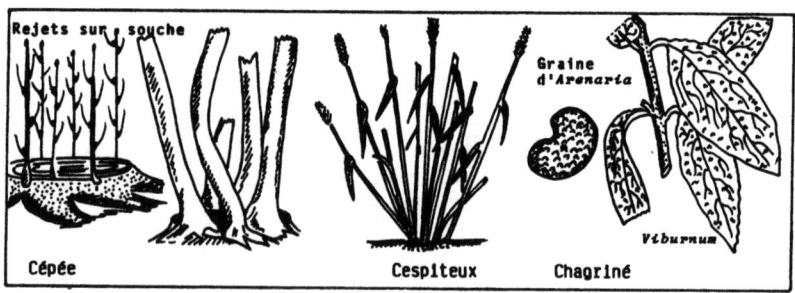

Cépée     Cespiteux    Chagriné    Graine d'*Arenaria*    *Viburnum*

chagrinée, les graines de l'*Arenaria serpyllifolia* sont elles aussi chagrinées.

**Chalaze**, n.f. (gr. khalaza, grêle). | Ce terme sert à désigner le niveau précis où, en périphérie de l'ovule, divergent les éléments vasculaires qui l'irriguent. La position relative de la chalaze par rapport au hile et au micropyle (v. ces mots) dans l'ovule, permet de définir trois types d'ovules (orthotropes, anatropes et campylotropes, v. ces mots). | Il arrive que le tube pollinique pénètre dans un ovule par la chalaze et non par le micropyle: il y a alors chalazogamie,mais (c'est le cas chez le *Casuarina equisetifolia* et quelques Cupulifères) cela reste rare.

**Chambre**, n.f. (lat. camera, chambre). | Chambre sous-stomatique: cavité qui se situe juste au-dessous des cellules stomatiques (au droit de l'ostiole d'un stomate, v. ce mot). | Chambre pollinique: cavité ménagée au sommet de l'ovule des Préspermaphytes et qui permet aux gamètes mâles libérés de se rendre " en nageant" jusqu'aux cellules reproductrices femelles affleurant au fond de cette chambre. On dit alors qu'il y a zoïdogamie et que les Préspermaphytes sont des Natrices.

**Chaméphyte**, n.m. (gr. khamai, à terre; phuton, plante). | Plante affrontant l'hiver en conservant au-dessus du sol des tiges portant des bourgeons, mais à moins de 50 cm. de hauteur. On distingue les chaméphytes frutescents (buissonnants, plus ou moins dressés), et les chaméphytes herbacés (beaucoup plus proches du sol). Ex. le Myrtillier( *Vaccinium myrtillus* )est un chaméphyte.

**Champignons**, n.m.pl. (lat. pop. campaniolus, champignon).

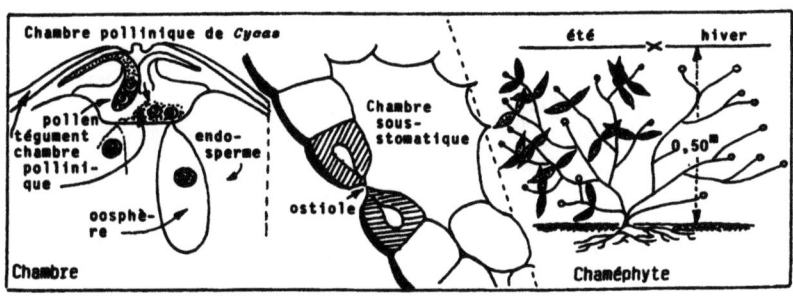

## CHA

❙ Embranchement de Thallophytes Eucaryotes, caractérisé tout à la fois par l'absence de chlorophylle (les Champignons sont tous hétérotrophes) et par la possession de cystes (sporo- et gamétocystes, v. ces mots). Ex. Les *Amanita*, les *Tuber*, les *Mucor*, les *Phytophthora* et les *Fuligo* sont, respectivement, des Champignons Basidiomycètes, Ascomycètes, Zygomycètes, Phycomycètes et Myxomycètes. ❙ Champignons Imparfaits : nom sous lequel on désigne aussi les *Fungi Imperfecti*.

**Chancre,** n.m. (lat. cancer, ulcère). ❙ Affection du tronc et des branches de divers arbres, à la suite soit d'attaques par certains Champignons pathogènes, soit de blessures souillées par des germes microbiens. Ex. le chancre du Pommier est imputable à un Champignon Ascomycète du genre *Nectria*.

**Chapeau,** n.m. (lat. pop. cappellus, chapeau). ❙ Partie sommitale le plus souvent hémisphérique ou en vasque diversement déprimée, d'un carpophore (v. ce mot) de Champignon Basidiomycète (v. ce terme). Ex. le chapeau rouge vermillon parsemé de flocons blancs de l'Amanite tue-mouche *(Amanita muscaria)*.

**Charbon,** n.m. (lat. carbonem, charbon). ❙ Le terme est bien connu lorsqu'il désigne une maladie imputable à une Bactérie, le *Bacillus anthracis*, et à propos de laquelle s'illustra Pasteur (découvreur de la vaccination en 1881). ❙ La seconde acception correspond aussi à des maladies, mais provoquées par des Champignons Hétérobasidiomycètes (v. ce mot) de l'Ordre des Ustilaginales. Les ovaires hypertrophiés des fleurs des Céréales atteintes sont remplis de spores noires responsables du nom de la maladie. ❙ Si la paroi ovarienne se déchire à maturité, on parle de charbon nu (ex.

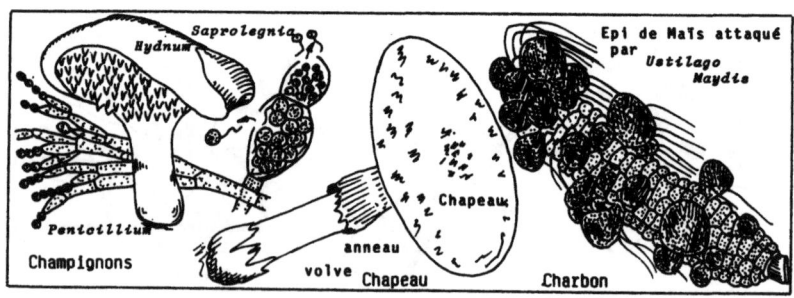

celui du Maïs). Si la paroi résiste et que les ovaires charbonnés sont emportés avec les épis, on parlera de charbon couvert (ex. celui de l'Orge).

**Charnu,** adj. (lat. carnutus, charnu). | Se dit d'organes quelque peu renflés et de consistance assez molle. Ex. les feuilles de nombreuses plantes "grasses" sont charnues. | La paroi de l'ovaire de certaines fleurs devient charnue, plus ou moins juteuse, et parfois comestible, après la fécondation. C'est le mésocarpe (v.. ce mot) qui en constitue le plus souvent la chair. Les fruits charnus les plus connus sont les baies, les drupes et les péponides (v. ces mots). | Le réceptacle de la fleur du Fraisier est charnu et comestible après la fécondation. C'est une induvie (v. ce mot).

**Chasmophyte,** n.f. (gr. kasma, ouverture; phuton, plante). | Ce terme sert à désigner une plante capable de coloniser les fissures de la roche, où s'accumule un peu de terre. Ex. l'*Asplenium marinum* qui sait coloniser les fentes des rochers littoraux est une chasmophyte.

**Chaton,** n.m. (lat. cattus, chat). | Type d'inflorescence fréquent chez les principales essences ligneuses forestières feuillues de notre pays. | C'est un épi à axe souple, et donc une inflorescence centripète dont les fleurs, unisexuées, sont sessiles ou très brièvement pédonculées. Il existe donc des chatons mâles et des chatons femelles. Ex. les chatons mâles ou femelles du Saule, du Bouleau ou de l'Aulne. | Synonyme "amentum".

**Chaulage,** n.m. (lat. calcis, chaux). | Apport de chaux

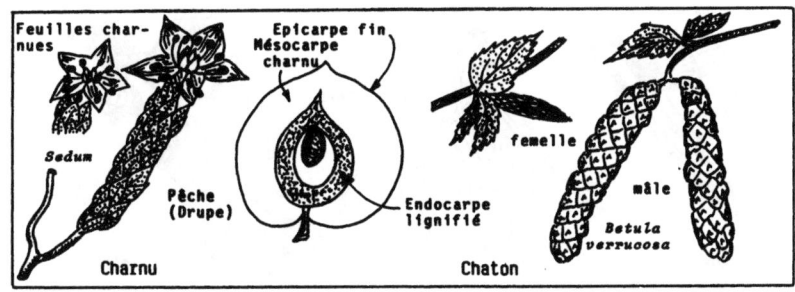

**CHA**

ou de calcaire broyés au titre d'amendements afin de relever le pH (v. ce terme) trop acide de certains sols.

**Chaume**, n.m. (lat. calamus, chaume). ▎Tige des Poacées creuse, sauf au niveau des noeuds où se rencontrent des diaphragmes (v. ce mot) et rendue très résistante par le développement d'un anneau de tissu de soutien. Certains chaumes sont, pour cette dernière raison, susceptibles d'atteindre de grandes tailles (plusieurs mètres de hauteur). Ex. le chaume du Blé, mais aussi celui, géant, des Bambous! Chez ces derniers il peut atteindre 10 mètres et bien plus encore.

**Chevelu**, n.m. (lat. capillus, cheveu). ▎Le chevelu d'un jeune plant correspond à l'ensemble de ses plus fines racines. Son abondance est particulièrement appréciée dans le cas des espèces ligneuses, dans l'optique de la reprise plus facile du sujet lors de la transplantation.

**Chimère**, n.f. (lat. chimaera, chèvre; ou gr. khimaira, chimère). ▎Formation mixte qui peut se développer au niveau d'une greffe ( à l'endroit appelé "bourrelet de greffe" où se raccordent les deux associés) et consiste, au sein d'un rameau néoformé par exemple, en la coexistence de cellules du porte-greffe ou hypobiote et du greffon ou épibiote (v. ces mots). Le rameau ainsi cytologiquement "mixte" est une chimère. ▎Lorsque le phénomène accède jusqu'aux fleurs, celles-ci peuvent être bigarrées, aux couleurs mélangées des deux partenaires unis par la greffe ou le croisement. Le cas du *Cytisus adami*, produit du croisement du *Cytisus purpureus* et du *C. laburnum* est célèbre. Y est nette la coexistence des caractères des sujets greffés.

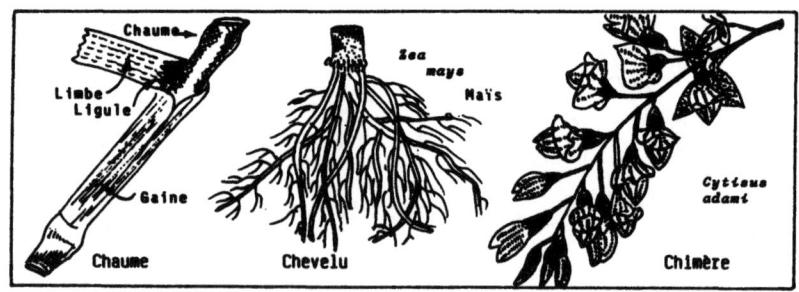

**Chimiolithotrophe**, adj. (gr. khemeia, chimie; lithos pierre; trophê, nourriture). ▌ Se dit d'un organisme qui trouve l'énergie dont il a besoin pour ses synthèses dans une réaction chimique affectant une substance minérale. Ex. les Bactéries de la nitrification sont des microbes chimiolithotrophes.

**Chimiosynthèse**, n.f. (gr. khemeia, chimie; synthesis, synthèse). ▌ Synthèse de matière organique à partir de composés minéraux, réalisée par quelques groupes de Bactéries capables d'utiliser l'énergie de certaines réactions exothermiques. Ex. les Ferrobactéries, capables de réaliser l'oxydation exothermique du Fer, sont des germes qui "font" de la chimiosynthèse.

**Chimiotropisme**, n.m. (gr. khemeia, chimie; tropos, tour). ▌ Orientation de croissance prise par certains organes végétaux sous l'influence d'agents chimiques. Selon qu'il y a attirance, ou répulsion on parle de chimiotropisme positif ou négatif.

**Chitine**, n.f. (gr. chitôn, tunique). ▌ Composé organique, hétéroside ( à base d'acétyl-glucosamine, et comportant des protéines), souple, assez répandu dans le monde animal, mais qui se rencontre aussi au niveau de la paroi squelettique chez quelques végétaux, tels que certains Zygomycètes (Champignons Siphomycètes) et chez des Septomycètes (v. ces mots).

**Chlamydospermes**, n.f.pl. (gr. khlamys, manteau; sperma, semence). ▌ Groupe d'Archégoniates intermédiaire entre les Gymnospermes et les Angiospermes. On les appelle encore Préangiospermes. C'est par certains de leurs caractères anatomiques et floraux qu'ils se révèlent vraiment intermédiaires. On y reconnaît 3 genres curieux

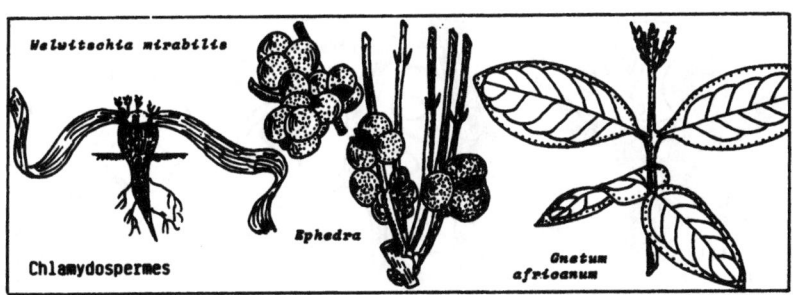

CHL

représentés par un très petit nombre d'espèces : les *Welwitschia, Gnetum* et *Ephedra*.

**Chlamydospore**, n.f. (gr. khlamys, manteau; spora, semence). ▌ Type de spore durable produite par certains végétaux inférieurs (des Algues et des Champignons essentiellement) et que caractérise la possession d'une importante paroi squelettique, constituant un épais "manteau" permettant à cette spore de résister à des conditions de milieu particulièrement rudes. Ex. les chlamydospores d'un *Mucor*, l'un des genres les plus banaux de Zygomycètes (v. ce mot).

**Chloranthie**, n.f. (gr. khlôros, vert; antherôs, fleuri). ▌ Anomalie florale qui se traduit par la phyllodie de toutes les pièces florales.

**Chlorocyste**, n.f. (gr. khlôros, vert; kustis, vessie). ▌ Au niveau des feuilles de certaines Mousses (et en particulier de celles des Sphaignes) ce terme désigne des cellules richement pourvues de chloroplastes, qui s'opposent aux hyalocystes (v. ce mot) qu'elles enserrent.

**Chlorophycées**, n.f.pl. (gr. khlôros, vert; phukos, algue). ▌ Classe d'Algues, encore appelées Algues Vertes. Elles sont pourvues de chlorophylles a et b, non masquées par d'autres pigments.

**Chlorophylles**, n.f.pl. (gr. khlôros, vert; phyllon, feuille). ▌ Pigments verts essentiels pour la photosynthèse. Ce sont des composés tétrapyrroliques ferromagnésiens. Présentes chez les Plantes Vasculaires, les Bryophytes et les Algues, et même chez les curieuses Chlorobactéries, elles connaissent des fluctuations

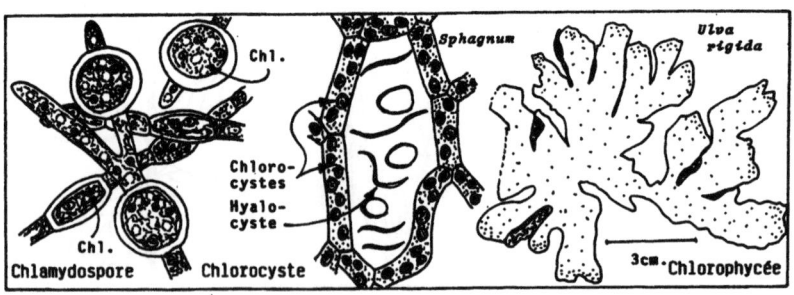

dans leur agencement moléculaire, selon les groupes végétaux considérés. ▌Ainsi, à côté de la chlorophylle a (commune à tous les végétaux verts) les Algues possèdent, selon les groupes, des chlorophylles b, c ou d.

**Chloroplaste,** n.m. (gr. khlôros, vert; plastês, qui façonne). ▌Organite intracellulaire d'un particulier intérêt, compte-tenu de la nature du pigment majeur qu'il supporte. La taille, la forme et le nombre de chloroplastes par cellule peuvent largement varier d'un végétal à l'autre. Ils baignent dans le cytoplasme et sont alors parfois entraînés dans le mouvement de cyclose (v. ce mot). ▌Chez certaines Algues, dont chaque cellule ne renferme qu'un seul plaste, on donne à celui-ci le nom de chromatophore. Voir aussi Plastes.

**Chlorose,** n.f. (gr. khlôros, vert). ▌Disparition (ou seulement raréfaction) de la chlorophylle au sein des organes d'une plante normalement verte. Il peut y avoir diverses causes à cette déficience. Elle relève tantôt du sol lui-même, tantôt de la pathologie. La plante atteinte de chlorose est dite "chlorotique".

**Chondriome,** n.m. (gr. khondros, cartilage). ▌Ensemble des inclusions cytoplasmiques (v. cytoplasme) très ténues, nombreuses, graniformes ou en bâtonnets, et appelées, respectivement : mitochondries, (d'un diamètre de l'ordre de 0,3 à 1,5 micron) et chondriocontes (pouvant atteindre 30 microns de longueur). ▌Le chondriome est présent chez tous les végétaux, Procaryotes exclus.

**Chorologie,** n.f. (gr. khôra, pays; logos, science). ▌Etude de la répartition des espèces végétales en

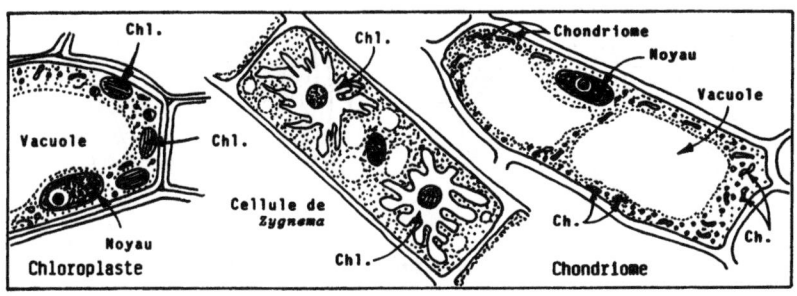

CHR

prenant en compte aussi bien les actions actuelles des facteurs écologiques, que l'histoire géologique qui peut expliquer les migrations végétales.

**Chromatophore,** n.m. (gr. khrôma, couleur; phoros, qui porte). | Organite intracellulaire supportant les pigments. | Petits organites intracytoplasmiques supportant les pigments assimilateurs chez les Bactéries photosynthétiques. | Syn. Plaste (v. ce mot).

**Chromoplaste,** n.m. (gr. khrôma, couleur; plastês, qui façonne). | Inclusion cellulaire faisant partie du plastidome de la cellule et chargée de pigment(s) autre(s) que la chlorophylle. Beaucoup de pétales de fleurs doivent leurs vifs coloris à la possession de chromoplastes (cependant que d'autres possèdent des pigments dissous dans leurs vacuoles pareillement responsables de couleurs voyantes). | On peut rencontrer des chromoplastes jusque chez les Champignons ( par exemple ceux qui sont responsables de la couleur rouge orangé du *Mutinus caninus* ).

**Chromophycées,** n.f.pl. (gr. khrôma, couleur; phukos, ou algue). | Ce terme regroupe toutes les Algues qui ne sont ni Rouges (Rhocophycées), ni Vertes (Chlorophycées). On situe donc là : les Pyrrrophycées, les Chrysophycées, les Phéophycées. Elles sont pourvues de chlorophylles a et c.

**Chromosome,** n.m. (gr. khrôma, couleur; soma, corps). | Eléments intranucléaires d'une extrême importance compte-tenu du rôle qu'ils jouent du fait de la succession de gènes qu'ils supportent. Ils sont les dépositaires du patrimoine héréditaire. Leur nombre (le nombre diploïde de chromosomes est de 42 chez le Blé,

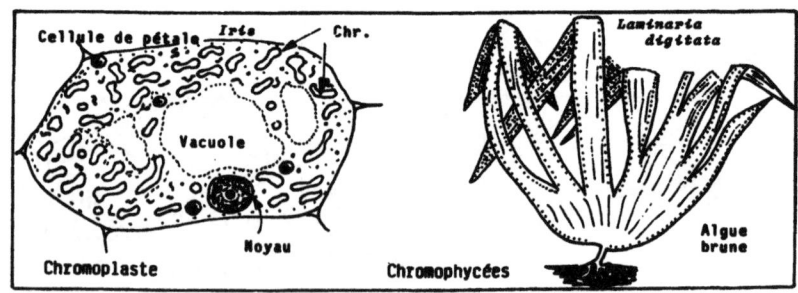

de 48 chez le Tabac), leur forme (qu'on ne peut le plus souvent distinguer qu'en période de division nucléaire), leur longueur, sont parfaitement définis chez une espèce donnée. L'approche de leur structure intime relève, conjointement, de la biologie moléculaire et de la génétique.

**Chytridiomycètes,** n.m.pl. ▌ Groupe de Champignons inférieurs qui prennent place au sein des Phycomycètes (v. ce mot) et dont les spores ou les gamètes sont uniflagellés. Ces Champignons, unicellulaires, vivent très souvent en parasites en milieux très humides. Ex. le *Synchytrium endobioticum*, agent de la galle verruqueuse de la Pomme de terre, est un Chytridiomycète.

**Cicatrisation,** n.f. (lat. cicatrix, cicatrice). ▌ La cicatrisation est un phénomène assez lent chez les végétaux (aussi est-il prudent de protéger les plaies importantes faites aux plantes précieuses par des applications de produits désinfectants adaptés). Progressivement, au rythme des saisons, des bourrelets cicatriciels de plus en plus rapprochés s'élaborent, jusqu'à ce qu'ils entrent en contact et protègent alors définitivement les tissus profonds.

**Cil,** n.m. (lat. cilium, cil). ▌ Différenciation cellulaire constituant un organe efficace de la motilité. Sa ténuité et surtout sa longueur assez minime (5 à 10 microns) permettent de le distinguer d'un flagelle (v. ce mot) toujours nettement plus long. ▌ En général chaque cellule ciliée possède d'assez nombreux cils, chacun dépendant d'un corpuscule basal ou kinétosome. Ex. les cils d'un zoogamète d'*Oedogonium* (Algue verte ) ou d'un anthérozoïde de *Cycas* (Préspermaphyte). ▌Le mot

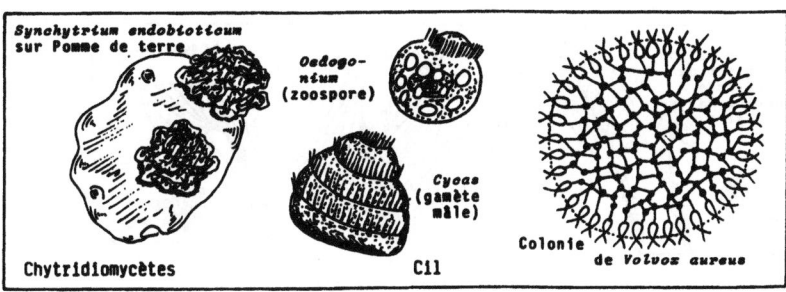

Synchytrium endobioticum sur Pomme de terre — Chytridiomycètes
Oedogonium (zoospore)
Cycas (gamète mâle) — Cil
Colonie de *Volvox aureus*

## CIM

<u>cil</u> sert aussi parfois pour désigner les poils fins qui agrémentent la surface des feuilles ou des pétales.

**Cime,** n.f. (lat. <u>cyma</u>, cime). ▌ Partie sommitale d'un arbre, supportée par le tronc. Elle est plus ou moins ample en fonction de la compétition entre individus (voir <u>formes botanique</u> et <u>forestière</u>).

**Circiné,** adj. (lat. <u>circinare</u>, enrouler). ▌ Ce qualificatif s'applique spécialement aux frondes de Fougères ou de Cycadales jeunes, puisqu'alors elles sont encore enroulées en crosse d'évêque. On dit que leur préfrondaison (ou forme juvénile de leur développement futur) est circinée. Ex. les jeunes frondes de Scolopendre ou de Fougère mâle, dans nos ravins et sous-bois, révèlent au printemps une préfrondaison circinée.

**Circumnutation,** n.f. (lat. <u>circum</u>, autour; <u>nutatio</u>, balancement de la tête). ▌ Mouvement hélicoïde ascendant que présente le sommet de la tige en cours de croissance, tout comme l'apex de la racine décrit un semblable mouvement en progressant. C'est à la faveur d'enregistrements (projetés ensuite en accéléré) que l'on prend le mieux conscience de ce mouvement. ▌ Chez les plantes volubiles l'ampleur du mouvement de circumnutation est particulièrement grande.

**Cladode,** n.m. (gr. <u>klados</u>, rameau). ▌ Curieuse convergence de forme d'un rameau court avec une feuille, du fait de l'aplatissement fréquent du rameau, lequel se présente alors comme un limbe foliaire. ▌ L'exemple le plus connu de tous est celui du Petit Houx (*Ruscus aculeatus*)dont les pieds femelles portent, vers le mois de décembre, des baies rouges sur leurs cladodes, faisant suite aux fleurs fécondées.

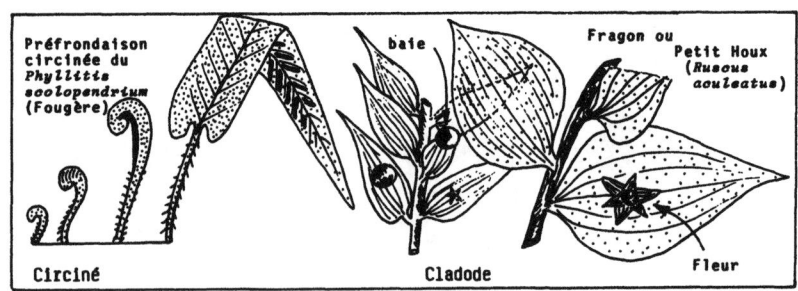

Préfrondaison circinée du *Phyllitis scolopendrium* (Fougère)

baie

Fragon ou Petit Houx (*Ruscus aculeatus*)

Circiné — Cladode — Fleur

**CLA**

**Cladome,** n.m. (lat. cladomus, cladome). ▌ Structure algale de base, à partir de laquelle se déduisent et se conçoivent des modèles d'Algues plus complexes. Un cladome élémentaire (ou cladome uniaxial) est constitué par une file de cellules (à valeur d'axe) et des ramifications latérales à croissance limitée (les pleuridies). ▌ Lorsque l'axe est constitué par plus d'une file de cellules, accolées, on parle de cladome multiaxial. ▌ Si les pleuridies s'étalent, puis se soudent entre elles, on passe alors à une structure en lame, si courante chez maintes Algues (telles que les *Ulva* ou les *Porphyra*).

**Claviforme,** adj. (lat. clava, massue; forma, forme). ▌ Qualifie un végétal tout entier, ou un organe particulier, qui affecte la forme d'une massue. Ex. les paraphyses (v. ce mot) de l'hyménium de maints Ascomycètes sont claviformes.

**Cléistogame,** adj. (gr. kleistos, fermé; gamos, mariage). ▌ Se dit d'une fleur qui ne saurait se soustraire à l'autofécondation puisque son bouton ne s'ouvre pas à l'époque de la fécondation. Ses pièces femelles ne peuvent donc que recevoir son propre pollen. Ex. les fleurs cléistogames de la Violette sont discrètes, verdâtres (couleur des sépales) au sein du bouquet de feuilles de la plante.

**Climax,** n.m. (gr. klimax, échelle). ▌ Terme final de l'évolution progressive de toute une série de végétation, dans l'hypothèse où l'homme cesserait localement d'exercer toute influence et où les conditions de milieu resteraient stables. ▌ Le paysage botanique ne dépendrait donc que des seuls facteurs édaphiques, climatiques et biotiques qui règnent là. Ex. on peut

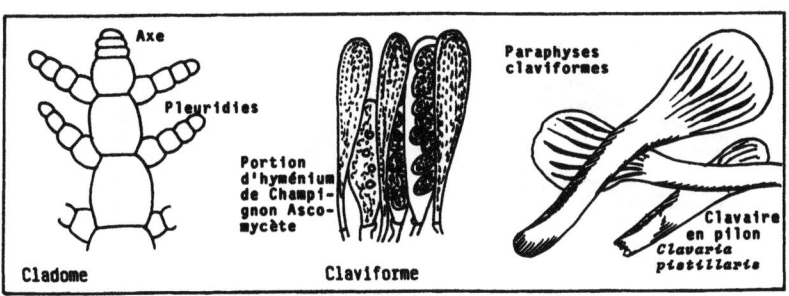

Cladome — Axe — Pleuridies — Portion d'hyménium de Champignon Ascomycète — Claviforme — Paraphyses claviformes — Clavaire en pilon *Clavaria pistillaris*

## CLO

penser qu'en de telles conditions la Normandie serait vouée, en grande partie, à la Chênaie. Celle-ci constitue donc la végétation <u>climacique</u> pour la région considérée.

**Cloison,** n.f. (lat. pop. <u>clausio</u>, clos). ▌ Cette notion revêt une indiscutable importance dans le monde végétal. ▌ Au niveau des <u>structures filamenteuses</u> d'Algues ou de Champignons, notamment, la fréquence (ou l'absence) de cloisons détermine des structures cellulaires, articulées (septées), ou cénocytiques (aseptées). ▌ Au niveau des <u>éléments conducteurs du bois</u>, c'est sur la présence (ou l'absence) de cloisons transversales que repose la distinction entre vaisseaux parfaits et vaisseaux imparfaits (trachéides incluses). ▌ Au niveau des <u>organes femelles</u> des Plantes Supérieures, la partition éventuelle de l'ovaire (et du fruit qui en dérive) est du plus grand intérêt pour le botaniste. Chaque cloison séparant alors deux loges contiguës correspond à une partie du limbe des feuilles carpellaires adjacentes qui se sont accolées et soudées pour constituer le gynécée pluriloculaire (au moins à l'origine). Voir <u>placentation</u> axile et centrale. ▌ Au mot cloison on préfère parfois le mot septum, au pluriel septa.

**Clone,** n.m. (gr. <u>klôn</u>, jeune pousse). ▌ Population constituée par les produits de régénération (voie végétative : bouturage, marcottage, culture de méristèmes) d'un individu unique servant de pied-mère. ▌ Tous les Peupliers issus par bouturage d'un même Peuplier, ou toutes les Bactéries issues par scissiparité d'une même Bactérie constituent un clone. La population sera parfaitement homogène puisqu'elle aura été obtenue sans recombinaisons génétiques.

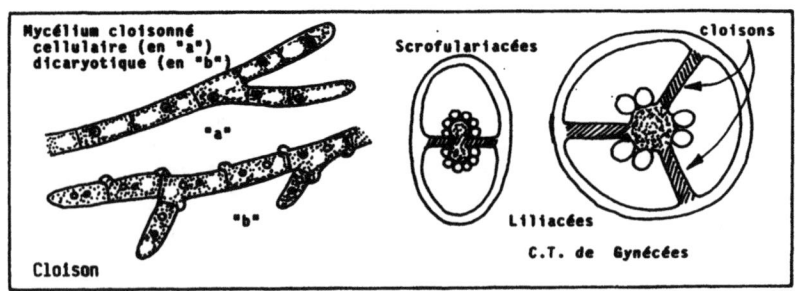

C.T. de Gynécées

# C/N

**C/N (rapport).** ▌ Cette abréviation, qui se lit "Rapport Carbone sur Azote" correspond à une notion de la plus grande importance pour le biologiste de terrain.▌ Dans le règne végétal, le rapport C/N évolue entre 50 et 200, alors qu'il convient, dans le sol, pour une bonne humification, qu'il reste inférieur à 15 ! C'est donc l'une des valeurs essentielles que renferme une analyse de sol et qui renseigne précieusement l'agriculteur ou le sylviculteur tout en orientant ses pratiques culturales futures.

**Coccobacille,** n.m. (lat. coccus, petit grain; bacillus, petit bâton). ▌ Ce terme sert pour désigner des Bactéries très courtes, sphériques ou quelque peu ovoïdes, telles les Colibacilles (*Escherischia coli*).

**Coccospore,** n.f. (lat. coccus, petit grain; spora, semence). ▌ L'un des types de spores produites par les Cyanobactéries (v. ce mot) et dont la forme est comparable à celle des cocci (ou Bactéries sphériques).

**Coenocyte,** n.m. (gr. koinos, commun; kutos, cellule). ▌ Type de structure fréquent dans le règne végétal, chez les Algues et les Champignons notamment. Il se caractérise par la non-individualisation de chaque cellule avec son noyau. Dans le cytoplasme commun d'un coenocyte coexistent donc beaucoup de noyaux (chacun d'eux étant censé régir un territoire conventionnel appelé énergide). Ex. les cénocytes des *Vaucheria* ou ceux des *Cladophora* (Algues). Voir aussi le terme "siphonée" (appliqué pareillement à une structure).

**Coenozygote,** n.m. (gr. koinos, commun; zugôtos, joint). ▌ Chez les Champignons, il est fréquent que se réalise la plasmogamie entre deux compartiments plurinu-

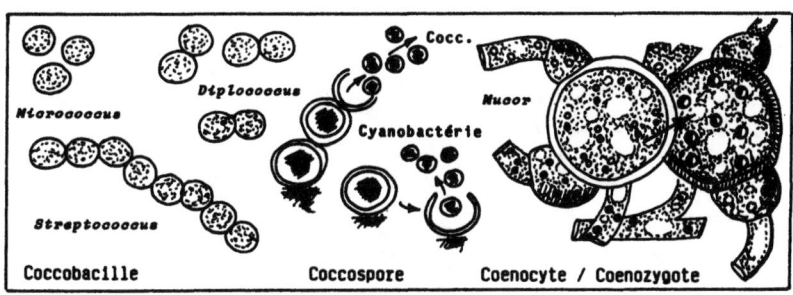

Coccobacille    Coccospore    Coenocyte / Coenozygote

## COI

cléés et que (soit sur le champ, soit après un certain délai) s'apparient les nombreux noyaux complémentaires ainsi mélangés. Lorsqu'a eu lieu cette caryogamie multiple, le zygote obtenu, riche de plusieurs noyaux de fusion est donc un coenozygote.

**Coiffe,** n.f. (bas lat. cofia, coiffe). ▌ Deux acceptions de ce terme doivent être proposées. ▌ Partie supérieure de la paroi de l'archégone des Mousses, soulevée par le sporophyte (dérivé de l'oosphère fécondée) durant son développement, et conservée, desséchée, au sommet de la capsule (v. ce mot). ▌ Tissu fragile recouvrant l'extrême pointe des racines, protégeant le méristème apical (v. ce mot), et se régénérant sans cesse au fur et à mesure que l'organe s'allonge.

**Col,** n.m. (lat. collum, cou). ▌ Partie sommitale subcylindrique, de structure cellulaire usuellement plurisériée, surmontant le "ventre" d'un archégone (v. ce mot) et qu'empruntera le gamète mâle pour venir (à la faveur d'un phénomène de chimiotropisme) féconder l'oosphère. Il tend à être de moins en moins long, voire quasi-inexistant, lorsqu'on s'élève vers les plus évolués des Archégoniates.

**Coléoptile, Coléorhize,** n.m./n.f. (gr. koleos, étui; ptil, plume légère; rhiza, racine). ▌ Petits étuis unistrates recouvrant, respectivement, la gemmule et la radicule des embryons et des plantules naissantes de Poacées. ▌ Le coléoptile est très connu par son aptitude à réagir aux auxines. La gemmule et la radicule ne tardent guère à percer ces "gaines" lors de leur croissance.

**Collatéral,** adj. (lat. collateralis, collatéral).

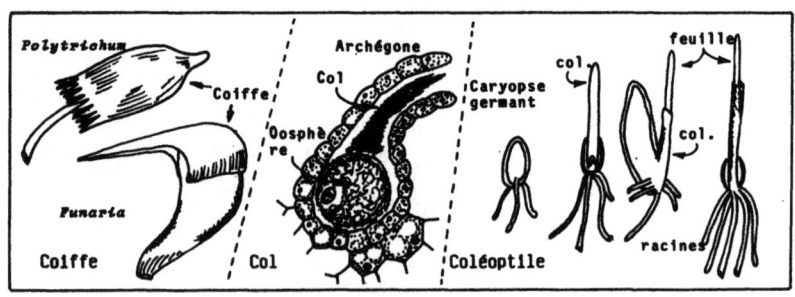

## COL

▌ Se dit d'un ensemble conducteur composé d'un faisceau de bois flanqué d'un <u>unique</u> faisceau de liber (et <u>non</u> de <u>deux</u> comme dans le cas des faisceaux bicollatéraux, v. bicollatéral).

**Collenchyme,** n.m. (gr. <u>kolla,</u> colle; <u>enkhuma,</u> substance). ▌ Tissu de soutien dont les parois cellulaires sont très épaissies (soit sur toutes les faces, soit localement, et, en ce cas, surtout dans les angles ou sur les seules faces tangentielles) grâce à un dépôt surnuméraire de cellulose. Les cellules de collenchyme conservent leurs ponctuations et donc leurs possibilités d'échanges : le collenchyme est donc un tissu vivant. ▌ Ex. les îlots de collenchyme aux angles de la tige des Labiées.

**Collet,** n.m. (lat. <u>collum,</u> cou). ▌ Zone de transition entre la partie racinaire et la partie caulinaire d'un végétal supérieur. A son niveau se situe une importante redistribution anatomique des tissus conducteurs. ▌ C'est le niveau privilégié d'attaque de la Bactérie du Crown-gall (v. ce terme).

**Columelle,** n.f. (mot latin <u>columella</u>). ▌ Axe stérile situé au coeur d'un organe voué à la production de spores dans le (ou les) sac(s) qui entoure(nt) cette columelle. Les deux exemples les plus classiques dans le règne végétal sont ceux de la columelle des sporocystes de Mucorales (Champignons Zygomycètes) et de la capsule des Bryophytes (Mousses et Anthocérotales).

**Commensal** et **Commensalisme,** n.m. (lat. <u>commensalis,</u> commensal). ▌ Un végétal qui vit <u>régulièrement</u> dans le proche environnement d'une autre espèce sans se révéler pour autant ni parasite, ni symbiotique, est tenu pour commensal vis-à-vis de cette espèce. C'est, selon

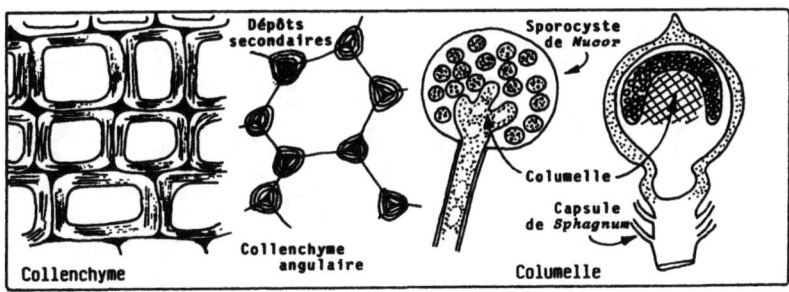

103

## COM

l'expression de Gatin : "un compagnon de table". Il va pratiquer le commensalisme. Ex. on parle couramment des espèces commensales d'une culture donnée (Vigne, Céréales...).

**Composé(e)**, adj. (lat. <u>componere</u>, accoupler). ❚ <u>Feuille composée</u> : c'est une feuille dont le limbe est si profondément divisé que les divisions résultantes, indépendantes entre elles, portent le nom de folioles et sont alors supportées comme autant de petites feuilles distinctes par l'axe de la feuille composée (v. folille). ❚ <u>Inflorescence composée</u> : ce terme s'emploie pour désigner des grappes, des ombelles, des épis, dont l'axe principal est lui-même ramifié et dont chacune des branches ainsi nées supporte à son tour, selon les cas, une petite grappe, une ombellule, un épillet. Ex. la grappe composée de la Vigne, l'ombelle composée de la Carotte, l'épi composé du Blé. ❚ <u>Ovaire composé</u> : synonyme d'ovaire pluricarpellé (v. au mot Placentation).

**Composés pectiques.** ❚ Ensemble ce composés complexes (pectines, pectoses, acides pectiques) dérivés des acides uroniques membranaires. Leur structure moléculaire de base est constituée par une chaîne polygalacturonique. Leur localisation au sein de coupes histologiques est facilitée par leur colorabilité par le rouge de ruthénium.

**Conceptacle**, n.m. (mot lat. <u>conceptaculum</u>). Ce terme sert à désigner, chez certaines Algues (Phéophycées) des invaginations (en communication avec l'extérieur par un ostiole) au sein desquelles coexistent à maturité plusieurs gamétocystes, voire un grand nombre (soit des deux sexes, soit d'un seul sexe, selon les

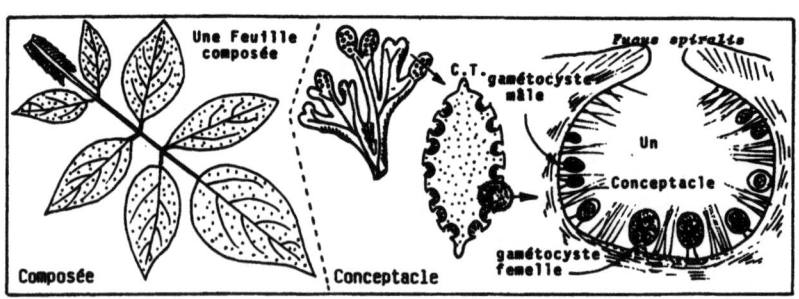

espèces). Ex. les conceptacles mâles ou femelles du *Fucus vesiculosus* ou les conceptacles bisexués du *Fucus spiralis*.

**Concolore,** adj. (lat. cum, avec; colorare, colorer). | Se dit d'un organe qui est de la même couleur qu'un autre autre organe. Ex. chez certains Basidiomycètes où le pied est concolore au chapeau; chez certains Sapins, les deux faces de chaque aiguille sont concolores.

**Concrescence,** n.f. (lat. cum, avec; crescere, croître). | Terme qui désigne une étape de l'évolution immédiatement antérieure à la soudure entre diverses pièces d'un végétal, voire cette soudure elle-même. Il peut s'agir de sépales, de pétales, de filets d'étamines. On dira alors, respectivement, que le calice est gamosépale, la corolle gamopétale ou l'androcée monadelphe.

**Conducteur,** adj. (lat. conducere, de cum, avec; ducere, mener). | Qualifie un tissu qui a pour fonction le transport de la sève. Cette notion concerne donc le bois (ou xylème) pour ce qui est de la sève brute (ou ascendante) et le liber (ou phloème) pour ce qui est de la sève élaborée (ou descendante).

**Cône,** n.m. (lat. conus, cône). | Fleur mâle ou inflorescence femelle des Gymnospermes. | Fleur mâle : on parle encore parfois de conelet mâle. Chaque cône mâle est constitué d'un axe autour duquel s'insèrent de nombreuses étamines écailleuses supportant à leur face inférieure des sacs polliniques. La longueur de ces conelets mâles se situe entre quelques mm. et quelques cm. | Inflorescence femelle : elle est beau-

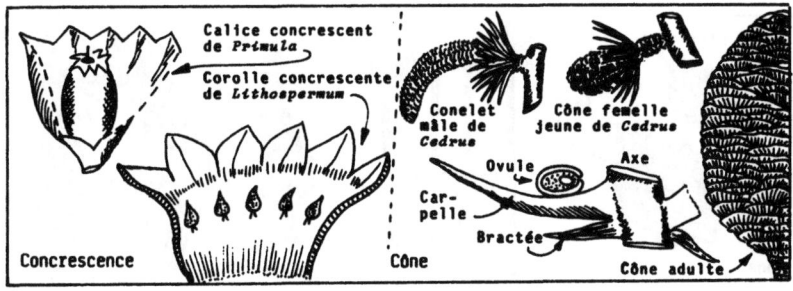
Concrescence — Cône

## CON

coup plus massive. Autour de son axe s'insèrent en spirale régulière des fleurs femelles, chacune d'elles étant constituée d'un carpelle porteur d'ovules axillé par une bractée. La taille d'un cône varie, selon les espèces, d'un cm. environ à plusieurs dm. de longueur. ❙ On utilise aussi ce terme pour désigner les inflorescences femelles de l'Aulne ou du Houblon.

**Conidie,** n.f. (gr. konis-idos; poussière). ❙ Cellule uni- ou plurinucléée résultant de la fragmentation puis de la désarticulation du mycélium d'un Champignon. Ce processus se localise souvent au niveau de filaments spécialisés, appelés conidiophores, Les conidies, véritables boutures, sont communément produites à un rythme soutenu et affectent une disposition en chaînette. Leur production est un moyen extrêmement efficace de propagation du Champignon. Ex. les conidies d'un *Penicillium*, d'un *Fusarium* ou d'un *Aspergillus*.

**Conidiophore,** n.m. (gr. konis-idos, poussière; phoros, qui porte).❙ Voir Conidie.

**Conifère,** n.m. (lat. conus, cône; ferre, porter). ❙ Important groupe d'espèces ligneuses du monde des Gymnospermes (v. ce mot) que caractérisent (chez presque toutes les espèces du groupe) : leur feuillage en aiguilles ou en écailles; leurs inflorescences femelles en cônes à ovules, puis graines, nues; leur sécrétion de résine. ❙ On subdivise usuellement les Conifères en : Abiétacées ou Pinacées, Araucariacées, Cupressacées, Podocarpacées et Taxacées. Syn. Conifé- rales.

**Conjonctif,** adj. (lat. conjunctivus, conjonctif). ❙ Se dit d'un tissu qui a pour fonction de servir

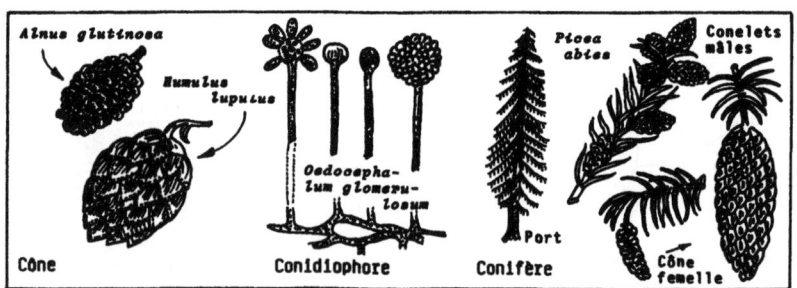

de lien entre les autres tissus (conducteurs, de soutien, sécréteurs....). ▎ Chez les végétaux ce sont les parenchymes qui jouent ce rôle (à côté d'autres fonctions que nous détaillons au terme : "Parenchyme").

**Conjugaison,** n.f. (lat. conjugare, conjuguer). ▎ Expression bien particulière de la sexualité chez certaines Algues qui ne libèrent pas de gamètes, mais qui unissent directement (par plasmogamie et caryogamie simultanées) la totalité du contenu de deux gamétocystes complémentaires qui entrent en communication par un tube de conjugaison. Ex. la conjugaison des Spirogyres (Algues Vertes filamenteuses dulçaquicoles).

**Conjuguées,** n.f.pl. (lat. conjugare, conjuguer). ▎ Groupe d'Algues Vertes d'eau douce qui assure sa sexualité par conjugaison (v. ce mot). Syn. de Zygophycées).

**Connectif,** n.m. (lat. connectere, lier). ▎ Partie sommitale du filet d'une étamine qui est soudée à l'anthère.

**Connées,** adj. (lat. cum, avec; natus, né). ▎ Se dit de deux feuilles opposées et soudées par leurs bases. On comparera ce terme avec Perfolié. Ex. les feuilles connées du *Lonicera caprifolium* , ou celles du *Blacks - tonia perfoliata* (Gentianacées).

**Connivent,** adj. (lat. conniventia, connivence). ▎ Se dit d'organes qui s'affrontent sans pour autant se souder ensemble. Ex. les Sépales et les Pétales de la fleur de la Jacinthe des bois ( *Endymion nutans* ) sont connivents.

**Continue,** adj. (lat. continuare, faire suivre sans

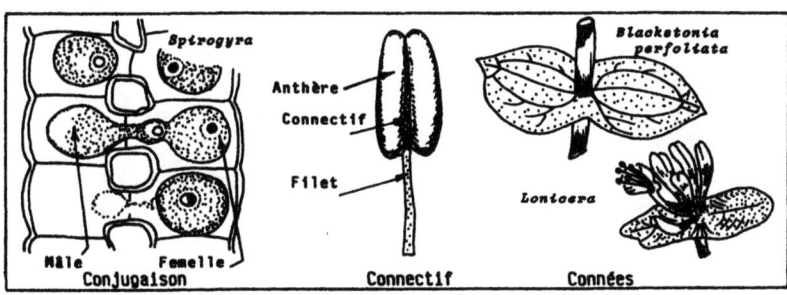

## CON

interruption). | Se dit d'une structure qui ne connaît aucun cloisonnement. Le cytoplasme commun baigne donc un territoire plurinucléé. La prise en considération de ce caractère est d'un grand intérêt en Mycologie et en Algologie où, en fonction de la structure continue, ou non, des hyphes ou des filaments, on distingue les Siphomycètes (Champignons inférieurs) ou les Siphonées (chez les Algues) d'une part, et les Septomycètes (Champignons supérieurs à hyphes cloisonnées) et les autres Algues, d'autre part. Syn. Siphonée.

**Convergence**, n.f. (lat. cum, avec; vergere, s'incliner). | Ressemblance fondée sur des caractères morphologiques, anatomiques, physiologiques ou écologiques, entre des végétaux systématiquement distants et d'origines phylétiques différentes. Ex. la convergence est évidente entre Poacées et Cypéracées, ou entre certaines fleurs à pétales soudés (Gamopétales) appartenant à des familles très éloignées entre elles.

**Convoluté**, adj. (lat. convolvere, enrouler). | Caractérise un organe végétal enroulé sur lui-même en forme de cornet ou en cigare. Ce phénomène est fréquent dans le cas des feuilles jeunes de nombreuses Monocotylédones qui se "déroulent" en atteignant leur taille finale. Ex. les jeunes feuilles de *Maranta*, de *Caladium* ou de *Musa* sont convolutées.

**Coque**, n.f. (lat. concha, coquille). | Péricarpe lignifié (et donc très dur) de certains fruits secs. Les fruits du Noyer (Noix) et du Coudrier (Noisette) possèdent une coque. | L'organisation du fruit des Euphorbes, du Ricin, du Buis, est telle que l'Ordre des Euphorbiales auquel appartiennent ces plantes, est encore appelé Ordre des Tricoques. Chez les Euphor-

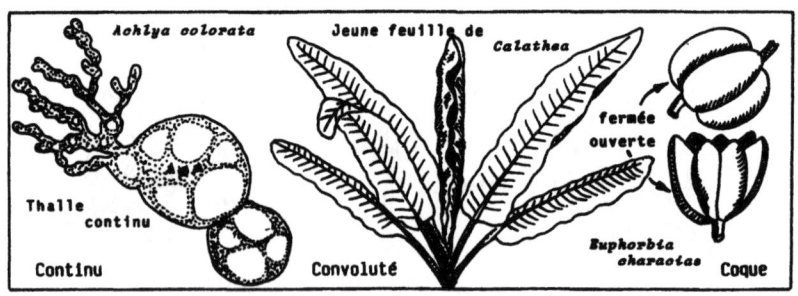

bes, il arrive que la capsule se fragmente à maturité par isolement de chacune de ses trois coques.

**Corbeille,** n.f. (lat. corbis, corbeille, panier d'osier). ❙ Formation particulière au sein de laquelle se différencient fréquemment des propagules (v. ce mot) chez certaines Bryophytes. Ces réceptacles peuvent affecter l'aspect de valvules, de lunules, de mini-hottes. Ex. les corbeilles à propagules en croissant de lune de la *Lunularia cruciata*, Hépatique à thalle.

**Cordaïtales,** n.f.pl. ❙ L'un des Ordres de Présperma-phytes (v. ce mot), entièrement fossile, bien représenté au Carbonifère supérieur et au Permien. Les Cordaïtales étaient des végétaux ligneux à port de Conifères et à feuilles persistantes dimorphes : les unes aciculaires, les autres spatulées (v. ces mots).

**Cordé, Cordiforme,** adj. (lat. cor, coeur; forma, forme) ❙ Ces deux termes sont interchangeables et s'appliquent à tout organe en forme de coeur, ou dont la base, au moins, est échancrée en coeur. On les utilise aussi bien pour caractériser le prothalle cordiforme d'une Fougère, que pour qualifier une feuille cordée de Violette ou de Tilleul.

**Corémie,** n.f. (lat. coremium, corémie). ❙ Chez certains Fungi Imperfecti, les conidies (v. ces mots) sont élaborées en amas au sommet d'une colonnette érigée constituée à la faveur de la coalescence de nombreuses hyphes. Pareil ensemble constitue une corémie.

**Cormophytes,** n.m.pl. (lat. cormus, tige; gr. phuton, plante). ❙ Immense groupe végétal fondé sur une morphologie superficielle commune : plantes pourvues d'une ti-

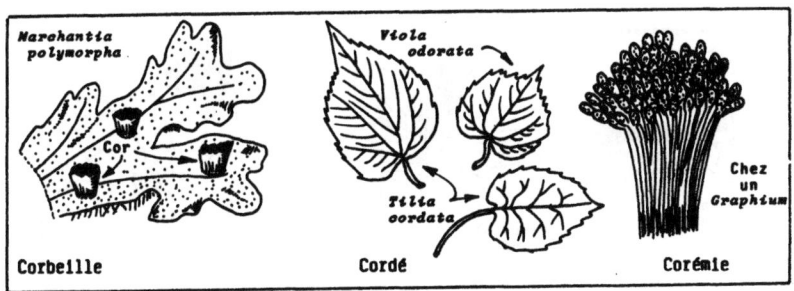

Corbeille     Cordé     Corémie

## COR

ge portant des feuilles ou des frondes. Sont donc regroupés ici tous les végétaux qui ne sont pas du monde des Thallophytes. De ce fait la notion de cormophytes se superpose à celle d'Archégoniates. Bryophytes, Ptéridophytes, Préspermaphytes et Spermaphytes constituent donc l'ensemble des Cormophytes.

**Corolle,** n.f. (lat. corolla, petite couronne). ▌ Ce terme désigne l'ensemble des pétales d'une fleur. La corolle, située en dedans du calice chez les fleurs pourvues d'un périanthe complet, joue un rôle protecteur des pièces reproductrices, tout comme les sépales. ▌ En fonction de la forme, de la disposition relative et de la concrescence (ou non) des pétales, on dit que la corolle est : actinomorphe ou régulière, lorsque tous les pétales sont disposés symétriquement par rapport à l'axe de la fleur (ex. la Primevère); zygomorphe ou irrégulière si la symétrie n'existe pas par rapport à l'axe, mais par rapport à un plan (ex. les Orchidées); dialypétale lorsque les pétales ne sont pas soudés entre eux (ex. la Renoncule); gamopétale lorsque les pétales sont soudés (ex. le Liseron).

**Coronule,** n.f. (lat. corona, couronne).▌ Formation surnuméraire au niveau des fleurs de certaines espèces d'Angiospermes, constituée, au niveau de la corolle, par un verticille d'appendices mimant une petite couronne supportée par les pétales. On désigne également cet arrangement curieux en usant du qualificatif "couronné". Ex. la coronule des Narcisses.

**Cortical,** adj. (lat. cortex, écorce). ▌ Qui se rapporte à l'écorce ou cortex (v. ce mot). Ex. le phelloderme est un parenchyme cortical secondaire. Le développement du champignon des endomycorhizes est cortical.

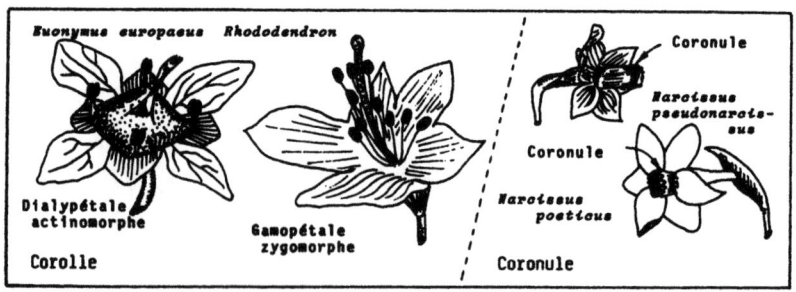

**Cortex,** n.m. (lat. cortex, écorce). ❙ Ce terme, plus scientifique, est souvent préféré au mot écorce, dont il n'est en fait qu'un synonyme. Tout ce qui appartient à l'écorce sera qualifié de cortical (v. ce mot). Ainsi en est-il du parenchyme cortical (celui qui se rencontre au niveau de l'écorce). ❙ On applique parfois le mot cortex aux formations périaxiales d'Algues marines massives.

**Cortine,** n.f. (lat. cortina, tenture). ❙ Voile partiel arachnéen (et donc éminemment fragile) qui masque à la vue les lamelles de certains carpophores jeunes de Champignons Basidiomycètes Hémiangiocarpes (v. ce mot), chez les Cortinaires en particulier. ❙ Lorsque s'ouvrira le carpophore la cortine se détachera de la marge du chapeau et demeurera alors momentanément appendue le long du pied.

**Corymbe,** n.m, (gr. korumbos, ce qui fait saillie). ❙ Type d'inflorescence indéfinie dont les fleurs sont, à la faveur de pédoncules d'inégales longueurs, amenées sensiblement sur un même plan, alors que leurs niveaux d'insertion s'échelonnent le long du rameau fertile. Ex. les corymbes de fleurs de la Viorne (*Viburnum*), du Sureau (*Sambucus*) ou du Poirier (*Pirus*).❙ Par ailleurs on applique parfois ce terme à des Algues qui ont un type comparable de ramification de leurs thalles.

**Cosmopolite,** adj. (gr. kosmos, monde).❙ Se dit d'une espèce végétale répandue dans toutes les parties du monde. Relativement peu d'espèces peuvent être considérées comme cosmopolites. Ex. la Fougère-Aigle (*Pteridium aquilinum* ).

**Cosse,** n.f. (lat. cossa, cosse). ❙ Péricarpe (v. ce

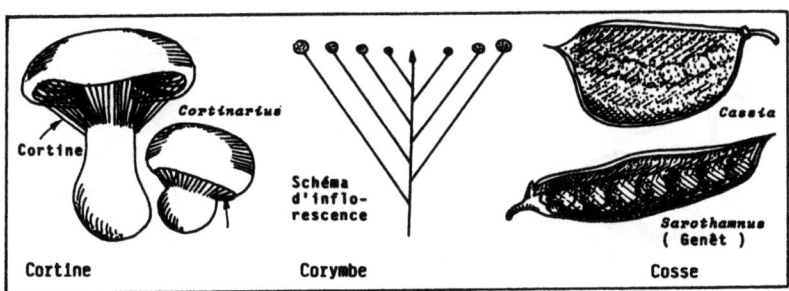

Cortine     Corymbe     Cosse

**COT**

mot) de la gousse des Fabacées (ex-Légumineuses) susceptible de s'ouvrir à maturité en 2 valves, à la faveur de ses deux lignes de déhiscence ( l'une dorsale, l'autre suturale). Ex. les cosses du Petit Pois sont ce qui reste après que l'on ait ôté les graines.

**Cotylédon,** n.m. (gr. kotulêdon, cavité, petite coupe). ▮ Désigne, au niveau de l'embryon des Spermaphytes, la (ou les) feuille(s) primordiale(s). Le nombre de cotylédons est variable : un seul chez les Monocotylédones (ex. Lys); deux chez les Dicotylédones (ex. Haricot); jusqu'à 10 ou 12 chez les Gymnospermes (3 à 5 chez le Pin sylvestre - 12 chez le Pin parasol du Midi). ▮ Lors de la germination les cotylédons approvisionnent efficacement la jeune plantule en développement en se vidant de leurs réserves.

**Coulants,** n.m.pl. (lat. colare, filtrer). ▮ Autre appellation des stolons (v. ce mot) de certaines plantes, lesquels, nés à l'aisselle de feuilles, croissent en longueur et s'enracinent en produisant alors (au niveau de cet ancrage) une rosette de feuilles correspondant à l'ébauche d'un nouveau pied. Ex. les coulants du Fraisier.

**Couronne,** n.f. (lat. corona, couronne). ▮ Synonyme de coronule (v. ce mot).▮ Verticille interne à la corolle formé par des appendices (que l'on peut assimiler à des ligules) portés par les pétales eux-mêmes. Ex. Une couronne se rencontre chez diverses Amaryllidacées (Narcisse, Jonquille) ou chez le Laurier-Rose.

**Coussinet,** n.m. (gr. coxinus, cuisse). ▮ Partie médiane du prothalle des Filicales (v. ce mot), plus épaisse que les ailes, au niveau de laquelle se locali-

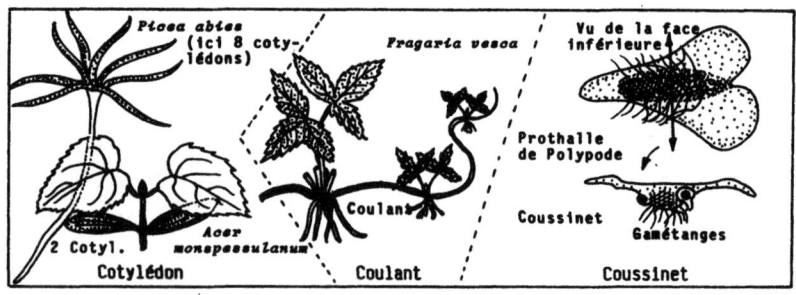

sent les gamétanges et les rhizoïdes.

**Crampons,** n.m. (francique kramp). ▌Chez certaines <u>Algues</u>: organes fixateurs assurant très efficacement l'accrochage du thalle massif au rocher. Ex. les crampons des Laminaires. Syn. haptères. ▌Chez diverses espèces de <u>Lichens</u> : enchevêtrements d'hyphes fongiques en forme de mèches assurant la fixation du thalle sur le substrat. ▌Chez diverses <u>plantes grimpantes</u> banales : courte racine aérienne, adventive, servant à la fixation de la plante contre la pierre ou l'écorce d'un arbre. Ex. les crampons du Lierre (*Hedera helix*).

**Crassulescentes,** adj. (lat. <u>crassus</u>, épais). ▌Terme qui se retrouve dans le nom d'une famille de plantes que caractérisent leurs feuilles <u>charnues</u> : la famille des Crassulacées.

**Crénelé,** adj. (de <u>cren</u>, forme ancienne de <u>cran</u>). ▌Se dit d'un organe bordé de dents obtuses ou arrondies. Ex. les feuilles du Lierre terrestre ( *Glechoma hederacea* ) sont crénelées.

**Crible,** n.m. (lat. <u>cribrare</u>, tamiser). ▌Cloison transversale multiperforée des éléments conducteurs du liber (ou tubes criblés). Ces cribles cessent temporairement (ou définitivement) d'être actifs lorsqu'à l'approche de la mauvaise saison ils sont obturés par des dépôts de callose (v. ce mot) qui y constituent des cals.

**Croissance,** n.f. (lat. <u>crescere</u>, croître).▌Ce terme doit être distingué de la notion de développement. La croissance, c'est l'augmentation de la <u>taille</u>, jusqu'à ce que le végétal accède à ses dimensions

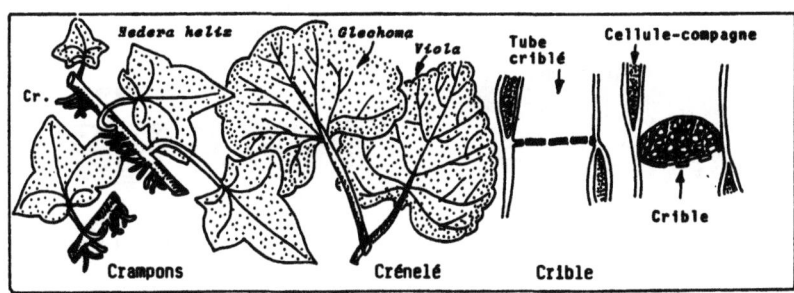

## CRO

définitives. C'est donc essentiellement un processus lié à l'accroissement du nombre et de la taille des cellules constituant l'organisme. Chez les plantes supérieures la croissance en longueur résulte de l'activité des méristèmes apicaux, la croissance en diamètre résulte, elle, de l'activité des cambiums.

**Crown-gall**, n.m.(mot anglais: galle de la couronne). | Réaction tumorale au niveau du collet (v. ce mot) de nombreux végétaux à la suite de leur attaque par l'*Agrobacterium tumefaciens*. Elle se traduit par des hypertrophies botryoïdes (v. ce mot) et peut se poursuivre par l'induction d'autres tumeurs non infectées, sur le même végétal, à quelque distance du collet.

**Crustacé**, adj. (lat. crusta, carapace). | Se dit d'un végétal qui adhère très étroitement à un support, duquel il est malaisé de le détacher. Ex. les *Graphis* à l'aspect de hiéroglyphes sur les écorces de Frêne sont des Lichens crustacés. | Certaines fructifications corticoles de Champignons sont pareillement dites crustacées.

**Crypte**, n.f. (gr. kruptos, caché). | Dépression à la surface d'un organe, et donc en communication avec l'extérieur. Une crypte peut, par ex. : chez les *Azolla* (Hydroptéridales) ou chez les *Anthoceros* (Bryophytes), héberger des Cyanobactéries; chez des Angiospermes de lieux relativement secs (xérophytes, v. ce mot) servir de "refuge" aux stomates (v. ce mot); chez diverses autres plantes, être tapissée de nombreux poils jouant aussi un rôle privilégié dans les échanges gazeux.

**Cryptogame**, n.m. (gr. kruptos, caché; gamos, mariage).

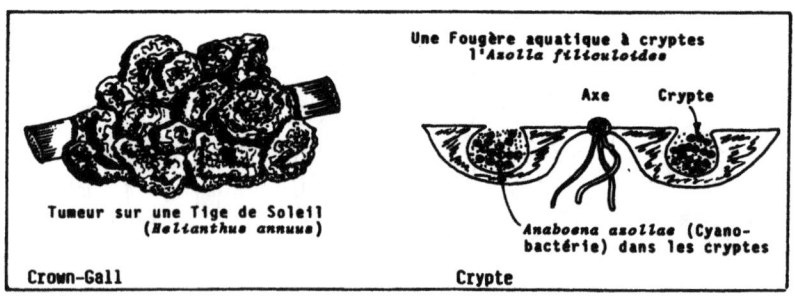

Tumeur sur une Tige de Soleil (*Helianthus annuus*)

Crown-Gall

Une Fougère aquatique à cryptes l'*Azolla filiculoides*

*Anaboena azollae* (Cyanobactérie) dans les cryptes

Crypte

**CRY**

❙ Désignation de tout végétal dépourvu "d'organes voyants" (ou phanères) liés à sa sexualité. Donc l'absence de fleurs y est de règle. On dit que leur reproduction est cachée. Le monde des Cryptogames a pour composants : des caulophytes vasculaires (les Ptéridophytes), des caulophytes cellulaires (les Bryophytes), et tous les Thallophytes.

**Cryptogames Vasculaires,** (gr.. kryptos, caché; gamos, mariage; lat. vascellum, vaisseau). ❙ Végétaux Archégoniates pourvus de tissus conducteurs (ce qui les situe au-dessus des Bryophytes) mais dépourvus de fleurs (ce qui les maintient en retrait des Spermaphytes). On y distingue 5 Embranchements : Filicinées, Equisétinées, Lycopodinées, Psilotinées et Psilophytinées.

**Cryptogamie,** n.f. (gr. kryptos, caché; gamos, mariage). ❙ Partie de la Botanique et de la Biologie qui se consacre à l'étude des seules Cryptogames ou plantes à sexualité discrète, cachée, faute de différencier des formations aussi voyantes que le sont les fleurs des Préspermaphytes et des Phanérogames.

**Cryptophyte,** n.f. (gr. kryptos, caché; phuton, plante). ❙ Désigne un végétal particulièrement adapté aux rigueurs de la mauvaise saison puisqu'il ne conserve alors que ses parties souterraines (bulbe, rhizome ou tubercule) pourvues de bourgeons. Ex. les Crocus (bulbe), le Muguet (rhizome) ou le Dahlia (tubercules) sont des Cryptophytes.

**Cultivar,** n.m. (abrév. franç. de "cultivated variety"). ❙ Désigne chacune des très nombreuses races nouvelles, ornementales, fruitières, médicinales, sylvicoles... obtenues par les sélectionneurs et propagées par eux à

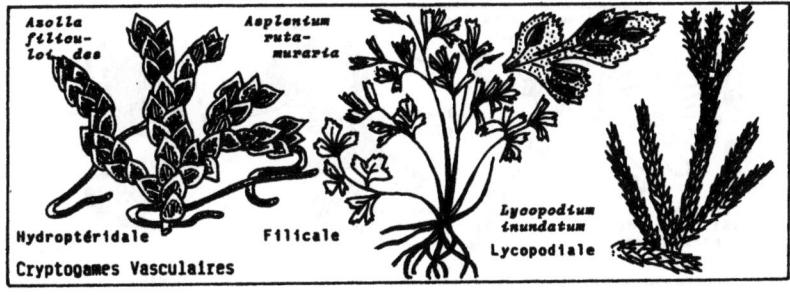
Cryptogames Vasculaires

**CUN**

l'aide de graines ou par multiplication, en conservant leurs caractères propres. On écrit, en abrégé "cv".

**Cunéiforme**, adj. (lat. cuneus, coin; forma, forme). ❙ Se dit d'un organe qui affecte la forme d'un coin. Ex. les pinnules de certaines espèces d' *Adiantum* (telle la Capillaire de Montpellier), ou les fruits de la Bourse à pasteur ( *Capsella bursa-pastoris* ) sont en forme de coin et donc cunéiformes.

**Cupressoïde**, adj. (gr. kyparissos, cyprès). ❙ Se dit du feuillage lorsqu'il est constitué d'écailles (courtes et larges) toutes étroitement repliées, apprimées (v. ce mot), et parfois décurrentes. Ce type de feuillage caractérise, bien entendu, nombre de Cupressacées (Gymnospermes) et notamment les espèces de Cyprès.

**Cupule**, n.f. (lat. cupula, petite coupe). ❙ Ensemble de pièces lignifiées, plus ou moins écailleuses ou épineuses, à valeur de bractées (v. ce mot) constituant une sorte de petite coupe enserrant en partie, ou complètement, certains fruits secs. La présence d'une cupule caractérise l'Ordre des Cupulifères qui regroupe maintes essences feuillues. Ex. la cupule d'un Gland, d'une Noisette ou la cupule piquante de la Châtaigne (v. bogue).

**Cuticule**, n.f. (lat. cuticula, petite peau). ❙ Dépôt protecteur de cutine (substance hydrophobe proche de la subérine) à la surface de l'épiderme de nombreuses feuilles rendues, de ce fait, luisantes. Ce dépôt ne s'interrompt qu'au niveau des stomates. De nombreux végétaux croissant en milieux secs possèdent une telle cuticule épaisse. Ex. la cuticule des feuilles de Laurier, de Chêne vert ou de Chêne-Liège.

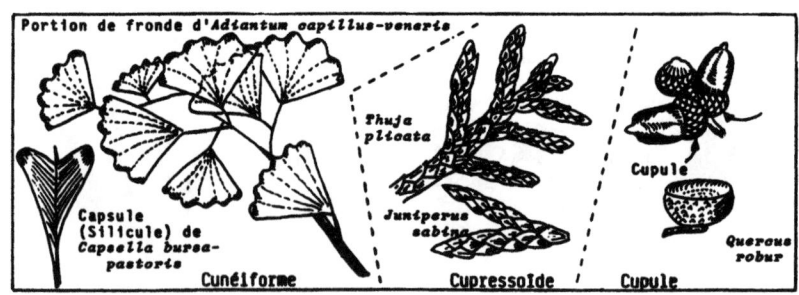

**Cutine**, n.f. (lat. cutis, peau). | Glucide assez proche de la cellulose, qui est le composé essentiel de la cuticule recouvrant la face externe des cellules épidermiques de certains organes. Le dépôt de cutine rend cireuse et luisante la surface de l'organe qui se révèle alors hydrophobe. Ex. à la surface des feuilles du Chou le dépôt de cutine est important.

**Cyanobactéries** ou **Cyanophytes**, n. f.pl. (gr. kuanos ,ou bleu; baktêria, bâton). | Procaryotes autotrophes à la faveur de la possession de chlorophylle, auxquelles la phycocyanine (v. ce mot) confère une teinte bleutée ou glauque. Leur matériel nucléaire est à l'état diffus. | Ces plantes furent aussi appelées Algues bleues, Myxophycées ou Schizophycées. Elles sont soit unicellulaires, soit en archéthalles, ou en trichomes, sinon en protothalles (v. ces mots).

**Cyathium**, n.m. (gr. kuathos, cyathe). | Inflorescence très particulière que l'on rencontre chez les Euphorbiacées (aux fleurs fort rudimentaires) et que singularisent des pièces foliacées périphériques mimant un pseudo-calice et affectant souvent l'aspect d'une petite coupe d'une part, et des glandes fréquemment en forme de croissants d'autre part. Ex. un cyathium d'*Euphorbia lathyris*.

**Cycadales**, n.f.pl. (gr. kukas, palmier). | L'un des Ordres de Préspermaphytes (v. ce mot) connu tout à la fois par des restes fossiles et par d'assez nombreuses formes actuelles. Les Cycadales sont ligneuses et pourvues de frondes disposées en couronnes. Leur croissance est d'une extraordinaire lenteur. Chaque individu ne porte des fleurs que d'un seul sexe. En matière de sexualité il pratique la zoïdogamie.

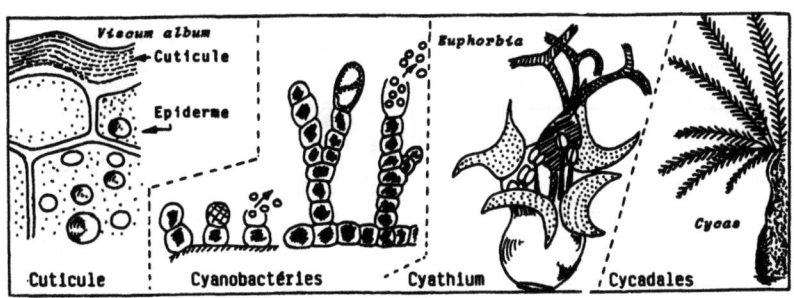

## CYC

**Cycle**, n.m. (gr. kuklos, cercle). ❙ Le biologiste est très attentif aux particularités du cycle de développement d'un végétal. On entend par là la succession des phases ponctuée par deux phénomènes essentiels : la fécondation et la méiose. ❙ Classiquement, la phase qui suit la méiose est la phase haploïde ou haplophase (à n chromosomes); celle qui suit la fécondation est la phase diploïde ou diplophase (à 2n chromosomes). ❙ De nombreux qualificatifs permettent de préciser les particularités des cycles. ❙ Cycle monogénétique : l'une des deux phases est extrêmement courte par le fait que la fécondation (F) et la réduction chromatique (RC) sont très rapprochées. Si la RC suit de très peu la F, la diplophase est très réduite, le cycle est alors monogénétique haplophasique. Si la F suit de très peu la RC, la haplophase est très réduite, le cycle est alors monogénétique diplophasique. ❙ Cycle digénétique : les 2 phases ( à n et 2n ) sont bien représentées. Si toutes deux sont pratiquement équivalentes, le cycle digénétique sera qualifié d'isomorphe. Si l'une des deux phases est mieux représentée que l'autre, le cycle digénétique sera, soit à dominance haploïde, soit à dominance diploïde. ❙ Cycle trigénétique : c'est un type de cycle assez rarement réalisé (mais qui caractérise certaines Rhodophycées) chez lesquelles se succèdent trois sortes d'individus : une haplophase (avec gamétophytes donc) et une diplophase représentée, tour à tour, par un carposporophyte (v. ce mot) générateur de spores diploïdes, puis un tétrasporophyte (v. ce mot) producteur de spores méiotiques (et donc haploïdes) qui germeront en nouveaux gamétophytes.

**Cyclique**, adj. (gr. kuklos, cercle). ❙ Se dit d'une fleur constituée par une succession de verticilles

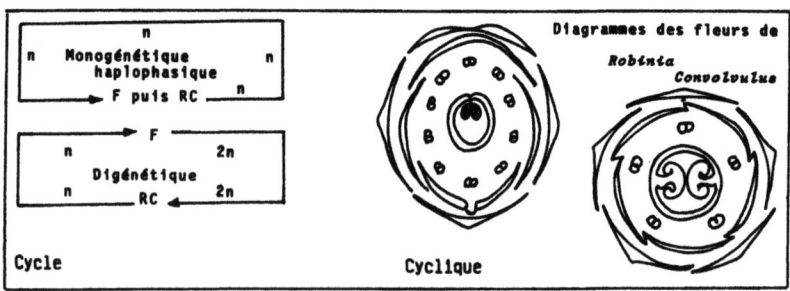

(v. ce mot) concentriques de pièces alternant régulièrement lorsqu'on passe d'un verticille au suivant. Ex. la fleur d'une Fabacée, ou celle d'une Rosacée, sont cycliques.

**Cyclose,** n.f. (gr. kuklos, cercle). ▎Appellation générale, en dépit de nuances selon le végétal considéré, du mouvement plus ou moins lent, permanent, réversible, du cytoplasme (v. ce mot) au sein de chaque cellule ou dans la masse d'un plasmode (v. ce mot). ▎Dans sa rotation (à une vitesse très variable, de quelques microns à 1 mm/sec. ) au sein du cadre squelettique, le cytoplasme entraîne avec lui les organites cellulaires. Ce phénomène est observable sous le microscope en disposant, par ex. une feuille d'Elodée du Canada dans l'eau, entre lame et lamelle. La faible élévation de température due à l'éclairage de la préparation accélère bientôt le mouvement de cyclose.

**Cylindre central.** ▎Voir Stèle.

**Cyme,** n.f. (gr. kuma, flot). ▎Inflorescence définie (et donc centrifuge) dont l'apex est occupé par une fleur, la plus ancienne. Les ramifications successives peuvent se développer : soit d'un seul côté de l'axe principal (cyme unipare), soit d'un seul côté avec insertion pédalée (v. ce mot) des rameaux successifs (cyme unipare scorpioïde, du type *Myosotis*), soit symétriquement, des deux côtés de l'axe (cyme bipare comme chez la Saponaire ou le Gypsophile).

**Cynorrhodon,** n.m. (gr. kuôn, chien; rhodon, rose). ▎Faux-fruit (v. ce mot) des Rosiers composé, pour partie, par l'ovaire de la fleur, pour partie, par

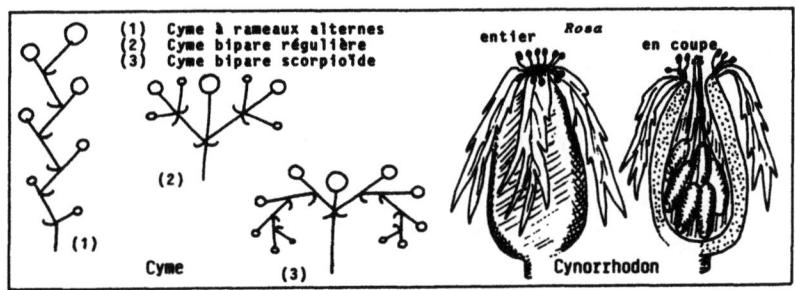

(1) Cyme à rameaux alternes
(2) Cyme bipare régulière
(3) Cyme bipare scorpioïde

Cyme

entier *Rosa* en coupe

Cynorrhodon

## CYS

le réceptacle déprimé en "calice" et accrescent (v. ce mot).

**Cystides**, n.f.pl. (gr. kustis, vessie). | Cellules stériles, plus ou moins grosses, s'intercalant entre les basides au niveau de l'hyménium (v. ce mot) d'un Basidiomycète. Parfois (ex. Coprin chevelu) les cystides sont si volumineuses et proéminentes qu'elles assurent l'écartement des lamelles et facilitent ainsi la dispersion des basidiospores.

**Cystocarpe**, n.m. (gr. kustis, vessie; karpos, fruit). | Chez les Rhodophycées, organe en forme d'urne, ouverte à son sommet, qui renferme le carposporophyte.

**Cystogamie**, n.f. (gr. kustis, vessie; gamos, mariage). | Synonyme de Hologamie (v. ce mot).

**Cystolithe**, n.m. (gr. kutos, cellule; lithos, pierre). | Assemblage, sur une trame pectocellulosique, de cristaux de carbonate de calcium (reliés à la paroi squelettique par un pédicelle imprégné, lui, de silice), que l'on peut rencontrer dans certaines cellules situées plus ou moins profondément dans le mésophylle de plantes appartenant à des familles variées. Ex. les cystolithes des feuilles de Figuier (*Ficus carica*) ou des poils de Houblon (*Humulus lupulus*).

**Cytogamie**, n.f. (gr. kutos, cellule; gamos, mariage). | Synonyme de Plasmogamie (v. ce mot).

**Cytologie**, n.f. (gr. kutos, cellule; logos, science). | Partie de la science qui s'intéresse à la forme, la structure et aux propriétés des cellules entières ou de leurs constituants.

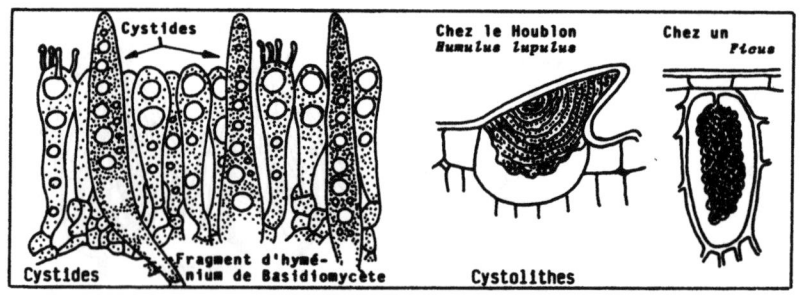

# CYT

**Cytoplasme**, n.m. (gr. kustis, cellule; plasma, formation). ❚ Substance fondamentale et incolore de la cellule végétale au sein de laquelle se situent les organites intracellulaires : plastidome, chondriome, et les lipidome et vacuome. Sa limite contre la paroi squelettique constitue la membrane ectoplasmique et c'est le tonoplasme (v. ce mot) qui délimite chaque vacuole. Conventionnellement, le noyau (v. ce mot) ne fait pas partie du cytoplasme.

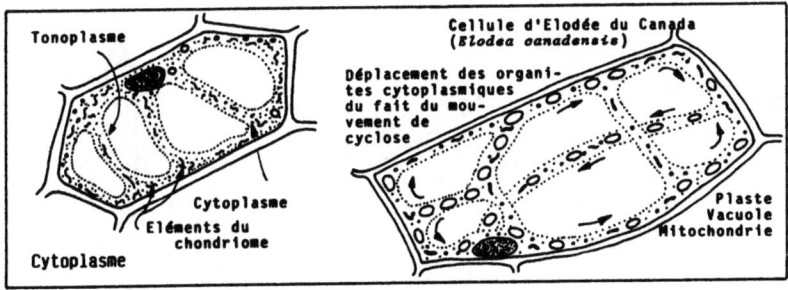

# D

**Débourrement,** n.m. (lat. burra, poil, bourre). | Déplissement des bourgeons des arbres avec apparition des feuilles nouvelles. On peut aussi dire "Débourrage". Ex. la date du débourrement des Peupliers dépend de la variété, de la race, du cultivar considéré.

**Décurrent,** adj. (lat. decurrere, se prolonger). | Ce terme qualifie des organes (feuilles de Plantes Supérieures, lamelles ou plis hyméniaux de Champignons) dont la soudure avec l'élément porteur (tige, pied du Champignon) se prolonge bien au-delà du point d'insertion. Ex. les lamelles des Pleurotes ( *Pleurotus* ) et les plis des Girolles ( *Cantharellus sp.*) sont décurrents, de même que la feuille de la Bourrache (*Borrago officinalis*).

**Décurtation,** n.f. (lat. préf. dé; curtus, court). | Chute des rameaux courts feuillés de l'année chez quelques essences ligneuses. Ce phénomène, comparable à celui de la chute des feuilles, est bien connu chez le Cyprès chauve de Louisiane ( *Taxodium distichum* célèbre ) ou chez le Métaséquoia ( *Metasequoia glypto - stroboides* ) de Chine.

**Décussé,** adj. (lat. decussatus, croisé). | Qualifie des organes (et plus spécialement des feuilles) dont les paires successives insérées le long d'un axe forment entre elles un angle droit. Ex. les feuilles

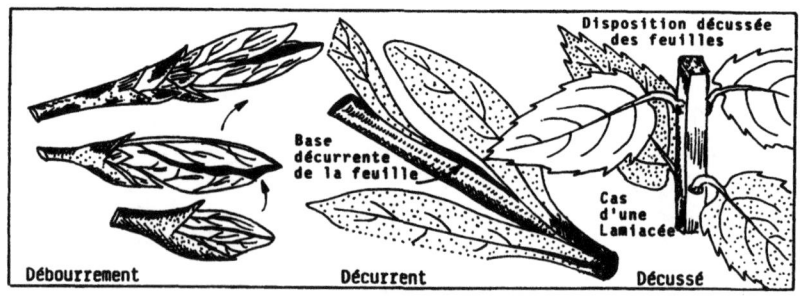

du Lamier blanc ( *Lamium album* ) sont opposées - décussées.

**Dédifférenciation;** n.f. (lat. préf. dé; differe, différer). ▌ Phénomène qui concerne des cellules déjà différenciées de végétaux, et leur rend une indiscutable "jeunesse" par fractionnement de leur vacuome (v. ce mot), résorption de certains composés membranaires, réorganisation du réseau de fibres cellulosiques de leur paroi, enrichissement de leur cytoplasme, accroissement de la colorabilité de leur noyau.

**Définie,** adj. (lat. definire, limiter). ▌ Se dit d'une inflorescence dont l'apex est occupé par une fleur (la plus âgée d'ailleurs) et dont la croissance est, de ce fait, limitée. ▌ Si l'on considère le sens de progression de l'onde de floraison au sein d'une telle inflorescence, on est conduit à la qualifier encore de centrifuge (v. ce mot). Ex. la cyme (scorpioïde) du Myosotis est un type d'inflorescence définie.

**Défoliation** (ou **Défeuillaison**), n.f. (lat. pré. dé; folium, feuille). ▌ Chute des feuilles chez les espèces à feuillage caduc. Des processus physiologiques et histologiques interviennent pour accuser la fragilité de l'insertion des feuilles et entraîner leur chute. ▌ On ne confondra pas ce terme avec le Défeuillage, qui est une pratique manuelle destinée à favoriser la maturation des fruits en éliminant les feuilles gênantes.

**Déhiscent** adj. (lat. dehiscere, s'entr'ouvrir). ▌ Se dit d'un organe initialement clos (asque, sporange de Fougère, étamine de Renoncule, fruit du Genêt...) qui s'ouvre à maturité. ▌ La déhiscence d'une anthère

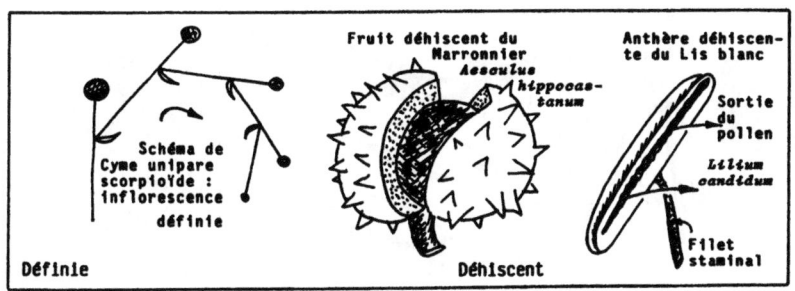

Définie — Schéma de Cyme unipare scorpioïde : inflorescence définie

Fruit déhiscent du Marronnier *Aesculus hippocastanum* — Déhiscent

Anthère déhiscente du Lis blanc *Lilium candidum* — Sortie du pollen — Filet staminal

peut, selon la position des ouvertures qui permettent la dispersion du pollen, être qualifiée de : apicale ou poricide (par pores situés au sommet de l'anthère comme chez les Solanacées); loculicide (par fentes latérales sur toute la longueur des deux loges comme chez la Tulipe); par clapets (lesquels se soulèvent au niveau de chacun des sacs polliniques, comme chez les Ericacées). ❙ La déhiscence d'une capsule peut, par exemple, être septicide (v. ce mot), loculicide v. ce mot) ou septifrage.

**Déhiscence,** n.f. (lat. dehiscere, s'entr'ouvrir). ❙ Ce terme se rapporte à la fission de toute partie d'un végétal qui s'ouvre spontanément à maturité: asque d'un Ascomycète; capsule d'une Mousse; sporange d'une Ptéridophyte; anthère d'une étamine; fruit sec d'une Angiosperme. ❙ Histologiquement, ce phénomène correspond toujours à la présence de parois squelettiques d'une composition telle que, à maturité, la siccité du milieu ambiant engendre des forces mécaniques puissantes entraînant la déchirure et donc la libération du contenu.

**Délophycé,** adj. ❙ Qualifie la période de la vie d'une Algue dans la nature pendant laquelle elle est de grande taille et donc aisément observable. Ex. la phase sporophytique des Laminaires constitue leur stade délophycé.

**Demi-fleuron,** n.m. ❙ Ce terme désigne chacune des fleurs ligulées d'une inflorescence d'Astéracée. La corolle en est déjetée latéralement, en languette. On appelle encore ces fleurs des "ligules".

**Dendrochronologie,** n.f. (gr. dendros, arbre; kronos,

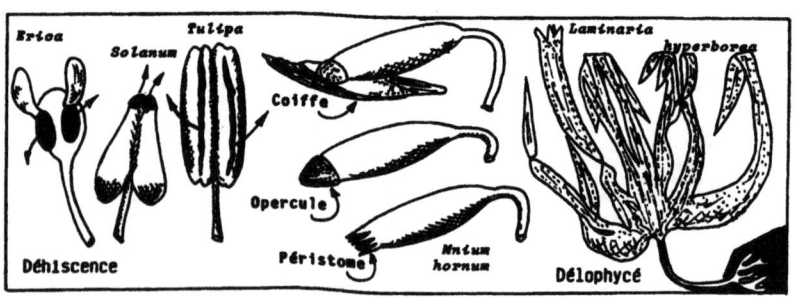

temps; <u>logos</u>, science). ❙ Etude de phénomènes liés au temps (à la durée) concernant le passé d'un arbre, en s'aidant de l'examen de ses cernes (v. ce mot) annuels de croissance. Des déductions d'ordre climatique relatives aux siècles passés peuvent, entre autres, être faites. Il s'agit alors, plus précisément, de "Dendroclimatologie".

**Dendrologie,** n.f. (gr. <u>dendros</u>, arbre; <u>logos</u>, science). ❙ Science qui se consacre à l'étude des arbres (identification botanique, forme, taille, vitesse de croissance, comportement dans des stations données...). C'est à propos de chaque essence une approche autécologique (v. le terme Autécologie).

**Dépendance,** n.f. (lat. <u>dependere</u>, être suspendu à). ❙ Relation d'ordre nutritionnel entre les représentants des phases successives du cycle d'une même espèce. Chez les Ptéridophytes (au moins temporairement) et chez les Bryophytes (continuellement) le sporophyte est dépendant du gamétophyte qui le supporte. ❙ Cette notion ne doit pas être confondue avec le <u>parasitisme</u> (v. ce mot), lequel s'exerce entre espèces <u>différentes</u>.

**Désassimilation,** n.f. (lat. préf. <u>dé</u>; <u>assimilare</u>, assimiler). ❙ Série de processus métaboliques par lesquels les molécules organiques sont dégradées (à la faveur de réactions exothermiques). A la faveur de cette phase (appelée encore <u>catabolisme</u>, v. ce mot) le végétal dispose donc d'une précieuse énergie utlisable pour ses synthèses ( pour son <u>anabolisme</u> v. ce mot).

**Dessiccation,** n.f. (lat. <u>desiccare</u>, dessécher). ❙ Elimination de l'eau initialement contenue dans les

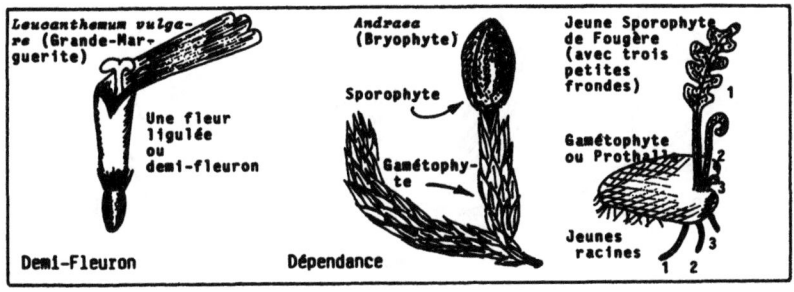

## DEU

tissus d'un organe végétal en activité. Il en résulte une déshydratation plus ou moins poussée qui peut, parfois, entraîner des déformations cellulaires et des mouvements liés aux fluctuations de l'hygrométrie atmosphérique. ❙ Lorsqu'on procède expérimentalement à la dessiccation on peut comparer, pour un même matériel, le poids de matière fraîche et le poids de matière sèche (très malencontreusement appelés souvent poids frais et poids sec par maints chercheurs). ❙ La dessiccation poussée est l'une des étapes essentielles lors de la réalisation d'un herbier. Elle se réalise naturellement lors du fanage des plantes de la prairie de fauche, ou sous contrôle après la récolte d'espèces médicinales.

**Deutéromycètes,** n.m.pl. (gr. deuteros, deuxième; mukês, champignon). ❙ Ce terme désigne le groupe des Champignons Septomycètes apparemment dépourvus de sexualité. Voir le terme Fungi Imperfecti.

**Développement,** n.m. (préf. dé, privatif; anc. franç. voloper, envelopper). ❙ Parfois ce terme inclut, tout à la fois, l'aspect quantitatif (évoqué par ailleurs au terme: croissance) et l'aspect qualitatif (la différenciation). ❙ Le développement d'un végétal n'est pas un processus continu, mais la juxtaposition de séquences. Ex. le développement du Blé passe, notamment, par : la germination, le tallage, l'épiaison, la montaison, la floraison, la maturation...qui sont autant de stades de son développement.

**Diadelphe,** adj. (gr. di, séparé; adelphes, frère). ❙ Qualifie l'androcée d'une fleur dont les étamines sont (plus ou moins nettement) soudées entre elles, afin de constituer deux faisceaux (d'importance égale ou

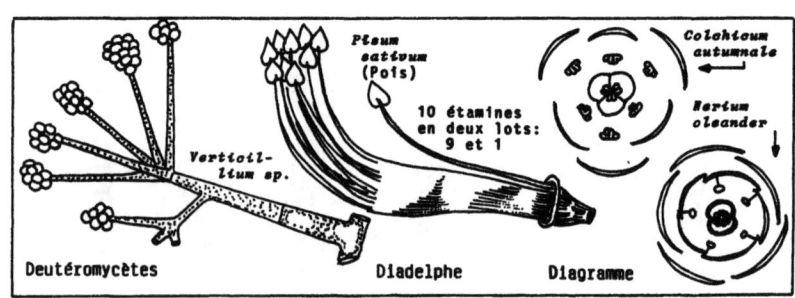

Deutéromycètes  Diadelphe  Diagramme

non). Ex. l'androcée de la fleur du Pois ( *Pisum sativum* ) est diadelphe : ses 10 étamines sont réparties en deux lots (l'un de 9 étamines soudées par leurs filets, formant gouttière, l'autre d'une seule étamine isolée, la 10ème).

**Diagéotropisme,** n.m. (gr. dia, à travers; gê, terre; trépo, je tourne). | Orientation de la croissance de certains organes végétaux du fait de la pesanteur dans une direction horizontale. C'est donc une forme particulière de plagiogéotropisme (v. plagiotropique).

**Diagnostic foliaire.**| Analyse chimique de feuilles judicieusement choisies sur un végétal, de telle sorte que les résultats obtenus soient applicables à l'ensemble de la plante maintenue sur pied, et renseignent alors sur son état nutritionnel.Cette technique fut imaginée à Montpellier, en 1931, et a connu depuis un grand essor.

**Diagramme floral.** | Schéma rendant compte de la disposition relative de l'ensemble des pièces d'une fleur supposée coupée par un plan transversal hypothétique qui rencontrerait toutes ces pièces. Le diagramme floral rend aussi compte des soudures éventuelles entre pièces et de la structure intime de l'ovaire.

**Diakène,** n.m. (gr. di, deux; a, privatif; khainen, ouvrir). | Fruit sec indéhiscent, mais constitué de deux méricarpes qui peuvent se disjoindre à maturité. Ex. le diakène des Apiacées (ex-Ombellifères).

**Dialycarpellé,** adj. (gr. dialucin, séparer; karpos, fruit). | Se dit du gynécée d'une fleur dont les carpelles ne sont pas soudés entre eux. Ex. le gynécée

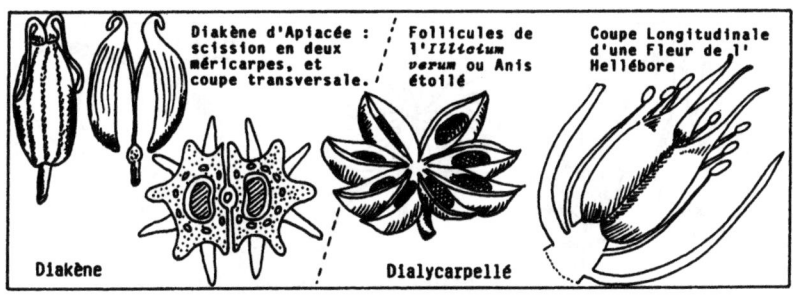

Diakène d'Apiacée : scission en deux méricarpes, et coupe transversale.

Follicules de l'*Illicium verum* ou Anis étoilé

Coupe Longitudinale d'une Fleur de l' Hellébore

Diakène

Dialycarpellé

## DIA

d'une Renoncule est dialycarpellé. Synonyme : Polycarpique.

**Dialycarpiques,** adj. (gr. dialucin, séparer; karpos, fruit). | Groupe de Dicotylédones dialypétales thalamiflores (v. ces mots) dont les fleurs possèdent, outre de nombreuses étamines, des carpelles indépendants. Synonyme Apocarpe (v. ce mot).

**Dialypétales,** adj. (gr. dialucin, séparer; petalon, pétale). | Se dit de fleurs dont les pétales sont libres (ils peuvent se détacher séparément). | Ce caractère singularise un groupe entier d'Angiospermes appelées, précisément, les Dialypétales. C'est une sous-classe vaste et hétérogène. | Ex. la fleur de Pommier ( *Malus communis* ) ou celle de la Renoncule âcre ( *Ranunculus acris* ) sont dialypétales.

**Dialysépales,** adj. (gr. dialucin, séparer; skepé, couverture; petalon, pétale). | Se dit du calice d'une fleur dont les sépales sont libres (ils peuvent être détachés un à un). Ex. les fleurs de la Stellaire *(Stellaria media)* sont dialysépales.

**Diandre,** adj. (gr. di, deux; andros, mâle). | Caractère d'une fleur dont l'androcée est constitué par 2 étamines. Ex. certaines Orchidées ont des fleurs diandres.

**Diaphragme,** n.m. (gr. diaphragma, cloison). | Assise cellulaire séparant, au coeur du gamétophyte femelle des Sélaginelles (v. ce mot) la partie supérieure sexuée de la partie inférieure essentiellement à vocation trophique au bénéfice du futur embryon. | Assise cellulaire assez rigide se développant au coeur des espaces aérifères de diverses plantes aquatiques et

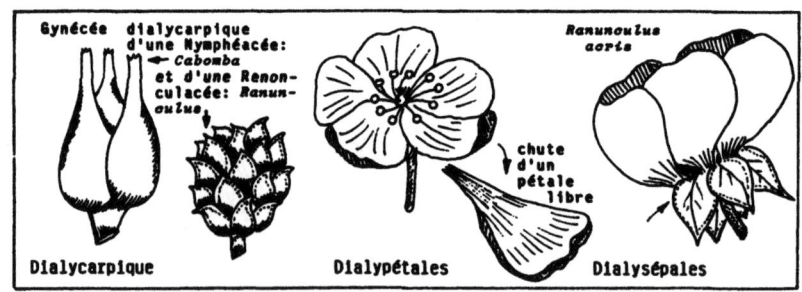

Gynécée dialycarpique d'une Nymphéacée: *Cabomba* et d'une Renonculacée: *Ranunculus*

*Ranunculus acris*

Dialycarpique — Dialypétales (chute d'un pétale libre) — Dialysépales

## DIA

leur conférant une certaine rigidité. ▌ Fine cloison parenchymateuse se tendant en travers d'une tige creuse (chaume de la majorité des Poacées par exemple) au niveau de chaque noeud. Ex. les chaumes de Blé ou d'Avoine, ou les axes des Magnoliacées, présentent de tels diaphragmes.

**Diaspore**, n.f. (gr. diaspora, dispersion). ▌ Ce terme sert à désigner tout fragment d'un végétal susceptible, après isolement du pied-mère, de reconstituer un individu entier. La diversité des diaspores est impressionnante : spores de Thallophytes, de Bryophytes ou de Ptéridophytes; propagules de Bryophytes; semences de Gymnospermes; fruits entiers ou graines d'Angiospermes, etc... Certaines de ces diaspores sont particulièrement adaptées aux transports par le vent, par les insectes, par l'eau, par l'homme...

**Diatomées**, n.f.pl. (gr. dia, à travers; tomê, section). ▌ Algues Brunes microscopiques, encore appelées Bacillariophycées, pourvues (au niveau de leur paroi squelettique) de deux frustules siliceuses, très richement ornementées, et susceptibles de se mouvoir l'une par rapport à l'autre (comme une boîte et son couvercle) en déterminant le déplacement de la Diatomée tout entière. Ex. les *Navicula* sont de délicates Diatomées en forme de nacelle.

**Dicaryon**, n.m. (gr. di, deux; karuon, noyau). ▌ Chez les Champignons Supérieurs, on désigne par ce terme chaque compartiment du mycélium secondaire (né de la rencontree de deux cellules complémentaires du mycélium primaire). En effet, si la plasmogamie a eu lieu, la caryogamie n'est pas immédiate, aussi chaque dicaryon renferme-t-il deux noyaux complémentai-

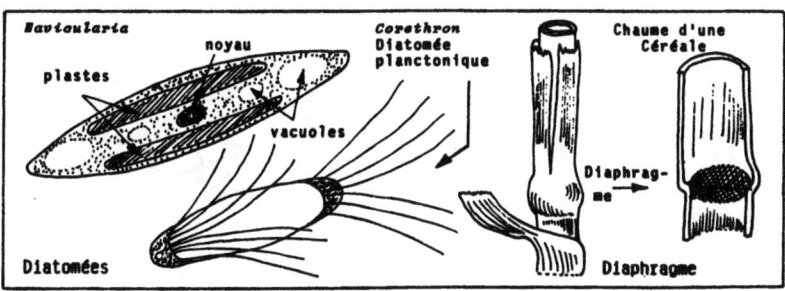

## DIC

res qui connaîtront une mitose simultanée lors de la genèse d'un nouveau dicaryon, le filament s'allongeant.

**Dicaryophase**, n.f. (gr. di, deux; karuon, noyau; phasis, apparition). ▌ Chez les Champignons Supérieurs, phase au cours de laquelle le mycélium est constitué de dicaryons. Le cycle de tels Champignons comprend donc : une haplophase, une dicaryophase et une très courte diplophase.

**Dichogamie**, n.f. (gr. dicho, deux; gamos, mariage). ▌ Modalité de la reproduction chez certains végétaux, pourtant hermaphrodites (ex. les Erables ou les Noyers) qui impose la rencontre de gamètes mâle et femelle nés d'individus différents ( à la différence donc de l'autofécondation, v. ce mot). ▌ Au nombre des causes de la dichogamie figurent : l'incompatibilité entre le pollen et la surface stigmatique du gynécée des fleurs du même pied; le décalage chronologique entre l'époque de maturité des gamètes mâles, et celle de réceptivité des gamètes femelles. Si les éléments mâles sont mûrs les premiers, l'espèce est dite protérandre ou protandre (v. ce mot), comme chez les Campanules. En cas inverse elle est dite protérogyne ou protogyne (v. ce mot) comme chez l'Aristoloche ( *Aristolochia clematitis* ).

**Dichotome**, adj. (gr. dicho, deux; tomos, couper). ▌ Se dit de l'axe d'un végétal (ou de tout autre organe, rameau, inflorescence...) lorsqu'il est une (ou plusieurs) fois bifurqué en ramifications d'importance sensiblement identique. Ex. les tiges du Gui *(Viscum album)*, la cyme bipare du Lin *(Linum catharticum)* ou bien celles de la Petite Centaurée sont dichotomes.

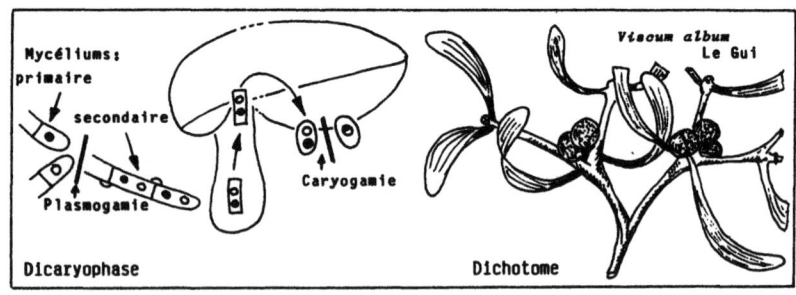

DIC

**Dichotomie,** n.f. (gr. dicho, deux; tomos, couper).
❙ Mode de ramification (tenu pour archaïque) de divers
végétaux. La ramification dichotome typique est caractérisée par l'égale importance des deux branches au
niveau de chaque bifurcation. Ex. les tiges du Gui
(*Viscum album*) se ramifient dichotomiquement. ❙ Parfois les branches ne sont pas réellement équivalentes
et l'on parle alors de dichotomie inégale ou pseu-
do-dichotomie. Ex. les axes du *Rhynia gwynne-vaughanii*.

**Dicline,** adj. (gr. di, deux; kliné, lit). ❙ Se dit
d'une Angiosperme dont les fleurs ne sont pas toutes
bisexuées. ❙ Trois cas peuvent alors se présenter
au niveau d'un individu : tantôt certaines fleurs
sont bisexuées alors que d'autres sont unisexuées
(mâles ou femelles) (la plante est polygame); tantôt
aucune fleur n'est bisexuée, mais chaque individu
possède à la fois des fleurs mâles et des fleurs femelles (la plante est monoïque, comme le Noisetier);
ou bien encore aucune fleur n'est, certes, bisexuée,
mais chaque individu ne possède des fleurs que d'un
seul sexe. Il y a donc des sujets mâles et des sujets
femelles (la plante est dioïque, comme le Chanvre
ou le Houblon).

**Dicotylédones,** n.f.pl. (gr. di, deux; kotulêdon, petite
coupe, cavité). ❙ Végétaux Phanérogames Angiospermes
dont : l'accroissement en diamètre des tiges et racines
résulte de l'activité de cambiums; les tiges peuvent
de la sorte devenir de véritables troncs; les feuilles
sont le plus souvent complètes avec limbe, pétiole,
et éventuelles annexes; la graine renferme un embryon
à deux cotylédons.

**Dictyosomes,** n.m.pl. (gr. diktuon, filet; soma, corps).

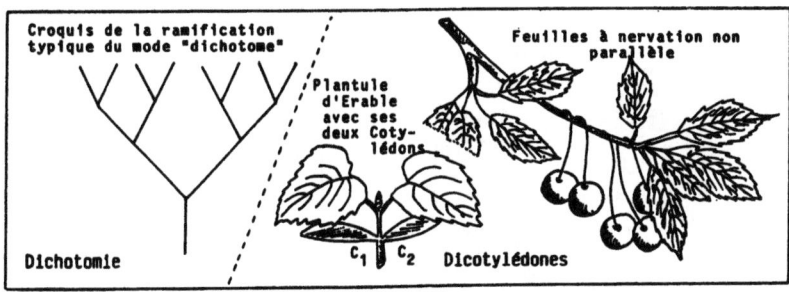

## DIC

❙ Inclusions de structure lamelleuse pouvant mesurer de l'ordre du micron dans leur plus grande dimension, et décelables en microscopie électronique au sein du cytoplasme (v. ce mot). ❙ Seuls les Procaryotes (v. ce mot) en semblent dépourvus. On appelle encore <u>appareil de Golgi</u> l'ensemble des dictyosomes. On n'a encore aucune certitude en ce qui concerne leur(s) rôle(s)? On pense qu'ils auraient une activité élaboratrice puis excrétrice de composés polysaccharidiques.

**Dictyostèle**, n.f. (gr. <u>diktuon</u>, filet; <u>stela</u>, colonne). ❙ Ce terme s'applique à une siphonostèle fortement altérée par de nombreuses et importantes <u>brèches foliaires</u> (v. ce mot). Le bois et le liber <u>emboîtés</u>, passablement "ajourés" acquièrent une disposition en réseau. Sur des coupes transversales la stèle, disjointe, apparaît sous forme d'arcs conducteurs, de "morceaux" de stèle, ou méristèles.

**Didyname**, adj. (gr. <u>di</u>, deux; <u>dunamis</u>, force). ❙ Qualifie l'androcée de certains végétaux dont les 4 étamines sont de deux longueurs différentes (il y en a 2 longues et 2 courtes). Ex. Les Lamiacées et les Digitales (Scrofulariacées) ont un androcée didyname.

**Diécie**, n.f. (gr. <u>di</u>, deux; <u>oikos</u>, habitat). ❙ Propriété d'un végétal dioïque (v. ce mot).

**Différenciation**, n.f. (lat. <u>differre</u>, différer). ❙ Evolution distincte des différentes cellules-filles dérivant de l'oeuf ou zygote, et engendrant de la sorte des "familles" de cellules (ou tissus) différentes. Dans la suite du développement ces tissus différents s'organiseront en organes distincts, d'où la susbtitution, à partir de ce moment, du mot <u>organisation</u> au terme initial de différenciation. ❙ A la faveur

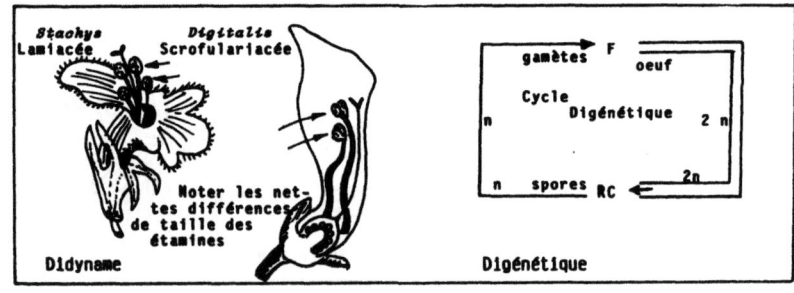

Didyname — Digénétique

**DIG**

de traumatismes divers affectant un végétal, certaines cellules de tissus altérés peuvent se dédifférencier (v. le mot dédifférenciation) et engendrer de nouvelles cellules à vocation différente de celle d'origine.

**Digénétique**, adj. (gr. di, deux; gennetikos, génération). | Qualifie un cycle de reproduction dans lequel les spores d'une part, et les gamètes d'autre part, sont à l'origine, respectivement, d'individus haploïdes et d'individus diploïdes bien représentés. Il y a donc manifestement succession de deux générations dans le cycle (v. ce mot). Ex. les Ulves (Algues Vertes), les Mousses, les Polypodes (Fougères) ont un cycle digénétique.

**Digité**, adj. (lat. digitus, doigt). | Se dit de feuilles, de bractées, ou d'inflorescences dont les éléments constitutifs (folioles, épis d'épillets...) sont disposés comme les doigts de la main. Ex. la feuille du Lupin (Fabacées) ou l'inflorescence composée des *Digitaria* (Poacées) sont digitées.

**Dimorphisme**, n.m. (gr. di, deux; morphê, forme). | Dualité de formes pour un même type d'organe chez une plante donnée. Lorsque la même plante est susceptible de présenter deux types de frondes, de feuilles ou de fleurs, on dit qu'elle manifeste un dimorphisme foliaire ou floral. Ex. le dimorphisme des frondes stériles et fertiles du *Lomaria spicant* (Fougère), des feuilles de rameaux végétatifs et de pousses fertiles du lierre ( *Hedera helix* ), des fleurs de la Violette (fleurs normales et fleurs cléistogames, v. ce mot).

**Dioïque**, adj. (gr. di, deux; oikos, habitat). | Se dit des espèces végétales aptes à la sexualité, mais

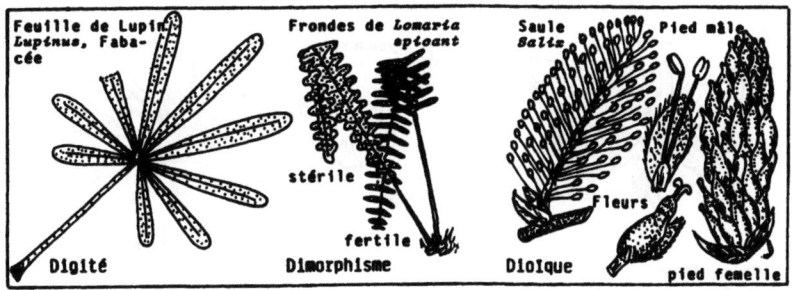

Digité — Dimorphisme — Dioïque

## DIP

chez lesquelles un seul individu ne différencie que des gamètes (ou gamétocystes) mâles, ou que des gamètes (ou gamétocystes) femelles. Ex. Certaines Algues (tel le *Fucus vesiculosus*) l'If ( *Taxus baccata* ), les Saules ou le Palmier-Dattier ( *Phoenix dactylifera* ) sont dioïques.

**Diploïde, Diplophase, Diplobionte, Diplonte** ( gr.diploê , chose double; eidos, ressemblance). ¶ L'état diploïde d'une espèce végétale est celui qui correspond à la présence d'un lot double de chromosomes dans chaque noyau cellulaire de l'individu. ¶ La diplophase dure tout le temps que l'espèce est représentée par un individu diploïde, lequel individu mérite d'ailleurs le nom de diplonte ou diplobionte. Ex. le *Laminaria digitata* de nos rivages s'offre à nos regards sous sa si massive forme diploïde. C'est le diplonte.

**Diplostémone**, adj. (gr. diploê, chose double; lat. stamen, fil).¶ Ce terme s'applique à beaucoup de fleurs d'Angiospermes dont l'androcée compte un nombre d'étamines double de celui des pétales. En ce cas, il est courant que les étamines constituent deux verticilles successifs de pièces alternant entre elles d'un verticille à l'autre (les étamines du verticille externe étant, il est vrai, oppositipétales). Ex. l'androcée des *Sedum* ou des *Geranium* est diplostémone.

**Disamare**, n.m. (lat. di, deux; samara, graine d'orme).¶ Samare (v. ce mot) double (ou diakène ailé) comme en possèdent les Erables. Ex. les disamares sont très ouverts chez l'*Acer platanoïdes*, très resserrés chez l' *Acer monspessulanum*.

**Disciflores**, n.f.pl. (gr. diskos, disque; lat. florem,

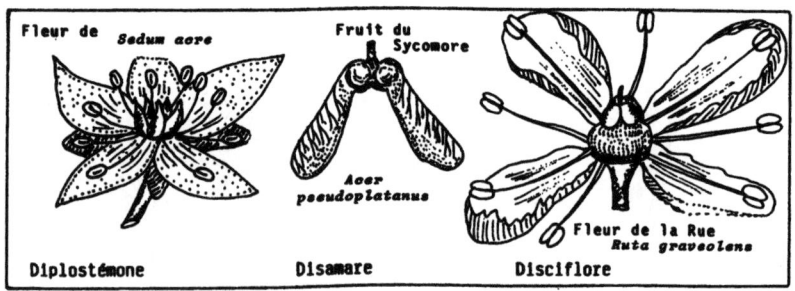

Diplostémone  —  Disamare  —  Disciflore

# DIS

fleur). | Série de familles de Dicotylédones Dialypétales dont les représentants possèdent des fleurs pourvues d'un réceptacle floral supportant un disque nectarifère (v. nectaire).

**Discoïde,** adj. (gr. diskos, disque). | Qualifie un organe rond et aplati. Ex. la gousse discoïde du *Medicago lupulina*.

**Discolichens**, n.m.pl. (gr. diskos, disque; leikhen, v. à lichen). | Groupe de Lichens dont l'associé fongique est un Ascomycète élaborant des apothécies (v. ce mot) lorsqu'il fructifie. Ex. le *Physcia parietina*, espèce banale, est un Discolichen.

**Discomycètes,** n.m.pl. (gr. diskos, disque; mukês, champignon). | Ascomycètes (v. ce mot) dont la fructification est largement ouverte (comme une coupe) et affecte la forme d'un disque. Une telle fructification est une apothécie (v. ce mot). Ex. les Morilles ou les Pézizes sont des Discomycètes.

**Disque,** n.m. (lat. discus; disque). | Organe charnu, plus ou moins aplati, couvrant le sommet du réceptacle de certaines fleurs, et qui élabore du nectar. C'est une des formes possibles de nectaires (v. ce mot). Il caractérise nombre de Dicotylédones relevant de plusieurs Ordres réunis sous le nom de Disciflores. Ex. le disque des fleurs de Rutacées (Citronnier).

**Dissémination,** n.f. (lat. semen, semence; disseminare, disséminer). | La dissémination est essentielle pour l'extension de l'aire d'une espèce. Elle repose donc sur l'efficacité du transport des diaspores (v. ce mot) de cette espèce (spores, propagules, fruits,

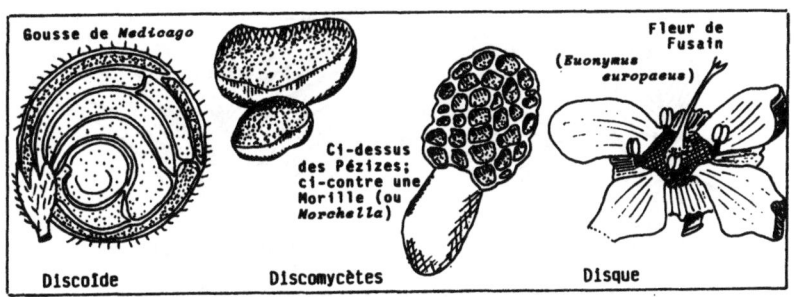

Gousse de *Medicago* — Discoïde
Ci-dessus des Pézizes; ci-contre une Morille (ou *Morchella*) — Discomycètes
Fleur de Fusain (*Euonymus europaeus*) — Disque

## DIS

graines selon les cas). ❙ Le végétal lui-même peut projeter mécaniquement ses spores ( tel le *Pilobolus* , un Champignon ) ou ses graines (*Ecballium* ou *Hura crepitans* chez les Angiospermes). ❙ Plus efficaces sont en général (en fonction surtout des adaptations des diaspores elles-mêmes) : le vent, les insectes, les eaux, l'homme, aidés dans leur rôle par la légèreté ou la morphologie (poils accrochants, ailes, couleurs attractives) des diaspores produites.

**Distique,** adj. (gr. dis, deux fois; stikhos, rangée). ❙ Se dit de la disposition particulière du feuillage de certaines plantes chez lesquelles les feuilles, alternes, sont toutes disposées dans un même plan, en deux séries diamétralement opposées, respectant entre elles un angle de divergence (v. phyllotaxie) de 180°. ❙ Le Poireau (*Allium porrum*) ou le *Clivia nobilis* (Amaryllidacées) sont des plantes à feuilles distiques. ❙ Se dit aussi d'un thalle d'Algue dont les rameaux sont pareillement disposés.

**Division cellulaire.** ❙ Sans évoquer des cas peu communs, il peut s'agir : de la production de deux cellules-filles à partir d'une cellule-mère sans changement du nombre de chromosomes; de la production de quatre cellules-filles haploïdes à partir d'une cellule-mère diploïde, à la faveur d'une méïose. ❙ Les processus intimes de ces partitions sont plus ou moins complexes et un vocabulaire spécialisé (amitose, mitose, méïose, etc..) en rend compte (v. ces mots). Ce qui, de toute manière, caractérise une division cellulaire, c'est, simultanément, ou successivement, la division nucléaire et la partition du cytoplasme (ou cytodiérèse).

**Dominance,** n.f. (lat. dominare, dominer). ❙ A côté d'une acception génétique que nous ne développons

*Fagus silvatica*

Liliacée

Distique

**DOM**

pas, ce terme est fréquemment employé en Biologie accompagné du qualificatif apicale (v. ce mot). Il correspond alors à l'expression d'interactions d'ordre auxinique entre la partie sommitale d'une plante et le reste du végétal. ▌ A des différences d'intensité de cette dominance correspondent des habitus différents pour les végétaux. ▌ Il est banal de constater que l'élimination de l'apex (la pousse maîtresse) d'un végétal déclenche un processus de libération du développement des branches situées au-dessous de lui, lesquelles tentent alors de se substituer au "leader" manquant et de devenir un "nouveau leader" pour la plante toute entière. ▌ En phytosociologie, ce terme permet de "situer" l'importance quantitative d'une espèce dans un milieu donné. Lorsqu'une même espèce recouvre une importante partie du terrain, on dit que sa dominance est forte.

**Dominant,** adj. (lat. dominare, dominer). ▌ Une espèce peut être dominante pour diverses raisons : soit du fait de son abondance ; soit à cause de sa taille prééminente (ex. les arbres dominants dont la cime constitue la strate supérieure d'un massif forestier); soit en considérant son pouvoir d'élimination biologique d'autres espèces (du fait de sa télétoxicité par excrétions racinaires, par ex.).

**Dormance,** n.f. (lat. dormire, dormir). ▌ Type de vie ralentie qui se traduit par le fait qu'un organe (pourtant placé dans des conditions propices à sa croissance) n'évolue pas. Seules des conditions microclimatiques et/ou physiologiques ad hoc, peuvent mettre un terme à cet état en "levant la dormance". Voir Dormant.

**Dormant,** adj. (lat. dormire, dormir). ▌ Se dit d'un

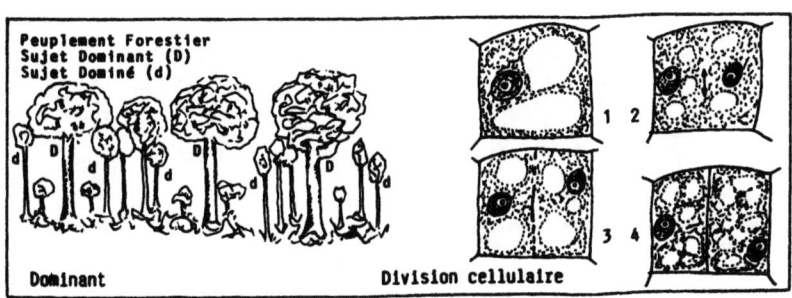

Peuplement Forestier
Sujet Dominant (D)
Sujet Dominé (d)

Dominant        Division cellulaire

## DOR

végétal (ou d'une partie de végétal encore en continuité avec la plante, ou déjà isolée) qui a momentanément suspendu son développement. Peuvent, par exemple, être qualifiés de dormants : des bourgeons (que l'on dit encore <u>proventifs</u>, v. ce mot), des spores, des graines.

**Dorsifixe,** adj. (lat. <u>dorsum</u>, dos; <u>fixus</u>, fixe). ❙ Se dit d'une étamine dont le filet est relié à l'anthère sensiblement au milieu du dos de celle-ci. Tel est le cas des étamines de Poacées. On dit encore <u>médifixe</u>.

**Dorsiventrale,** adj. (lat. <u>dorsum</u>, dos; <u>venter</u>, ventre). ❙ Symétrie d'un organe qui présente une face ventrale et une face dorsale distinctes. Ex. les thalles des Lichens (dits <u>hétéromères</u>) et de Bryophytes prostrées, présentent une symétrie dorsiventrale.

**Drageon,** n.m. (francique <u>drabjô</u>, drageon). ❙ Formation souterraine de nature caulinaire élaborée par une racine (ou par certains rhizomes) qui différencie en cours de cheminement, de loin en loin, un <u>bourgeon adventif</u> générateur d'un individu nouveau, voué à devenir <u>indépendant</u> lorsque s'altèreront les parties anciennes du drageon. Ex. les Framboisiers ou les Eglantiers émettent couramment des drageons.

**Drupe,** n.f. (lat. <u>drupa</u>, olive mûre). ❙ Fruit charnu à noyau. Le péricarpe y est représenté par l'épicarpe (la peau du fruit), le mésocarpe en est la chair, et l'endocarpe, sclérifié, constitue le noyau. ❙ La graine, unique, ou amande, se situe dans le noyau. Ex. la Pêche, l'Abricot, la Prune sont des drupes. On a soin de distinguer l'Olive (drupe) de la Datte (baie).

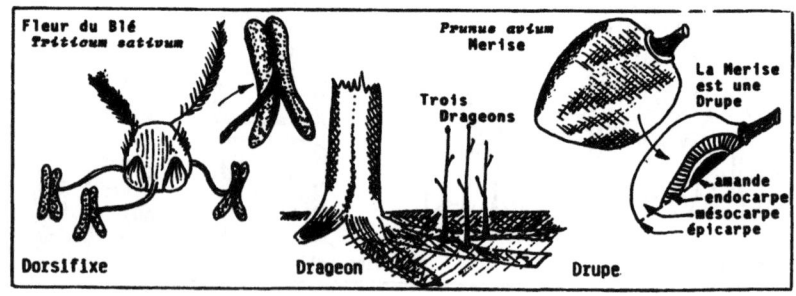

# DRU

**Drupéole,** n.f. (lat. drupa, olive mûre). | Ce terme désigne, par exemple, chacun des petits éléments constituant un fruit composé comme la Mûre (fruit du Roncier) ou la Framboise. Chaque drupéole, considérée isolément, rappelle en effet l'organisation générale d'une drupe. Voir aussi Syncarpe.

**Dulçaquicole,** adj. (lat. dulcis, doux; aqua, eau; colere, habiter). | Ce qualificatif sert à préciser l'écologie d'une espèce qui vit dans les eaux douces. Ex. la Mousse *Fontinalis antipyretica*, l'Algue verte filamenteuse *Spirogyra heeriana* ou la Renoncule, *Ranunculus fluitans*, sont dulçaquicoles.

**Duplicature,** n.f. (lat. duplicatio, duplication). | Etat des fleurs doubles ou des fleurs pleines, résultant d'une multiplication des verticilles de pétales à la suite de la transformation des étamines. Les cas des Roses horticoles ( à partir de l'Eglantine des haies ) ou des Lilas doubles sont bien connus.

**Duramen,** n.m. (mot latin). | Ce terme désigne le bois (v. ce mot) le plus ancien élaboré par un arbre (ou bois de coeur). C'est un tissu (maintenant mort) chargé de tanins, de résines, de matières colorantes. On le distingue aisément de l'aubier (v. ce mot) par sa couleur plus sombre, et surtout par sa dureté. | Le duramen est noir chez l'Ebène (ou Ebénier) et rose chez l'Acajou ou dans le cas du Bois de Rose, bois précieux utilisé en marqueterie.

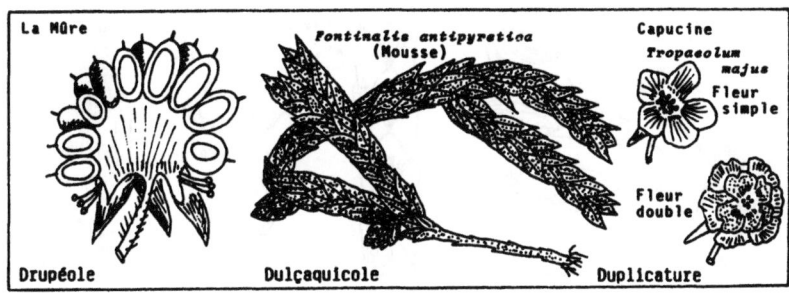

# E

**Eau**, n.f. (lat. aqua, eau). | Composé essentiel pour tout être vivant, et donc pour les végétaux. | Un arbre peut absorber et transpirer plusieurs centaines de litres d'eau par jour. La teneur en eau des tissus végétaux peut varier dans de très grandes proportions. Au sein des organes actifs des teneurs de l'ordre de 75% d'eau sont courantes, cependant que les graines au repos en renferment souvent moins de 10 % ! | La répartition des végétaux à la surface de la planète est puissamment influencée par ce facteur et des adaptations (v. ce mot) multiples existent, en fonction des possibilités d'approvisionnement en eau.

**Ecaille**, n.f. (germ. skalja, tuile). | Ce terme est employé pour désigner des organes que seule leur morphologie générale grossière (formation courte, foliaire, coriace) rapproche. | Chez les Gymnospermes le mot désigne des feuilles habituellement réduites, ,coriaces, assimilatrices, plus ou moins appliquées contre le rameau (ex. chez les *Biota*, *Thuja*, *Cupressus*). On parle d'écailles de type cupressoïde lorsqu'elles sont, le long du rameau, toutes semblables, étroitement pliées; on parle d'écailles de type thuyoïde lorsque les écailles de deux paires successives sont dissemblables, les unes pliées, les autres demeurées presque planes.| Chez les Gymnospermes encore on appelle aussi écailles les pièces fertiles, ou carpelles, porteuses d'ovules au niveau des cônes femelles, tels ceux des Pins, Epicéas, Cèdres. | Chez les Angiospermes, des

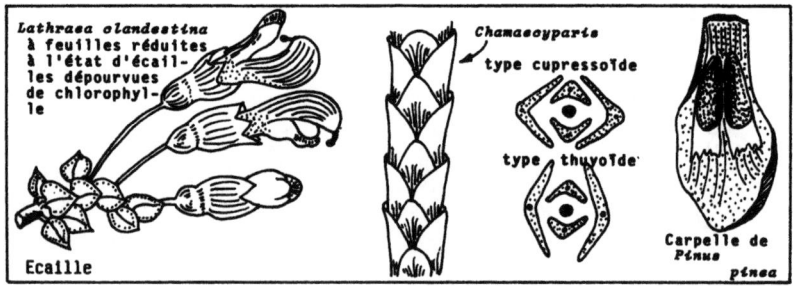

écailles existent en diverses circonstances, que nous présentons en 3 volets. Il en existe le long des tiges de quelques végétaux très médiocrement pourvus, ou (comme les rhizomes) totalement démunies, de chlorophylle (ex. *Neottia nidus-avis*, *Monotropa hypopitys*). On en rencontre aussi au niveau des bourgeons où ces écailles jouent un rôle protecteur essentiel à l'égard des adversités climatiques. Il est enfin des écailles qui savent se gorger de réserves chez certains bulbes (v. ce mot), dits bulbes écailleux.

**Echaudage,** n.m. (lat. excaldare, échauder). Grave méfait qui peut compromettre la récolte de grains d'une Céréale, en provoquant l'interruption de leur croissance. Deux types de causes peuvent être responsables de l'échaudage : des conditions météorologiques particulières (T° élevée et hygrométrie très faible conjuguées) ou des attaques de Champignons pathogènes.

**Ecidie, Ecidiospore,** n.f. (lat. aecium, écidie). Chez les Urédinales (Hétérobasidiomycètes, v. ce mot) responsables des Rouilles, les écidies sont des organes particuliers en forme de corbeilles et qui libèrent des spores (ou écidiospores). Constitués de mycélium dicaryotique, les filaments fongiques libèrent donc, par disjonction, des écidiospores dicaryotiques, elles aussi. Ces spores, chez les Rouilles hétéroxènes (v. ce mot) ne peuvent germer que sur le second hôte infecté, botaniquement distinct du premier. Ex. chez le *Puccinia graminis* (Rouille des Blés) les écidiospores produites sur l'Epine-Vinette, ne germent qu'en atteignant le Blé.

**Eclipse,** n.f. (gr. ekleipsis, éclipse). On appelle "plantes à éclipses" des végétaux susceptibles de

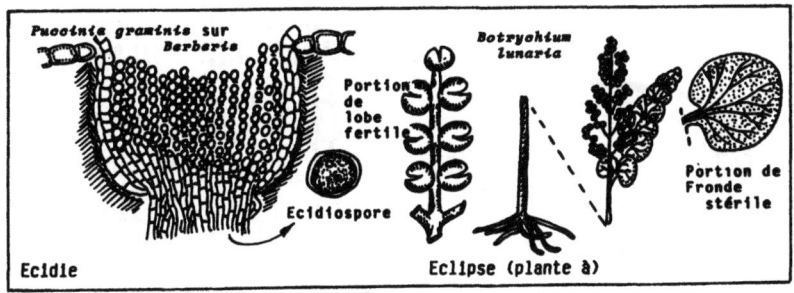

Ecidie — Ecidiospore — Eclipse (plante à) — *Puccinia graminis* sur *Berberis* — Portion de lobe fertile — *Botrychium lunaria* — Portion de Fronde stérile

## ECO

disparaître pendant plusieurs années de telle ou telle de leurs stations connues, avant de s'y manifester à nouveau un jour, et ceci à plusieurs reprises parfois. Une possible explication du phénomène repose sur l'extrême lenteur du développement de ces plantes qui, au lendemain d'une "apparition", exigent des années avant que leurs graines ou spores aient réengendré des individus visibles. Ex. le *Botrychium lunaria*, à curieux gamétophytes symbiotiques, se conduit comme une plante à éclipses.

**Ecologie**, n.f. (gr. oïkos, maison; logos, science). | Etude des êtres vivants dans leurs rapports entre eux et avec le milieu dans lequel ils vivent. C'est donc une science essentielle, mais composite, qui relève de multiples disciplines ( agronomie, climatologie, pédologie, physiologie, phytosociologie, etc.)

**Ecorce**, n.f. (lat. scortea, de scortum, peau). | Deux acceptions sont courantes. | Au sens botanique du terme: l'écorce est constituée par tous les tissus extérieurs à ceux du cylindre central (lequel concerne donc, du centre vers la périphérie: la moelle, le bois et le liber). | Au sens forestier: l'écorce comprend tout ce qui est extérieur au bois et donc le forestier ajoute le liber (et l'assise génératrice externe, ténue) à la notion botanique d'écorce. | En général l'écorce, quelle qu'en soit la définition, ne représente qu'une faible proportion du diamètre de la tige ou du tronc. Ce n'est qu'en quelques cas particuliers (et surtout dans celui du Chêne-liège) que l'écorce acquiert une importance considérable (et, dans cet exemple, économique).

**Ecosystème**, n.m. (gr. oikos, habitat; sustêma, ensem-

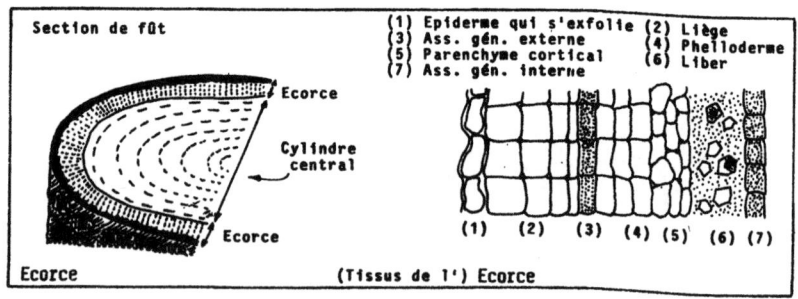

Section de fût — Ecorce — Cylindre central — Ecorce

Ecorce

(1) Epiderme qui s'exfolie (2) Liège
(3) Ass. gén. externe (4) Phelloderme
(5) Parenchyme cortical (6) Liber
(7) Ass. gén. interne

(1) (2) (3) (4) (5) (6) (7)

(Tissus de l') Ecorce

# ECO

ble de tous les êtres vivants (constituant une <u>biocénose</u>, v. ce mot) coexistant dans un milieu (ou <u>biotope</u>, v. ce mot) donné. Ex. la flore et la faune d'une Forêt constituent, avec le sol qui les porte, et le climat qu'ils subissent, un écosystème très complexe.

**Ecotype,** n.m. (gr. <u>oîkos</u>, maison; <u>tupos</u>, empreinte). ▌ C'est une variation d'une espèce végétale qui doit ses caractères distinctifs à l'influence du milieu dans lequel elle vit. ▌ Ce sont, le plus souvent, des nuances d'ordre <u>phénotypique</u> (et non <u>génotypiques</u>) qui individualisent l'écotype (v. les mots génotype et phénotype). ▌ Selon que l'on suspecte le <u>sol</u>, ou le <u>climat</u>, d'être responsable de la variation, on parlera, respectivement, d'<u>édaphotype</u> ou de <u>climatotype</u>.

**Ectomycorhize,** n.f. (gr. <u>ektos</u>, au dehors; <u>mukês</u>, champignon; <u>rhiza</u>, racine). ▌ Complexe né de l'association symbiotique entre un Champignon Supérieur et une Racine. ▌ Les essences ligneuses (Gymno- et Angiospermes) ont presque l'exclusivité de l'élaboration d'ectomycorhizes.

**Ectoplasme,** n.m. (gr. <u>ektos</u>, en dehors; <u>plasma</u>, formation). ▌ Voir Plasmalemme.

**Ectotrophe,** adj. (gr. <u>ektos</u>, en dehors; <u>trophê</u>, nourriture). ▌ Ce terme, auquel on substitue de plus en plus celui d'<u>ectomycorhize</u>, qualifie une mycorhize dont la majeure partie du mycélium fongique (d'Asco- , ou de Basidiomycète) se situe à l'<u>extérieur</u> de la racine de l'hôte, constituant là un <u>manchon</u> (ou <u>gaine</u>) se prolongeant entre les cellules de l'exocortex racinaire en un discret <u>réseau de Hartig</u>. Ex. les mycorhizes ectotrophes (ou ectomycorhizes) du Hêtre (*Fagus silvatica*).

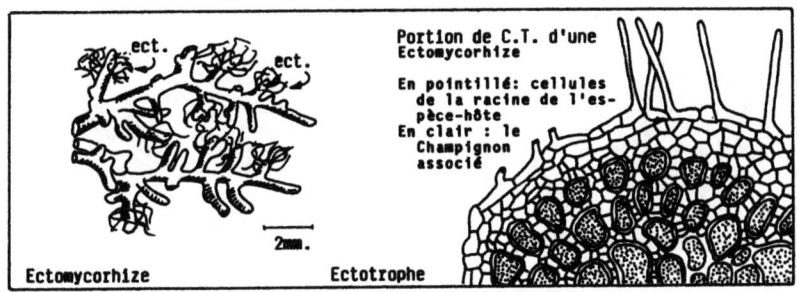

Ectomycorhize  Ectotrophe

Portion de C.T. d'une Ectomycorhize

En pointillé: cellules de la racine de l'espèce-hôte
En clair : le Champignon associé

## ECT

**Ectoparasite**, n.m. (gr. ektos, en dehors; para, auprès de; sitos, nourriture). ▌Voir Parasitisme.

**Ecusson**, n.m. (lat. scutum, bouclier). ▌Partie visible de l'écaille (ou carpelle) d'un cône femelle de Gymnosperme ( v. ce mot) lorsque celui-ci est encore clos. Ex. l'écusson recourbé et acéré de chacun des carpelles du cône de *Pinus uncinata* explique que cette espèce soit nommée Pin à crochets.

**Edaphique**, adj. (gr. edaphos, sol). ▌On entend par facteurs édaphiques, des facteurs écologiques uniquement liés au sol. Ex. la teneur en calcium, la granulométrie, le niveau de la nappe phréatique, sont des facteurs édaphiques.

**Efficient**, adj. (lat. efficere, effectuer). ▌En matière de symbiose bactérienne des Fabacées on dit que la souche de *Rhizobium* impliquée est efficiente lorsqu'elle permet une fixation symbiotique efficace de l'azote libre du sol. ▌Par extension, en comparant les performances de sujets mycorhizés associés à divers Champignons, on dira que telle ou telle souche fongique est plus efficiente que telle autre.

**Elagage**, n.m. (du francique lag, entaille). ▌Elimination de certaines branches d'un arbre afin, surtout, d'obtenir un bois sans noeud (et donc très intéressant comercialement). L'opération doit être pratiquée avec soin afin de n'altérer en rien les tissus qui doivent produire (dans les meilleurs délais) les dépôts de cicatrisation (v. ce mot). ▌Parfois, notamment en ville ou dans un parc, l'élagage revêt une signification utilitaire et esthétique.

**Elatère**, n.m. (gr. elateros, disperser). ▌Différencia-

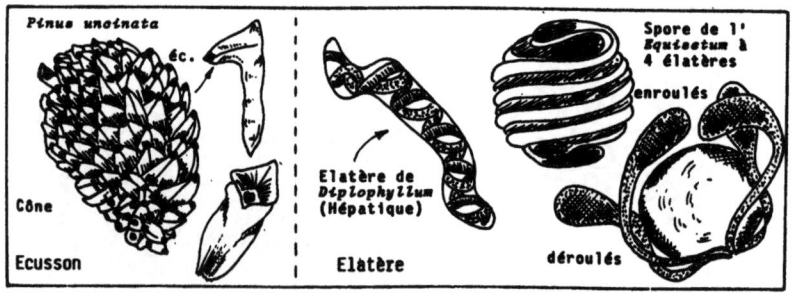

## ENA

**Enation,** n.f. ▌ Excroissancs (au développement le plus souvent assez limité) apparaissant sur des organes déjà complètement formés, et se disposant plus ou moins perpendiculairement à la surface qu'elles jalonnent. Ex. les énations d'une feuille de Bégonia.

**Enchaînement ( famille par ).** ▌ Lorsque des genres végétaux aux caractères nettement différents sont insensiblement reliés entre eux par des formes intermédiaires, leur regroupement au sein d'une même famille (comme les maillons d'une même chaîne) devient, certes, possible, mais on parle alors d'une famille par enchaînement. Ex. les Renonculacées fournissent un net exemple de famille par enchaînement.

**Endarche,** adj. (lat. en , dedans; arcus, arc). ▌ Se dit du bois primaire initial (ou protoxylème) lorsque celui-ci occupe une position centrale par rapport à celle du métaxylème (ou bois primaire final) centrifuge. Le protoxylème endarche constitue un caractère anatomique évolué.

**Endémique,** adj. (gr. endêmon, fixé dans un pays). ▌ Qualificatif qui s'applique à une espèce végétale dont l'aire est très exiguë: soit parce que l'espèce ne s'est jamais répandue davantage, et c'est alors d'une espèce paléo-endémique qu'il s'agit (Ex. la Violette de Rouen ( *Viola rothomagensis* ); soit par le fait que l'aire de cette espèce, jadis assez vaste, s'est considérablement réduite au cours des temps, et c'est alors d'une espèce néo-endémique qu'il s'agit (Ex. le *Metasequoia glyptostroboides* ou les Cycadales à micro-aires actuelles). ▌ Il est des régions du globe , depuis longtemps isolées géographiquement, où le taux d'endémisme est particulièrement élevé.

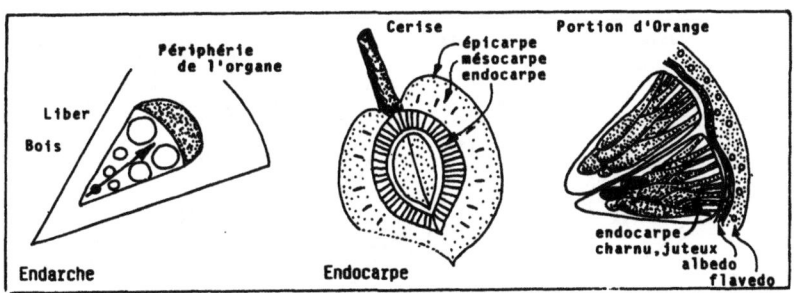

Endarche — Endocarpe

# EMB

tions de nature à permettre, ou au moins à faciliter (en fonction du degré hygrométrique de l'air qui en commande la déformation brusque) la dispersion des spores chez certaines Cryptogames. | Il peut s'agir de files de cellules stériles au coeur de la capsule des Hépatiques (Bryophytes) où seulement de l'épispore tétralaciniée à maturité et décollée de l'endospore chez les Prêles (Ptéridophytes).

**Embrassante,** adj. (lat. brachium, bras). | Se dit d'une feuille sessile dont la base du limbe dépasse la zone apparente d'insertion sur la tige qui s'en trouve totalement, ou partiellement, entourée.

**Embryon,** n.m. (gr. embruon, foetus). | Formation usuellement diploïde, dérivée de l'évolution de l'oeuf né de la fécondation chez les Archégoniates (v. ce mot). Il vit aux dépens de la plante-mère avec laquelle il reste en communication jusqu'au terme de sa genèse (sauf chez les Préspermaphytes qui sont ovipares, v. ces mots).| Chez les Angiospermes il bénéficiera, tôt ou tard, des réserves du nucelle et de l'albumen. La précocité toute relative avec laquelle il consomme ces tissus de réserve permet de définir trois types de graines (v. ce mot).

**Emergence,** n.f. (lat. emergere, sortir de l'eau). | Production assez discrète, superficielle, plus ou moins aplatie, pouvant "mimer" une excroissance foliacée, mais non vascularisée. Les émergences agrémentent les axes de certaines Ptéridophytes ancestrales (fossiles pour la plupart). Ex. les émergences de la surface des tiges d'*Asteroxylon sp.* (Psilophytinées, si ce n'est Lycopodinées) ou celles des *Psilotum* (Psilotinées).

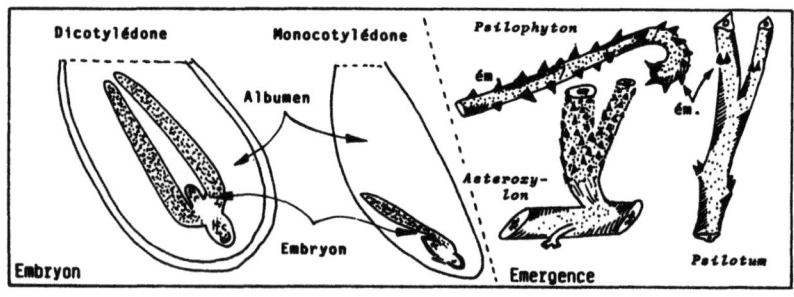

END

**Endocarpe,** n.m. (gr. endon, dedans; karpos, fruit).
❙ Partie la plus interne du péricarpe d'un fruit. Lorsque l'endocarpe d'un fruit charnu est sclérifié, il en constitue le noyau, et le fruit est alors une drupe (v. ce mot). Lorsque cet endocarpe représente la partie charnue essentielle du fruit, celui-ci est une hespéride (v. ce mot).

**Endoderme,** n.m. (gr. endon, dedans; derma, peau).
❙ Assise cellulaire au rôle physiologique important (dans le contrôle des substances absorbées) qui, chez les Plantes Vasculaires, délimite l'écorce (aux limites du cylindre central). Les cellules de l'endoderme sont souvent renforcées par des dépôts secondaires de subérine sur les quatre faces adjacentes aux autres cellules endodermiques.

**Endogène,** adj. (gr. endon, en dedans; genos, origine).
❙ Qualifie un organe végétal dérivé d'un massif de cellules situées profondément (par exemple au niveau de l'endoderme et du péricycle pour les ramifications racinaires). ❙ Qualifie aussi des spores nées à l'intérieur d'un compartiment fertile. Ainsi, les ascospores (v. ce mot) sont endogènes (par opposition aux basidiospores (v. ce mot) engendrées au sommet des stérigmates des basides et donc extérieurement.

**Endomycorhize, Endomycorhizome, Endomycothalle,** n.m. ou f. (gr. endon, dedans; mukês, champignon; rhiza, racine; thallos, rameau). ❙ Complexe né de l'association symbiotique entre un Champignon d'une part, et une racine, un rhizome ou un thalle, d'autre part. ❙ Le mycélium du Champignon (septé ou non) pénètre les tissus de l'hôte (dans, ou entre les cellules), sans jamais accéder au cylindre central, et peut y différencier

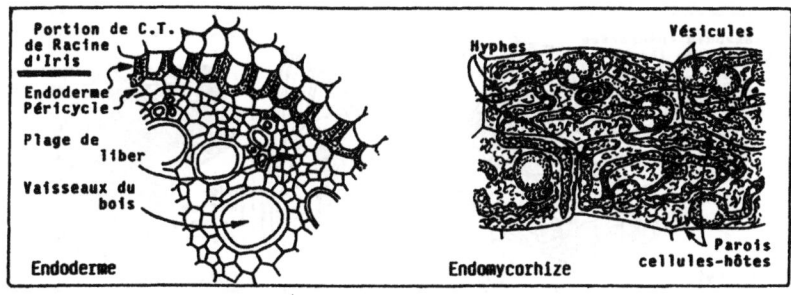

Endoderme — Endomycorhize

## END

des formations originales (pelotons, arbuscules, vésicules, ptyosomes). ▌ Les espèces herbacées sont les plus habituels partenaires des Champignons dans ce type de complexes. Cependant des arbrisseaux, des arbres, des Ptéridophytes et même des Bryophytes savent aussi élaborer de tels complexes. Ex. les endomycorhizes des Orchidées, les endomycothalles des Lycopodes.

**Endoparasite,** n.m. (gr. endon, en dedans; para, à côté; sitos, aliment). ▌ Individu dérobant la nourriture à un hôte à l'intérieur duquel il s'est introduit. Ex. le *Plasmopara viticola*, agent du Mildiou de la Vigne, est un endoparasite.

**Endophyte,** n.m. (gr. endon, en dedans; phuton, plante). ▌ Etre vivant qui se développe à l'intérieur d'une plante. Il peut s'agir : d'un endoparasite (v. ce mot) ou d'un symbiote (si sa présence est heureuse pour l'hôte).

**Endoplasme,** n.m. (gr. endon, en dedans; plasma, formation. ▌ Synonyme de Tonoplasme, v. ce mot.

**Endosperme,** n.m. (gr. endon, en dedans; sperma, semence).▌ Chez les Gymnospermes, ce terme désigne le tissu de réserve haploïde résultant du développement du prothalle femelle, né lui-même de la méïose d'une cellule du nucelle d'origine. L'endosperme s'est d'ailleurs développé précocement en consommant presque tout le nucelle.

**Endothécium,** n.m. (gr. endo, en dedans; theca, sac). ▌ Synonyme d'Assise mécanique, v. ce terme. ▌ Assise de cellules sous-épidermiques de l'anthère d'une étamine. La paroi de chaque cellule est pourvue d'épaississements internes responsables de déformations et de

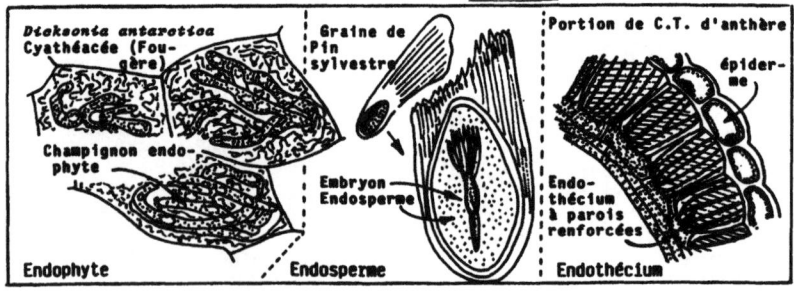

la déhiscence, par temps sec, de l'anthère à maturité.

**Endotrophe,** adj. (gr. endon, dedans; trophé, se nourrir). ▌Ce terme, auquel on substitue de plus en plus ceux d'endomycorhize, d'endomycorhizome ou d'endomycothalle, qualifie un complexe symbiotique dont la partie la plus importante des différenciations fongiques se situe à l'intérieur de l'organe investi (racine, rhizome ou thalle).

**Engainant,** adj. (lat. in, dedans; vagina, gaine). ▌Se dit d'un organe ou d'une assise formant une gaine autour d'un autre organe ou d'une autre assise. Ex. la feuille rubanée des Poacées est engainante à l'égard du chaume (v. ce mot), tout comme la vagina (v. ce mot) est engainante chez les Cyanobactéries.

**Enkystement.** ▌Procédé auquel ont recours certains végétaux ou certains organes isolés pour résister à des conditions adverses du milieu. Les 3 caractéristiques essentielles du processus sont : l'acquisition de réserves abondantes; l'élaboration d'une épaisse paroi squelettique; l'entrée en vie ralentie sous forme de kyste (v. ce mot).

**Entière,** adj. (lat. integer, intact). ▌Ce terme qualifie un organe qui n'est ni divisé, ni même denté. Ex. les feuilles du Laurier-Cerise ( *Prunus lauro-cerasus* ) sont entières.

**Entomophage,** adj. (gr. entomos, insecte; phagein, manger). ▌Ce terme permet de qualifier un végétal (Champignon ou Bactérie) qui investit et dégrade des Insectes. Ex. les *Cordyceps* (Champignons Ascomycètes, à fructifications curieuses) sont entomophages (aux dépens de chenilles de Lépidoptères).

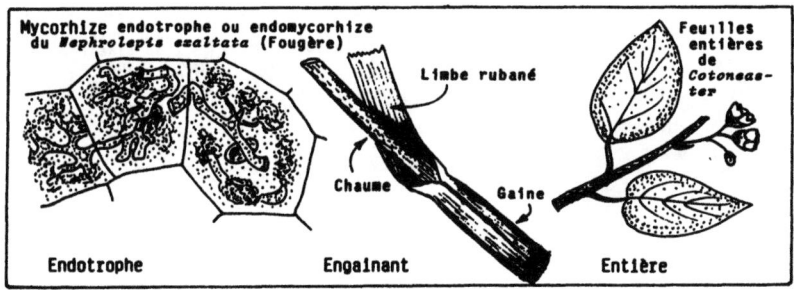

Endotrophe — Engainant — Entière

## ENT

**Entomophile,** adj. (gr. <u>entomos</u>, insecte; <u>philos</u>, qui aime). ▌ Se rapporte à des espèces végétales qui ont recours à des Insectes pour assurer certaines missions essentielles. Maintes Angiospermes sont tributaires d'Insectes, notamment pour le transport de leur pollen jusqu'à la surface des stigmates récepteurs. Souvent le processus est initié par l'élaboration de nectar qui attire les pollinisateurs. Ex. les Apiacées (ex-Ombellifères) sont entomophiles.

**Entrenoeud,** n.m. (lat. <u>inter</u>, entre; <u>nodus</u>, noeud). ▌ Portion de tige comprise entre deux noeuds successifs. Ex. les plantes frappées d'étiolement (v. ce mot) présentent des entrenoeuds exagérément importants.

**Enzyme,** n.m. ou f. (hébreu <u>en zume</u>, dans la levure). ▌ Composé chimique d'origine biologique, thermolabile, qui joue un rôle prodigieux de catalyseur de maints processus vitaux. On parle alors de réactions <u>enzymatiques</u>. Ex. l'amylase, la cellulase, sont des enzymes.

**Epanouissement,** n.m. (altér. anc. franç. <u>espanir</u>). ▌ C'est la phase finale du développement d'un bourgeon floral. Le rôle essentiel est joué là par les sépales et les pétales qui s'écartent. ▌ Le moment précis de l'épanouissement peut ne pas être quelconque. Ce peut être, selon les espèces: le matin, le midi, l'après-midi, à la tombée du jour, la nuit même. Observateur minutieux, Linné avait pu établir une Horloge de Flore. ▌ Certaines fleurs épanouies le demeurent une fois pour toutes jusqu'à la chute de leur corolle; d'autres s'ouvrent et se ferment avec une rythmicité parfaite.

**Eperon,** n.m. (germ. <u>sporo</u>, éperon). ▌ Prolongement fin,

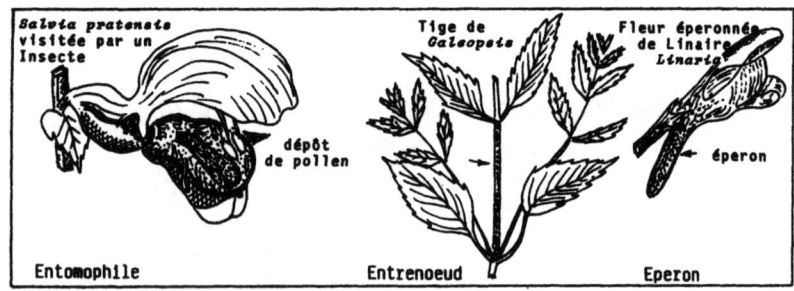

Entomophile    Entrenoeud    Eperon

tubuleux des pièces du périanthe de certaines fleurs. Souvent l'éperon est une dépendance de la corolle, plus rarement du calice. Parfois plusieurs pièces de la corolle se prolongent en éperons. Ex. l'éperon d'une fleur de Linaire (*Linaria vulgaris* ) est pétaloïde. Celui d'une fleur de Balsamine ( *Impatiens* ) est sépaloïde.

**Ephémérophyte,** n.f. (gr. ephêmeros, éphémère; phuton,ou plante). ▌ Une éphémérophyte est une plante qui "boucle" son cycle (de la germination à la dispersion des graines) en un temps extrêmement bref ( parfois de l'ordre de 2 à 3 semaines). De tels végétaux sont spécialement adaptés aux conditions du désert au coeur duquel les pluies sont fort espacées et leurs effets fugaces.

**Epi,** n.m. (lat. spica, pointe). ▌ Inflorescence centripète (indéfinie) dont les fleurs, ou les groupes de fleurs (épillets) s'échelonnent le long de l'axe rigide de l'épi (le rachis) et sont sessiles. ▌ Ce type d'inflorescence caractérise les Poacées (qui n'en ont pas le monopole il est vrai). ▌Chaque fleur de Poacée est réduite à ses pièces fertiles (androcée et gynécée) protégées par des glumelles (v. ce mot). ▌ Chaque groupe de fleurs (épillet) est, à son tour, protégé par des glumes (v. ce mot). ▌ Les inflorescences de plantes d'autres familles peuvent être également des épis : chez certaines Orchidacées, chez les Plantains, chez certaines Renouées (*Polygonatum* ) par exemple.

**Epibiote,** n.m. (gr. epi, dessus; bios, vie). ▌ Voir Greffe.

**Epiblaste,** n.m. (gr. epi, dessus; blastos, germe).

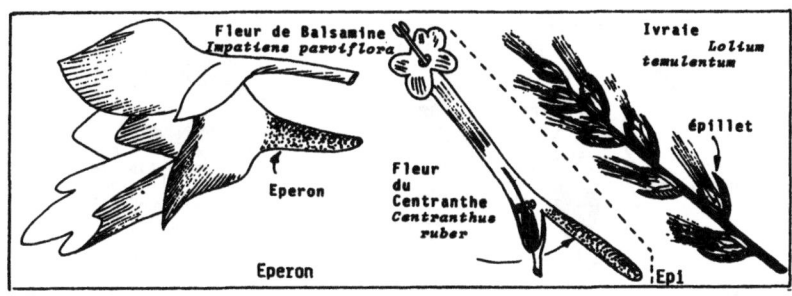

# EPI

▌Petit lobe qui occupe, dans la graine des Poacées, une position symétrique de celle du cotylédon (ou scutellum) par rapport au reste de l'embryon, et que divers auteurs ont assimilé à un second cotylédon avorté. V. les mots Caryopse et Scutellum.

**Epicarpe**, n.m. (gr. epi, sur; karpos, fruit). ▌Partie la plus externe de la paroi du fruit ( ou péricarpe de ce fruit). L'épicarpe est très souvent extrêmement mince et constitue alors "la peau" (de la Pêche ou du Raisin par exemple).

**Epicotyle**, adj. (gr. epi, sur; kotulêdôn, cavité). ▌Chez les Angiospermes on qualifie de la sorte la partie de l'axe d'une plantule qui se situe au-dessus du niveau d'insertion des cotylédons. Lorsque la semence sera confiée au sol et germera, cet axe épicotylé prendra son essor et engendrera, grâce à l'activité de son méristème apical, la tige principale de la plante.

**Epiderme**, n.m. (gr. epi, sur; derma, peau). ▌Tissu de revêtement, le plus souvent unistrate et donc extrêmement fragile, des organes jeunes des plantes supérieures (tige, feuille, et même racine pour laquelle on préfère ce terme à l'ancienne appellation d'assise pilifère ou à celle de rhizoderme). ▌L'épiderme peut présenter des cellules de formes extrêmement variées et des annexes très nuancées (ex. poils, glandes, stomates..). ▌En fonction des espèces et des conditions de milieu, des dépôts cireux peuvent constituer une importante cuticule (v. ce mot).

**Epigée**, adj. (gr. epi, sur; gê, terre). ▌Ce qualificatif s'applique à un type de germination à la faveur

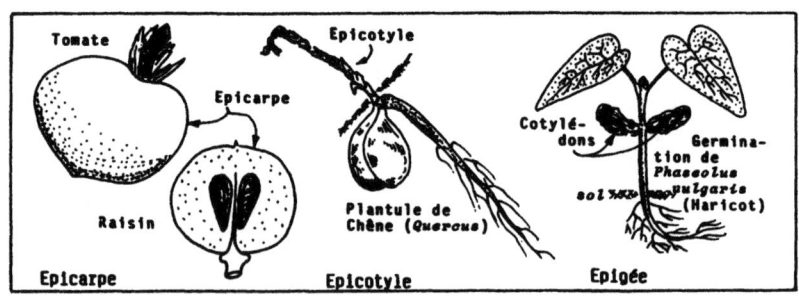

# EPI

de laquelle les cotylédons sont soulevés par l'hypocotyle qui les amène au-dessus du sol où ils tiennent, pour un temps, un rôle de feuilles, en même temps qu'ils se vident de leurs réserves en faveur de la plantule. Ex. la germination épigée du Haricot (ou *Phaseolus vulgaris*).

**Epigyne**, adj. (gr. epi, sur; gunê, femelle). | Littéralement, chez les Angiospermes : disposition particulière des autres pièces florales qui paraissent s'insérer sur l'ovaire de la fleur. En ce cas l'ovaire se trouve donc en dessous du reste de la fleur: on le dit infère. | Lorsque toutes les pièces florales (périanthe, androcée) sont disposées de la sorte, on dit que la fleur, elle-même, est épigyne (ou à ovaire infère). Ex. la fleur du Groseillier est épigyne, celle du Narcisse également.

**Epillet**, n. m. (lat. spica, épi). | Ce terme désigne chaque élément constitutif d'un épi composé de Poacée. Sur l'axe court d'un épillet s'insèrent successivement deux glumes, puis un nombre variable de fleurs selon le genre de Poacée considéré (de 1 à 15 fleurs). Chaque fleur (elle aussi variable dans son organisation) comprend des verticilles reproducteurs (androcée et gynécée) et des pièces scarieuses protectrices (les glumelles et les glumellules).

**Epimatium**, n.m. (mot latin). | Excroissance charnue qui se localise au niveau de l'ovule des Podocarpacées (Gymnospermes) et coiffe pratiquement celui-ci. Après fécondation de l'ovule, l'ensemble "graine + épimatium" constitue un tout charnu. On a parfois attribué à cet épimatium la valeur de carpelle supportant l'ovule. Mais sa signification réelle est encore incertaine.

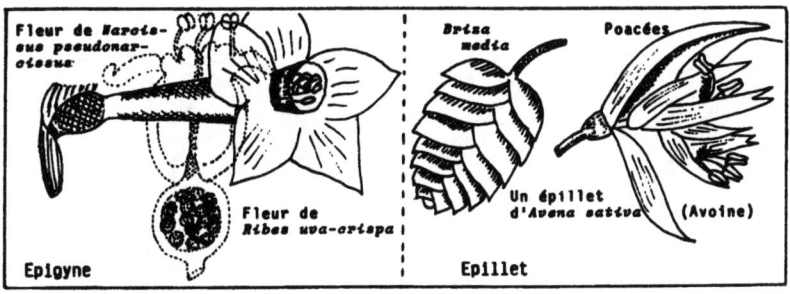

Epigyne — Fleur de *Narcissus pseudonarcissus* — Fleur de *Ribes uva-crispa*

Epillet — *Briza media* — Poacées — Un épillet d'*Avena sativa* (Avoine)

# EPI

**Epine**, n.f. (lat. spica, épine). ❙ Organe acéré, sclérifié, et donc piquant, né de la spécialisation de l'apex d'une pousse, d'une feuille, de celle d'une stipule ou d'un bourgeon. ❙ Les espèces adaptées aux stations sèches différencient communément des épines. On les désigne sous l'appellation d'épineux, ou de xérophytes (v. ce mot). Ex. les feuilles du Houx (l' *Ilex aquifolium*) ou les rameaux anciens de la Bourdaine, sont épineux.

**Epiphylle**, adj. (gr. epi, sur; phyllon, feuille). ❙ Ce qualificatif s'emploie à propos : de certains végétaux prospérant sur les feuilles vivantes d'autres espèces. Ex. le *Puccinia buxi* est épiphylle sur le Buis; d'organes qui se différencient au niveau de feuilles d'espèces déterminées. Ex. les bourgeons épiphylles des Cardamines ou des *Kalanchoe*.

**Epiphyte**, n.m. (gr. epi, sur; phuton, plante). ❙ Végétal qui se développe sur un autre végétal mais sans qu'il y ait entre eux la moindre relation trophique. C'est une "superposition" d'apparence fortuite. ❙ Les exemples en sont variés. Chez les Algues, citons le *Polysiphonia* (Rhodophycée) sur l'*Ascophyllum nodosum* (Phéophycée). Chez les Lichens évoquons l'*Usnea barbata* sur les branches basses de Conifères en zones montagneuses bien arrosées. Chez les Bryophytes, chacun connaît les *Dicranum* (Mousses) et les *Frullania* (Hépatiques) sur les écorces d'arbres de nos forêts. Chez les Angiospermes, les Broméliacées et Orchidées épiphytes abondent sur les branches des arbres en contrées intertropicales.

**Equienne**, adj. (lat. aequus, égal; annus, année).

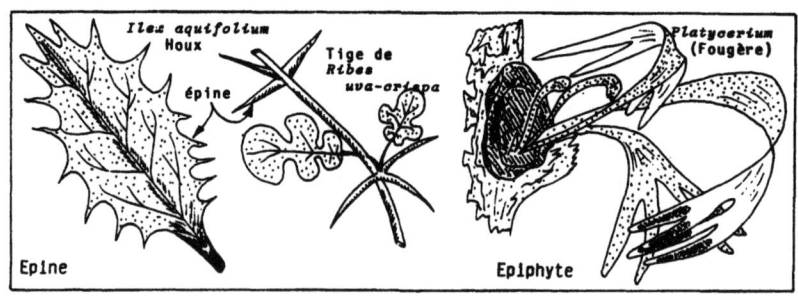

Epine — Epiphyte

EQU

| Se dit d'un peuplement ligneux constitué de sujets du même âge.

**Equisétinées**, n.f.pl. (lat. equisetum, crin de cheval). | L'un des 5 sous-embranchements de Ptéridophytes (v. ce mot) que caractérisent : la possession de phylloïdes (v. ce mot) en verticilles échelonnés le long des axes du sporophyte (et parfois de rameaux identiquement disposés); la différenciation de strobiles (v. ce mot) producteurs de spores morphologiquement identiques (homosporie, v. ce mot) mais parfois physiologiquement distinctes (hétérosporie physiologique, v. ce mot). | Ce sous-embranchement ne comprend qu'un seul ordre qui soit encore représenté de nos jours : les Equisétales.

**Erémophytes**, n.f.pl. (gr. erêmos, solitaire; phuton, plante). | Plantes qui sont capables de boucler leur cycle dans un désert ou au coeur d'une steppe.

**Ericoïde**, adj. (lat. erice, bruyère). | Qualifie le feuillage d'un végétal lorsqu'il rappelle celui des Ericacées, c'est-à-dire lorsqu'il est constitué par des feuilles courtes, étroites, à bords ayant tendance à se récurver. Ex. le Romarin (*Rosmarinus officinalis* du Midi) ou la Camarine (*Empetrum nigrum*) possèdent un feuillage éricoïde.

**Espèce**, n.f. (lat. species, espèce). | Notion qui paraît évidente mais dont l'une des définitions "Collection d'individus qui se ressemblent plus entre eux qu'à aucun autre et qui se reproduisent identiquement à eux-mêmes" reste bien délicate à manier. On peut retenir pour critères d'une espèce : la ressemblance manifeste entre les individus et leur interfé-

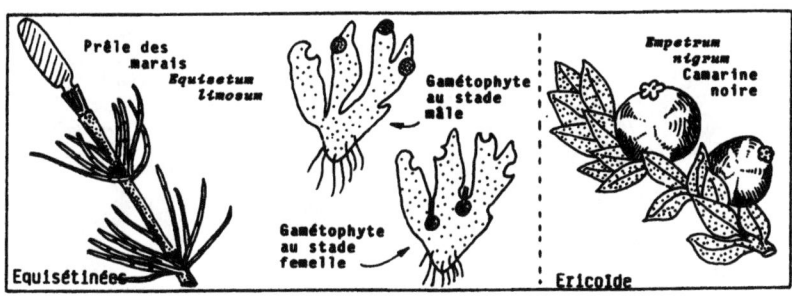

ESS

condité absolue. La "barrière génétique" qui limite la fécondité du croisement à l'intérieur de l'espèce paraît un bon critère. Reste cependant à s'entendre sur l'ampleur de l'espèce! Et là s'opposent la conception d'espèce linnéenne (admettant des variations individuelles manifestes) et celle d'espèce jordanienne (infiniment plus stricte en matière de ressemblance entre les individus). ❙ Beaucoup de sélectionneurs, de généticiens, d'horticulteurs ou de pépiniéristes spécialisés travaillent à un niveau beaucoup plus "fin" que l'espèce linnéenne: au niveau de la sous-espèce, de la variété, de la race... et par clones (v. ce mot). ❙ Il n'empêche que la notion d'espèce telle qu'elle ressort de la nomenclature binomiale de Linné est encore très utilisée de nos jours. Ex. *Bellis perennis* désigne la Pâquerette vivace.

**Essence,** n.f. (lat. essentia, essence). ❙En ce qui concerne les végétaux ligneux (et surtout ceux représentés dans les peuplements forestiers) les spécialistes substituent presque toujours le mot essence au mot espèce. En outre ils ventilent systématiquement ces essences en distinguant les essences feuillues (Angiospermes) des essences résineuses (Gymnospermes). Les forestiers font encore appel à d'autres qualificatifs pour nuancer leur vocabulaire : essences caducifoliées, sempervirentes, d'ombre, de lumière, nobles, frugales, exigeantes.... On reconnaît là maints termes ayant une signification écologique. ❙ Essences naturelles : Gamme étendue de composés aromatiques volatils élaborés par maintes Angiospermes au niveau de poils, papilles, canaux ou poches spécialisés. Ex. l'essence de Lavande vraie (*Lavandula vera*).

**Etage,** n.m. (lat. stare, se tenir debout). ❙ En matière

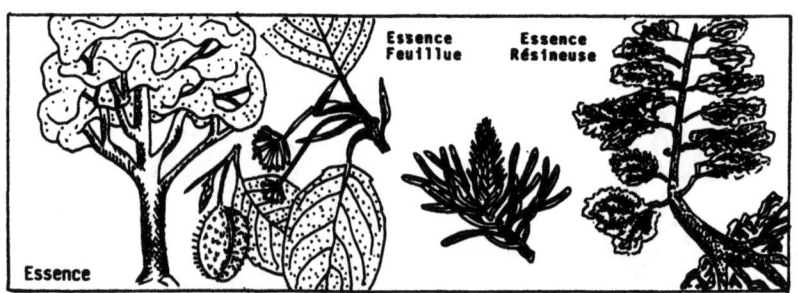

de végétation, un étage correspond à une zone bien définie par un climat caractérisé, ce qui explique la présence d'un tapis végétal de composition originale et sa délimitation géographique. On pourra préciser les particularités d'un étage en associant à ce mot, soit un qualificatif évoquant l'altitude (de plaine, collinéen, alpin, nival), soit le nom de l'essence (v. ce mot) ligneuse qui y domine (étage du Chêne vert, du Hêtre, du Mélèze...).

**Etamine**, n.f. (lat. stamina, étamine). ▌Des Préspermaphytes aux Angiospermes, on désigne de la sorte chacune des pièces florales de l'androcée à valeur de microsporophylle, génératrice de pollen à la faveur de la méiose subie par les cellules-mères localisées dans les sacs polliniques. ▌ Les étamines sont groupées en petits conelets chez les Gymnospermes (v. cône). ▌ Chez les Angiospermes, leur disposition peut être spiralée (fleurs archaïques), ou verticillée (fleurs plus évoluées, fleurs cycliques). Là, chaque étamine possède, usuellement, un filet et une anthère, laquelle libèrera son pollen à la faveur de sa déhiscence (v. ce mot).

**Etendard**, n.m. (francique standhard, inébranlable). ▌ Chez les Fabacées on désigne ainsi le pétale supérieur, en général plus grand que les autres. Chez les Papilionoïdées l'étendard est recouvrant dans le bouton (on parle alors de préfloraison vexillaire, v. ces mots).

**Etiolement**, n f. (lat. stipula, chaume, tige grêle; ou du dialecte champenois équiole, plante grêle). ▌ Etat des plantes, insuffisamment éclairées, et qui de ce fait, n'acquièrent : ni la couleur, ni la robus-

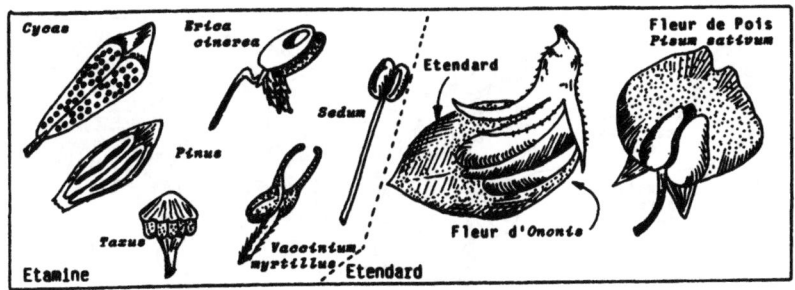

## EUA

tesse, ni la brièveté des entrenoeuds , des témoins correctement traités. La teinte jaune des plantes étiolées est due à la seule présence des pigments caroténoïdes en l'absence de chlorophylle. Ex. lorsque commencent à "germer" (terme impropre mais consacré par l'usage) les tubercules de Pomme de terre stockés dans une cave très faiblement éclairée, on peut observer des cas typiques d'étiolement.

**Euascomycètes,** n.m.pl. (gr. eu, vrai; askos, outre; mukès, champignon). ❘ Ascomycètes (v. ce mot) dont le thalle est constitué par des hyphes mycéliennes cloisonnées, abondantes, parfois regroupées en faux-tissus (prosenchyme ou synenchyme, v. ces mots).

**Eubaside,** n.f. (gr. eu, vrai; basis, base). ❘ Synonyme de Homobaside, v. ce mot.

**Eubasidiomycètes,** n.m.pl. (gr. eu, vrai, basis, base; mukês, champignon). ❘ Basidiomycètes (v. ce mot) pourvus de basides non cloisonnées (appelées eubasides ou homobasides ). Synonyme d'Autobasidiomycètes.

**Eucaryotes,** n.m.pl. (gr. eu, vrai; karuon, noyau). ❘ Etres vivants, animaux et végétaux, à structure cellulaire typique et à noyau parfaitement individualisé, avec membrane limitante.

**Euphylle,** n.f. (gr. eu, vrai; phyllon, feuille). ❘ Ce terme prend tout son sens chez les Pins (Gymnospermes) où il désigne les véritables feuilles de cet arbre qui sont écailleuses, brunâtres à marge seule vert pâle, apprimées contre les jeunes rameaux qu'elles masquent pratiquement, et totalement incapables d'assurer la photosynthèse. Ce sont au contraire les fausses-

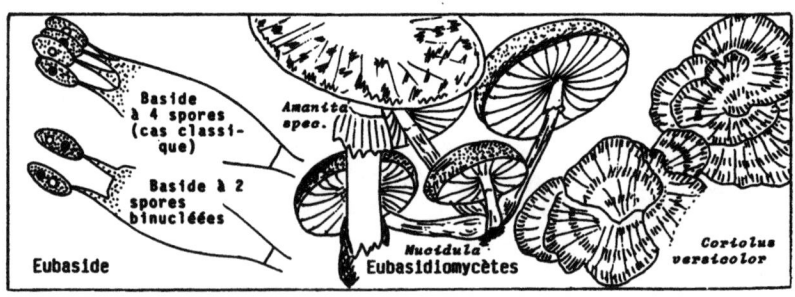

feuilles (ou pseudophylles, v. ce mot, véritables aiguilles) qui réalisent cette noble fonction.

**Euryhalines,** adj. (gr. eury, variable; halos, sel). ▌ Se dit d'Algues qui tolèrent d'amples fluctuations de la teneur en sel de l'eau de mer dans laquelle elles vivent.

**Eusporangiées,** n.f.pl. (gr. eu, vrai; spora, semence; aggeion, capsule). ▌ Ce terme s'applique aux Ptéridophytes qui possèdent des sporanges dérivant chacun d'un groupe de cellules initiales épidermiques. ▌ C'est là un caractère d'importance systématique puisqu'il permet de regrouper toutes les Ptéridophytes, sauf les Hydroptéridales et les Filicales, les plus évoluées (ou Filicales Leptosporangiées, v. ce mot). ▌ La paroi du sporange des Eusporangiées comporte au moins deux assises de cellules stériles superposées comme, par ex., chez les *Angiopteris* (Marattiacées).

**Eustèle,** n.f. (gr. eu, vrai; stela, colonne). ▌ Etape ultime de la désarticulation d'un siphonostèle (v. ce mot), au-delà de la solénostèle et de la dictyostèle. La vascularisation propre de l'axe n'est plus aisément reconnaissable. Tout le système conducteur est constitué par la juxtaposition des faisceaux liés aux nombreuses brèches foliaires (v. ce terme). Les tiges jeunes de Dicotylédones (donc en structure primaire) possèdent une eustèle.

**Evapotranspiration,** n.f. (lat. evaporare, évaporer; transpirare, transpirer). ▌ Quantité totale d'eau restituée à l'atmosphère au niveau d'une plante isolée, ou d'un peuplement végétal donné. Sous l'influence conjuguée de l'évaporation (phénomène physique, passif)

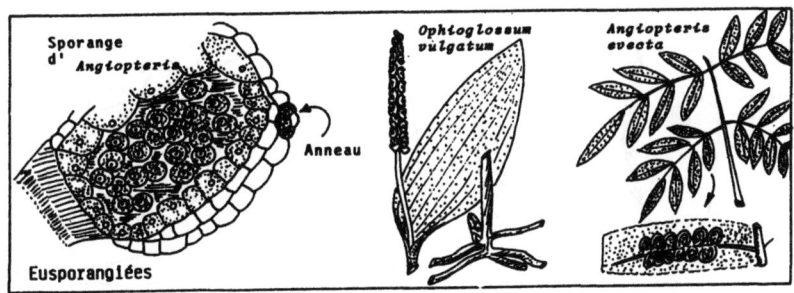

# EVO

et de la transpiration (phénomène physiologique actif) se réalise cette perte globale d'eau. On peut estimer une évapotranspiration potentielle et déterminer une évapotranspiration réelle, fonction, elle, de facteurs variables.

**Evolution,** n.f. (lat. evolvere, évoluer). ▌ Fondement d'une théorie selon laquelle le monde vivant s'est façonné progressivement, sans bouleversements répétés (v. fixisme). La conception évolutionniste a beaucoup progressé à la faveur de l'étude des restes fossiles et depuis que la science a cessé d'être sous l'emprise de la religion. Les mécanismes intimes de l'évolution (que l'immense majorité des scientifiques ne nie plus) font encore l'objet de vives controverses.

**Exalbuminée,** adj. (lat. ex, hors de; albumen, mot latin). ▌ Se dit d'une graine d'angiosperme dont l'embryon (diploïde) a consommé tout l'albumen (triploïde) au cours de la maturation. Le fruit mûr renferme donc des graines sans albumen, on les dit exalbuminées. Ex. la graine du Haricot (*Phaseolus vulgaris*) est exalbuminée.

**Exarche,** adj. (lat. ex, hors de; arcus, arc). ▌ Caractère du bois primaire initial, ou protoxylème, lorsque celui-ci occupe une position périphérique par rapport au métaxylème (ou bois primaire final). Dans le cas d'une telle structure, que l'on tient pour archaïque, protoxylème et métaxylème sont donc à différenciation centripète (v. ce mot).

**Excrétions racinaires.** ▌ Synonyme Exsudats racinaires. ▌ Substances extrêmement variées chimiquement qui sont synthétisées et excrétées dans le sol par les

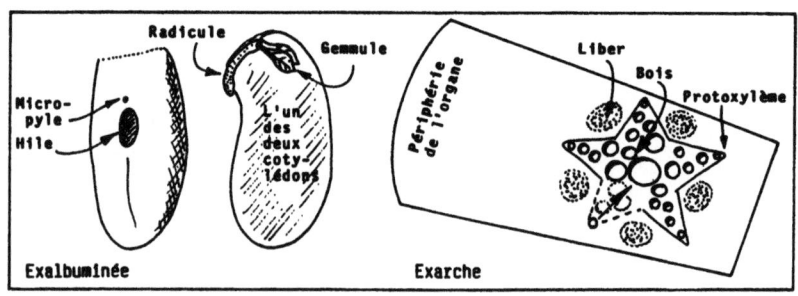

**EXI**

systèmes racinaires de la plupart des espèces. Ces exsudats peuvent être appréciés ou redoutés par les autres végétaux (y compris par les germes du sol). Il en résulte, selon les cas, des phénomènes de stimulation ou d'inhibition, voire de franche toxicité (susceptible d'entraîner la mort). On parle alors d'autotoxicité si la plante est toxique pour sa propre espèce; de télétoxie si la plante est toxique pour une (ou plusieurs) espèce(s) de son entourage. ❙ La prise en considération de ces excrétions racinaires permet d'expliquer beaucoup de comportements paraissant au premier abord curieux, au sein des phytocénoses. C'est une donnée d'un extrême intérêt qui retient sans cesse l'attention d'un plus grand nombre de praticiens. Ex. l'Epervière piloselle (*Hieracium pilosella* ) est une plante télétoxique et autotoxique. Voir aussi Exsudats.

**Exine,** n.f. (gr. exo, en dehors). ❙ Couche externe de la paroi squelettique du grain de pollen, interrompue par des pores, souvent richement ornementée de crêtes, sillons, mailles, stries..., et permettant de distinguer les pollens d'espèces différentes. ❙ Chez les Gymnospermes, l'exine se décolle de l'intine en élaborant de la sorte deux ballonnets latéraux, remplis d'air, qui faciliteront le transport aérien du pollen à grande distance. ❙ L'exine possède des pores germinatifs. C'est par l'un d'eux que l'intine se distendra considérablement lors de la "germination" du pollen à la surface des pièces femelles de la fleur.

**Exogène,** adj. (gr. exo, en dehors; genea, génération). ❙ Qualifie une néo-formation qui trouve son origine dans une cellule (ou un massif cellulaire) localisée ,à la surface, de l'organe qui la supporte. Ce terme

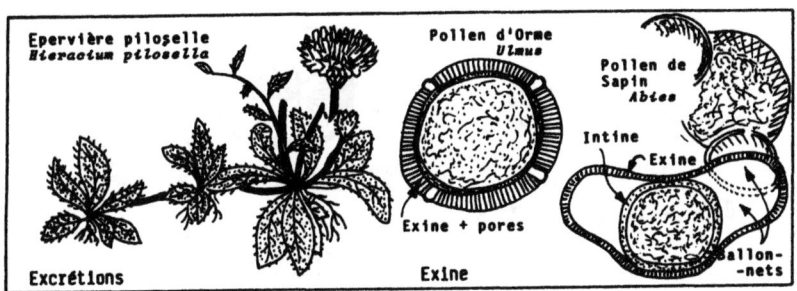

**EXO**

s'oppose à Endogène (v.ce mot).

**Exospore**, n.f. (gr. exo, en dehors; spora, semence).
❙ Se dit d'une spore de Champignon, qui est élaborée à l'extérieur de l'organisme lui-même. L'un des exemples les plus banaux est celui des basidiospores engendrées à l'extrémité de stérigmates, mais la production d'exospores (appelées conidies chez les Champignons inférieurs) est très commune chez beaucoup de Champignons qui en produisent en dehors de toute sexualité.

**Exotique**, adj. (lat. exoticus, exotique). ❙ Se dit d'un végétal introduit dans une contrée alors qu'il est originaire d'un autre pays (quelle qu'en soit la position géographique). Ne méritent donc pas d'être qualifiés d'exotiques que les végétaux en provenance de "pays chauds"! Une espèce canadienne cultivée chez nous est une espèce exotique.

**Exsudat**, n.m. (lat. sudere, suer). ❙ Substance qui est élaborée et libérée dans le milieu par un végétal. ❙ Les Champignons, qui digèrent leurs aliments avant de les ingérer, laissent exsuder dans le milieu de nombreux enzymes (v. ce mot). ❙ Les épanchements de gommes ou de résines (souvent exacerbés en cas de maladie du végétal) peuvent être considérés comme des exsudats. ❙ Les exsudats racinaires sont particulièrement importants compte-tenu de leur grande banalité et de leurs effets (v. Excrétions racinaires).

**Extrorse**, adj. (lat. extrorsum, extrorse). ❙ Qualifie une étamine dont l'anthère (fait très rare) est tournée vers l'extérieur de la fleur, et, de ce fait, la déhiscence s'opère donc vers l'extérieur. Ex. les anthères des étamines des Papavéracées et des Fumariacées sont extrorses.

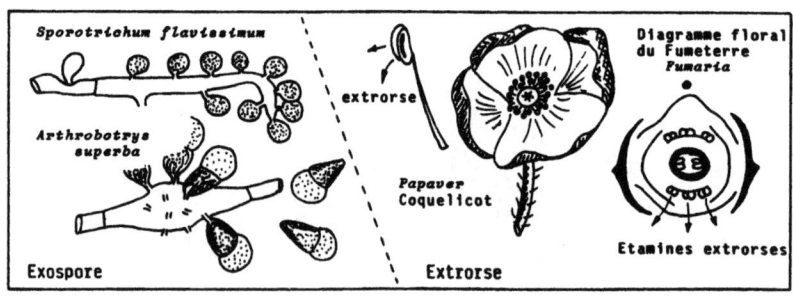

# F

**Faisceau,** n.m. (lat. fascellus, botte, paquet). | Regroupement structuré d'éléments appartenant : soit au phloème, ou liber (faisceau libérien); soit au xylème, ou bois (faisceau ligneux); soit à ces deux tissus juxtaposés (faisceau libéro-ligneux). | Tiges, feuilles (au niveau de leurs nervures) et racines renferment des faisceaux conducteurs. Ex. une section de Palmier de forte taille peut révéler la présence de milliers de faisceaux libéro-ligneux.

**Falciforme,** adj. (lat. falx, faux; forma, forme). | Qualifie un organe courbé en forme de faux. Les feuilles du *Dicranum scoparium* (une Mousse) sont falciformes, toutes courbées d'un même côté.

**Famille,** n.f. (lat. familia, famille). | Regroupement systématique de genres de plantes que des caractères communs rapprochent. Parfois les genres sont indiscutablement très proches et la famille est dite homogène. Parfois les genres ne révèlent de réelles affinités que de proche en proche et la famille est dite par enchaînement. | Les grandes familles sont souvent subdivisées en sous-familles et en tribus. | Les noms de familles sont reconnaissables à leur désinence en acées. Ex. Russulacées, Hypnacées, Renonculacées.

**Fasciation,** n.f. (lat. fascia, bande). | Anomalie présentée par certaines tiges ou rameaux dont la morphologie normale (cylindrique ou plus ou moins anguleu-

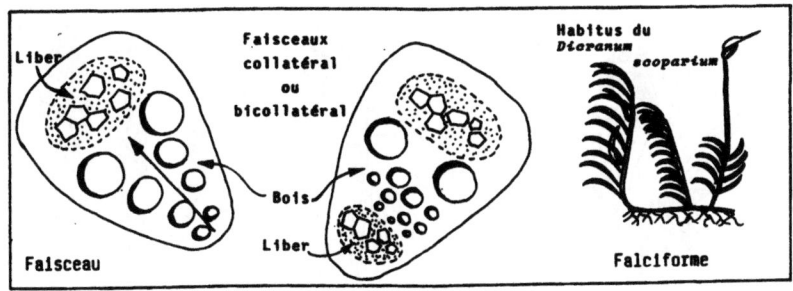

## FAS

se) est remplacée par une structure en lame plus ou moins aplatie (laquelle résulte souvent de la concrescence tératologique de plusieurs axes et/ou rameaux entre eux). On suppose que ces anomalies révèlent une importante modification de la structure des points végétatifs. Ex. les fasciations chez les Forsythias (Oléacées) et celles, héréditaires, des *Celosia*.

**Fasciculé**, adj. (lat. fasciculus, petit faisceau).
❙ Se dit, en particulier, des racines nombreuses et ténues de certains végétaux, lesquelles sont groupées en faisceaux. Ex. les racines des Poacées sont fasciculées.❙ Qualifie des végétaux inférieurs qui croissent en touffes. Ainsi en est-il, sur les souches, de l'Hypholome en touffes ( *Nematoloma fasciculare* ).

**Fastigié**, adj. (lat. fastigiatus, en forme de faîte).
❙ Se dit du port que revêt une essence ligneuse, quelle que soit sa taille, lorsque toutes les ramifications de l'axe principal sont redressées, formant un angle aigu avec le tronc lui-même. ❙ Les Peupliers, Charmes, Hêtres fastigiés sont recherchés par les paysagistes. Leur forme très élancée évite qu'ils occupent un volume important lorsque l'espace est limité.

**Fatigue d'un sol.** ❙ Terme s'appliquant à l'apparente incapacité que manifeste un sol à supporter à nouveau une culture pratiquée depuis plusieurs années au même endroit. Très souvent cette "fatigue" est liée à l'accumulation de toxines libérées par les racines de la plante en cause (v. excrétions racinaires). C'est donc un phénomène d'autotoxicité (v. ce mot). ❙ Parfois d'autres causes sont à envisager, telle la présence de virus spécialisés dont les populations se sont accrues du fait de la répétition de la culture du

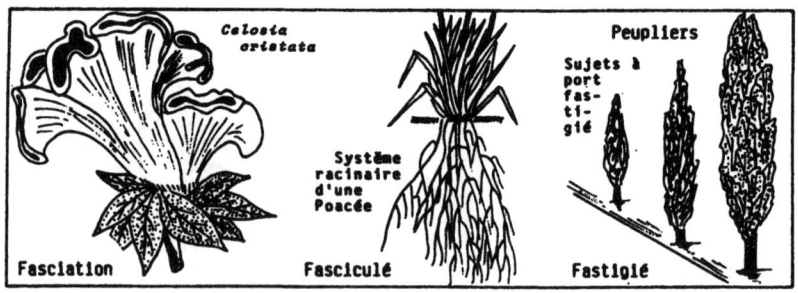

même "hôte". Ex. la fatigue des Luzernières peut être liée à l'abondance des Rhizobiophages.

**Fausse-cloison**, n.f. (lat. falsus, faux; clausio, clos). ▌ Au niveau du mycélium de Champignons siphomycètes: traces courbes, successives, mimant une paroi squelettique, présentes en travers des hyphes de divers Siphomycètes rétractant progressivement le contenu des parties âgées de leurs hyphes en direction de l'apex croissant activement. ▌ Au niveau de certains ovaires: cloison qui apparaît assez tardivement en travers d'une loge ovarienne et ne correspond donc pas à une séparation classique, conséquence des soudures initiales de carpelles entre eux. Ex. la fausse-cloison de l'ovaire bicarpellé (et théoriquement uniloculaire) des Brassicacées.

**Faux-fruit**, n.m. (lat. falsus, faux; fructus, fruit). ▌ Produit du développement post-fécondation d'une partie (appartenant le plus souvent à la fleur) mais autre que son gynécée, et qui, en fin d'évolution, "mime" un fruit, voire même est consommé comme tel. Souvent l'essentiel du faux-fruit est constitué par le réceptacle floral accrescent. Ex. de faux-fruits : l'Ananas, la Figue, la Fraise.

**Fécondation**, n.f. (lat. fecundare, féconder). ▌ Phénomène observé pour la première fois en France par Thuret en 1885 chez les Fucus. ▌ Classiquement : genèse d'un oeuf à la faveur de l'union de deux gamètes (l'un mâle, l'autre femelle). Le gamète mâle, chez les végétaux, est appelé anthérozoïde, le femelle oosphère. Au sein du seul règne végétal les modalités intimes de la fécondation sont extrêmement diverses, même s'il y a toujours : mélange des cytoplasmes (plasmoga-

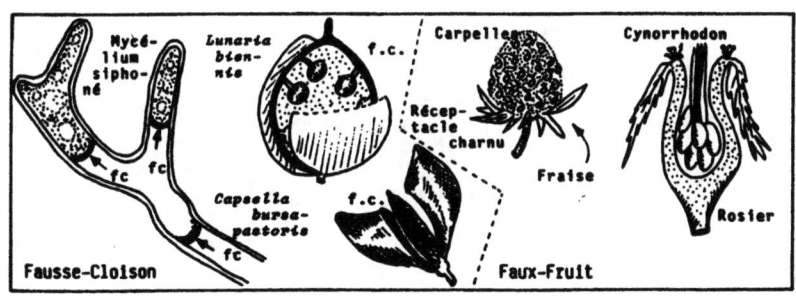

## FEC

mie); fusion des noyaux (caryogamie); et donc un nombre double de chromosomes dans le noyau du zygote par addition des stocks chromosomiques des gamètes. | <u>Chez les Angiospermes</u> : la fécondation revêt un caractère très particulier (unique dans le monde vivant) puisqu'elle est <u>double</u>! Les 2 gamètes mâles apportés par le pollen sont <u>impliqués</u>. L'un s'unit à l'oosphère du sac embryonnaire (v. ce mot) et engendre l'oeuf-embryon; l'autre s'unit à la cellule végétative de ce même sac et engendre un oeuf triploïde (l'oeuf-albumen). | En matière de cycles (v. ce mot) la fécondation marque la fin de la haplophase et le début de la diplophase.

**Fécule,** n.f. (lat. <u>faecula</u>, fécule). | Réserves amylacées de certains végétaux au niveau des tubercules ou des graines. La fécule n'est donc que de l'amidon stocké par une plante. Sont spécialement riches en fécule (et constituent de précieuses réserves en cas de disette s'ils ne sont industriellement utilisés) : la Pomme de terre (*Solanum tuberosum*), le Manioc (*Manihot utilissima*), la Patate douce (*Ipomoea batatas*), le Sagou (*Metroxylon rumphii*) et les féculents usuels de la famille des Fabacées (Pois, Lentilles, Haricots).

**Femelle,** adj. (lat. <u>femella</u>, femelle). | Désigne tout ce qui est du sexe féminin. | Chez les végétaux, le gamète femelle est généralement plus volumineux que le gamète mâle (il y a alors anisogamie, v. ce mot) et tend très vite (en s'élevant dans ce règne) à devenir immobile, attendant la venue du gamète mâle. | Chez des plantes inférieures où les sexes sont morphologiquement indiscernables, on emploie souvent les signes (+) et (-) pour désigner les gamétocystes et les gamètes (par ex. chez les Mucorales). | On ne peut,

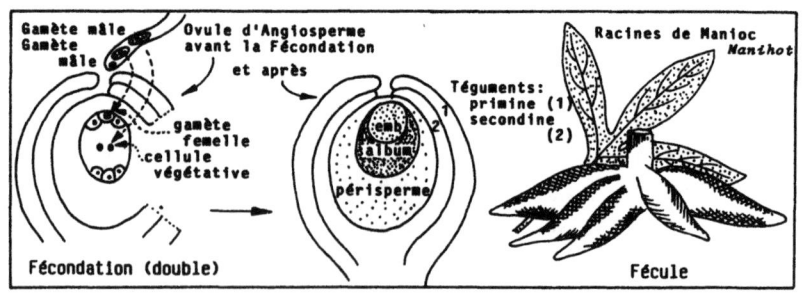

Fécondation (double)  Fécule

# FER

bien sûr, user des appellations de plante "femelle" (par opposition à "mâle") que chez les végétaux dioïques (v. ce mot).

**Fermentation,** n.f. (lat. fermentum, bouillir). ▌ Processus chimiques conduisant à la dégradation partielle d'un composé organique, soit en présence d'air (fermentation aérobie) soit en son absence (fermentation anérobie).▌ Pour chaque molécule de produit initial consommé, le dégagement d'énergie (accompagné de la production de gaz et d'une élévation de la température du milieu) est beaucoup plus faible que dans le cas de la respiration. ▌ Les agents de la fermentation sont, le plus souvent, des Bactéries ou des Levures. Ex. la fermentation alcoolique ou la fermentation lactique sont d'un énorme intérêt pratique.

**Feuille,** n.f. (lat. folium, feuille). ▌ Organe fondamental de nombreux végétaux caractérisé par son limbe (lame verte au rôle assimilateur) prolongeant souvent un pétiole qui s'insère alors sur la tige de la plante. Pétiole et limbe sont parcourus par des éléments à vocation conductrice. Au niveau du limbe ceux-ci sont localisés dans les nervures. ▌ La diversité morphologique des feuilles est considérable. Elles peuvent, en outre, être flanquées d'annexes (ligule, stipules, gaine, ochréa). ▌ Leur disposition sur une tige répond à un plan déterminé que traduisent les données mathématiques de la phyllotaxie (v. ce mot). ▌ La plupart des feuilles ont une symétrie bilatérale. ▌ Le mot feuille est parfois utilisé à tort : si les Angiospermes et les Gymnospermes possèdent bien des feuilles, dans d'autres cas (Préspermaphytes et Ptéridophytes) on rencontre, selon les groupes, des frondes, des phylloïdes, des émergences (v. ces mots).

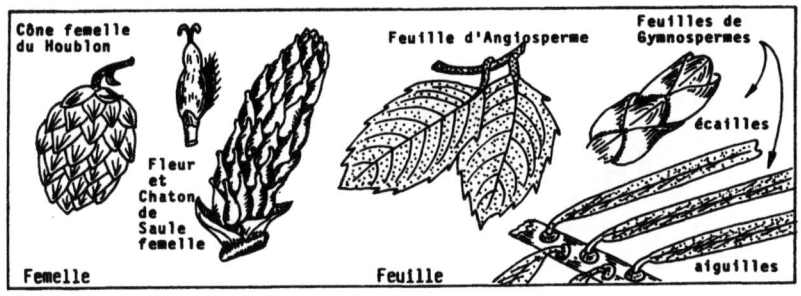

Cône femelle du Houblon — Fleur et Chaton de Saule femelle — Femelle — Feuille d'Angiosperme — Feuille — Feuilles de Gymnospermes — écailles — aiguilles

# FEU

**Feuillu,** adj. (lat. folium, feuille). ▌ Caractère d'une Angiosperme ligneuse qui possède des feuilles à limbe assez large par opposition aux écailles et aiguilles (v. ces mots) des essences résineuses. ▌ On a de plus en plus utilisé cet adjectif comme un substantif. Le terme "les Feuillus" désigne alors les arbres qui ne sont pas des Conifères.

**Fève,** n.f. (lat. faba, fève). ▌ Plante de la famille des Fabacées (ex-Légumineuses) désignée par le binôme *Faba vulgaris*. ▌ Nom de ses graines aplaties, riches en fécule, et encloses dans une gousse. ▌ Par extension, on appelle fève les graines de diverses plantes qui rappellent, par leur morphologie, celle du *Faba*. Ex. la Fève d'Egypte (*Nelumbo speciosum*), la Fève de Calabar (*Physostigma venenosum*), la Fève de Saint Ignace ou *Ignatia amara*, etc...

**Fibre,** n.f. (lat. fibra, fibre). ▌ Cellule du bois ou du liber (v. ces mots) qui n'est ni un élément conducteur, ni une cellule parenchymateuse. Aux fibres, on attribue essentiellement un rôle de soutien. Cependant, chez les Gymnospermes, on appelle usuellement fibres (et même fibres-trachéïdes) les trachéïdes aréolées qui associent la fonction conductrice à celle de soutien. ▌ Cellule du sclérenchyme (v. ce mot) qui est un tissu de soutien.

**Filet,** n.m. (lat. filum, filet). ▌ Partie amincie d'une étamine qui est fixée au réceptacle floral (ou soudée sur la corolle) et supporte l'anthère. Le filet peut être plus ou moins long, plus ou moins velu, plus ou moins aplati. Sa partie en contact intime avec l'anthère est le connectif (v. ce mot). Le filet des étamines de *Verbascum* est très velu.

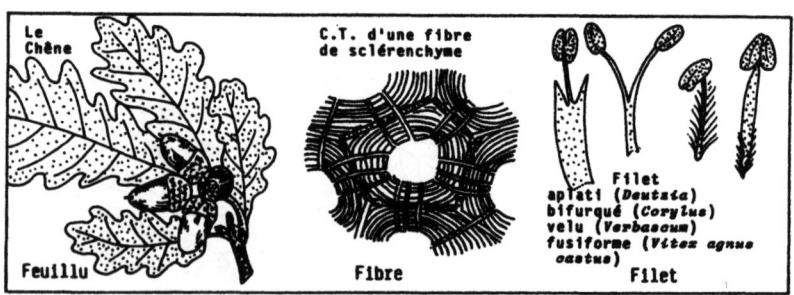

Le Chêne — Feuillu

C.T. d'une fibre de sclérenchyme — Fibre

Filet aplati (*Deutzia*) bifurqué (*Corylus*) velu (*Verbascum*) fusiforme (*Vitex agnus castus*) — Filet

# FIL

**Filicales,** n.f.pl. (lat. filicaria, fougère). ▌ Ptéridophytes du sous-embranchement des Filicinées (v. ce mot) que caractérisent : la possession de sporophytes en général robustes, différenciant des frondes (v. ce mot) ordinairement en crosse dans le jeune âge (v. circinée); la genèse de sporanges groupés en sores à la face inférieure des frondes ou en synanges sur des lobes fertiles de la fronde; l'homoprothallie (v. mot).▌ On distingue, en fonction du mode de développement des sporanges : les Eusporangiées et les Leptosporangiées (v. ces mots).

**Filicinées,** n.f.pl. (lat. filicaria, fougère). ▌ L'un des 5 sous-embranchements de Ptéridophytes (v. ce mot). Il regroupe les Filicales et les Hydroptéridales. Ex. l'*Osmunda regalis* (Filicales) ou l'*Azolla filiculoides* (Hydroptéridales) sont des Filicinées.

**Fimbrié,** adj. (lat. fimbria, frange).▌ Se dit d'un organe à bord découpé comme une frange. Ex. les pétales de certains *Lychnis* et *Dianthus* sont fimbriés.

**Fistuleux,** adj. (lat. fistula, conduit). ▌ Qualifie un organe cylindrique et creux comme une flûte. Ex. la feuille des Ails (Oignon, Echalotte, Ciboule) ou le chaume des Céréales, sont, comme la tige des Apiacées, des organes fistuleux.

**Fixisme,** n.m. (lat. figere, fixer). ▌ Théorie soutenue par les fixistes, selon laquelle les espèces "naissent, croissent et meurent sans évoluer". A travers les temps géologiques le renouvellement des flores (et des faunes) n'aurait pu se produire, selon les tenants du fixisme, qu'à la faveur de cataclysmes suivis de nouvelles créations ( voir Evolution ).

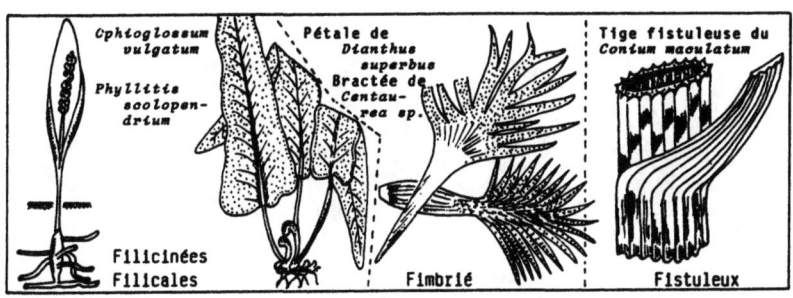

## FLA

**Flabelliforme,** adj. (lat. flabellum, éventail). ▌ Se dit d'un organe végétal dont la forme rappelle celle d'un éventail. Ex. plusieurs genres de Palmiers possèdent des feuilles flabelliformes. Les *Chamaerops*, les *Kentia* en sont des exemples connus.

**Flagelle,** n.m. (lat. flagellum, fouet). ▌ Différenciation cellulaire très fine et très allongée ( 150 microns et plus) , de nature potéïque et d'une remarquable homogénéité de structure dans l'ensemble du règne végétal, assurant la mobilité de certaines Bactéries et de cellules dont la désignation rend compte de cette aptitude au déplacement (zoogamète, zoospore, en particulier). ▌ Chaque flagelle est issu d'un corpuscule situé contre la paroi squelettique appelé blépharoplaste ( gr. blepharon, cil; plastês, qui façonne).▌ Il est des cellules flagellées chez des Bactéries, des Champignons, des Algues et, au niveau de leurs seuls gamètes mâles chez les Bryophytes et les Ptéridophytes.

**Flétrissement,** n.m. (lat. flaccidus, flétrir). ▌ Phénomène réversible (s'il n'est pas trop accusé) lié à une importante perte d'eau vers l'atmosphère, cette transpiration n'étant pas compensée par une absorption suffisante. C'est donc un phénomène bien distinct de la plasmolyse (v. ce mot). Si le flétrissement persiste après retour en conditions normales, on parle de flétrissement permanent. Parfois le flétrissement n'est qu'une conséquence d'une attaque bactérienne ou fongique.

**Fleur,** n.f. (lat. florem, fleur). ▌ Organe composé de pièces protectrices et de pièces fertiles (mâles ou microsporophylles; femelles ou macrosporophylles,

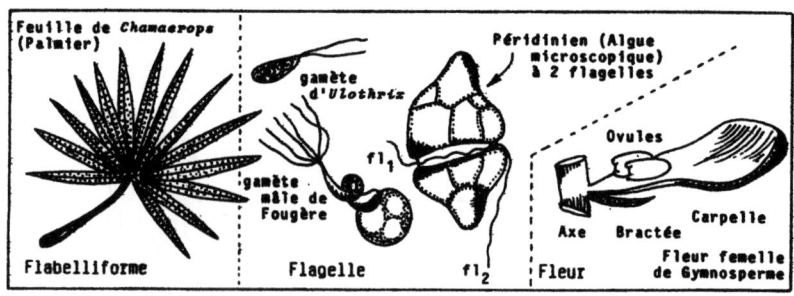

Feuille de *Chamaerops* (Palmier) — Flabelliforme

gamète d'*Ulothrix* ; gamète mâle de Fougère — Flagelle — $fl_1$ $fl_2$

Péridinien (Algue microscopique) à 2 flagelles

Ovules — Axe — Bractée — Carpelle — Fleur femelle de Gymnosperme — Fleur

v. ces mots) que l'on rencontre chez les Végétaux Supérieurs des Préspermaphytes aux Angiospermes).Selon une théorie formulée par Goethe et largement acceptée, les pièces florales ne sont que des feuilles plus ou moins profondément modifiées. ▌ La structure des fleurs, leur regroupement en inflorescences, sont d'une extrême diversité. <u>Chez les Préspermaphytes et Gymnospermes les fleurs sont archaïques</u>. Les étamines et les carpelles en sont les pièces essentielles, souvent accompagnées de bractées. <u>Chez les Angiospermes</u> coexistent couramment des verticilles protecteurs (calice, corolle) et reproducteurs (androcée, gynécée). Les caractères de la fleur sont dans ce groupe d'une importance essentielle en systématique. ▌ Le déterminisme de la floraison met en cause des processus biochimiques complexes souvent liés à des conditions externes. Il est des végétaux qui ne fleurissent qu'une seule fois (plantes monocarpiques, telles les plantes annuelles, des Palmiers, les Agaves) alors que d'autres peuvent fleurir à plusieurs reprises, voire au cours d'une même année (plantes polycarpiques et plantes remontantes, telles le Fraisier ou la Glycine).

**Fleuron,** n.m. (lat. <u>florem</u>, fleur). ▌ L'un des types de fleurs chez les Astéracées (ex-Composées). Chez les Radiées, elles occupent la partie centrale, sont tubuleuses et actinomorphes (v. ce mot). Ce sont, par ex. les fleurs"jaunes" centrales de la Grande Marguerite ( *Leucanthemum vulgare* ).

**Flexueux,** adj. (lat. <u>flexio</u>, flexion). ▌ Se dit d'un élément courbé plusieurs fois de suite dans des directions alternantes. Ex. le rachis de l'épi de l'Ivraie ( *Lolium temulentum* ) tout comme l'axe de l'inflorescence de la Canche.

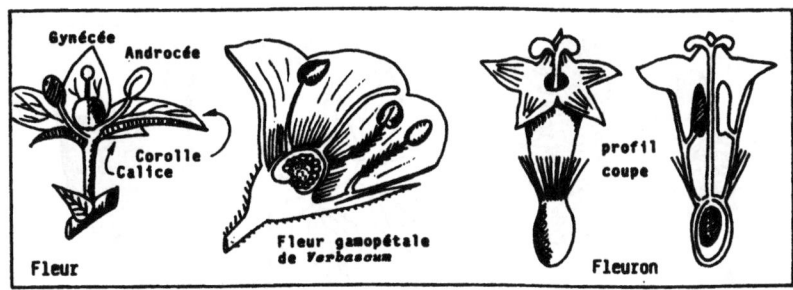

## FLO

**Flore,** n.f. (lat. Flora, déesse de la végétation). ❙ Inventaire des espèces végétales qui croissent dans un territoire déterminé. La diversité spécifique est une donnée tout à fait indépendante de la densité relative des espèces et de leur ordonnancement. C'est là que réside la distinction essentielle entre les concepts de flore et de végétation. Il n'y a, derrière le terme flore, aucune signification physionomique. Dès lors que l'on songe au paysage, c'est de végétation qu'il s'agit. ❙ Ouvrage destiné à permettre l'identification et fournissant la description des espèces de plantes d'un groupe végétal dans un territoire déterminé. Ex. Flore de Belgique, Flore de l'U.R.S.S., Flore des Phanérogames de France, Flore des Champignons du Canada.

**Foliacé,** adj. (lat. foliaceus, foliacé). ❙ Qualificatif qui s'applique à tout organe ayant l'aspect d'une feuille. Ex. le thalle foliacé d'une Ulve (*Ulva lactuca*, A. verte), le thalle foliacé d'un Lichen (*Lobaria*), la bractée foliacée de l'involucre d'Anémone des bois.

**Foliaire,** adj. (lat. folium, feuille). ❙ Qualifie ce qui se rapporte à la feuille. Ex. parenchyme foliaire, nécroses foliaires (sous l'influence d'un pathogène ou d'un polluant).

**Foliole,** n.f. (lat. foliolum, petite feuille). ❙ Chacune des divisions d'une feuille composée, laquelle peut être, par exemple : trifoliolée, multifoliolée. Ex. les folioles d'une feuille de Glycine.

**Follicule,** n.m. (lat. folliculus, petit sac). ❙ Fruit sec, déhiscent par une seule fente et constitué par chacun des carpelles (imparfaitement soudé) d'un gyné-

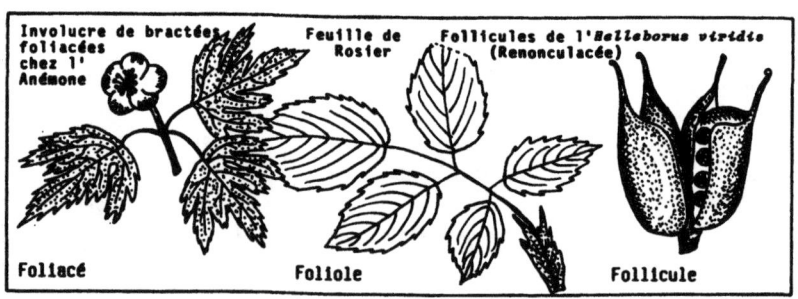

cée pluricarpellé. En général chaque follicule renferme plusieurs graines. Ex. les follicules de la Pivoine ou de l'Hellébore.

**Fongique**, adj. (lat. <u>fungus</u>, champignon). ❙ Qui se rapporte aux Champignons. Ex. une attaque fongique, ou la flore fongique d'une contrée ou d'une forêt.

**Formation végétale.** ❙ Type de végétation reposant sur une impression visuelle globale, puisque chaque formation correspond à la présence en majorité d'un petit nombre de formes biologiques prédominantes. Ainsi une lande, une prairie (v. ces mots) sont des formations végétales.

**Formes botanique et forestière.** ❙ Il convient de bien opérer la distinction, pour une même essence ligneuse entre : sa <u>forme botanique</u>, celle qu'acquiert l'arbre croissant isolément, par exemple au centre d'une peloude ou dans un square; et sa <u>forme forestière</u>, celle qui est imposée à l'arbre croissant au coeur d'un peuplement forestier du fait de la compétition entre individus. ❙ Ex. la différence de silhouette est considérable entre un Hêtre isolé (à la cime ample et au tronc riche en branches) et un Hêtre de futaie (au long fût lisse, terminé par une étroite couronne). ❙ En forêt, pour une <u>même</u> essence, suivant le cortège, le mode de conduite du peuplement, on peut déceler plusieurs formes forestières différentes.

**Formes biologiques.** ❙ Sous cette appellation on désigne les diverses silhouettes végétales reconnues jadis par Raunkiaer mettant en parallèle l'aspect de chaque plante "à la belle saison" (pour elle) et durant "la mauvaise saison" (pour elle). Sous nos cieux, la "mau-

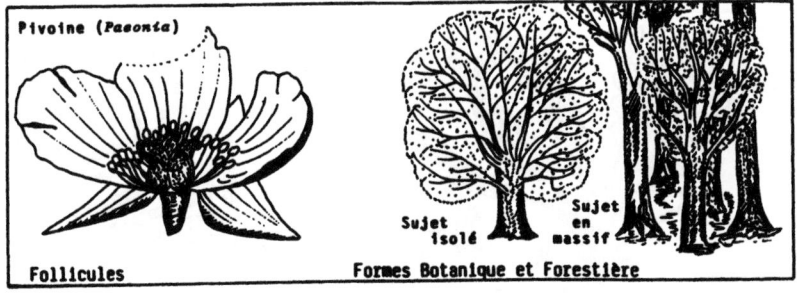

Follicules — Formes Botanique et Forestière

## FOR

vaise saison" désigne usuellement l'hiver. Nous définissons dans ce volume : Chaméphyte, Géophyte, Hélophyte, Hémicryptophyte, Hydrogéophyte, Hydrohémicryptophyte, Hydrothérophyte, Nanophanérophyte, Phanérophyte, Thérophyte. Se reporter à ces définitions.

**Formule florale.** ❙ Représentation chiffrée de la composition d'une fleur. Les capitales S, P, E, C, désignent respectivement les Sépales, Pétales, Etamines et Carpelles de la fleur. La formule florale sera donc énoncée comme suit : pour la Tulipe 3S + 3P + (3+3)E + 3 C; pour une Giroflée (2 + 2) S + (2 + 2) P + (4 + 2) E + 2 C; pour un Laurier-Rose 5 S + 5 P + 5 E + 2 C.

**Fougères**, n.f .pl. (lat. filix ou filicis, fougère). ❙ Classe de Ptéridophytes composée de végétaux herbacés ou arborescents, terrestres (ou rarement aquatiques) développant des frondes au niveau desquelles sont souvent différenciés des sores de sporanges. ❙ Sous cette appellation, on regroupe à la fois des formes fossiles (très représentées en fin d'Ere Primaire) et des formes actuelles. Certaines sont leptosporangiées, d'autres eusporangiées (v. ces mots).

**Fourré**, n.m. (anc. franç. fuerre, fourreau). ❙ Petit massif ligneux touffu constitué de très nombreuses jeunes tiges branchues dès la base. Souvent il s'agit d'un stade assez jeune de régénération.

**Fronde**, n.f. (lat. frondis, feuillage). ❙ Il existe deux acceptions distinctes pour ce terme selon les groupes végétaux considérés. ❙ Chez les Algues : thalle foliacé d'une certaine ampleur, tel que la fronde d'une Laminaire ou celle d'un Fucus. ❙ Chez les Pté-

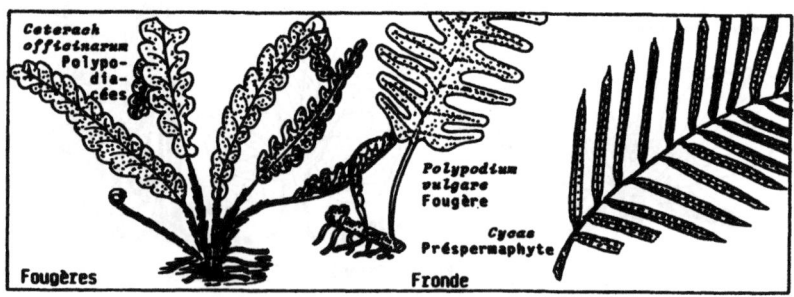

ridophytes (Fougères) et les Préspermaphytes : expansion foliacée de grande taille dont l'ébauche est enroulée en crosse (préfrondaison circinée) et dont le développement se fait très lentement (exigeant souvent plusieurs semaines), comme pour une fronde de *Cyathea medullaris* ou d'*Osmunda regalis* (deux fougères) ou pour celle d'un *Cycas revoluta* (une Présperma - phyte).

**Fructifère,** adj. (lat. fructificare, fructifier).
| Se dit d'un organe végétatif (rameau le plus souvent) qui porte des fruits. Ex. les rameaux fructifères d'un Olivier ( *Olea europaea* ).

**Fructose,** n.m. (lat. fructus, fruit). | Le d-fructose (ou lévulose) est le sucre de fruits. C'est le plus "sucré" de tous les glucides. Les Dattes fraîches en renferment 24 % de leur poids; les Bananes 40 %; la Tomate 1,2 %. Associé au glucose, il constitue les molécules de saccharose.

**Fruit,** n.m. (lat. fructus, fruit). | Organe dérivant strictement des parties femelles d'une fleur fécondée. Sitôt la double fécondation (v. à fécondation) effectuée le terme de fruit doit être substitué à celui d'ovaire. Le fruit renferme autant de graines que l'ovaire renfermait d'ovules (si tous ont été fécondés).| La diversité des fruits est très grande et, pour le botaniste, repose surtout sur : le caractère supère ou infère de l'ovaire dont ils dérivent; la structure intime de cet ovaire; les particularités de leur péricarpe à maturité. | Les Angiospermes (possèdant seules un ovaire ) sont seules susceptibles de porter des fruits au sens scientifique du terme. | Parfois le développement de l'ovaire en fruit est stimulé sans qu'il y ait

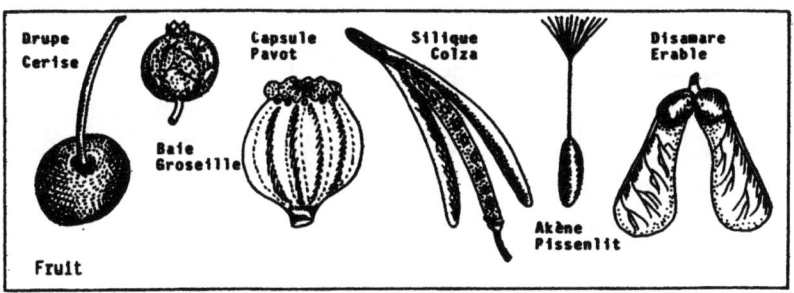

Drupe Cerise — Capsule Pavot — Silique Colza — Disamare Erable — Baie Groseille — Akène Pissenlit

Fruit

## FRU

eu fécondation des ovules. On aboutit alors, par parthénogenèse à un fruit sans graines (ex. Raisin ou Mandarine sans pépins). ▌ Fruit pomacé (v. ce mot) C'est un type de fruit très particulier puisqu'il résulte du développement simultané de l'ovaire et du réceptacle floral accolé à cet ovaire. C'est donc un fruit à pépins dans sa partie centrale (une baie) et un faux-fruit en périphérie. Ex. la Pomme, le Coing, sont des fruits pomacés.

**Frustule,** n.f. (lat. frustulum, frustule). ▌ Chez les Diatomées (Algues) la paroi, imprégnée de silice, est constituée par deux valves susceptibles de glisser l'une par rapport à l'autre comme une boîte et son couvercle: ce sont les frustules.

**Fruticée,** n.f. (lat. fructus, fruit). ▌ Formation végétale nettement dominée par de petits ligneux (arbrisseaux surtout, et arbustes). Ex. le maquis ou la genévraie sont des fruticées.

**Fruticetum,** n.m. (lat. frutex, arbrisseau). ▌ Sorte de parc spécialisé dans lequel on entretient une collection d'arbrisseaux (v. ce mot) afin de mieux connaître leurs caractères, leur adaptation, leurs performances en un lieu donné. Comparer à Arboretum (v. ce mot). Ex. le fruticetum des Barres (Loiret).

**Fruticuleux,** adj. (lat. frutex, arbrisseau). ▌ Type morphologique de Lichens dont le thalle est très ramifié et dont les ramifications miment souvent celles d'un arbrisseau lilliputien. Les Lichens fruticuleux peuvent être dotés d'une relative rigidité et sont alors dressés, hauts de quelques centimètres (tels les *Cladonia*) ou se révéler nettement plus souples

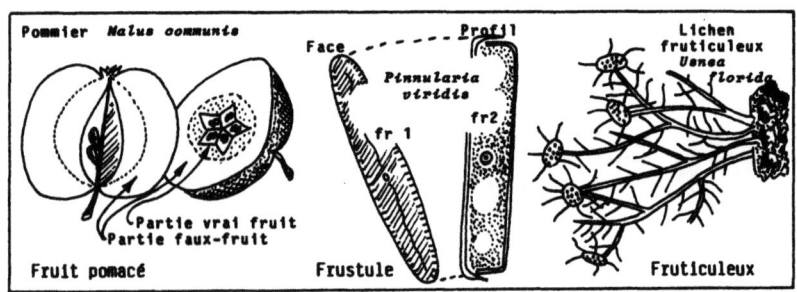

et plus grands et acquérir un port retombant (comme le font les *Usnea barbata*). De tels Lichens sont encore qualifiés d'arbustifs.

**Fugace,** adj. (lat. fugax, dér. de fugere, fuir). ❙ Qualifie des plantes entières ou des organes végétaux qui durent relativement peu de temps. ❙ Chez la plupart des Ptéridophytes, la phase haploïde dure peu par rapport au sporophyte : le gamétophyte est dit fugace. ❙ Chez certaines Angiospermes, les pièces du périanthe tombent sitôt que la fleur commence à s'épanouir. On les qualifie pareillement de fugaces. Sont encore fugaces les sépales du Coquelicot ( *Papaver rhoeas*).

**Fungi Imperfecti,** (mots latins : champignons imparfaits). ❙ Cette appellation sert à désigner des Champignons septés (ou Septomycètes) qui ne manifestent aucune sexualité et ne se propagent donc que végétativement. ❙ On préfère parfois l'appellation d'Adélomycètes, de Deutéromycètes ou d'Hyphomycètes. Ex. les *Fusarium*, les *Trichoderma* sont des *Fungi Imperfecti*

**Funicule,** n.m. (lat. funiculus, petite corde). ❙ Formation ténue et filiforme qui relie l'ovule à la paroi de l'ovaire au niveau du placenta (v. ces mots) chez les Angiospermes. Ex. le funicule de chaque ovule (devenu graine) se voit très bien lorsque l'on écosse des petits Pois. Les graines des Magnolias pendent parfois (lorsque le coenocarpe se dessèche et se fissure) au bout de leurs longs funicules.

**Fuseau,** n.m. (lat. fusus, fuseau). ❙ Lignes de tension du cytoplasme au sein d'une cellule en cours de division et le long desquelles vont apparemment se "glisser" les chromatides (ou demi-chromosomes) progressant vers les pôles de ce fuseau.

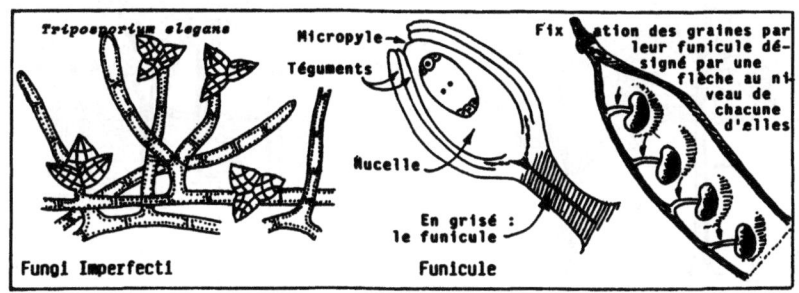

Fungi Imperfecti      Funicule

# FUT

**Fût,** n.m. (lat. <u>fustis</u>, bâton). ❙ Tronc d'un arbre dans toute la partie inférieure normalement dépourvue de branches, et donc productrice de bois sans noeud. C'est, commercialement, la partie noble de l'arbre. ❙ Lorsque l'arbre est abattu, non écorcé, on substitue le nom de <u>grume</u> à celui de fût. Lorsque la grume est sectionnée, chacune des portions obtenues porte le nom de <u>bille</u>. ❙ Un peuplement de grands arbres aux fûts de hauteur importante s'appelle une <u>futaie</u> (v. ce mot).

**Futaie,** n.f. (lat. <u>fustis</u>, bâton). ❙ Peuplement forestier d'arbres de haut jet nés de semis. Si tous les sujets ont le même âge (v. le terme Equienne) la futaie est dite <u>régulière</u>. Si des sujets de divers âges croissent en mélange, la futaie est dite <u>jardinée</u>.

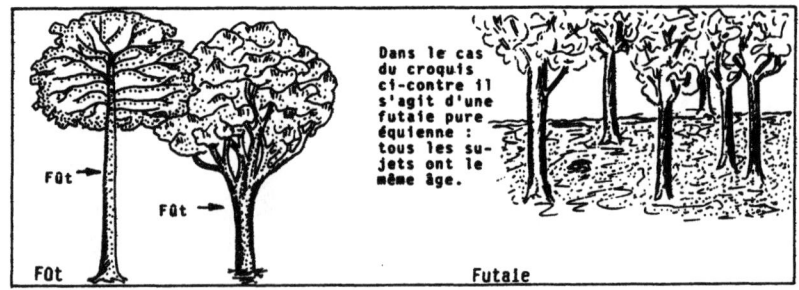

Dans le cas du croquis ci-contre il s'agit d'une futaie pure équienne : tous les sujets ont le même âge.

Fût

Fût

Fût

Futaie

# G

**Gaine**, n.f. (lat. vagina, fourreau). | Base du pétiole d'une feuille (voire simple prolongement élargi du limbe d'une feuille sessile) embrassant plus ou moins étroitement un segment de tige. Des exemples nets en sont fournis par les Apiacées ou par certaines Liliacées (tels les Poireaux, *Allium porrum*). Mais ces organes se rencontrent surtout, très nets, chez les Poacées et les Cypéracées. | La gaine peut être fendue comme chez les Poacées (en inclinant le chaume sans bouger la feuille on peut provoquer l'écartement des deux bords de la gaine sous la pression du chaume qui s'en dégage alors). Chez les Cypéracées au contraire, la gaine est continue, non fendue.

**Galbule**, n.f. | Cône femelle de quelques Gymnospermes dont les carpelles, peu nombreux, deviennent charnus et soudés en un ensemble globuleux et juteux mimant fallacieusement une baie. Ex. les galbules des Genévriers.

**Galle**, n.f. (lat. galla, galle). | Synonyme de Cécidie.

**Gamétange**, n.m. (gr. gamos, mariage; aggeion, capsule). | Compartiment élaboré lors de la différenciation sexuelle par les Cormophytes, et caractérisé, tout à la fois, par sa structure et par son rôle. | La partie centrale des gamétanges évolue seule en gamètes. Leur périphérie est constituée par une assise de cellu-

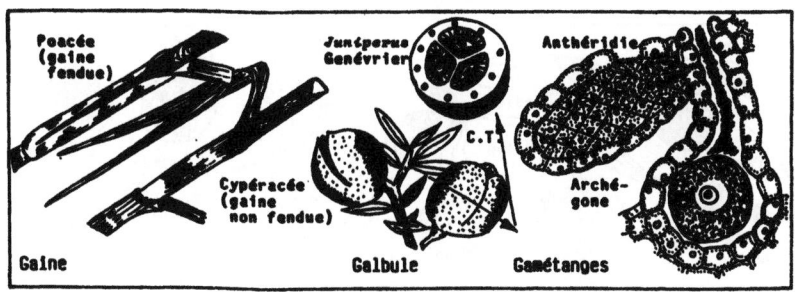

**GAM**

les stériles. ▌ On appelle <u>anthéridies</u>, les gamétanges mâles; <u>archégones</u> les gamétanges femelles.

**Gamète,** n.m. (gr. <u>gamos</u>, mariage). ▌ Cellule sexuelle vouée à s'unir à un gamète de l'autre sexe. Généralement les gamètes mâles sont plus petits que les femelles. Les gamètes des deux sexes peuvent être mobiles (zoogamètes) ou les gamètes mâles peuvent en avoir seuls gardé l'aptitude. Les gamètes sont en général libérés chez les végétaux inférieurs, cependant que chez les végétaux supérieurs l'oosphère (gamète femelle) demeure "en place" attendant la venue de l'anthérozoïde, lequel est soit libéré au dernier moment (zoïdogamie), soit porté à domicile par un tube élaboré par le grain de pollen (siphonogamie).

**Gamétocyste,** n.m. (gr. <u>gamos</u>, mariage; <u>kustis</u>, vessie). ▌ Compartiment élaboré lors de la différenciation sexuelle par des végétaux inférieurs (Algues, Champignons) et caractérisé, tout à la fois, par sa structure et par son rôle. Ce compartiment, limité par une simple paroi squelettique, voit la <u>totalité</u> de son contenu évoluer en gamètes. En général le gamétocyste mâle (souvent appelé anthéridie) est nettement plus petit que le gamétocyste femelle.

**Gamétophyte,** n.m. (gr. <u>gamos</u>, mariage; <u>phuton</u>, plante). ▌ Phase haploïde du cycle des végétaux, généralement bien représentée chez maints végétaux inférieurs. ▌ C'est l'individu producteur de gamètes.▌ Chez les végétaux inférieurs on peut rencontrer des gamétophytes tantôt bisexués (chacun pouvant produire des gamètes des deux sexes), tantôt unisexués (soit mâles, soit femelles). ▌ Chez les végétaux supérieurs, les gamétophytes sont toujours unisexués (le gamétophyte mâle pouvant correspondre au grain de pollen; le gamétophy-

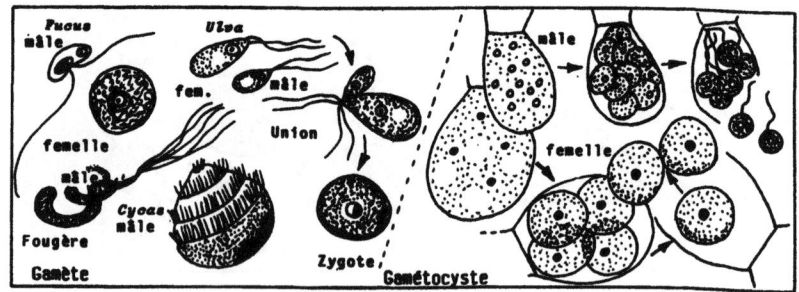

## GAM

te femelle des Spermaphytes s'élaborant au coeur de l'ovule).

**Gamopétales,** adj. (gr. gamos, mariage; petalon, pétale). ▌ Se dit de corolles dont les pétales sont plus ou moins complètement soudés entre eux, ce qui constitue un caractère évolué. ▌ Parfois la soudure est réalisée de telle façon que la corolle apparaît : en entonnoir étroit à la base et très évasé à son sommet (corolle hypocratériforme); en grelot (corolle urcéolée); apparemment libre parce que la soudure des pétales est fort limitée, à leur base seulement (corolle du Mouron rouge par ex.). ▌ L'une des sous-classes de Dicotylédones (v. ce mot) que caractérise la présence de pétales soudés, est appelée Gamopétales.

**Gamosépale,** adj. (gr. gamos, mariage; skepe, couverture; petalon, pétale). ▌ Se dit d'un calice dont les sépales sont soudés entre eux. Ex. le calice des Primevères (*Primula*) est gamosépale.

**Garrigue,** n.f. (provençal garriga, garrigue). ▌ Type de tapis végétal que l'on rencontre en pays méditerranéen sur sols calcaires, constitué essentiellement d'arbrisseaux et arbres de taille médiocre. Les espèces de la garrigue révèlent des adaptations à la sécheresse et leur plus net caractère commun est la possession de feuilles persistantes, coriaces, vernissées.

**Gastéromycètes,** n.m.pl. (gr. gastêr, ventre; mukês, champignon). ▌ Groupe de Champignons Basidiomycètes dont la fructification massive ne s'ouvre pas spontanément. Ex. les Sclérodermes sont des Gastéromycètes. Voir le synonyme Angiocarpes.

**Gélivure,** n.f. (lat. gelare, geler). ▌ Altération

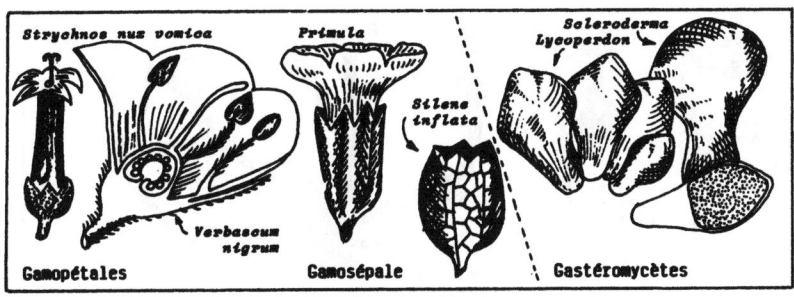

# GEL

d'un tronc sous l'effet du froid qui se traduit par une fente longitudinale radiale, plus ou moins profonde. Un arbre sujet à la gélivure est dit gélif. Certains Chênes, mal adaptés à des stations forestières, s'y révèlent atteints de gélivures.

**Gélose,** n.f. (lat. gelu, gel). | Substance pectique constituant un mucilage visqueux à la surface des thalles de maintes Algues, ou contribuant à maintenir unies les Algues coloniales. | L'industrie utilise la gélose en l'extrayant surtout de certaines Rhodophycées (v. ce mot). C'est la solution colloïdale d'algine, susceptible de se prendre en masse au refroidissement, qui reçoit le nom de gélose. Synonyme: agar-agar.

**Gemmule,** n.f. (lat. gemma, bourgeon). | Désigne, au niveau de la graine, le bourgeon de l'embryon qui se développera, lors de la germination, en une pousse feuillée (le premier axe de la plante). C'est donc la partie sommitale de la plantule, celle qui engendrera toute la partie aérienne du végétal. C'est à sa base que s'insère(nt) le (ou les) cotylédon(s). Synonyme Plumule.

**Gène,** n.m. (gr. genos, origine). | Chaque élément matériel supporté par un chromosome et dont les nuances de composition chimique déterminent l'apparition d'un (ou de plusieurs) caractère(s) héréditaire(s). L'ensemble des gènes supportés par tous les chromosomes d'un individu constitue son génotype, et ceux d'un gamète (chromosomiquement haploïde) constituent son génome.

**Géniculé,** adj. (lat. geniculus, petit genou). | Carac-

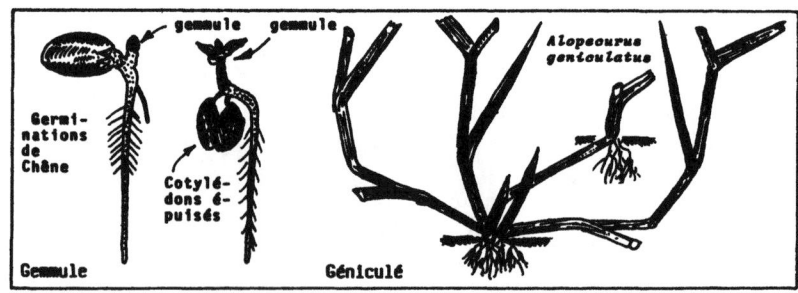

tère d'un organe coudé, articulé, qui a des noeuds. Ex. la tige de la Spargoute noueuse, ou celle du Vulpin genouillé (*Alopecurus vulpecula*) sont géniculées.

**Génotype,** n.m. (gr. genos, origine; typos, marque). ▌ Somme des propriétés héréditaires d'un individu. C'est donc l'ensemble de ses gènes, aussi bien dominants que récessifs.

**Géophyte,** n.m. (gr. gê, terre; phuton, plante). ▌ Plante affrontant l'hiver en ne conservant que des organes souterrains. On conçoit que l'on distingue des géophytes à bulbes, à tubercules ou à rhizomes. Ex. le *Crocus sativus* (Monocotylédones) est un géophyte.

**Géotropisme,** n.m. (gr. gê, terre; trépo, je tourne). ▌ Orientation de la croissance de certains organes des végétaux (racines, tiges, voire pièces florales ou carpophores de Champignons) du fait de la pesanteur. Classiquement, la croissance des racines se fait en direction du centre de la terre : géotropisme positif; celle des tiges a lieu en direction inverse, vers le ciel : géotropisme négatif. Dans ces deux cas classiques il s'agit d'orthogéotropisme. Voir aussi Dia- et Plagio-géotropisme.

**Germination,** n.f. (lat. germinatio, germination). ▌ Reprise de la vie active d'un végétal après une période de repos de durée variable sous forme de diaspore (spore, propagule ou graine). Les processus physiologiques de la germination commencent bien avant que perce la radicule au niveau du micropyle d'une graine ou que se fissure une paroi sporale. C'est la phase dite de "germination physiologique". ▌ Chez lesPhanérogames, on distingue deux types de croissance

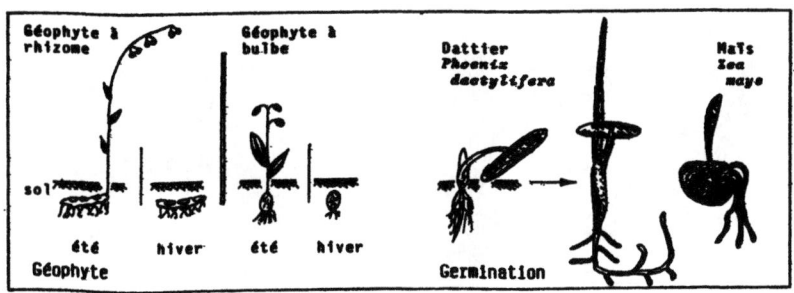

## GIB

de la plantule qui conduisent à parler, selon le cas, de germination <u>hypogée</u> ou <u>épigée</u> (v. ces mots).

**Gibbosité,** n.f. (lat. <u>gibbosus</u>, bosse). ❙ Renflement en forme de bosse (le plus souvent au niveau d'une corolle).

**Ginkyoales,** n.f.pl. (mot d'Extrême-Orient signifiant Abricotier d'argent). ❙ L'un des Ordres de Préspermaphytes (v. ce mot) qui connut son apogée au Jurassique et n'est plus représenté que par le *Ginkyo biloba*, arbre vénéré par les boudhistes et commun dans nos parcs et jardins. Les sujets mâles (à chatons d'étamines) et femelles (à ovules portés par deux à l'extrémité de longs pédoncules) auraient un port légèrement différent. Le Ginkyo perd ses feuilles (en forme de petits éventails bilobés) en automne. Alors brillamment coloré d'or il mérite le nom d'Arbre aux écus.

**Glabre,** adj. (lat. <u>glaber</u>, glabre). ❙ Se dit d'un organe dépourvu de <u>poils</u>. Ex. les feuilles du Buis ( *Buxus sempervirens* ) sont glabres; celles de la Consoude ( *Symphytum officinale* ) ne le sont pas.

**Glanduleux,** adj. (lat. <u>glandulosus</u>, glanduleux).❙ Qui possède des glandes (cellules sécrétrices isolées ou petits amas de cellules). Souvent ces glandes se localisent au niveau de poils, ou du mésophylle de la feuille, sinon dans le péricarpe du fruit.

**Gleba** ou **Glèbe,** n.f. (lat. <u>gleba</u>, glèbe). ❙ Masse fertile, brune, remplissant la fructification des Champignons Ascomycètes Hypogés (par ex. la Truffe). ❙ Masse fertile charnue, creusée de logettes (recélant les basides) au niveau des fructifications de certains

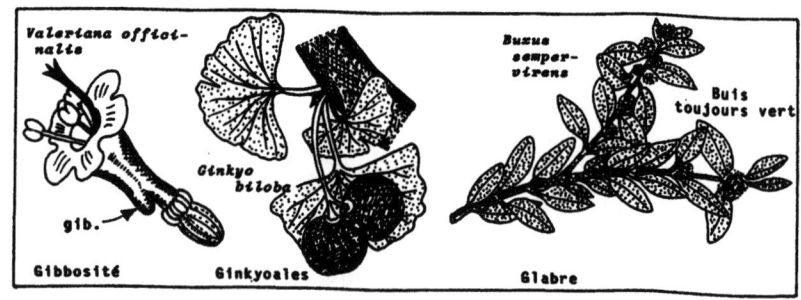

# GLO

Champignons Basidiomycètes (de l'ordre des Phallales). Ex. l'*Ithyphallus impudicus* ou Satyre puant à la glèbe nauséabonde.

**Glomérule,** n.m. (lat. glomerula, petite pelote). ❙ Inflorescence dense et globuleuse constituée par le regroupement de fleurs sessiles étroitement rapprochées comme le sont les fleurs du Lamier blanc ou celles de la Cuscute.

**Glucides,** n.m.pl. (gr. glykys, doux). ❙ Constituants essentiels de la matière vivante renfermant du Carbone, de l'Hydrogène et de l'Oxygène, appelés parfois improprement "sucres" ou "hydrates de carbone". Selon qu'il s'agit d'osides ou d'oses, les glucides sont, ou non, hydrolysables. Le glucose, le saccharose, la cellulose, l'amidon, sont des glucides fort répandus chez les végétaux.

**Glucose,** n.m. (gr. glykys, doux). ❙ Glucide simple dont il existe deux isomères. Le plus répandu est le d-glucose, ou dextrose, ou sucre de raisin. Il est présent dans les organes de réserve et les fruits de nombreuses espèces. C'est un constituant de base du saccharose, de l'amidon, de la cellulose et du glycogène.

**Glume,** n.f. (lat. gluma, glume). ❙ Chacune des 2 pièces scarieuses qui protègent l'épillet dans une inflorescence de Poacée. On ne confondra pas ces pièces avec les glumelles (v. ce mot). Les glumes contribuent à former la balle, ou résidu du battage des Céréales.

**Glumelle,** n.f. (lat. gluma, glume). ❙ Chacune des 2 pièces scarieuses qui protègent chaque fleur d'un épillet de Poacée. On ne confondra pas ces pièces

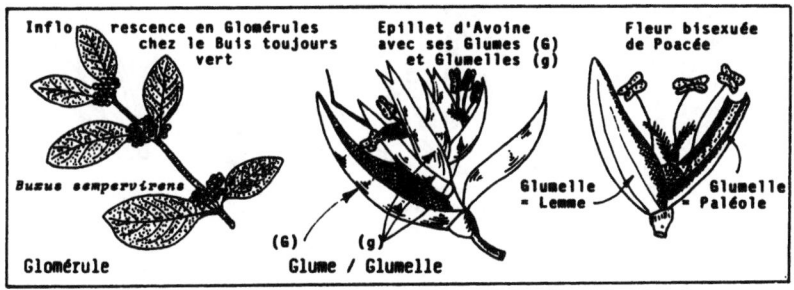

Inflorescence en Glomérules chez le Buis toujours vert
*Buxus sempervirens*
Glomérule

Epillet d'Avoine avec ses Glumes (G) et Glumelles (g)
(G) (g)
Glume / Glumelle

Fleur bisexuée de Poacée
Glumelle = Lemme
Glumelle = Paléole

## GLU

avec les glumes (v. ce mot). Les glumelles, comme les glumes, contribuent à former la balle, ou résidu du battage des Céréales.

**Gluten,** n.m. (lat. gluten, colle). ❚ L'un des deux composés de réserve (ensemble de gliadines et de glutélines) essentiels au niveau des graines de Céréales. Aux côtés de l'amidon (glucidique), c'est un composé protidique localisé dans les assises périphériques des grains. De la teneur relative en gluten dépend qu'un blé ait une vocation boulangère, ou serve à la fabrication de pâtes alimentaires.

**Glycogène,** n.m. (gr. glyco, pour glucose: genesis, formation). ❚ Glucide (polyholoside) qui peut constituer une substance de réserve chez certains végétaux. Il est ainsi des Champignons qui se révèlent assez riches en glycogène, que la solution iodée colore en acajou.

**Godronné,** adj. (vieux franç. godron, plis ronds). ❚ Se dit d'un organe présentant des sinuosités marquées. Le thalle de la Laminaire ( *Laminaria saccharina* de nos côtes) est godronné.

**Goémon,** n. m. (breton givemon). ❚ Synonyme de Varech, ce terme désigne toutes les Algues qui sont rejetées et s'accumulent sur nos rivages. Les collecteurs de goémon à finalité d'amendement en cultures de primeurs sont appelés goémoniers.

**Gomme,** n.f. (lat. gumma, gomme). ❚ Hypersécrétion à base d'hydrocarbonates de certaines Angiospermes, laquelle s'écoule naturellement (ou du fait d'incisions) et durcit au contact de l'air. ❚ Substance

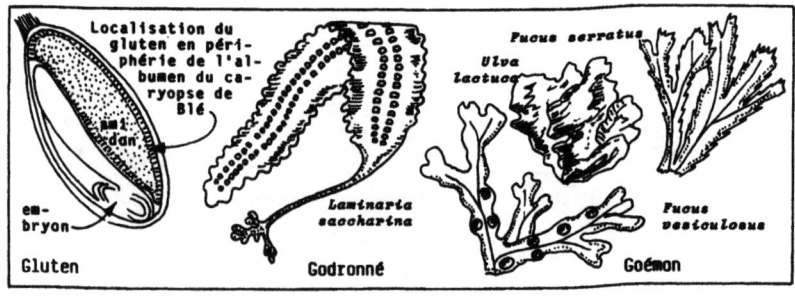

Localisation du gluten en périphérie de l'albumen du caryopse de Blé — embryon — Gluten

*Laminaria saccharina* — Godronné

*Fucus serratus* — *Ulva lactuca* — *Fucus vesiculosus* — Goémon

# GON

solide, sèche, incolore, la gomme prend dans l'eau, et lentement, une consistance épaisse et visqueuse. ∎ Ex. la gomme arabique produite par l'*Acacia nilotica* ou la gomme qui forme des amas sur le tronc des Cerisiers où elle a souvent la valeur de gomme de blessure.

**Gonidies**, n.f. (gr. gonê, semence). ∎ Eléments du phycobionte (v. ce mot) d'un Lichen. Il s'agit donc d'Algues vertes ou de Cyanobactéries aux filaments disjoints, impliquées dans un symbiose. ∎ Ce rappel fallacieux d'un éventuel rôle sexuel du partenaire chlorophyllien date de l'époque à laquelle on tenait les gonidies pour éléments de propagation...sexuée du Lichen. ∎ Ex. les gonidies d'un *Peltigera* (Lichen à thalle foliacé) appartiennent au genre *Nostoc*.

**Gonimoblaste**, n.m. (gr. gonê, semence; blastos, germe). ∎ voir Carposporophyte.

**Gousse**, n.f. (origine non sûre). ∎ Fruit sec, en principe déhiscent, dérivé d'un ovaire unicarpellé renfermant deux rangées alternantes de graines et s'ouvrant à maturité en deux valves grâce à deux lignes de fission: l'une dorsale (au niveau de la nervure principale), l'autre suturale (au niveau de la soudure du carpelle d'origine). Ex. les gousses des Fabacées (encore appelées jadis légumes). Les gousses des Arachides et d'autres Fabacées ne s'ouvrent pas spontanément et ont donc valeur d'akènes.

**Grain**, n.m. (lat. granum, grain). ∎ Sous ce terme on désigne diverses productions végétales qui n'ont en commun que la relative petitesse. A côté d'organites comme les grains de Woronine (qui agrémentent les perforations membranaires des Ascomycètes ) ou

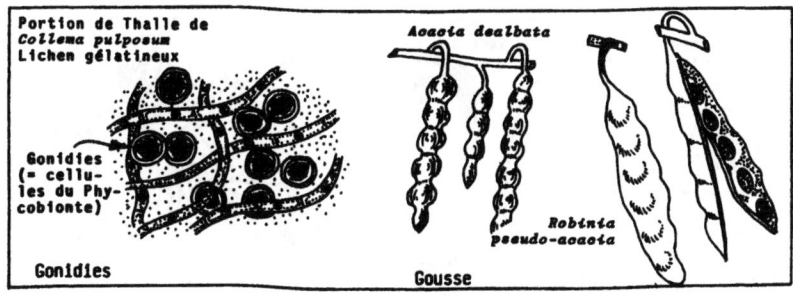

## GRA

les grains d'amidon (v. ce terme), sinon les grains de pollen (v. ce terme) on fera surtout allusion ici au terme grain appliqué à certains fruits et semences d'Angiospermes. ▮ En effet ce terme fait parfois l'objet de regrettables confusions, en ce sens qu'il désigne : <u>tantôt un fruit</u>, comme le grain de Blé ou le grain d'Avoine qui sont des caryopses (v. ce mot),si ce n'est le grain de Raisin qui est une baie; <u>tantôt une graine</u>, comme la Lentille ou le petit Pois; si ce n'est, dans le cas du grain de Poivre (*Piper nigrum*) un fruit quand le Poivre est noir, une graine quand le Poivre est débarrassé de son enveloppe et blanc. ▮ Enfin on a recours au mot grain pour qualifier la <u>finesse</u> plus ou moins accusée <u>des bois</u> en fonction de la taille de leurs éléments constitutifs, finesse que l'oeil discerne sur les sections. Il est alors possible de parler de bois à grain fin ou de bois à grain grossier.

**Graine**, n.f. (lat. <u>granum</u>, grain). ▮ Produit de l'évolution d'un ovule fécondé. ▮ <u>Chez les Gymnospermes</u> (v. ce mot) la graine renferme un embryon et un important endosperme (v. ce mot). ▮ <u>Chez les Angiospermes</u>, du fait de la double fécondation (v. ce mot), la graine jeune renferme un embryon, un albumen et du périsperme (ex-nucelle). Au cours de la maturation de la graine, 3 possibilités se présentent : périsperme, albumen et embryon subsistent tous trois (la graine est dite <u>à périsperme</u>, comme chez le Poivrier); albumen et embryon subsistent tous deux (la graine est dite <u>albuminée</u>, comme chez le Ricin); l'embryon subsiste seul (la graine est dite <u>exalbuminée</u> comme chez le Haricot).Voir aussi les mots Albumen et Nucelle.

**Grappe**, n.f. (germ. <u>krappa</u>, crochet). ▮ Inflorescence

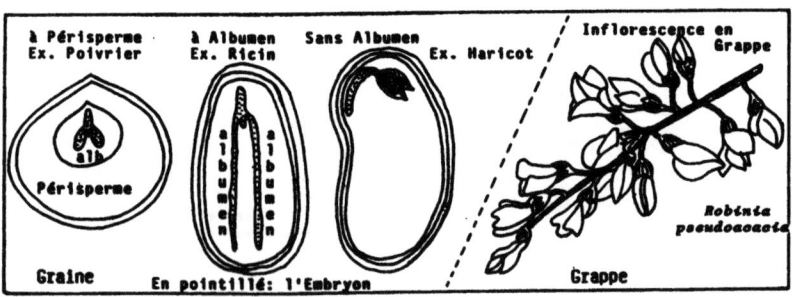

indéfinie (un bourgeon en occupe l'apex) à onde de floraison centripète, dont les fleurs échelonnées le long de l'axe, en disposition alterne, sont pédonculées. Les fleurs les plus âgées, épanouies les premières, sont donc à la base de la grappe. Ex. les inflorescences du Lupin (Fabacées) ou du Lilas (Oléacées). ▌ Parfois (chez la Vigne par ex.) la grappe est composée: c'est une grappe de grappes (ce qui est net en considérant la rafle après avoir détaché tous les grains de Raisin).

**Grasses,** adj. (lat. crassus, épais). ▌ Catégorie de xérophytes (v. ce mot) caractérisées, entre autres, par leur habitus massif, lié : au fait que leurs tiges soient trapues; à la carnosité de leurs feuilles (si elles subsistent en tant que telles); à la brièveté de leurs entrenoeuds; à l'extraordinaire développement de leur appareil souterrain. ▌ L'essentiel de leur photosynthèse est assuré par leurs tiges, alors que les feuilles sont réduites, ou devenues des épines. Un rôle essentiel est assuré chez les plantes grasses par leurs parenchymes (v. ce mot) gorgés d'eau.

**Greffe,** n.f. (lat. graphium, greffe). ▌ Fragment de végétal (appelé épibiote ou greffon) que l'on transfère sur un autre individu (appelé hypobiote ou porte-greffe) et que l'on immobilise afin que s'établissent des liens tissulaires efficaces entre les 2 partenaires. Lorsque cette continuité est assurée, la greffe développe un appareil aérien normal sur l'hypobiote qui puisera dans le sol l'eau et la matière minérale. ▌ C'est donc un moyen efficace de propagation asexuée d'une variété intéressante, dans la mesure où le choix du porte-greffe a été bien fait afin qu'il y ait absolue compatibilité avec le greffon. ▌ C'est une tech-

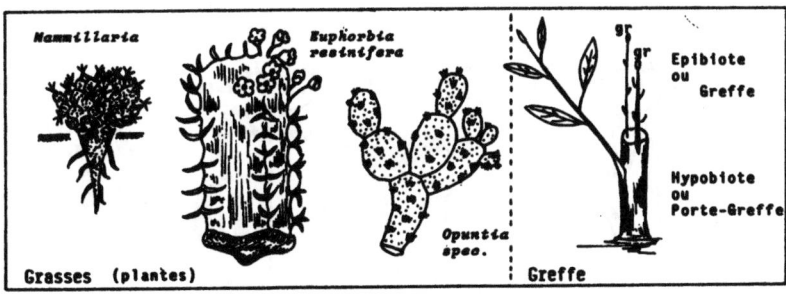

Grasses (plantes) — Greffe

## GRU

nique fort utilisée, notamment en matière d'arbres fruitiers, de ligneux ornementaux, et même pour la constitution de "vergers à graines" dans le cas d'essences forestières.

**Grume**, n.f. (lat. gruma, écorce). | voir Fût.

**Guttation**, n.f. (lat. gutta, goutte). | Processus régulateur de la concentration du suc cellulaire chez certaines plantes capables d'excréter de l'eau liquide. Les structures privilégiées au niveau desquelles se réalise cette élimination sont appelées hydathodes. Ce sont (v. ce mot) des sortes de glandes. | Le phénomène de guttation s'observe aisément, matin ou soir, autour du limbe des feuilles de Lierre ou de Tomate, ou à l'extrémité de celles des Poacées.

**Gymnocarpes**, n.m.pl. (gr. gymnos, nu; karpos, fruit). | Se dit de Champignons Autobasidiomycètes (v. ce mot) dont l'hyménium (v. ce mot) est visible au niveau de leurs fructifications dès le plus jeune âge. Ex. l'Hydne pied de mouton et les Polypores.

**Gymnospermes**, n.f.pl. (gr. gymnos, nu; sperma, semence). | Important groupe de Plantes Supérieures caractérisées par leurs graines élaborées à nu à partir des ovules supportés par des feuilles carpellaires regroupées en cônes (v. ce mot). Les Gymnospermes sont presque tous des végétaux de grande taille, ligneux. Maints caractères morphologiques, histologiques, biologiques, les séparent des Angiospermes.

**Gynécée**, n.m. (gr. gunaikeion, de gunê, femme). | Le gynécée est l'ensemble des carpelles (v. ce mot) soudés, ou non, de la fleur des Spermaphytes (ou plan-

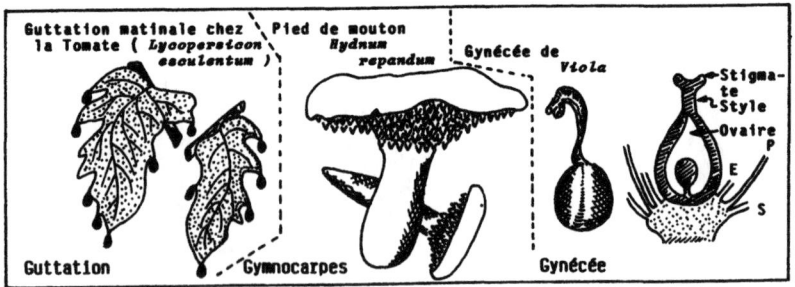

tes à graines). **|** Le gynécée des Gymnospermes, largement ouvert, constitue presque le fleur femelle à lui seul. **|** Bien qu'il occupe toujours une position centrale dans la fleur, le gynécée des Angiospermes est éminemment varié, tant en ce qui concerne sa structure que sa position par rapport aux autres pièces florales. La partie essentielle en est l'ovaire (v. ce mot).

**Gynobasique,** adj. (gr. gunaikeion, de gunê, femme; basis, base). **|** Se dit du style lorsqu'il reste libre entre les carpelles, à la base desquels il s'insère (et non, comme d'habitude, au sommet). Tel est le cas chez les Lamiacées.

**Gynophore,** n.m. (gr. gunaikeion, de gunê, femme; phoros qui porte). **|** Prolongement intrafloral du pédoncule de la fleur entraînant l'éloignement du gynécée par rapport au réceptacle floral, sa surélévation. Ex. le gynophore de la fleur du Câprier ( *Capparis spinosa*) ou celui de la fleur d'Arachide ( *Arachis hypogea*) peuvent atteindre plusieurs décimètres de longueur.

**Gynosporophylle,** n.f. (gr. gunê, femme; spora, semence; phyllon, feuille). **|** Feuille fertile à vocation femelle. Synonyme de Carpelle (v. ce mot).

**Gynostème,** n.m. (gr. gunê, femme; lat. stamen, fil). **|** Chez les Orchidacées, ce terme désigne une pièce florale mixte, assez complexe dans son organisation, columnaire, regroupant, par soudure, les éléments de la partie supérieure du gynécée (l'ovaire étant infère) et de l'androcée. Voir aussi les termes Pollinie, Bursicule, Caudicule, Rostellum. L'existence de ce gynostème est un caractère typiquement orchidéen.

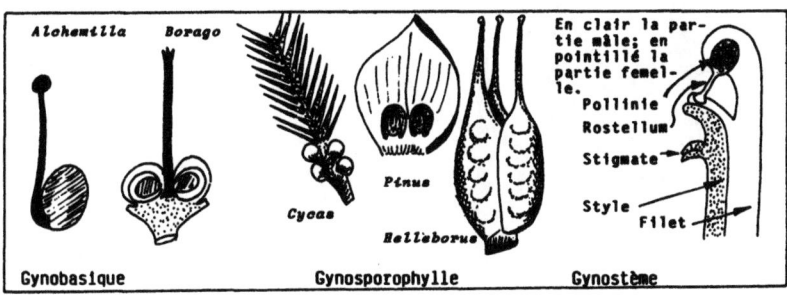

**Habitat,** n.m. (lat. habere, se tenir). ❚ Terme qui est presque synonyme de Milieu, de Biotope dans lequel une espèce végétale peut prospérer. ❚ Il peut désigner un territoire de superficie éminemment fluctuante puisqu'on l'emploie aussi bien en l'appliquant à une espèce déterminée qu'à toute une formation. Quelle que soit la superficie évoquée, le terme habitat se rapporte toujours à un type de lieu, de station (ce qui est fort différent de l'habitus, v. ce mot). Ex. l'habitat de l'Oyat ( *Psamma arenaria* ) est typiquement le milieu dunaire; l'habitat marin recèle une grande diversité de formes vivantes.

**Habitus,** n.m. (mot latin). ❚ Aspect d'un végétal qui permet, rien qu'en considérant sa morphologie générale, sa silhouette d'ensemble, de suspecter son identité. Ex. cette plante a un habitus d'Anthocérotale. ❚ Synonyme Port. ❚ Ce concept, éminemment "physionomique" est bien différent d'une autre notion , écologique, elle : celle d'habitat (v. ce mot).

**Halophile,** adj. (gr. halos, sel; philos, ami). ❚ Qualifie une espèce végétale qui supporte, ou recherche, des teneurs inhabituelles en sel. Les plantes halophiles ( ou halophytes ) se rencontrent donc essentiellement au contact de la mer, au niveau d'affleurements de sel gemme, ou au sein des chotts et sebkras. La végétation halophile est bien représentée dans le schorre.

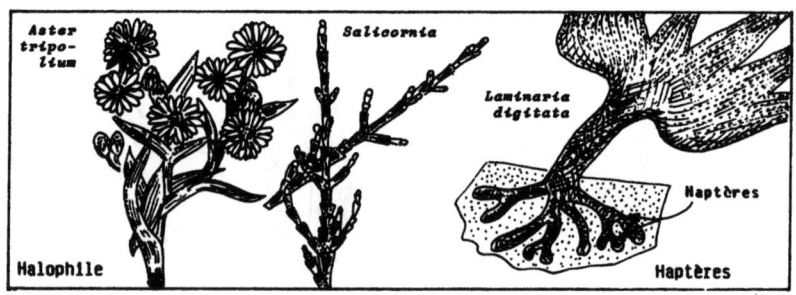

**Halophytes,** n.f.pl. (gr. halos, sel; phuton, plante).
❙ Végétaux capables de prospérer en milieux saumâtres et salés (bords de mer, estuaires, chotts). Par leur morphologie ils rappellent les plantes grasses (v. ce mot). Ex. Les Salicornes (*Salicornia*) ou la Spartine (*Spartina townsendi*) sont des halophytes typiques.

**Haplobionte, Haploïde, Haplonte, Haplophase,** (gr.haplos simple; eidos, forme ou ressemblance). ❙ L'état haploïde d'une espèce végétale est celui qui correspond à la présence d'un lot simple de chromosomes dans chaque noyau cellulaire de l'individu. L'haplophase dure tout le temps que l'espèce est représentée par un individu haploïde, lequel individu mérite d'ailleurs le nom d'haplonte ou haplobionte. voir aussi Diploïde.

**Haptère,** n.m. (gr. haptein, s'attacher). ❙ Synonyme Crampon (v. ce mot).

**Haptotropisme,** n.m. (gr. haptein, s'attacher; trepein, tourner). ❙ Attirance d'un organe (racine ou tige) occasionnée par une excitation permanente due à un contact. C'est ce tropisme de contact qui explique par exemple l'enroulement des tiges des plantes volubiles autour de leurs supports. Ex. les Haricots à rame ou le Houblon sont fort sensibles à l'haptotropisme.

**Hasté,** adj. (lat. hasta, lance). ❙ Organe végétal (feuille le plus souvent) qui présente à sa base deux lobes étalés de telle sorte que l'ensemble acquière l'aspect d'un fer de hallebarde. Ex. les feuilles hastées de l'*Atriplex hastata*.

**Haustorium,** n.m. (lat. haustos, puiser). ❙ On nomme ainsi les suçoirs différenciés par un végétal pour

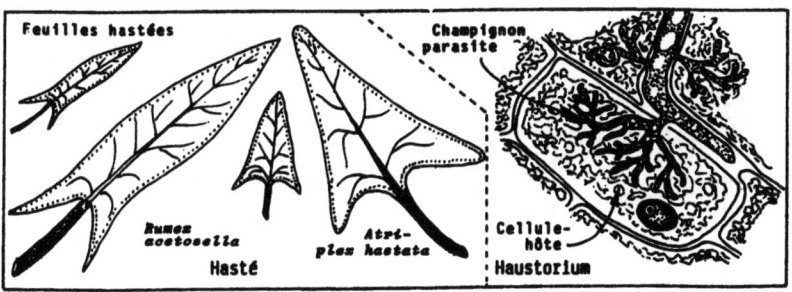

## HEL

puiser de la nourriture dans un autre organisme vivant. Ex. les haustoriums d'un Champignon parasite ou ceux d'un Champignon qui pénètre dans les cellules du phycobionte d'un Lichen. Synonyme Suçoir.

**Héliophile**, adj. (gr. (helios, soleil; philos, ami). | Se dit d'un végétal ( ou d'une formation tout entière) qui recherche l'ensoleillement. Ex. en forêt, le *Pteridium aquilinum* (Fougère-Aigle) ou la Digitale pourpre (*Digitalis purpurea*) sont héliophiles.

**Hélophyte**, n.m. | Plante affrontant l'hiver avec sa seule souche enracinée dans la vase, alors qu'à la "bonne saison" elle développe un appareil aérien, dépassant la surface de l'eau. Ex. les Massettes de nos marais ( *Typha* ) sont des hélophytes.

**Hémiangiocarpes**, n.m.pl. (gr. hemi, à demi; aggeion, capsule; karpos, fruit). | Qualifie des Champignons Basidiomycètes dont l'hyménium (v. ce mot) est d'abord à l'abri des regards (derrière un voile général et un voile partiel, v. ce mot) avant d'être exposé à la vue en fin de développement du carpophore (v. ce mot). La plupart des Champignons à lamelles (Agaricales) sont dans ce cas: ce sont des hémiangiocarpes.

**Hémiascomycètes**, n.m.pl. (gr. hemi, à demi; askos, outre; mukês, champignon). | Ascomycètes (v. ce mot) dont le thalle est typiquement constitué de cellules dissociées, aptes au bourgeonnement. Ex. les Levures sont des Hémiascomycètes.

**Hémicelluloses**, n.f.pl. (gr. hemi, à demi; cellula, cellule). | Polysaccharides non cellulosiques à valeur de réserves glucidiques, en particulier au niveau

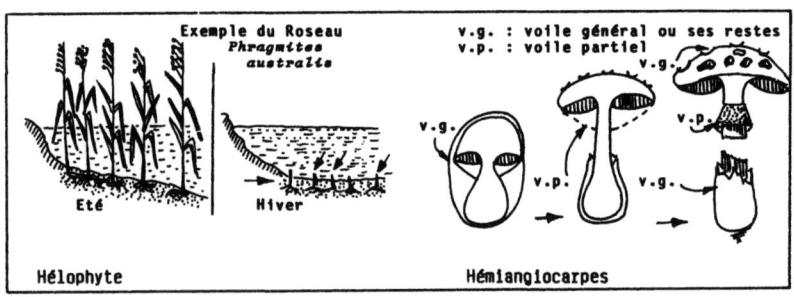

Hélophyte — Hémiangiocarpes

des parois cellulaires de l'albumen (v. ce mot) de certaines graines, lequel est alors qualifié de corné. L'exemple type est celui des graines de divers Palmiers tels que le Dattier ou le *Phytelephas* d'Amérique du Sud dont l'albumen très dur sert, sous l'appellation d'ivoire végétal, à fabriquer des boutons. ▌ Les hémicelluloses peuvent être hydrolysées en donnant, selon leur origine, du mannose, du galactose, de l'arabinose ou du xylose.

**Hémicryptophyte**, n.m. (gr. hemi, à demi; kryptos, caché; phuton, plante). ▌ Plante affrontant l'hiver avec des bourgeons situés au niveau du sol. A la "belle saison" un hémicryptophyte développe : une touffe de pousses s'il est cespiteux (v. ce mot); une rosette de feuilles, plus ou moins prostrées, s'il est à rosette; une tige érigée qui prend appui sur des supports variés s'il est grimpant. Ex. la Pâquerette vivace est, dans nos pelouses, un hémicryptophyte typique.

**Hémicyclique**, adj. (gr. hêmi, à demi; kuklos, cercle). ▌ Se dit d'une fleur constituée par une succession de pièces florales en disposition : spiralée (v. ce mot) pour certaines; cyclique (v. ce mot) pour d'autres. Ex. Les fleurs du *Magnolia grandiflora* avec leurs trois verticilles de Sépales et Pétales, et leurs androcée et gynécée spiralés, sont hémicycliques.

**Hémiparasite**, n.m. (gr. hêmi, à demi; para, à côté; sitos, aliment). ▌ Ce terme sert à désigner un végétal supérieur qui, encore pourvu de chlorophylle mais en quantité insuffisante, ne prélève aux dépens de son hôte qu'une partie des aliments organiques dont il a besoin pour vivre. Ex. le Gui ( *Viscum album* ) est une plante hémiparasite.

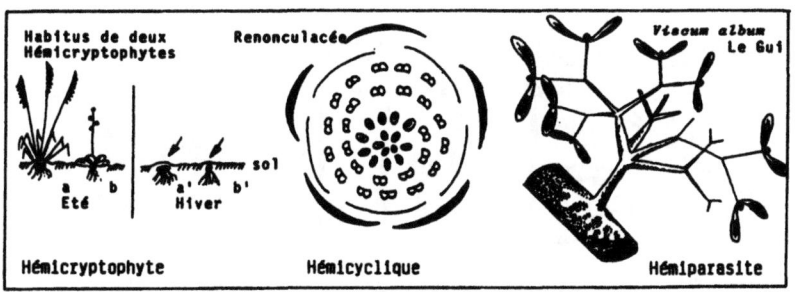

Hémicryptophyte     Hémicyclique     Hémiparasite

## HEP

**Hépatiques**, n.f.pl. (gr. hepatos, foie). ❙ L'une des Classes de Bryophytes (v. ce mot) que caractérisent : ses rhizoïdes unicellulaires; son gamétophyte foliacé ou thalloïde à symétrie bilatérale; sa capsule (v. ce mot) sans columelle (le plus souvent), ni opercule, ni péristome, déhiscente par des valves (le plus souvent) et élaboratrice de spores et d'élatères (v. ce mot).

**Herbe**, n.f. (lat. herba, herbe). ❙ Végétal non ligneux dont l'appareil aérien est annuel, alors que les parties souterraines peuvent: soit disparaître également chaque année; soit constituer une souche vivace.Ex. les Anémones de nos jardins sont des herbes.

**Herbier**, n.m. (lat. herbarium, herbier). ❙ Formation végétale des milieux littoraux submergés (au moins périodiquement). Tantôt (dans la partie supérieure de la zone littorale) il peut s'agir d'herbiers de Phanérogames marines (Zostères, Posidonies) et l'on parle alors parfois de "prairies" marines. Tantôt (en s'éloignant en principe davantage du rivage) il s'agit d'herbiers d'Algues, et notamment, sous nos climats, de Laminaires. ❙ Collection de plantes sèches, présentées en vue de leur consultation et de leur étude. L'étiquetage correct et l'empoisonnement minutieux des échantillons revêtent une importance capitale.

**Hermaphrodite**, adj. (gr. Hermaphrodite, nom mythique). ❙ Se dit d'une espèce végétale chez laquelle tout individu est capable d'élaborer à la fois des gamètes des deux sexes. Synonyme Bisexué. ❙ Cette aptitude ne signifie pas pour autant que l'autofécondation soit possible, ou efficace (fertile). Voir à ce propos le mot Dichogamie.

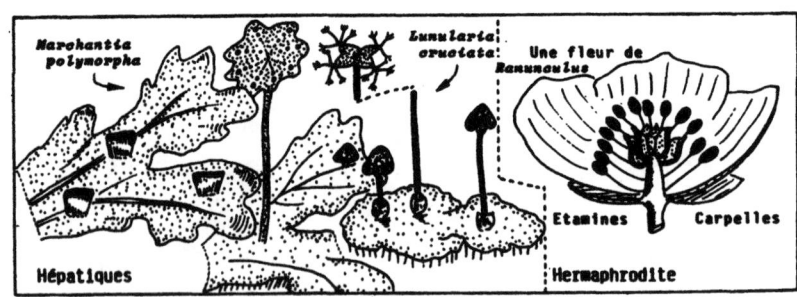

**Hespéride,** n.f. (gr. hesperia, hespéride). ▌ Fruit charnu à pépins (et en cela c'est une baie, v. ce mot) mais dont la partie charnue du péricarpe est l'endocarpe. Ex. les Agrumes (Orange, Citron, Cédrat..) sont des hespérides.

**Hétérobaside,** n.f. (gr. heteros, autre; basis, base). ▌ Chez les Basidiomycètes (v. ce mot) ce terme désigne une baside cloisonnée verticalement et émettant de ce fait 4 stérigmates à son apex, puis 4 spores. Voir le mot Baside. Ex. les Trémellales sont hétérobasidiées.

**Hétérobasidiomycètes,** n.m.pl. (gr. heteros, autre; basis, base; mukês, champignon). ▌ Basidiomycètes (v. ce mot) peu évolués pourvus de basides cloisonnées : soit transversalement (voir Archéobaside), soit longitudinalement (voir Hétérobaside).

**Hétéroblastique,** adj. (gr. heteros, autre; blastos, germe). ▌ Cet adjectif qualifie le mode de développement des diverses feuilles d'un même végétal, lesquelles révèlent entre elles des différences indiscutables de formes et de tailles. Ex. la Campanule à feuilles rondes ou le Pigamon jaunâtre connaissent un développement hétéroblastique.

**Hétérocyste,** n.m. (gr. heteros, autre; kutos, cellule). ▌ Chez les Cyanobactéries (v. ce mot) : grosse cellule semblant vide de contenu et à paroi épaisse. Au niveau des hétérocystes dont on méconnaît leur rôle exact, se rompent les filaments, ce qui contribue à la multiplication de la Cyanobactérie. Ex. le *Nostoc* est une Cyanobactérie à hétérocystes.

**Hétérogamie,** n.f. (gr. heteros, autre; gamos, mariage).

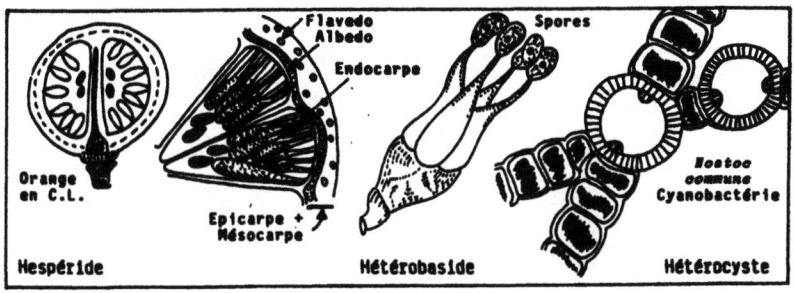

Hespéride — Hétérobaside — Hétérocyste

## HET

▎En matière de gamètes : synonyme d'anisogamie (v. ce mot). ▎En matière de fleurs : particularité d'une Angiosperme qui différencie au sein d'une même inflorescence des fleurs de différents types. Ainsi certaines Astéracées (comme la Grande Marguerite) regroupent dans le même capitule des fleurs bisexuées et des fleurs uniquement femelles.

**Hétéromère,** adj. (gr. heteros, autre; meros, partie). ▎Voir Thalle (de Lichen).

**Hétéromorphe,** adj. (gr. heteros, autre; morphé, forme). ▎Caractère d'un cycle de reproduction digénétique représenté par des individus haploïde et diploïde morphologiquement différents.

**Hétérophyllie,** n.f. (gr. heteros, autre; phyllon, feuille). ▎Ce terme s'applique au cas de tout végétal qui porte des feuilles de formes dissemblables. Ex. la Sagittaire ( *Sagittaria sagittaefolia* ) possède tout à la fois des feuilles immergées (rubanées), flottantes (arrondies), dressées aériennes (sagittées).

**Hétérophytisme,** n.m. (gr. heteros, autre; phuton, plante). ▎Existence de deux catégories d'individus diploïdes dans le cycle de reproduction d'un même végétal. Chaque catégorie engendre, par méïose, des spores génératrices d'un type de prothalle (soit mâle, soit femelle). Donc l'hétérophytisme implique l'hétérosporie (v. ce mot) et, par conséquent, aussi l'hétéroprothallie (v. ce mot).

**Hétéroprothallie,** n.f. (gr. heteros, autre; thallos, rameau). ▎Coexistence de deux sortes de prothalles (les uns mâles, les autres femelles) chez une même

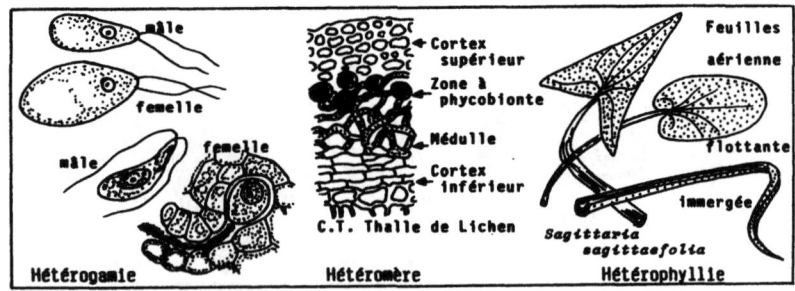

Hétérogamie — Hétéromère — Hétérophyllie

espèce végétale. Ex. les Hydroptéridales (Fougères aquatiques) appartenant aux genres *Azolla, Salvinia*, par exemple, sont hétéroprothallées.

**Hétérosporie**, n.f. (gr. heteros, autre; spora, semence). | Production par chacun des deux types de sporophytes (s'il y a hétérophytisme, v. ce mot), ou par un seul et même sporophyte (s'il y a homophytisme, v. ce mot) de spores méïotiques de deux sortes (des microspores et des macrospores) pouvant engendrer à leur tour, chacune, un prothalle unisexué (soit mâle, soit femelle). Ex. chez les Hydroptéridales (Fougères aquatiques) il y a hétérosporie. | L'hétérosporie des Equisétinées n'est que physiologique, car il y a homosporie (v. ce mot) morphologique.| A partir des Préspermaphytes jusqu'aux Angiospermes incluses, l'hétérosporie est de règle.

**Hétérostylie**, n.f. (gr. heteros, autre; stylus, style). | Coexistence de fleurs à styles de longueurs différentes chez une même espèce. Le cas des Primevères et celui des Salicaires sont bien connus. Voir aussi Brévistylé et Longistylé.

**Hétérothallisme**, n.m. (gr. heteros, autre; thallos, rameau). | Caractère de certaines espèces de Champignons, Algues, Bryophytes, chez lesquelles coexistent des thalles unisexués (les uns mâles, d'autres femelles; ou les uns (+), d'autres (-). | Il s'impose donc que cohabitent ces deux types de thalles pour que la fécondation se réalise (parfois en deux temps et donc à retardement chez certains Champignons). Ex. : *Marchantia polymorpha* ( chez les Hépatiques ) ou *Ulva lactuca* ( chez les Algues vertes ) sont hétérothalliques.

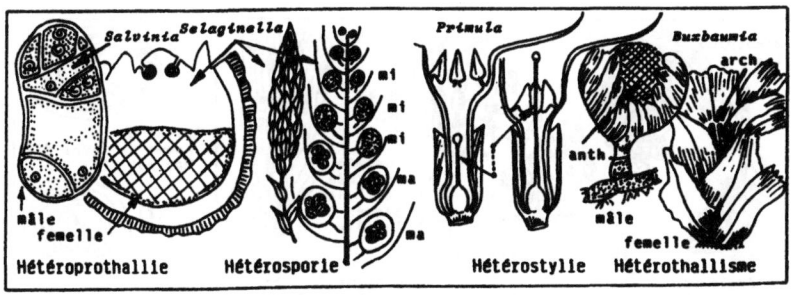

Hétéroprothallie    Hétérosporie    Hétérostylie    Hétérothallisme

# HET

**Hétérotriche,** adj. (gr. heteros, autre; trikhōma, chevelu). ❙ Se dit d'un thalle dont certains filaments sont rampants, d'autres dressés. Ex. le thalle hétérotriche du *Rhodothamniella floridula* (Algue rouge fixant les sédiments sur nos littoraux.

**Hétérotrophe,** adj. (gr. heteros, autre; trophé, nourriture). ❙ Cet adjectif exprime la nécessité pour certains végétaux de disposer de substances organiques (en sus de l'eau et des divers minéraux du milieu) pour parvenir à synthétiser leur propre matière vivante. Ainsi en est-il, par exemple, de divers Végétaux Supérieurs dépourvus de chlorophylle et des Champignons. Aussi les *Mucor*, les *Penicillium* ou les *Rhodotorula* se développent-ils parfois sur nos confitures, nos fruits entreposés ou nos yaourts !

**Hétéroxène,** adj. (gr. heteros, autre; xenos, étranger). ❙ Se dit d'un parasite, et en particulier d'un Champignon du groupe des Urédinales (Rouilles) qui ne peut "boucler" son cycle de développement qu'à la condition de se développer successivement sur plusieurs hôtes. Ex. le *Puccinia graminis*, agent de la Rouille du Blé (*Triticum sativum*) devant passer aussi sur l'Epine-Vinette (*Berberis vulgaris*) est hétéroxène.

**Hétéroxylé,** adj. (gr. heteros, autre; xylos, bois). ❙ Se dit du bois secondaire lorsqu'il est constitué de cellules diversement différenciées et devenues : éléments conducteurs (vaisseaux), éléments de soutien (fibres), éléments conjonctifs (parenchyme). C'est le cas le plus usuel. Ex. le bois de Chêne ou le bois de Frêne sont hétéroxylés.

**Hibernacles,** n.m. (lat. hibernus, hivernal). ❙ Forme de

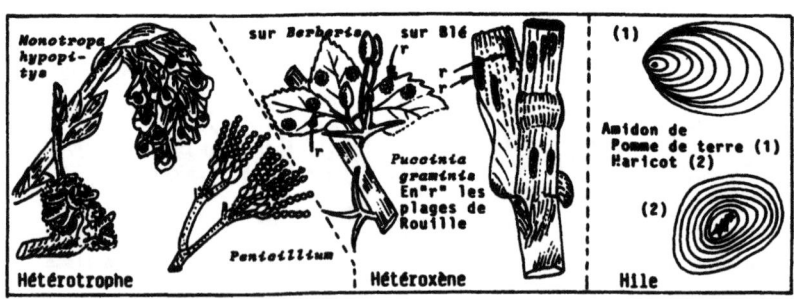

## HIL

survie hivernale de certains végétaux aquatiques, ayant l'aspect de bulbilles. Voir aussi Hydrothérophyte.

**Hile,** n.m. (lat. hilum, hile). ▌ Une petite plage de couleur distincte à la surface d'une graine indique en général l'endroit précis où le funicule (v. ce mot) se raccordait à l'ovule. Ce point précis c'est le hile. Ex. le hile d'une graine de petit Pois ( *Pisum sativum* ). ▌ On appelle également hile le point originel des dépôts concentriques d'amidon au niveau d'un amyloplaste. Ex. le hile excentré de l'amidon de Pomme de terre.

**Hispide,** adj. (lat. hispidus, hérissé). ▌ Se dit d'un organe qui possède des poils longs, raides, presque piquants. Ex. la Vipérine ( *Echium vulgare* ) a des tiges et des feuilles hispides.

**Histologie,** n.f. (gr. histos, tissu; logos, science). ▌ Etude de la compositionn et de l'évolution des tissus. En cela c'est une discipline essentielle pour la connaissance de l'anatomie d'un végétal.

**Hologamie,** n.f. (gr. holos, entier; gamos, mariage). ▌ Modalité particulière de la fécondation qui se rencontre chez des Champignons, des Algues, et que caractérise la fusion simultanée de la totalité des contenus des deux gamétocystes complémentaires. Ex. chez les *Spirogyra* (Algues Vertes) il y a hologamie. Synonymes: Cystogamie ou Conjugaison.

**Holoparasitisme,** n.m. (gr. holos, entier; para, à côté; sitos, aliment). ▌ Ce terme sert à désigner un Végétal Supérieur, totalement dépourvu de chloro-

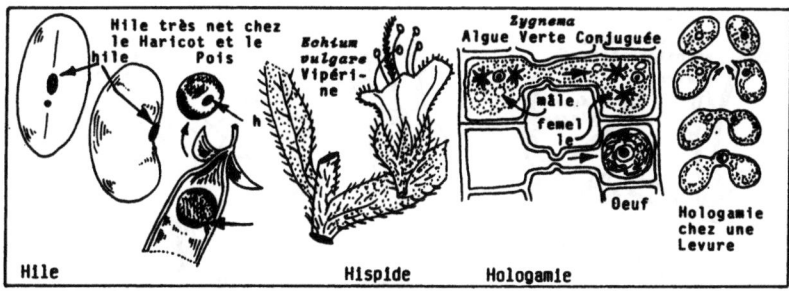

Hile                       Hispide        Hologamie

## HOL

phylle, qui doit prélever, aux dépens de son hôte, la <u>totalité</u> des aliments (organiques au moins) dont il <u>a besoin</u> pour vivre. Ex. les Cuscutes sont des holoparasites.

**Holosaprophyte**, n.m. (gr. <u>holos</u>, entier; <u>sapros</u>, pourri; <u>phuton</u>, plante). ▌ Espèce saprophyte (v. ce mot) qui ne dispose d'<u>aucun</u> autre moyen pour s'alimenter. Certaines plantes <u>à fleurs</u> ( telles des Orchidées d'Extrême-Orient) <u>totalement</u> dépourvues de chlorophylle, se comportent comme des holosaprophytes.

**Homéomère**, adj. (gr, <u>homos</u>, semblable; <u>meri</u>, partie). ▌ Voir Thalle (de Lichen).

**Homobaside**, n.f. (gr. <u>homos</u>, semblable; <u>basis</u>, base). ▌ Chez les Champignons Basidiomycètes, ce terme désigne une baside dépourvue de tout cloisonnement interne, émettant à son sommet 4 stérigmates (sauf cas exceptionnels, tel celui du Champignon de couche), puis 4 spores. Synonyme Eubaside. Voir Baside.

**Homogamie**, n.f. (gr. <u>homos</u>, semblable; <u>gamos</u>, mariage). ▌ En matière de <u>gamètes</u> : synonyme d'isogamie (v. ce mot. ▌ En matière de <u>fleurs</u> (chez les Angiospermes : particularité d'un <u>végétal</u> qui ne possède qu'un seul type sexuel de fleurs (nécessairement bisexuées) et dont la maturité est bien entendu simultanée pour ce qui est des pièces mâles et femelles. Ex. la Renoncule ou le Blé sont des plantes homogames.

**Homologie**, n.f. (gr. <u>homos</u>, semblable; <u>logos</u>, rapport). ▌ Ressemblance intime qui existe entre deux organes d'apparence pourtant bien dissemblable, que ce soit au plan morphologique ou physiologique. Ainsi les

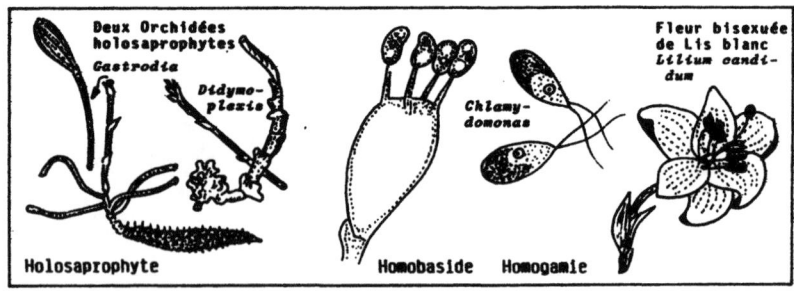

Deux Orchidées holosaprophytes *Gastrodia*, *Didymoplexis*

*Chlamydomonas*

Fleur bisexuée de Lis blanc *Lilium candidum*

Holosaprophyte    Homobaside    Homogamie

feuilles du Pommier, les piquants de certaines xérophytes (v. ce mot), les urnes d'une plante carnivore, les bractées décoratives du *Poinsettia*, ne sont effectivement que des feuilles diversement modifiées. Ce sont donc des organes homologues.

**Homophytisme,** n.m. (gr. homos, semblable; phuton, plante). | Existence d'une seule sorte d'individus diploïdes dans le cycle de développement d'un végétal. Ex. les Laminaires (Algues Brunes) ou l'immense majorité des Angiospermes, sont homophytiques.

**Homoprothallie,** n.f. (gr. hosmos, semblable; pro, premier; thallos, rameau. | Existence d'une seule sorte de prothalles (porteurs, à la fois, de gamétanges mâles et femelles) dans le cycle de développement d'une espèce. Ex. les Polypodiacées (Fougères) sont homoprothallées. Synonyme Isoprothallie.

**Homosporie,** n.f. (gr. homos, semblable; spora, semence). | Production par le sporophyte d'une espèce végétale de spores toutes identiques. Chaque spore peut donc engendrer un prothalle bisexué, et, par conséquent, l'homosporie implique alors l'homoprothallie ou l'homothallisme (v. ces mots). Ex. les Polypodiacées (Fougères) sont homosporées, alors que les Equisétinées présentent le cas curieux d'homosporie morphologique et, au moins pour certaines espèces, d'hétérosporie physiologique, leurs spores engendrant alors, en nombre sensiblement égal, des prothalles qui sont soit mâles, soit femelles.

**Homothallisme,** n.m.,(gr. homos,semblable; thallos, rameau).| Caractère de certains Champignons, Algues ou Bryophytes, chez lesquels il n'existe qu'une

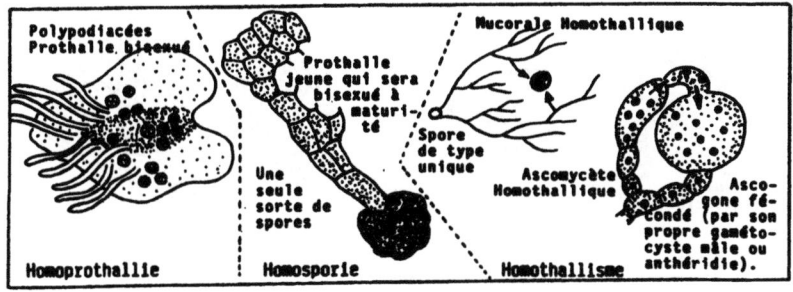

sorte de thalles aptes à élaborer, tout à la fois, des organes sexuels mâles et femelles. Ex. certaines Mucorales (Champignons Zygomycètes) sont homothalliques. De même, l'Hépatique *Pellia epiphylla* est aussi, sous sa forme rubanée, homothallique.

**Homoxylé**, adj. (gr. homos, semblable; xylos, bois). | Se dit du bois secondaire d'un végétal qui est uniquement constitué d'éléments conducteurs (par ex. de trachéides aréolées chez certaines Gymnospermes) et de parenchyme ligneux. Ex. le bois de certaines Angiospermes tenues pour primitives (tel le Tulipier chez les Magnoliacées) est homoxylé.

**Hormogonie**, n.f. | On désigne ainsi chacune des portions d'un filament de Cyanobactérie qui s'est tronçonné. Chaque hormogonie est susceptible de régénérer un filament entier. Elle joue donc un rôle de bouture.

**Houppier**, n.m. (du néerl. hoop, tas). | Ce terme désigne toute la partie aérienne d'un arbre, hormis le fût (v. ce mot).

**Humicole**, adj. (lat. humus, sol; colere, habiter). | Se dit d'un végétal qui affectionne les stations riches en humus. Beaucoup de Champignons de nos sous-bois sont éminemment humicoles, des Bryophytes aussi.

**Humus**, n.m. | Production intermédiaire résultant de l'action dégradatrice de la microflore du sol sur les déchets animaux et végétaux. A partir de ces restes, en quelques mois, naît ce mélange complexe et variable, noirâtre, constitué, pour partie, d'acides humiques. On distingue essentiellement 4 types d'humus qui sont : le mull calcique (du danois mull, terre

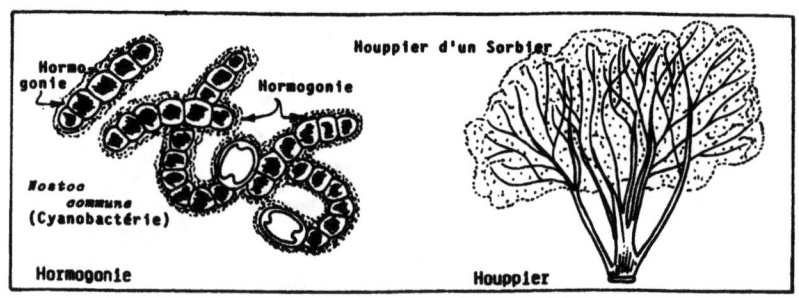

Hormogonie    Houppier

poudreuse); le mull forestier; le moder (de l'allemand moder, terreau); le mor (du danois moor, marécage).

**Hyalocyste**, n.m. (gr. hyalos, transparent; kustis, vessie). ▎Grande cellule dépourvue de chloroplastes qu'on rencontre au niveau des feuilles de certaines Mousses (en particulier des Sphaignes) où elles jouent le rôle de réservoirs d'eau. Elles contrastent avec les chlorocystes (v. ce mot) qui les entourent.

**Hyaloplasme**, n.m. (gr. hyalos, transparent; plasma, formation). ▎Substance fondamentale du Cytoplasme (v. ce mot).

**Hybride**, adj. (lat. hybrida, métis). ▎Plante née, par voie sexuée, du croisement entre deux parents appartenant à des espèces différentes ou même à des genres différents. Ex. *Primula variabilis* = *P. vulgaris* x *P. veris*; *Larix eurolepis* = *L. europea* ( syn. *L. decidua* ) x *L. leptolepis* ( syn. *L. kaempferi* ); chez les Orchidées, un *Odontonia*, résulte du croisement entre *Odontoglossum* et *Miltonia*.

**Hydathode**, n.m. ▎Stomate aquifère qui se situe à l'extrémité d'une nervure de feuille (tel est le cas chez la *Primula sinensis*) ou de plusieurs nervures convergentes , comme chez la Capucine, *Tropaeolum majus*. L'eau rejetée contient des sels minéraux (voire des excrétions organiques).

**Hydrochore**, adj. (gr. hydôr, eau; chor, disséminer). ▎Se dit d'un fruit, ou d'une graine, ou de toute diaspore, bénéficiant d'une dispersion par la voie des eaux. Le cas des Palmiers des Seychelles (*Lodoicea*) dont les fruits ont bénéficié du transport par l'Océan,

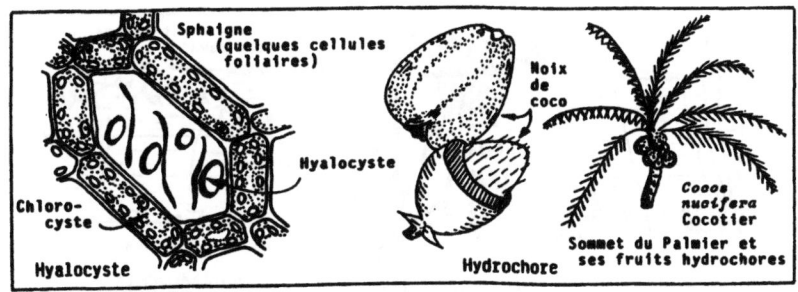

## HYD

est très connu.

**Hydrogéophyte,** n.m. (gr. hydôr, eau; gê, terre; phuton, plante. ▌ Plante vivace aquatique affrontant l'hiver sous la forme d'un rhizome situé dans le substrat et porteur de bourgeons. Ex. le Nénuphar blanc (ou *Nymphaea alba*) est un hydrogéophyte.

**Hydrohémicryptophyte,** n.m. (gr. hydôr, eau; hémi, à demi; kryptos, caché; phuton, plante). ▌ Plante aquatique affrontant l'hiver sous la forme d'une souche portant des bourgeons à la surface du substrat solide ou vaseux.

**Hydrophile,** adj. (gr. hydôr, eau; philos, ami). ▌ Qualifie la pollinisation des fleurs lorsqu'elle est, efficacement, réalisée grâce au transport du pollen par l'eau. Ce caractère commun entre les hygrophytes (v. ce mot) est un processus assez peu courant, limité à certaines Angiospermes aquatiques, telles les *Zostera* ou les Vallisnéries (*Vallisneria*).

**Hydroptéridales,** n.f.pl. (gr. hydôr, eau; pteron, aile; phuton, plante). ▌ Ptéridophytes Filicinées Leptosporangiées (v. ces mots) que caractérisent : leur habitat essentiellement aquatique; leur hétéroprothallie (v. ce mot) liée à la genèse de micro- et de macro-spores (v. ces mots) bien qu'elles soient homophytiques (v. le mot homophytisme).

**Hydrothérophyte,** n.m. (gr. hydôr, eau; theros, saison chaude; phuton, plante). ▌ Plante aquatique annuelle, libre ou fixée, affrontant l'hiver sous forme de graines ou de boutures bien particulières à valeur de bourgeons (les hibernacles, v. ce mot). Ex. l'Elodée

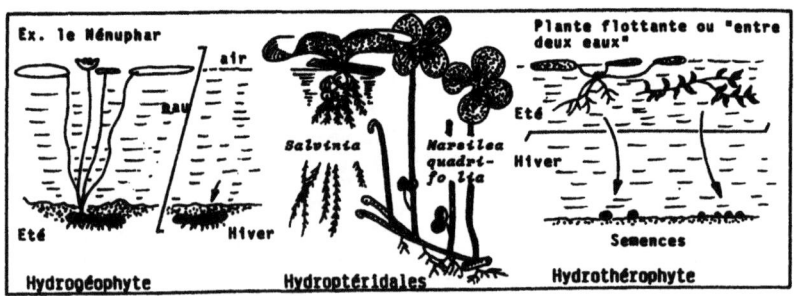

du Canada ( *Elodea canadensis* ) est une hydrothérophyte.

**Hygrophyte,** n.f. ou adj. (gr. hygros, humide; phuton, plante). ▌ Qualifie un végétal qui vit dans les endroits où l'eau abonde relativement soit dans le sol, soit dans l'atmosphère. Dans les régions très humides, à végétation luxuriante, les hygrophytes sont très communes. On dit encore que l'espèce est hygrophile. Ex. les Massettes ( *Typha* ) sont des hygrophytes.

**Hyménium,** n.m. (gr. hymên, membrane).▌ Partie fertile des fructifications des Champignons Supérieurs. L'hyménium tapisse soit la surface interne des apothécies et des périthèces d'Ascomycètes, soit la surface des lamelles, des tubes ou des plis des Basidiomycètes. A son niveau se situent, selon les cas, les asques ou les basides, entre lesquels peuvent se rencontrer divers types de cellules stériles.

**Hyménomycètes,** n.m.pl. (gr. hymên, membrane; mukês, champignon). ▌ Super-Ordre de Champignons Basidiomycètes (v. ce mot) qui regroupe tous ceux qui élaborent leurs basidiospores (v. ce mot) à l'air libre, c'est-à-dire en l'absence de voile.

**Hyperparasite,** n.m. (gr. hyper, au-dessus; para, à côté; sitos, aliment). ▌ Un hyperparasite est un être vivant qui parasite un parasite. Il peut donc contribuer à la limitation du parasite primaire, et on comprend combien les hyperparasites peuvent retenir l'attention aux fins de "lutte biologique": "les ennemis de nos ennemis devenant nos amis".

**Hyperplasie,** n.f. ▌ Accroissement pathologique des nombres de cellules d'organes (ou de parties d'orga-

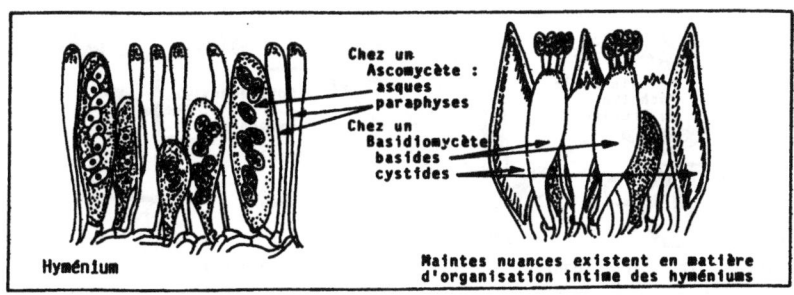

Hyménium

Chez un Ascomycète : asques paraphyses
Chez un Basidiomycète basides cystides

Maintes nuances existent en matière d'organisation intime des hyméniums

## HYP

nes), par suite d'un rythme de divisions anormalement intense. Voir aussi Hypertrophie.

**Hypertrophie,** n.f. (gr. hyper, au-dessus; trophê, se nourrir). | Accroissement pathologique du volume, soit d'un organe, soit d'une partie d'organe, ce qui évidemment, entraîne l'hypertrophie de l'organe lui-même. Certains auteurs considèrent aussi que l'hyperplasie (v. ce mot) n'est qu'une forme d'hypertrophie. A la vérité, dans la genèse d'une tumeur, les deux processus interviennent souvent simultanément.

**Hyphe,** n.f. (gr. hypha, filament). | Filament de Champignon. Certaines hyphes sont cloisonnées ( chez les Septomycètes, v. ce mot ), d'autres sont siphonées ( chez les Siphomycètes, v. ce mot ). | Quelques auteurs réservent le terme d'hyphes aux filaments des seuls Septomycètes, préférant celui de siphons lorsque, par eux, sont évoqués des Siphomycètes.

**Hyphomycètes,** n.m.pl. (gr. hypha, filament; mukês, champignon). | Synonyme de Fungi Imperfecti.

**Hypnospore,** n.f. (gr. hypnos, sommeil; spora, semence). | Des végétaux inférieurs sont capables de différencier des hypnospores que caractérisent, en général l'épaisseur de leur paroi squelettique et leur aptitude à demeurer très longtemps en sommeil (tant que les conditions de milieu sont défavorables). Ex. diverses Algues Vertes savent élaborer des hypnospores.

**Hypobiote,** n.m. (gr. hypo, au-dessous; bios, vie). | Voir les mots Greffe et Porte-greffe.

**Hypocotylé,** adj. (gr. hypo, au-dessous; kotulêdôn,

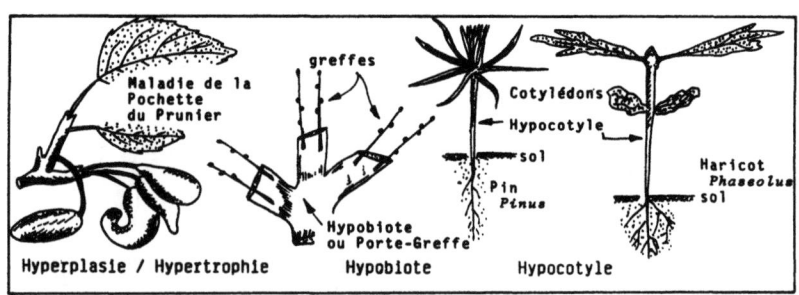

Hyperplasie / Hypertrophie    Hypobiote    Hypocotyle

cavité. ▌ Ce terme qualifie la partie de l'axe d'une plantule de Spermaphyte qui se situe au-dessous du niveau d'insertion des cotylédons. Lorsque cet axe s'allonge beaucoup, il peut soulever les cotylédons au-dessus du niveau du sol (voir alors le mot Épigé). Ex. la plantule du Haricot, ou celle des Conifères, sont hypocotylées

**Hypocratériforme,** adj. (gr. hypo, au-dessous; lat. crater, vase à large ouverture; forma, forme. ▌ Se dit d'une corolle affectant la forme d'un tube vraiment long et étroit terminé par une couronne de limbes étalés. Ex. les Pervenches ( *Vinca* ) ont des corolles hypocratériformes.

**Hypogé,** adj. (gr. hypo, au-dessous; gê, terre). ▌ Ce qualificatif s'applique à divers cas. ▌ A un type de germination à la faveur de laquelle les cotylédons sont maintenus dans le sol où ils vont, en se vidant de leurs réserves, approvisionner la plantule en cours d'élongation. Ex. la germination hypogée du petit Pois (*Pisum sativum*). ▌ A une position curieuse de certains fruits enterrés (alors que les fleurs étaient aériennes) par suite de l'allongement tardif d'un gynophore (v. ce mot). Ex. les fruits de l'Arachide sont hypogés. ▌ A des fructifications fongiques souterraines. Ex. les Truffes des cerfs, comme les vraies truffes (respectivement *Elaphomyces* et *Tuber*) se révèlent hypogées. ▌ Aux gamétophytes de certaines Ptéridophytes (divers *Lycopodium* notamment) qui se développent sous le sol.

**Hypogyne,** adj. (gr. hypo, au-dessous; gunê, femme). ▌ Se dit d'une pièce florale qui paraît s'insérer au-dessous de l'ovaire. Par extension, lorsque toutes

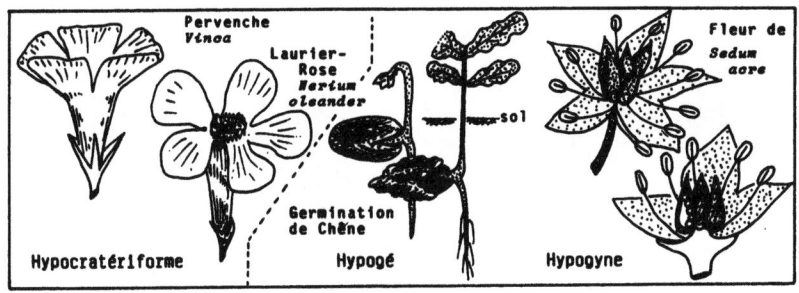

Pervenche *Vinca*
Laurier-Rose *Nerium oleander*
sol
Germination de Chêne
Fleur de *Sedum acre*

Hypocratériforme — Hypogé — Hypogyne

**HYP**

les pièces florales (périanthe, androcée) sont disposées de la sorte, on dit que la fleur elle-même est hypogyne ( ou que son ovaire est supère, v. ce mot). Ex. les Liliacées ont des fleurs hypogynes.

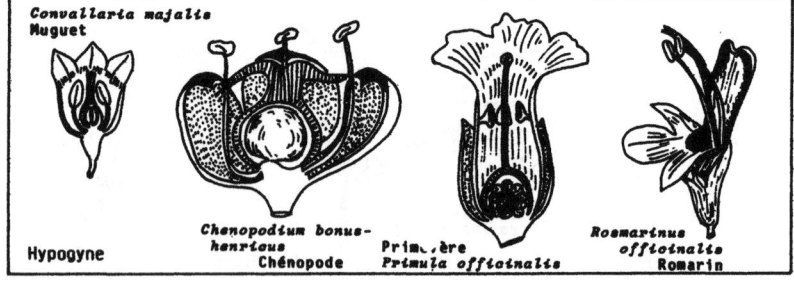

**Imbriqué,** adj. (lat. imbricatus, imbriqué). ▌ Se dit de certains organes (feuilles, pétales, bractées..) qui se recouvrent partiellement comme le font les tuiles d'un toit. Ex. les écailles (v. ce mot) du bulbe de Lys sont imbriquées. ▌ Lorsque les pétales d'une corolle sont pareillement disposés dans le bouton floral, on dit que la préfloraison (v. ce mot) est imbriquée.

**Imparipenné,** adj. (lat. impar, impair; penna, plume). ▌ Se dit d'une feuille composée pennée (v. ce mot) qui possède une foliole terminale. Le nombre des folioles de la feuille est donc impair. Ex. la feuille du Robinier faux-acacia (*Robinia pseudoacacia*)est imparipennée.

**Incluses,** adj. (lat. inclusus, enfermé).▌ Dans le cas des étamines, ce terme indique qu'elles s'insèrent dans le tube de la corolle qu'elles ne dépassent pas. Ex. les étamines des Primevères ( *Primula* ) si banales, sont incluses.

**Indéfinie,** adj. (lat. indefinitus, indéfini). ▌ Se dit d'une inflorescence dont l'apex reste occupé par un bourgeon et donc la croissance est, de ce fait, illimitée. Si l'on considère le sens de progression de l'onde de floraison au sein d'une telle inflorescence, on le qualifiera de centripète (v. ce mot). Ex. la grappe de la Giroflée ( *Cheiranthus* ) est un type d'inflorescence indéfinie.

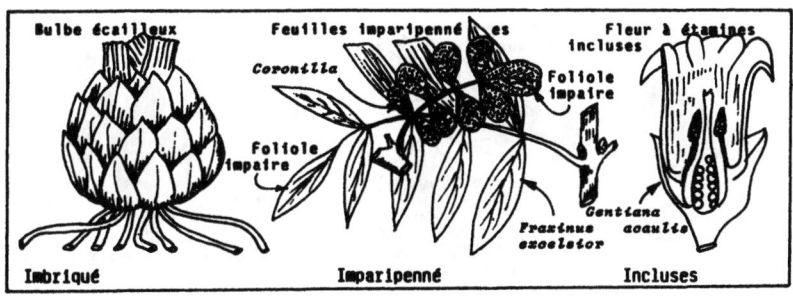

211

## IND

**Indéhiscent**, adj. (lat. in, négatif; dehiscere, s'ouvrir). ▌ Qualifie un fruit qui ne s'ouvre pas à maturité par un mécanisme propre. Ex. un akène ou un caryopse (v. ces mots). ▌ La libération des semences ou leur germination en place ne pourront avoir lieu qu'à la faveur de l'intervention de germes dégradateurs du péricarpe (v. ce mot) du fruit.

**Indicatrice**, adj. (lat. indicare, indiquer). ▌ Caractère d'une plante qui apporte, par le seul fait de sa présence, des informations sur les particularités écologiques du milieu dans lequel elle croît.

**Indigènes**, adj. (lat. indigena, indigène). ▌ Caractéristique des espèces végétales qui peuplent depuis très longtemps un territoire. Cela peut même s'appliquer à une échelle de temps géologiques. Les plantes indigènes représentent la base de la flore locale.

**Indusie**, n.f. (lat. indusium, fourreau). ▌ Chez les Filicales, il s'agit d'une petite formation membraneuse dérivée de la fronde du sporophyte, et qui a pour fonction la protection, dans leur jeune âge, des sores de sporanges. La position et la forme des indusies sont éminemment variables chez les Fougères. ▌ Chez les Algues, ce terme désigne une fine membrane recouvrant un amas d'organes reproducteurs superficiels.

**Induvie**, n.f. (lat. induvium, enveloppe). ▌ Formation qui se développe après qu'ait eu lieu la fécondation (chez les Spermaphytes) mais qui n'appartient pas aux pièces femelles de la fleur. Ex. l'arille (v. ce mot) d'une graine d'If (*Taxus baccata*) ou le réceptacle de la fleur du Fraisier (*Fragaria*), lequel va devenir la partie essentielle du faux-fruit (v. ce mot),

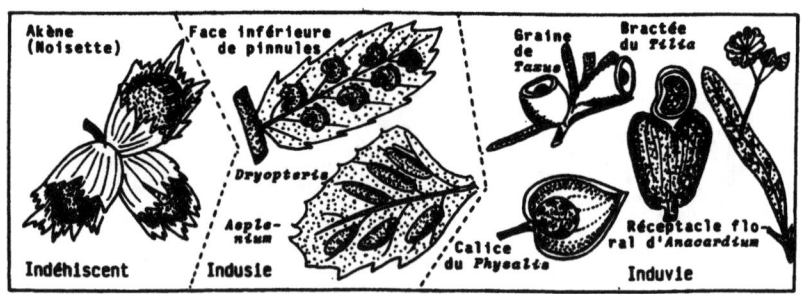

sont des induvies.

**Inerme,** adj. (lat. inermis, sans armes). ▌ Dépourvu : de piquants, épines ou aiguillons. Communément certaines feuilles de Houx (*Ilex aquifolium*) sont inermes. On tend à substituer, dans les parcs et jardins, pour raisons de sécurité, la variété *inermis* à la forme normale très riche d'aiguillons redoutables du *Gleditsia triacanthos*, aiguillons situés parfois très bas sur le fût.

**Infère,** adj. (lat. inferior, inférieur). ▌ Qualifie l'ovaire d'une fleur (et le fruit qui en dérive) lorsque celui-ci est situé au-dessous du niveau d'insertion sur le réceptacle des autres pièces florales. La fleur elle-même est dite épigyne (v. ce mot). Ex. les fleurs des Cornichons ou des Groseilliers ont des ovaires infères.

**Inflorescence,** n.f. (du lat. inflorescere). ▌ Ensemble des fleurs regroupées sur le même axe chez une Spermaphyte. ▌ Chez les Angiospermes, selon que l'apex est occupé ou non, par une fleur, l'inflorescence est dite définie ( ou centrifuge ) ou indéfinie (ou centripète ). Dans ce groupe, les types essentiels d'inflorescences sont : le capitule, le corymbe, la cyme, l'épi, la grappe et l'ombelle (v. ces mots).

**Infrutescence,** n.f. (lat. fructificare, fructifier). ▌ Ensemble des fruits qui succèdent aux fleurs, lesquelles constituaient une inflorescence (v. ce mot).

**Infundibuliforme,** adj. ( lat. infundibulum, entonnoir; forma, forme). ▌ Se dit d'un ensemble de pièces (ou d'un carpophore de Champignon) affectant la forme d'un entonnoir, avec une base longue et étroite qui

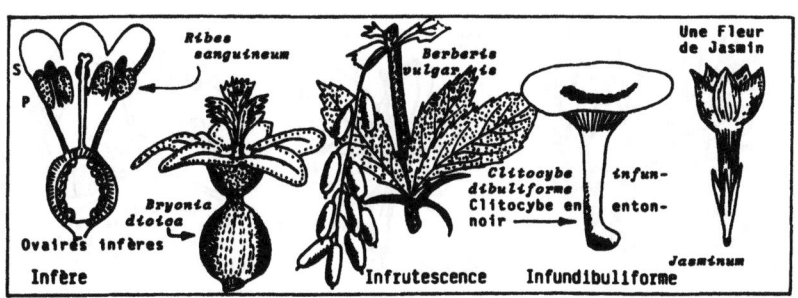
Infère — Infrutescence — Infundibuliforme — Une Fleur de Jasmin

**INT**

s'élargit très nettement au sommet. Ex. La corolle d'un *Jasminum nudiflorum* ou le carpophore d'une Girole (*Cantharellus tubaeformis*).

**Interaction,** n.f. (lat. inter, entre; actio, agir). ▌Action réciproque exercée par deux êtres vivants. Elle peut être heureuse (1) ou néfaste(2) et, selon les cas, on parlera alors : en (1) de symbiose; en (2) de parasitisme ou d'antibiose (v. ces mots).

**Intercotidale** ou **Intertidale,** adj. (lat. inter, entre; angl. tide, marée). ▌Zone littorale comprise entre les niveaux des plus hautes et des plus basses mers de vive-eau. Ex. la Coralline et l'Ulve sont des Algues de la zone intercotidale.

**Intine,** n.f. (lat. intimus, intérieur). ▌Couche interne cellulosique de la paroi squelettique du grain de pollen. C'est elle qui se distend lorsque "germe" le grain de pollen à la surface des pièces femelles de la fleur, constituant alors le tube pollinique, et va conduire à domicile les gamètes mâles dans le processus de siphonogamie (v. ce mot).

**Introrse,** adj. (lat. introrsum, au dedans). ▌Qualifie une étamine dont l'anthère est (fait archi-courant) tournée vers le centre de la fleur. Ex. les étamines de Tiliacées ont des anthères introrses. Voir Extrorse.

**Inuline,** n.f. ▌Glucide proche de l'amidon, formé d'unités de fructofuranose bêta, qui constitue l'essentiel des réserves de certains végétaux (Campanulacées, Astéracées).▌ L'inuline est à l'état de solution colloïdale dans les vacuoles, mais l'alcool à 90° la précipite en sphéro-cristaux qui côtoient la paroi

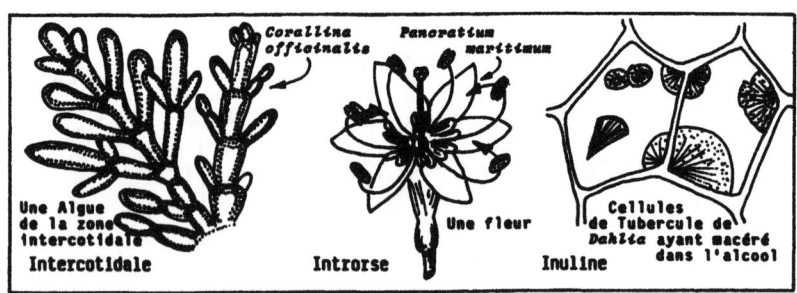

Intercotidale — Introrse — Inuline

squelettique. Les tubercules de Topinambour ( *Helianthus tuberosus* ) sont riches en inuline.

**Involucelle,** n.f. ▌ Collerette de bractées à la base des rayons d'une ombellule (v. ce mot). Ex. les involucelles de l'ombelle composée de Carotte (*Daucus carota*) chez les Apiacées.

**Involucre,** n.f. ▌ Ensemble de bractées constituant un verticille à la base des rayons d'une ombelle, d'un capitule (v. ces mots), ou d'une fleur isolée (telle l'Anémone des bois). Ex. l'involucre de l'*Eryngium campestre* (ou Panicaut, Apiacées), les bractées comestibles de l'involucre de l'Artichaut (*Cynara scolymus*) ou les bractées pétaloïdes des Astrantes (Apiacées) des prairies de moyenne montagne.

**Irrégulière,** adj. (lat. <u>irregularis</u>, irrégulier). ▌ Qualificatif qui se rapporte en particulier à l'organisation d'une fleur (voir Zygomorphe).

**Isidie,** n.f. ▌ Forme de propagation végétative chez de nombreux Lichens. Apparaît à la surface du thalle sous la forme d'un petit glomérule cortiqué, mixte ( phycobionte + mycobionte, v. ces mots). Détachée, l'isidie peut engendrer un nouveau thalle.

**Isoétales,** n.f.pl. (mot latin <u>isoetes</u>). ▌ Ptéridophytes du sous-embranchement des Lycopodinées (v. ce mot) que caractérisent : <u>une</u> très courte tige, renflée, porteuse d'une touffe de longues phylloïdes (v. ce mot) ligulées, et d'un faisceau de racines; <u>une</u> différenciation entre les phylloïdes les plus externes (à macrosporanges) et les plus internes (à microsporanges). Il y a donc hétérosporie (v. ce mot) mais homo-

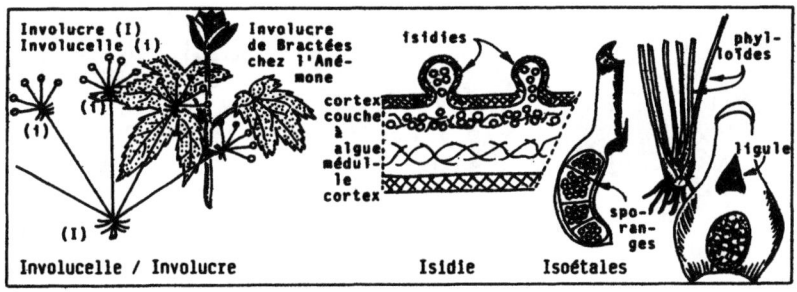

Involucelle / Involucre    Isidie   Isoétales

## ISO

phytisme (v. ce mot); <u>des</u> gamétophytes unisexués (hétéroprothallie, v. ce mot) très ténus et fugaces. ❙ Chez les *Isoetes*, le sporophyte tout entier équivaut, en somme, à un strobile de Sélaginelle (v. ce mot).

**Isogamie**, n.f. (gr. <u>isos</u>, égal; <u>gamos</u>, mariage). ❙ Fécondation mettant en présence deux gamètes morphologiquement et physiologiquement identiques (même aspect, même comportement). Ex. chez certaines Algues Vertes et chez les Mucorales (Champignons Zygomycètes), il y a communément isogamie.

**Isomorphe**, adj. (gr. <u>isos</u>, égal; <u>morphê</u>, forme). ❙ Caractère d'un cycle de reproduction digénétique représenté par des individus morphologiquement semblables, mais que distinguent leur garniture chromosomique respective. Ex. l'Ulve laitue ( *Ulva lactuca* ) a un cycle isomorphe.

**Isoprothallie**, n.f. (gr. <u>isos</u>, égal; <u>thallos</u>, rameau). ❙ Synonyme d'Homoprothallie (v. ce mot).

**Isosporie**, n.f. (gr. <u>isos</u>, égal; <u>spora</u>, semence). ❙ Caractère de la sporulation chez certaines Ptéridophytes qui n'engendrent qu'un seule sorte de spores (et donc les gamétophytes sont bisexués).

**Isostémone**, adj. (gr. <u>isos</u>, égal; lat. <u>stamen</u>, fil). ❙ Se dit de l'androcée (v. ce mot) d'une fleur qui possède le même nombre d'étamines que de pétales. Elle se caractérise par son isostémonie.

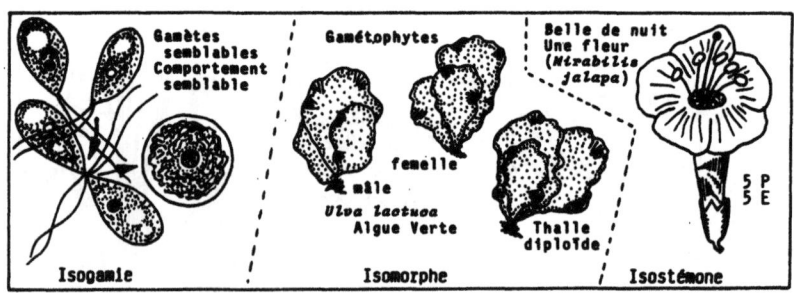

# J

**Jaspée**, adj. (gr. jaspis, jaspe). ▌ Ce qualificatif s'emploie pour caractériser une corolle donc les pétales sont agrémentés de très petites panachures. ▌ On dira de même d'une feuille dont le limbe est marqué de couleurs très tranchantes, qu'elle est une feuille jaspée.

**Jet**, n.m. (lat. jectare, jeter). ▌ Désigne un jeune rameau, une pousse de l'année.

**Jonciforme**, adj. (lat. juncus, jonc; forma, forme). ▌ On emploie ce qualificatif à propos d'organes végétaux qui affectent la forme d'une feuille de jonc ou à propos d'un végétal entier dont l'habitus (v. ce mot) le fait ressembler à une touffe de Jonc. Manifestement il s'agit de végétaux à organes étroits, cylindriques, et relativement raides.

**Jordanon**, n.m. ( rappel du nom du Botaniste lyonnais Jordan). ▌ Conception assez stricte, étroite, de la notion d'espèce (v. ce mot) selon les conceptions de Jordan. Il fut de la sorte conduit à subdiviser les espèces linnéennes (ou linnéons, v. ce mot). Un jordanon, ou espèce jordanienne, est donc une petite espèce, si peu variable qu'elle approche la notion de lignée.

**Jumeaux**, n.m.pl. (lat. gemellus, jumeau). ▌ Chez les An-

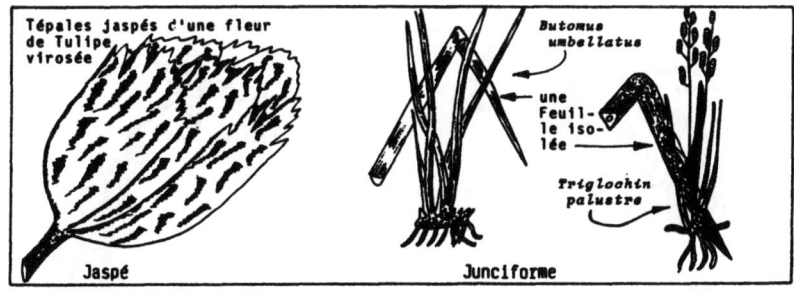

Jaspé  Junciforme

giospermes où la double fécondation (v. ce terme) est de règle, on doit considérer les descendants des deux zygotes engendrés comme de faux jumeaux. ∎ En effet, l'<u>embryon</u>, diploïde, dérive de la fécondation de l'oosphère, alors que l'<u>albumen</u>, triploïde, dérive de la fécondation de la cellule dicaryotique du sac embryonnaire. Donc, outre leur "origine" distincte, ces jumeaux diffèrent chromosomiquement: l'un est à 2n, l'autre à 3n chromosomes.

**Jungermanniales**, n.f.pl. (d'après le Botaniste allem. L. Jungermann). ∎ Il s'agit là de l'un des Ordres d'Hépatiques (v. ce mot), lequel représente 85 % des espèces de cette Classe, et que caractérisent, tout à la fois : <u>la</u> position apicale des archégones, et donc des sporophytes qui en dérivent (on les qualifie, pour cette raison, d'Hépatiques acrogynes); <u>le</u> long pédicelle supportant chacune de leurs capsules (lesquelles s'ouvrent en quatre valves).

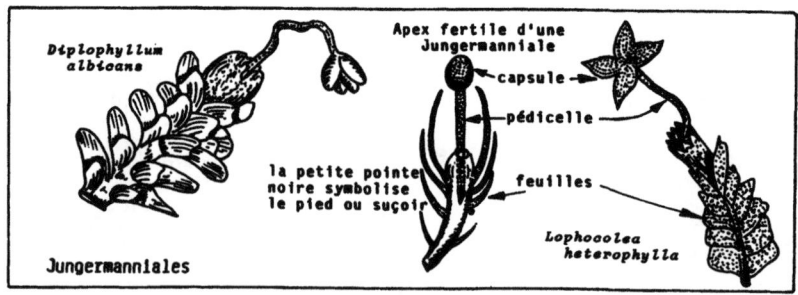

# K

**Karyogamie** ou **Karyokinèse**, n.f. (gr. karuon, noyau; gamos, mariage; kinein, mouvoir). ❘ Anciennes manières d'orthographier les mots Caryogamie et Caryocinèse, que l'on rencontre dans les écrits quelque peu anciens. Les phases de la "karyokinèse" étaient celles décrites sous le nom de mitose dans les ouvrages actuels.

**Kauri**, n.m. (mot d'origine néozélandaise). ❘ Résine fossile provenant de végétaux ligneux ayant crû dans l'hémisphère Sud. Cette résine est utilisée pour préparer des vernis.

**Kératine**, n.f. (gr. keratos, corne). ❘ Protéine soufrée (banale dans le règne animal) mais qui peut se rencontrer dans la paroi squelettique de certains Champignons. Il est, en outre des espèces de Champignons qui consomment la kératine des ongles, poils et cheveux tel le *Microsporon boullardi*, du cimetière de Stettin.

**Kieselguhr**, n.m. (allem. Kieselguhr, gravier). ❘ Roche siliceuse, encore connue sous le nom de tripoli, d'une extrême finesse, constituée de myriades de carapaces de Diatomées fossiles. Pour ce qui est des particularités de la paroi squelettique des Diatomées (ou Bacillariophycées), voir le mot Frustule.

**Kombu**, n.m. (mot japonais). ❘ Nom donné à diverses

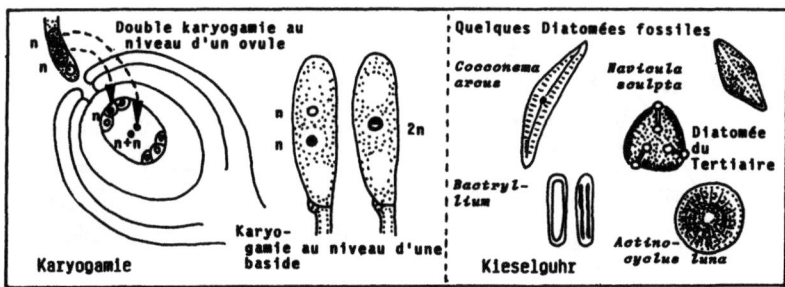

## KYS

préparations japonaises à base de Laminariacées (Algues Brunes de grande taille) et cultivées dans les pays d'Extrême-Orient.

**Kyste,** n.m. (gr. <u>kustis</u>, vessie). ❙ Cellule de résistance, forme de repos, propre à certains Végétaux Inférieurs (Algues et Champignons). ❙ Chargé de matières de réserve et pourvu d'une épaisse paroi squelettique, le kyste permet à certaines espèces végétales de faire face à des pressions externes très rudes, et d'attendre le retour de conditions plus clémentes pour "germer". Ex. le *Saprolegnia ferax*, Champignon Siphomycète aquatique, élabore des kystes dans les conditions écologiques limites.

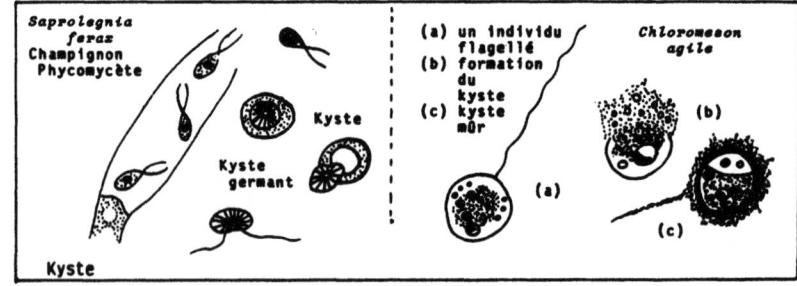

# L

**Labelle,** n.m. (lat. labellum, petite lèvre). ❙ Pétale très particulier par sa forme, sa taille, ses coloris, sa position, qui contribue souvent au charme de la fleur des Orchidées. ❙ C'est le pétale supérieur qu'un mouvement de torsion du pédoncule floral et/ou du gynécée infère (v. ce mot) de la fleur ramène très souvent en position apparemment inférieure. Ex. le labelle d'un *Cypripedium* en forme de sandale délicate, ou celui d'un *Miltonia* ample et plat.

**Labiée,** adj. (lat. labium, lèvre). ❙ Terme qui caractérise une corolle dont les pétales soudés, par leur disposition, constituent deux lèvres. Le phénomène est très net chez les Lamiacées ou chez maintes Scrofulariacées. Ex. la corolle labiée des Sauges (Lamiacées) ou des Mélampyres (Scrofulariacées).

**Lacinié,** adj. (lat. laciniatus, fait de morceaux). ❙ Se dit d'un organe finement divisé en lanières. Ex. les pétales de la Chélidoine laciniée (mutant de la grande Eclaire, ou Herbe aux verrues).

**Lacune,** n.f. (lat. lacuna, mare). ❙ Au sein d'un organe végétal (feuille, tige, voire même racine) une lacune désigne un espace intercellulaire d'une taille supérieure à la taille moyenne des cellules qui le bordent. ❙ Un tissu riche en lacunes est qualifié de lacuneux et correspond souvent à une adaptation de la plante

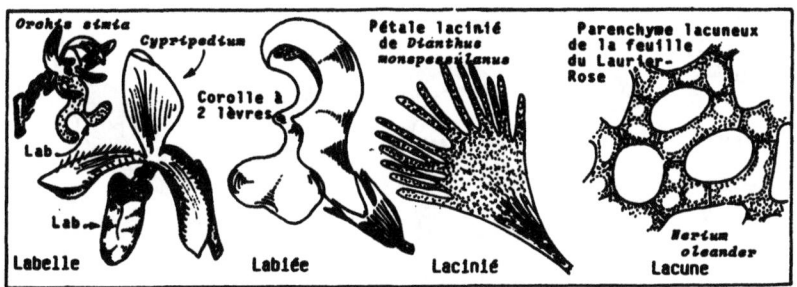

Labelle — Labiée — Lacinié — Lacune

## LAG

à un milieu très humide, si même il ne s'agit d'une plante aquatique. Ex. les lacunes de la tige de Myriophylle (Angiospermes) ou de Prêle (Ptéridophytes).

**Lagéniforme**, adj. (du nom du *Lagenaria*, plante aux très curieux fruits en forme de gourde). ▌ Qualifie un organe en forme de bouteille. Ainsi en est-il : du fruit de certaines Cucurbitacées exotiques, comme les Calebasses (*Lagenaria*); du gamétange femelle (ou archégone, v. ce mot) chez les Bryophytes et les Ptéridophytes.

**Lamelle**, n.f. (lat. lamella, lamelle). ▌ Fin feuillet appendu sous le chapeau des carpophores (v. ces mots) de nombreux Champignons Basidiomycètes. A leur niveau se situe l'hyménium (v. ce mot). ▌ Le mode d'insertion des lamelles par rapport au pied est un caractère intéressant à considérer en systématique et, dans cette optique, la structure microscopique de la partie moyenne de la lamelle (ou trame) peut aussi fournir de précieux renseignements. ▌ Sous l'appellation de lamelle moyenne on désigne encore la membrane primitive essentiellement pectique, qui s'élabore entre deux cellules néoformées, en fin de télophase (v. ce mot). Voir aussi Paroi.

**Lancéolé**, adj. (lat. lancea, lance). ▌ Se dit d'un organe (feuille notamment) en forme de fer de lance étroit et atténué aux deux extrémités. Ex. la feuille du Laurier d'Apollon ( *Laurus nobilis* ) est lancéolée.

**Lande**, n.f. ( celte landa, terre ouverte). ▌ Formation très typique, souvent localisée sur sols acides en zones bien arrosées. Y dominent alors des espèces sous-ligneuses (fréquemment des Ericacées) et des arbrisseaux, au nombre desquels diverses Fabacées.

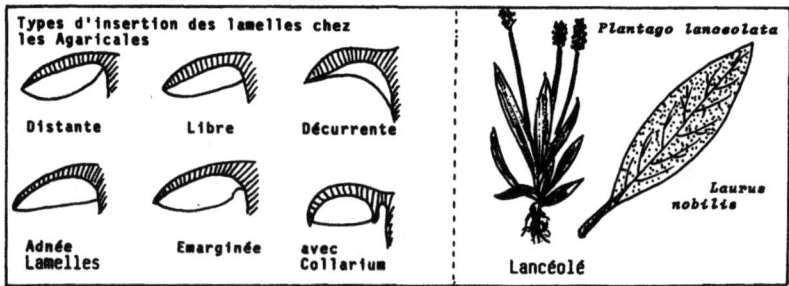

# LAQ

La lande pourrait correspondre à une formation climacique (v. le mot Climax) dans les parties les plus océaniques de l'Europe.

**Laque,** n.f. (de l'arabe lakh, laque). ▮ Gomme-résine élaborée par diverses essences ligneuses extrêmes-orientales, globalement appelées laquiers et au nombre desquelles se situent les *Rhus* (Anacardiacées). Ces laques peuvent aussi dériver du latex (v. ce mot) et être de couleur vive, comme c'est le cas chez les *Garcinia hamburyi* dont la sécrétion est d'un très beau coloris jaune.

**Latex,** n.m. (lat. latex, liquide). ▮ Sécrétion de certains végétaux dont on ne peut affirmer qu'elle n'ait valeur que de déchets, riche en divers composés organiques (amidon, alcaloïdes, hydrocarbures, etc..)... à côté de 50 à 80 % d'eau. Sa couleur, blanche le plus souvent (chez le Pissenlit, les Euphorbes, le *Glaucium*) peut être beaucoup plus vive (orangé par ex. chez la Chélidoine). ▮ Il se localise dans des cavités spéciales appelées laticifères (v. ce mot). Le latex du *Ficus elastica*, puis celui de l'*Hevea brasiliensis*, ont suscité un grand intérêt pour la préparation du caoutchouc (ainsi que ceux d'Apocynacées et de Moracées ou Sapotacées tropicales).

**Laticifères,** n.m. (lat. latex, liquide; phoros, qui porte). ▮ Eléments uni- ou pluri-cellulaires, dont il existe une grande variété, ramifiés, constituant ou non un réseau, différenciés au coeur des organes d'Angiospermes appartenant à des familles très éloignées, et renfermant du latex (v. ce mot). Lorsque l'on casse une tige d'Euphorbe, ou une racine de Laitue, le latex s'écoule à partir des laticifères brisés.

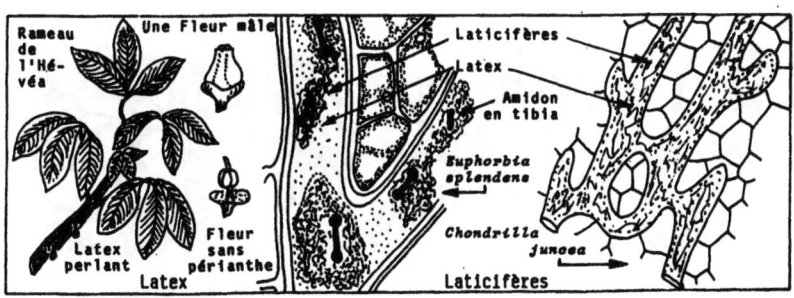

## LEG

**Leghémoglobine,** n.f. (lat. <u>legumen</u>, légume; gr. <u>haima</u>, sang). ▌ Pigment rose caractéristique des nodules de Fabacées, qui ne diffère de l'hémoglobine du sang des Mammifères que par la globine. La présence de ce pigment au niveau d'un nodule permet d'affirmer que celui-ci est fonctionnel. C'est une chromoprotéine de poids moléculaire 17.500, qui intervient comme transporteur d'électrons.

**Légume,** n.m. (lat. <u>legumen</u>, légume). ▌ Au-delà du sens acquis par ce terme dans la vie courante, il faut en rappeler la signification originelle : fruit sec, déhiscent par deux fissures qui permettent son ouverture en 2 valves (v. ce mot). C'est le terme <u>gousse</u> (v. ce mot) qui a pris le relai du mot légume dans le vocabulaire botanique.

**Lenticelle,** n.f. (lat. <u>lenticulatus</u>, lenticulaire). ▌ Discontinuité du liège (v. ce mot) au niveau d'un rameau, d'une tige ou d'une racine, permettant, à son niveau, les échanges gazeux avec l'extérieur. Ainsi en est-il pour les tiges de Sureau noir ( *Sambucus nigra* ) où les cellules du liège s'arrondissent et ménagent entre elles des méats. ▌ Les lenticelles s'observent aisément sur les rameaux et... sur les bouchons de liège. ▌ La forme et l'abondance des lenticelles varient beaucoup selon les espèces et participent, en outre, à l'esthétique des écorces chez les ligneux d'ornement.

**Lépidodendrales,** n.f.pl. (gr. <u>lepidos</u>, écaille; <u>dendron</u>, arbre). ▌ Ptéridophytes fossiles du sous-embranchement des Lycopodinées (v. ce mot) que caractérisent à la fois : <u>leur</u> habitus arborescent; <u>les</u> cicatrices nées à la suite de la chute des phylloïdes (v. ce

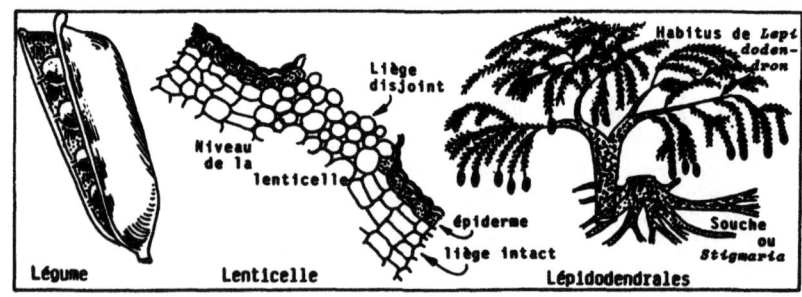

Légume     Lenticelle     Lépidodendrales

mot) que supportaient les troncs; les énormes strobiles (v. ce mot) qui se formaient au sommet des troncs ou à l'extrémité des rameaux. ❙ La participation des Lépidodendrales à la genèse de la houille fut extrêmement importante.

**Leptosporangiées,** n.f.pl. (gr. leptos, mince; spora, semence; aggeion, capsule). ❙ Ce terme s'applique à des Ptéridophytes qui possèdent des sporanges dérivant chacun d'une seule cellule initiale superficielle, et n'ont qu'une seule assise de cellules stériles en matière de paroi. ❙ C'est là un caractère d'importance systématique puisqu'il permet de regrouper, en les isolant des autres Ptéridophytes (elles, eusporangiées, v. ce mot) les Hydroptéridales et les Filicales les plus évoluées.

**Leucoplaste,** n.m. (gr. leukos, blanc; plastos, qui façonne). ❙ Plaste dépourvu de pigment pouvant, par la suite, plus ou moins précocement, devenir un amyloplaste ou grain d'amidon. ❙ Si le stockage d'amidon tarde à se produire, le leucoplaste non amylifère pourra acquérir néanmoins une taille importante.

**Leucosporés,** adj. (gr. leukos, blanc; spora, semence). ❙ Désigne les Champignons à sporée (v. ce mot) blanche. Se situent là, par exemple, les Amanites, les Lépiotes, les Russules.

**Liane,** n.f. (franç. des Antilles lienne, liane). ❙ Plante vivace, grimpante, capable de s'élever vers la lumière en prenant appui sur un support, mort ou vivant. La place des lianes est considérable en forêts intertropicales et équatoriales en particulier. Certaines lianes parviennent à étrangler la plante-sup-

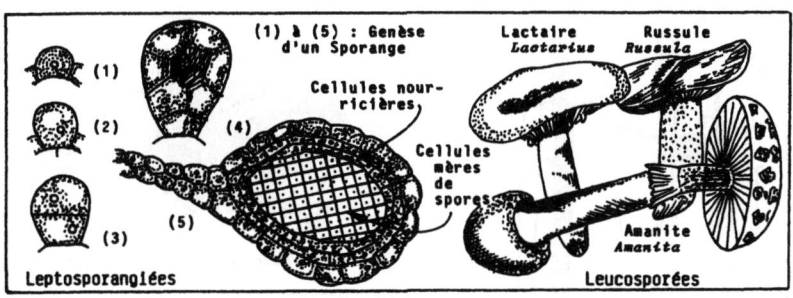

## LIB

port. Sous nos cieux, la Clématite Vigne-vierge (*Clematis vitalba*) et le Chèvrefeuille des bois (*Lonicera periclymenum*) sont des lianes.

**Liber**, n.m. (lat. liber, écorce d'arbre). ❙ Tissu conducteur de la sève élaborée, caractéristique des Végétaux Vasculaires. En fonction des groupes systématiques considérés (Ptéridophytes, Gymnospermes, Préangiospermes, Angiospermes) ses caractères diffèrent. ❙ C'est un tissu essentiellement celluloso-pectique pour ses parois, aussi est-il peu résistant. On peut y distinguer, selon les végétaux étudiés : des éléments conducteurs (les tubes criblés flanqués de cellules-compagnes); des fibres cellulosiques ou lignifiées (en général disposées en îlots); du parenchyme. ❙ Couramment le liber, au niveau des parties jeunes, est distribué en faisceaux (bien individualisables sur des sections. C'est alors de liber primaire qu'il s'agit. Avec l'âge, maints végétaux acquièrent des formations secondaires qui constituent alors un anneau plus ou moins continu résultant de l'activité d'un cambium. ❙ A la différence des formations ligneuses, les formations secondaires libériennes restent fort modestes et les parties plus anciennes tendent même à dégénérer. Aussi, sur une section de tronc, le liber est-il infiniment moins représenté que le bois. ❙ Lorsque le bûcheron "écorce" la grume qu'il exploite, mettant à nu le bois, il élimine donc, outre les tissus corticaux, la fine auréole de liber secondaire.

**Lichen**, n.m. (gr. leikhen, lécher, à cause du thalle appliqué sur le support, comme s'il le léchait). ❙ Végétal mixte résultant de la symbiose(v. ce mot) entre un partenaire chlorophyllien (Algue ou Cyanobactérie) et un Champignon (le plus souvent Ascomycète).

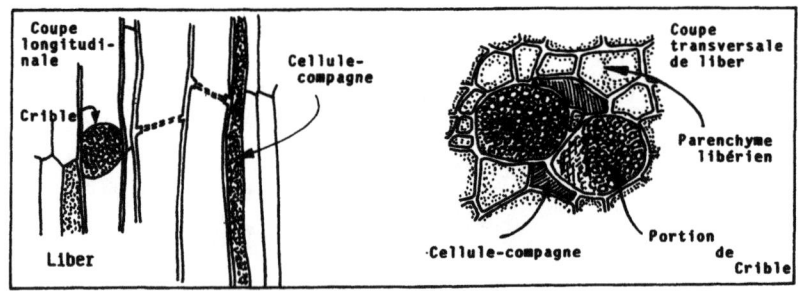

## LIC

▌ Les échanges et contraintes entre les partenaires sont fort variés et le bilan de la symbiose n'est pas toujours aussi parfait qu'on le proclame parfois.
▌ Selon leur morphologie, on distingue des Lichens gélatineux, crustacés, foliacés, arbustifs ou fruticuleux.▌ Le Champignon conserve son aptitude à la sexualité et élabore des apothécies (chez les Discolichens), des périthèces (chez les Pyrénolichens). L'Algue en symbiose perd cette aptitude à la sexualité. ▌ La croissance des Lichens peut être extrêmement lente (quelques mm./an) et de nombreuses espèces sont sensibles aux polluants atmosphériques. Aussi tient-on les Lichens pour "hygiomètres" ou "clignotants biologiques". ▌ Ex. Le *Physcia parietina* sur les vieux murs, ou les branches et troncs d'arbres fruitiers, ou l' Usnée barbue ( *Usnea barbata* ) développant son chevelu en montagne sur les conifères "à longues barbes" sont très connus dans le monde des Lichens.

**Lichénologie**, n.f. (gr. leikhen, lécher; logos, science). ▌ Partie des sciences qui consiste à étudier les Lichens. Le spécialiste des Lichens est un lichénologue.

**Liège**, n.m. (lat. levius, matériau léger). ▌ Tissu secondaire chez les Spermaphytes, constitué de cellules aux parois riches en subérine, ce qui entraîne leur mort précoce en les rendant imperméables à l'eau et aux gaz. C'est donc un tissu de protection mécanique et calorifique. Synonyme Suber.▌ Le développement du liège produit par l'assise génératrice externe (v. ce terme) peut être fort important (chez le Chêne-Liège par ex.), ou déclenché à la suite d'une blessure dont il contribuera à assurer la cicatrisation. De loin en loin demeureront des lenticelles (v. ce mot).

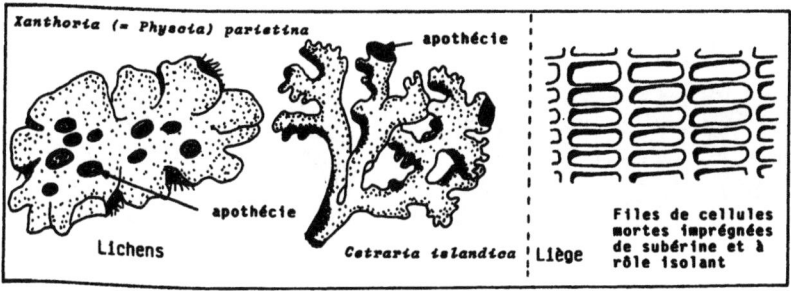

# LIG

**Lignification,** n.f. (lat. lignum, bois). ▎Imprégnation d'une paroi par un dépôt de lignine, ce qui peut se produire dans le cas des fibres, des sclérites, du parenchyme lignifié et, bien sûr, des divers éléments conducteurs du bois. ▎La lignine s'insinue dans les espaces interfibrillaires des membranes primaire et secondaire et, si elle abonde, rigidifie la cellule. Si la lignification n'est que partielle (cas des jeunes vaisseaux, du protoxylème, v. ce mot) la croissance cellulaire peut encore se poursuivre. ▎Le dépôt n'est jamais constitué par de la lignine pure, il s'y adjoint toujours de la cellulose et des composés pectiques.

**Lignine,** n.f. (lat. lignum, bois). ▎Composé organique complexe (hétéroside azoté hautement polymérisé) caractéristique des tissus lignifiés dont il imprègne les parois squelettiques. Le bois (ou xylème) et le sclérenchyme sont ceux qui ont le mieux supporté la fossilisation et les restes en sont très importants. La paléobotanique en fait le meilleur usage.

**Lignivore,** adj. (lat. lignum, bois; vorare, dévorer). ▎Qui est apte à consommer du bois, qui dégrade le bois. Certains Champignons ligninolytiques excellent dans cette entreprise (telle la Mérule des maisons, *Gyrophana lacrymans*).

**Ligule,** n.f. (lat. ligula, languette). ▎Chez les Ptéridophytes: petite pièce qui agrémente la face supérieure des phylloïdes de Sélaginelles, d'Isoètes ou de *Lepidodendron* (fossiles). ▎Annexe foliaire qui se différencie chez les Poacées à la face supérieure du limbe, à son raccord avec la gaine enserrant le chaume (v. ces mots). ▎Les fleurs des Liguliflores (sous-famille d'Astéracées) ont presque toutes une

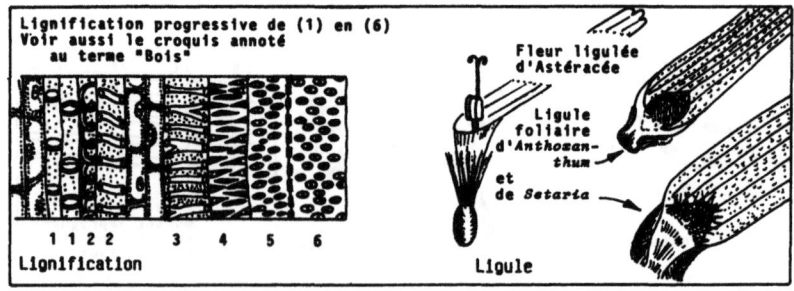

Lignification progressive de (1) en (6)
Voir aussi le croquis annoté au terme "Bois"

1 1 2 2    3    4    5    6
Lignification

Fleur ligulée d'Astéracée
Ligule foliaire d'*Anthoxanthum* et de *Setaria*

Ligule

corolle (constituée par 5 pétales soudés) déjetée latéralement en une étroite languette appelée ligule. Ex. le capitule du Pissenlit n'a que des fleurs ligulées. Celles de la sous-famille des Radiées (chez les Astéracées encore) sont de deux types au niveau de chaque capitule: tubulées (v. ce mot) au centre, ligulées en périphérie. Ex. l'inflorescence radiée du Grand Soleil (*Helianthus annuus*).

**Limbe**, n.m. (lat. limbus, frange). ▌ Ce terme sert à désigner la partie élargie d'une feuille ou d'une pièce florale (qui n'est qu'une feuille modifiée). ▌ Siège privilégié de la photosynthèse, le limbe est, en principe : aciculaire ou écailleux chez les Gymnospermes; rubané chez maintes Monocotylédones (encore que certains auteurs considèrent que, chez ces plantes, il ne s'agisse que d'un faux-limbe à valeur réelle de pétiole aplati); large et plus ou moins découpé, composé, chez les Dicotylédones. ▌ Classiquement le limbe est sillonné par des nervures parallèles ou en réseau. Il est revêtu par des épidermes (localement ponctués de stomates, surtout l'inférieur) entre lesquels on distingue le plus souvent un parenchyme palissadique vers la face supérieure et un parenchyme méatifère (ou lacuneux) vers la face inférieure.

**Linnéon**, n.m. (du Botaniste suédois Linné). ▌ Conception assez large de la notion d'espèce (v. ce mot) telle que l'imagina Linné lui-même. De ce fait se font jour, entre les individus d'un même linnéon des différences... qui retinrent l'attention de Jordan (v. Jordanon).

**Lipides**, n.m.pl. (gr. lipos, graisse). ▌ Forme de réserve extrêmement répandue, notamment dans les grai-

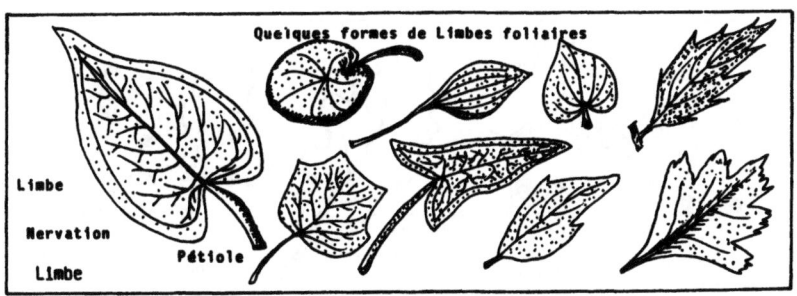
Quelques formes de Limbes foliaires

## LIP

nes de diverses Spermaphytes. On estime que 9/10 des plantes stockent des lipides. ▌ On peut atteindre des teneurs élevées chez le Ricin ou la Noix (60 à 70 %) ou même chez le Colza et l'Arachide (40 à 50 %) par exemple. Les végétaux à graines riches en lipides d'intérêt industriel sont regroupées sous l'appellation d'Oléagineux.

**Lipidome**, n.m. (gr. lipos, graisse).▌ Ensemble des inclusions lipidiques du cytoplasme (v. ce mot). On peut, en fonction de l'identité chimique des substances, distinguer: des inclusions lipidiques authentiques (comme dans le cas des fruits ou des graines d'espèces oléagineuses, Arachide, Olivier, Ricin); des huiles essentielles (presqu'exclusivement chez des Végétaux Supérieurs) qui sont des mélanges de composés terpéniques susceptibles de constituer, après polymérisation, des suspensions de baumes ou de résines.

**Lithophytes**, n.m.pl. (gr. lithos, pierre; phuton, plante). ▌ Végétaux capables de croître en milieu rocheux ou rocailleux. Ex. sur les flancs des montagnes se rencontrent des Potentilles, des Saxifrages, des Joubarbes...

**Litière**, n.f. (lat. lectus, lit). ▌ Qu'elle soit forestière ou prairiale, la litière constitue un milieu caractérisé par l'accumulation de détritus végétaux (restes aériens de plantes annuelles ou herbacées vivaces, écorces, feuilles, rameaux, fruits) au coeur duquel règne une vie intense animale et végétale. C'est donc la couche supérieure des débris morts de la forêt. ▌ Dans la dégradation des restes (préparatoire à leur minéralisation ultérieure) les Bactéries et les Champignons jouent un rôle considérable.

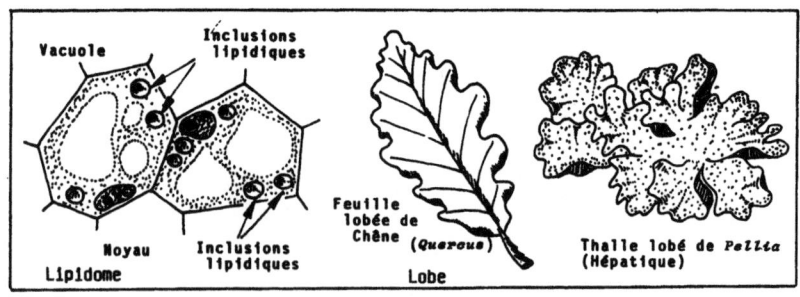

Lipidome — Vacuole, Inclusions lipidiques, Noyau, Inclusions lipidiques — Feuille lobée de Chêne (*Quercus*), Lobe — Thalle lobé de *Pellia* (Hépatique)

# LOB

**Lobe,** n.m. (gr. lobos, lobe). | Division arrondie et peu profonde du limbe d'une feuille, d'une fronde ou du thalle d'une Cryptogame. Ex. les feuilles de nombreuses espèces de Chênes (telles celles des: *Quercus petraea, Quercus rubra*) sont lobées.

**Locula,** n.f. (mot latin). | Strate la plus profonde, molle, mince, adhérant au cytoplasme, et participant à la paroi squelettique de la cellule des Cyanobactéries. La locula constitue réellement le "cadre" interne de cette paroi. Voir aussi Vagina.

**Loculicide,** adj. (lat. loculus, loge; coedere, fendre). | Mode de déhiscence d'une capsule lorsque l'ouverture se réalise au niveau de la nervure dorsale de chacune des feuilles carpellaires qui sont à l'origine de cette capsule. Ex. la déhiscence de la capsule des Lis ( *Lilium* ) est loculicide.| De même est loculicide la déhiscence de l'anthère d'une étamine lorsque la déchirure intéresse toute la longueur des loges de cette anthère.

**Loge,** n.f. (du francique laubja, loge). | Au niveau de l'androcée: moitié de l'anthère d'une étamine, comprenant elle-même deux sacs polliniques. | Au niveau du gynécée: chacune des cavités délimitées au sein de l'ovaire (v. ce mot) par les cloisons des divers carpelles constituant cet ovaire, lorsque ces cloisons n'ont pas disparu au cours du développement. Ex. l'ovaire de la fleur de Pommier comprend 5 loges, celui de la fleur du petit Pois n'a qu'une seule loge.

**Lomentacé,** adj. (lat. lomentum, lomentacé). |Se dit d'un fruit (gousse ou silique, v. ces mots) qui perd son aptitude à la déhiscence et peut présenter une

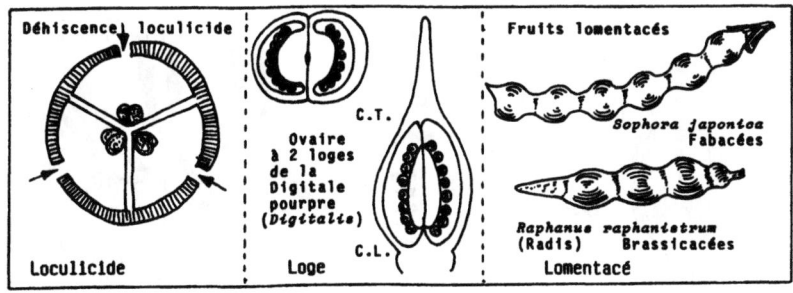

Déhiscence loculicide — Loculicide

Ovaire à 2 loges de la Digitale pourpre (*Digitalis*) — Loge

Fruits lomentacés
*Sophora japonica* Fabacées
*Raphanus raphanistrum* (Radis) Brassicacées — Lomentacé

## LON

succession d'étranglements au niveau de chacun desquels il se désarticulera. Ex. la silique lomentacée du Radis ou la gousse lomentacée du *Sophora*. On rapprochera ce caractère morphologique (étranglement) du nom de certaines Algues à articles identiquement soulignés: les *Lomentaria* (Rhodophycées).

**Longistylée**, adj. (lat. longus, long; stilus, style). ▌Qualifie une fleur à style long, par opposition à certaines autres fleurs de la même espèce pour lesquelles, au contraire, le style court justifie le qualificatif de brévistylées (v. ce mot). Ce dimorphisme des styles va de pair avec la nécessité d'une pollinisation croisée (v. ce mot). Ex. les Primevères ont des fleurs longistylées (dites "clous" par les horticulteurs, car on aperçoit à la gorge de la corolle la tête capitée du long style), d'autres brévistylées.

**Loupe**, n.f. (allem. luppa, masse informe). ▌Voir Broussin.

**Lycopodiales**, n.f.pl. (gr. lúkos, loup; podos, pied; par allusion à la forme des racines). ▌Ptéridophytes du sous-embranchement des Lycopodinées que caractérisent : une tige peu ligneuse, souvent dichotome (v. ce mot) porteuse de phylloïdes (v. ce mot) non ligulées; des spores d'une seule sorte (homosporie, v. ce mot) nées dans des sporanges supportés par les sporophylles des strobiles; des gamétophytes bisexués (homoprothallie, v. ce mot) symbiotiques, durables, totalement ou partiellement hypogés (v. ce mot).

**Lycopodinées**, n.f.pl. (gr. lukos, loup; podos, pied; par allusion à la forme des racines). ▌ L'un des 5 sous-embranchements de Ptéridophytes (v. ce mot).

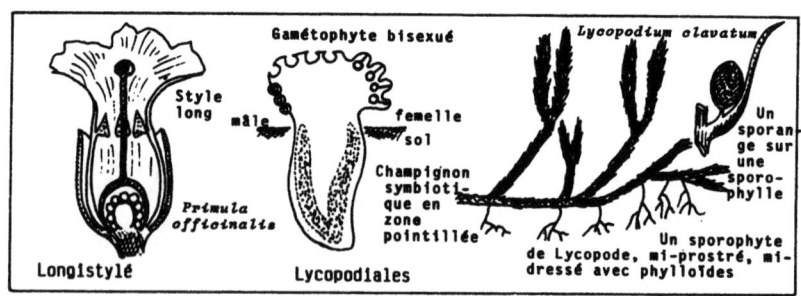

## LYR

Il regroupe les Lycopodiales, les Sélaginellales, les Isoétales et les Lépidodendrales (uniquement fossiles). Ex. le *Lycopodium selago* ou l'*Isoetes lacustris*, sont deux Lycopodinées de la flore française.

**Lyrée,** adj. (lat. lyra, lyre). | Particularité d'une feuille pennatifide ou pennatiséquée (v. ces mots) dont le lobe terminal, large et arrondi, est assez nettement plus grand que les autres.

**Lysigène,** adj. (gr. luein, dissoudre; genos, origine). | En matière d'appareil sécréteur, se dit d'une poche née de la lyse des cloisons des cellules sécrétrices elles-mêmes, constituant de la sorte une cavité dans laquelle s'accumulent les produits élaborés.

**Lysosomes,** n.m.pl. (gr. luein, dissoudre; soma, corps). | Organites cellulaires peu faciles à séparer des mitochondries. Abondants dans les cellules animales, ils sont plus difficiles à cerner dans les cellules végétales où ils semblent très polymorphes et apparemment moins typiques au plan biochimique.

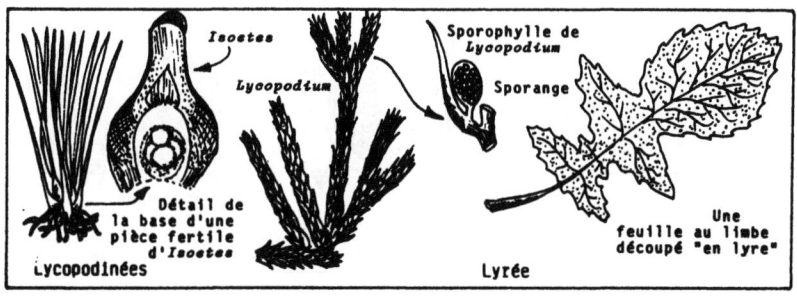

# M

**Mâcles,** n.f. (lat. macula, moitié). | Regroupements (obéissant aux lois de la minéralogie) de plusieurs cristaux d'oxalate de calcium au sein des cellules parenchymateuses de certains végétaux. Leur examen est aisé: dans les sections de Bryone dioïque (mâcles en oursins); dans les tuniques du bulbe d'Oignon (mâcles croisées, en X). Leur diamètre oscille usuellement entre 20 microns (Lierre) et 50 microns (Rhubarbe).

**Macro-éléments,** n.m.pl. (gr. makros, long; lat. elementum, élément). | Ce terme sert à désigner les neuf éléments qui entrent dans la composition des végétaux en y figurant à des concentrations de quelques milligrammes à quelques centigrammes par gramme de matière sèche. Ce sont l'Azote, le Phosphore, le Soufre, le Potassium, le Calcium, le Magnésium, puis, moins abondants en général, le Sodium, le Chlore et le Silicium. Naturellement Hydrogène et Oxygène occupent une place de choix dans la composition de la matière vivante. Voir Oligo-éléments.

**Macrogamète,** n.m. (gr. makros, long; gamos, mariage). | Désigne le plus gros des deux gamètes (en cas d'anisogamie, v. ce mot). C'est alors toujours celui qui est tenu pour femelle.

**Macroscopique,** adj. (gr. makros, long; skopein, examiner). | Sert à désigner ce qui se voit (ou ce qui se réalise) à l'oeil nu parce que c'est relativement

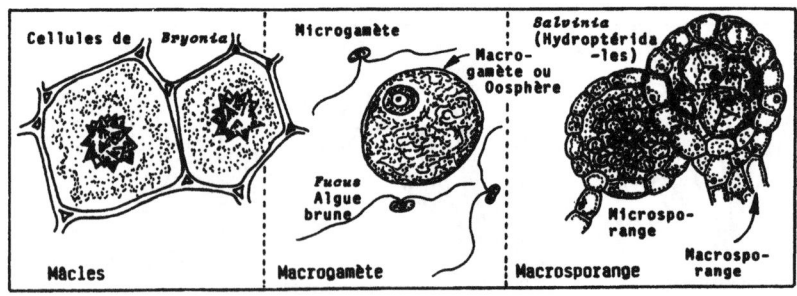

gros. Ex. l'observation macroscopique d'un carpophore de Champignon.

**Macrosporange,** n.m. (gr. makros, long; spora, semence; aggeion, capsule). ▌ Sporange engendrant, par méîose, des spores qui germeront en gamétophytes femelles. Par ex. chez les Sélaginelles (Ptéridophytes, Lycopodinées) existent des macrosporanges.

**Macrospore,** n.f. (gr. makros, long; spora, semence). ▌ Spore produite par un macrosporange (v. ce mot) et qui donnera, en germant, un gamétophyte femelle. Ex. une macrospore au coeur d'un ovule de la fleur du Pois; une macrospore d'*Azolla* (Fougère aquatique).

**Macrosporophylle,** n.f. (gr. makros, long; spora, semence; phyllon, feuille). ▌ Feuille, ou phylloïde, fertile à vocation femelle supportant un (ou des) macrosporange(s) d'où sortiront, après méîose, des macrospores (v. ce mot). Ex. les carpelles écailleux d'un cône de Pin sont autant de macrosporophylles. Le carpelle unique d'une fleur d'Ajonc (Fabacées) est aussi une macrosporophylle.

**Maërl,** n.m. (mot celtique). ▌ Amendement calcaire apprécié en agriculture dans les terres acides, et constitué par des Algues (Rouges essentiellement) imprégnées de calcaire, que l'on va râcler sur les fonds marins proches de la côte. C'est une pratique répandue sur certaines côtes bretonnes.

**Mangrove,** n.f. (contraction de mots anglais). ▌ Formation végétale originale qui se rencontre sur les littoraux marins en régions tropicales (Sud de la Floride ou Afrique Noire par exemple) et qui se caractérise

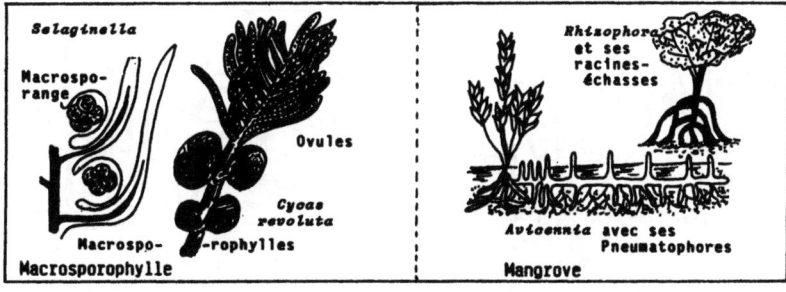

## MAQ

par la présence des palétuviers adaptés à croître là en milieu vaseux humide à la faveur de leur surélévation sur des racines-échasses. Ex. le *Rhizophora mangle* est là fort représenté.

**Maquis**, n.m. (ital. macchia, tache). ▌Formation végétale de la région méditerranéenne qui traduit une dégradation de la forêt d'yeuses (Chênes verts) et de la subéraie (forêt de Chênes-lièges). Y dominent, bientôt, des arbustes et, plus encore, des arbrisseaux adaptés aux milieux arides (avec un feuillage rigide, épineux, persistant, luisant).

**Marais**, n.m. (du francique marisk, marais). ▌Etendue de terrains humides, mal drainés, occupée par des végétaux hygrophiles (ou Hygrophytes, v. ce mot). On utilise souvent le qualificatif palustre (v. ce mot) pour singulariser les plantes croissant en ces lieux. Les Cypéracées, les Equisétacées, les Joncacées, et des Poacées y sont parmi les mieux représentées des Plantes Vasculaires.

**Marcescent**, adj. (lat. marcescere, se flétrir). ▌Se dit de certains organes (feuilles, pétales, fruits) qui demeurent secs et brunis sur la plante et passent parfois là toute la mauvaise saison. Ex. les jeunes Hêtres, Charmes ou Chênes, présentent souvent un feuillage marcescent, cependant que le Trèfle a des corolles marcescentes.

**Marchantiales**, n.f.pl. (du Botaniste N. Marchant). ▌L'un des Ordres d'Hépatiques (v. ce mot) que caractérisent, tout à la fois : la possession d'un gamétophyte thalloïde prostré; des sporophytes réduits à leurs capsules et à un pied très discret (ou suçoir), le tout enchâssé dans les tissus du gamétophyte; une

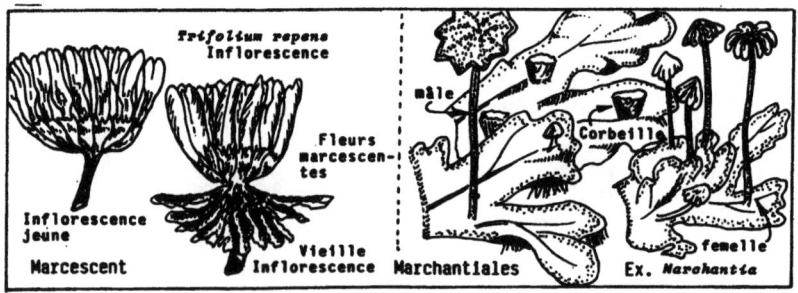

Marcescent — Marchantiales — Ex. *Marchantia*

capsule à déhiscence irrégulière et non par des valves nettes.

**Marcottage,** n.m. (lat. marcus, sorte de cep). ❙ Action qui consiste à produire des marcottes (v. ce mot) pour propager végétativement une espèce. La pratique du marcottage offre un gros intérêt économique pour diverses espèces florales, ornementales. Elle permet de gagner un temps précieux et assure la parfaite similitude des sujets produits. Le marcottage naturel peut, hélas, permettre aussi l'extension d'espèces indésirables (comme la Ronce).

**Marcotte,** n.f. (lat. marcus, sorte de cep). ❙ Partie d'un végétal susceptible d'être isolée après qu'elle ait différencié tous les membres d'une plante normale, et de poursuivre alors un développement parfaitement autonome. C'est là une différence essentielle avec la bouture, isolée, elle, avant qu'elle ait reconstitué tous les membres de la plante (v. Bouture). ❙ La marcotte et son isolement par altération des tissus la raccordant à la plante-mère, peuvent se réaliser spontanément (marcottage naturel) ou du fait de l'homme.

**Mastigomycètes,** n.m.pl. (gr. mastigos, mouvement; mukês, champignon). ❙ Ensemble des Champignons qui différencient au cours de leur vie des spores et/ou des gamètes mobiles (et donc des zoospores et/ou des zoogamètes). Se situent là les Myxomycètes et les Phycomycètes.

**Mastigonèmes,** n.m.pl. (gr. mastigos, mouvement; nêma, filament). ❙ Très fines et courtes (0,5 à 2 microns) fibrilles mimant des ramifications latérales, que supportent les flagelles des cellules de certaines

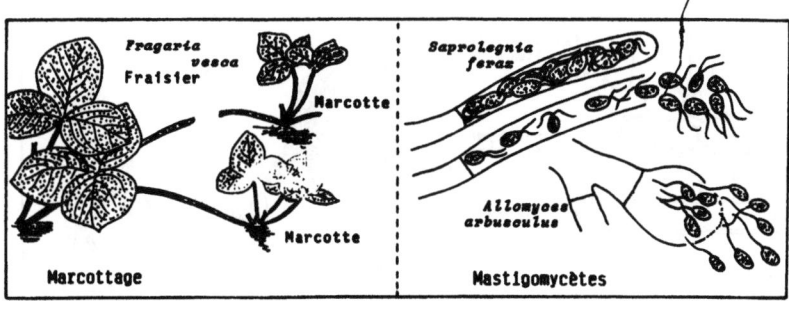

Marcottage — Marcotte — Mastigomycètes

**MAT**

Algues, conférant à ceux-ci, en microscopie électronique, un aspect plumeux.

**Maturation**, n.f. (lat. maturare, mûrir). | Succession de transformations morphologiques et physiologiques qui permettent à un organe d'être apte à remplir ssa fonction. | Le botaniste-biologiste végétal songe surtout au cas du fruit et de la graine. Mais les gamétanges et gamétocystes méritent aussi de retenir l'attention à cet égard. | Dans le cas du fruit, sa taille, sa couleur, sa saveur, sa résistance à la pénétration, sont les données essentielles qui permettent de le considérer, ou non, comme mûr. | Souvent la graine n'est pas encore apte à germer lorsqu'elle quitte le fruit qui l'a renfermée. Il lui faut encore connaître les processus biochimiques et physiologiques intimes avant de pouvoir, à son tour, être tenue pour mûre (c'est-à-dire apte à germer sitôt semée).

**Méat**, n.m. (lat. meare, passer). | Au sein d'un organe végétal (feuille, tige, racine, thalle massif) un méat désigne un espace intercellulaire d'une taille inférieure à la taille moyenne des cellules, légèrement disjointes, qui l'ont engendré en s'écartant. | Un tissu qui possède des méats est dit méatifère. | La présence de méats facilite beaucoup la diffusion des gaz en profondeur. Il est courant que le parenchyme soit méatifère chez les plantes croissant dans des lieux frais.

**Médifixe**, adj. (lat. medius, qui est au milieu; fixus, fixe). | Voir Dorsifixe.

**Médullaire**, adj. (lat. medulla, moelle). | Chez les Végétaux Supérieurs, ce terme qualifie ce qui appar-

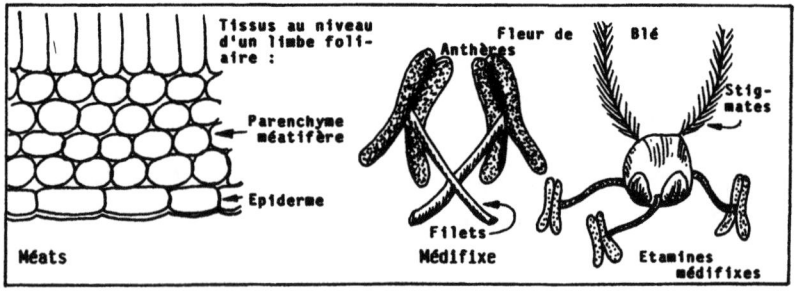

tient à la moelle (tissu parenchymateux central de certains axes). Parfois ce parenchyme se développe au-delà de la moelle centrale, en rayons (qualifiés de médullaires) qui cloisonnent alors les cernes circulaires de bois (v. Cerne). ▌Chez les Lichens hétéromères (v. Thalle) la zone médullaire et celle qui se situe entre la couche à phycobionte et le cortex inférieur (comme la médulle, purement fongique).

**Médulle,** n.f. (lat. medulla, moelle). ▌L'une des zones reconnaissables sur la section transversale d'un Lichen hétéromère (v. ce mot et Médullaire).

**Méïose,** n.f. (gr. meiô, diminuer). ▌Processus de dédoublement du nombre de chromosomes (lequel avait été doublé lors de la fécondation). Cette méïose assure donc le retour de l'état diploïde à l'état haploïde (v. ces mots). ▌Encore appelée réduction chromatique, la méïose implique la succession de deux mitoses (la première hétérotypique, la seconde homéotypique). C'est un phénomène majeur dans la vie d'un individu.

**Membrane,** n.f. (lat. membrana, peau). ▌Membrane ectoplasmique: zone périphérique du cytoplasme (v. ce mot) dominée par certaines molécules lipidiques et protidiques en disposition architecturée. ▌Membrane squelettique: voir le mot Paroi.

**Mer,** n.f. (lat. mare, mer). ▌Pour la végétation qui s'y aventure (à savoir de très nombreuses Algues, des Bactéries, des Cyanobactéries, des Champignons, et même pour plusieurs centaines d'espèces de Plantes à fleurs) le milieu marin se laisse subdiviser en zones. Dans la zone zupralittorale se situe le schorre (v. ce mot); la zone intercotidale (ou zone soumise

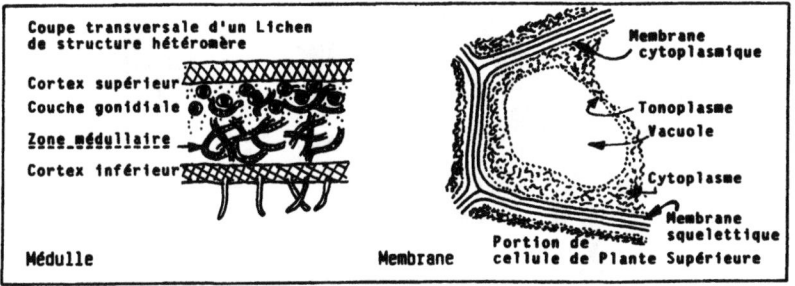

# MER

aux marées) recèlera la slikke (v. ce mot) cependant qu'au-delà, dans les autres zones, se raréfieront peu à peu les Thallophytes, seuls habitants jusqu'à ce que les conditions écologiques n'éliminent toute vie végétale avec la profondeur. Au large, dans la zone pélagique (superficielle) on pourra rencontrer, avec une densité très variable, les éléments du plancton. ▌ Mais les facteurs éclairement, température, salinité, pression, choc mécanique des vagues, érosion du substrat, et d'autres encore, ne manquent pas de moduler les peuplements végétaux dans les diverses zones.

**Méricarpe**, n.m. (gr. meri, partie; karpos, fruit). ▌ On désigne ainsi chacun des éléments d'un fruit qui se dissocie à maturité. Ex. chez les *Triglochin*, ou Troscarts (Plantaginacées littorales) et chez les Apiacées, les fruits se désarticulent en méricarpes.

**Méristème**, n.m. (gr. meristos, partager). ▌ Tissu constitué par un ensemble de cellules demeurées embryonnaires, cellules sensiblement isodiamétriques, à paroi squelettique mince et rapport élevé du volume du noyau comparativement à celui de la cellule entière, aptes à se diviser à un rythme soutenu, en engendrant, après différenciation des cellules produites, les tissus spécialisés des organes adultes. ▌ Au niveau des tiges et racines, les méristèmes sont sub-apicaux. Parfois on appelle aussi méristèmes, les assises génératrices, en précisant méristèmes secondaires.

**Mérithalle**, n.m. (gr. méri, partie; thallos, rameau). ▌ Synonyme d'Entre-noeud (v. ce mot).

**Mérotomie**, n.f. (gr. méros, partie; tomê, coupure).

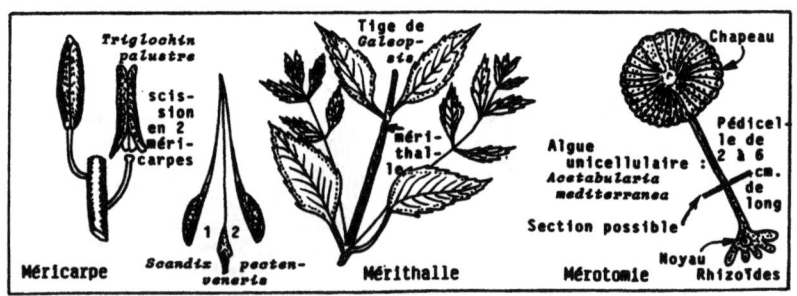

Méricarpe — Mérithalle — Mérotomie

# MES

**|** Opération qui consiste à sectionner une cellule en deux parties: l'une conservant le noyau et du cytoplasme, l'autre du cytoplasme seul. Une telle expérience permet de mieux cerner les influences du noyau sur les aptitudes en matière de synthèses et de morphogenèse notamment, de la cellule. **|** Les Acétabulaires, à la faveur de leur cellule unique géante, se sont prêtées à de telles expériences, surtout les *Acetabularia mediterranea* et *crenata*.

**Mésarche,** adj. (lat. meso, moyen; arcus, arc). **|** Se dit d'un faisceau conducteur au niveau duquel le protoxylème (v. ce mot) occupe une position médiane cependant que le métaxylème (v. ce mot) accuse, en conséquence, une croissance, à la fois, centripète et centrifuge.

**Mésoblaste,** n.m. (gr. meso, moyen; blastos, germe). **|** L'une des 3 catégories de rameaux que l'on puisse rencontrer chez les Gymnospermes. Les mésoblastes sont des rameaux auxquels la croissance, réelle mais vite limitée, confère une taille seulement réduite (de l'ordre de quelques cm. en général). Les bouquets d'aiguilles du Cèdre ou du Mélèze sont portés par des mésoblastes.

**Mésocarpe,** n.m. (gr. meso, moyen; karpos, fruit). **|** Partie moyenne du péricarpe (ou paroi du fruit). Lorsque le fruit est charnu, c'est très souvent le mésocarpe qui en constitue la chair. Ex. le mésocarpe de la Pêche ou du Raisin est juteux et sucré.

**Mésophylle,** n.m. (gr. meso, moyen; phullon, feuille). **|** Le mésophylle constitue, au niveau du limbe, la partie moyenne de la feuille, entre les épidermes.

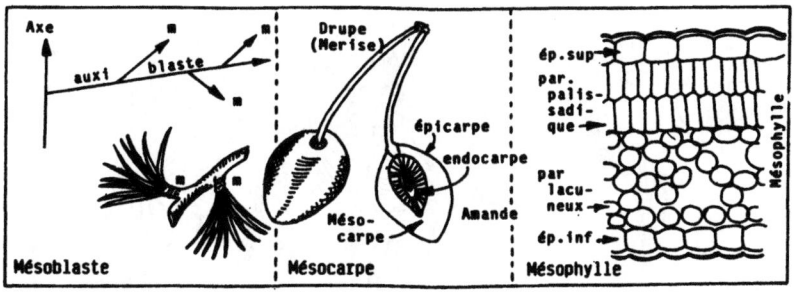

## MES

Couramment, la notion de mésophylle regroupe un parenchyme palissadique (sous l'épiderme supérieur) et un parenchyme méatifère, ou lacuneux (au contact de l'épiderme inférieur).

**Mésophytes,** n.f.pl. (gr. meso, moyen; phuton, plante).
❙ Végétaux qui recherchent des stations qui ne soient ni très humides, ni spécialement sèches, et prospèrent en régions subhumides (de 300 à 800 mm.) ou humides (de 800 à 2.000 mm. de précipitations).

**Mésotrophe,** adj. (gr. meso, moyen; trophé, nourriture).
❙ Terme qui qualifie un végétal incapable de réduire un (ou plusieurs) aliments minéraux oxydés (nitrates, sulfates...) et donc tributaire, pour son approvisionnement, d'un (ou plusieurs) aliments minéraux déjà réduits.

**Messicole,** adj. (lat. messis, moisson; colere, habiter). ❙ Qualifie une plante adventice (v. ce mot) des moissons. Ex. le Pavot Coquelicot (*Papaver rhoeas*) ou le Bluet (*Centaurea cyanus*) sont des messicoles.

**Métallophile,** adj. (gr. metallon, métal; philos, ami).
❙ Se dit d'un végétal qui se localise préférentiellement (ou qui prospère mieux que d'autres) sur les sols riches en tel ou tel métal. Ainsi les plants d'une Amarantacée (le *Mechovia grandiflora*) peuvent-ils vivre sur des sols renfermant jusqu'à 37 % de manganèse. De tels végétaux sont parfois de précieux indicateurs pour les prospecteurs de gisements métallifères. On parle parfois de plantes manganophiles, cobaltophiles, uranophiles, cuprophiles... selon la nature du métal supporté à de fortes concentrations.

Messicoles

**Métaphase,** n.f. (gr. meta, après; phasis, apparence).
| L'une des quatre phases de la mitose cellulaire (qui suit la prophase et précède l'anaphase) au cours de laquelle les chromosomes se disposent en plaque équatoriale.

**Métaxylème,** n.m. (gr. meta, après; xylos, bois). | Ensemble des éléments conducteurs qui se surajoutent au protoxylème (v. ce mot) dans un faisceau de bois primaire. Les vaisseaux y sont normalement d'un calibre supérieur, et plus richement ornementés, que ceux du protoxylème. On précise souvent s'il s'agit de métaxylème centripète ou centrifuge (v. ces mots).

**Metzgériales,** n.f.pl. (du Botaniste Metzger). | L'un des Ordres d'Hépatiques (v. ce mot) que caractérisent, tout à la fois : la position latérale des archégones (et donc des sporophytes qui en dérivent) le long des thalles en lames à symétrie bilatérale (les Metzgériales sont encore qualifiées d'Hépatiques anacrogynes, v. ce mot); le long pédicelle supportant chacune de leurs capsules. | Ex. les *Pellia* et les *Metzgeria* de nos lieux frais sont des Metzgériales.

**Microclimat,** n.m. (gr. mikros, petit; klima, inclinaison). | Conditions climatiques particulières régnant en un lieu précis et de superficie limitée. Ce microclimat peut expliquer la présence, en ce lieu, d'une espèce végétale inattendue à l'échelle de la région. Ex. les Chênes pubescents (*Quercus pubescens*) méridionaux présents aux portes de Rouen sur des versants calcaires bien exposés y bénéficient d'un exceptionnel microclimat.

**Microphylles,** n.f.pl. (gr. mikros, petit; phyllon,

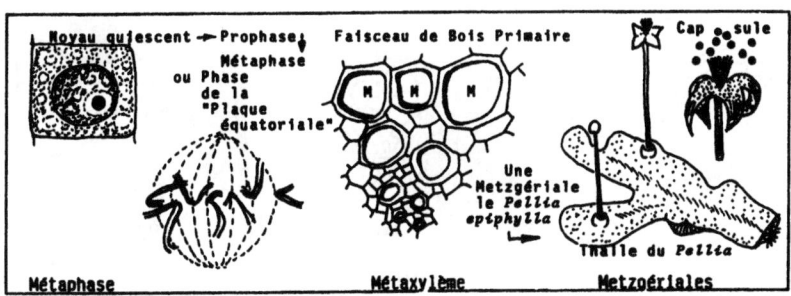

Métaphase — Métaxylème — Metzgériales

## MIC

feuille). **|** Chez les Ptéridophytes: pièces à valeur de "feuilles", de petite taille, et dont l'innervation est réduite à une seule nervure née sans créer de brèche foliaire au niveau de l'axe. Ex. les Equisétinées et les Lycopodinées sont des Ptéridophytes pourvues de microphylles.

**Micropyle,** n.m. (gr. mikros, petit; pulê, porte). **|** Petite discontinuité du (ou des) tégument(s) qui entoure(nt) l'ovule, permettant le passage du tube pollinique en direction du sac embryonnaire, en vue d'assurer la fécondation.Le micropyle joue donc bien son rôle de "petite porte".

**Microsporange,** n.m. (gr. mikros, petit; spora, semence; aggeion, capsule). **|** Sporange engendrant, par méïose, des spores génératrices, à leur tour, de gamétophytes mâles. Ex. chez les Sélaginelles (Ptéridophytes, Lycopodinées) sont différenciés des microsporanges.

**Microspore,** n.f. (gr. mikros, petit; spora, semence). **|** Spore produite par un microsporange et qui donnera, en germant, un gamétophyte mâle. Ex. une microspore (ou grain de pollen) née au coeur de l'anthère d'une étamine de fleur de Tulipe; une microspore d'*Azolla*,Hydroptéridale ou Fougère aquatique.

**Microsporophylle,** n.f. (gr. mikros, petit; spora, semence; phyllon, feuille). **|** Feuille (ou phylloïde, v. ce mot) fertile à vocation mâle supportant un (ou plusieurs) microsporange(s) d'où sortiront, après méïose, des microspores (v. ce mot). Ex. Chaque étamine d'une fleur de Pommier est une microsporophylle. De même chaque étamine d'un cône (v. ce mot) mâle de Pin est une microsporophylle.

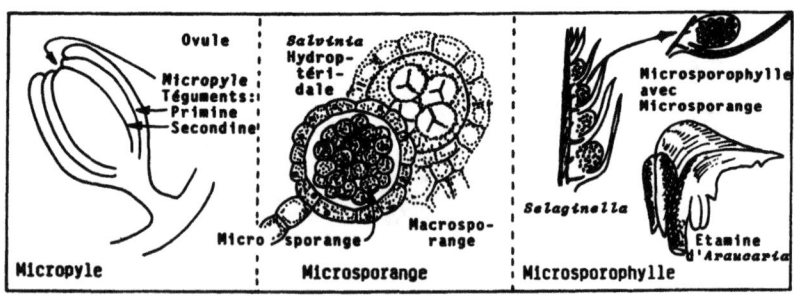

**Mildiou,** n.m. (de l'angl. mildew, tache d'humidité).
❙ Appellation commune à plusieurs maladies graves de plantes cultivées imputables à des Champignons. Dans les divers cas (par ex. le Mildiou de la Vigne ou de la Pomme de terre) le Champignon qui investit les organes de l'hôte se développe ensuite (en sortant par les ostioles des stomates notamment) en taches duveteuses à la face inférieure des feuilles. C'est alors qu'il élabore et dissémine des spores mobiles.

**Mitochondries,** n.f.pl. (gr. mitos, filament; khondrus, grain). ❙ Organites intracellulaires constituant le chondriome (v. ce mot).

**Mitose,** n.f. (gr. mitosis, filament). ❙ Division nucléaire qui se produit en général en même temps qu'il y a cytodiérèse (ou partage du cytoplasme entre les deux cellules-filles). Cette division, encore appelée caryocinèse, se déroule comme un ballet bien réglé en ce qui concerne l'évolution des chromosomes individualisés, et l'on distingue 4 grandes phases (elles-mêmes subdivisées par les spécialistes), à savoir : la prophase, la métaphase, l' anaphase et la télophase au cours de laquelle s'élabore, au plan membranaire, le phragmoplaste (v. tous ces mots). ❙ La durée d'une mitose est très variable. Il est fréquent qu'elle exige de l'ordre d'une demi-heure.

**Moelle,** n.f. (lat. medulla, moelle). ❙ Tissu parenchymateux, le plus souvent mou et parfois même lacuneux, qui remplit le centre de certains axes (tiges ou racines) dans le cas de siphonostèles (v. ce mot). La moelle est limitée à sa périphérie par les formations conductrices du cylindre central. Parfois cette moelle est très développée: ainsi en est-il chez le Sureau.

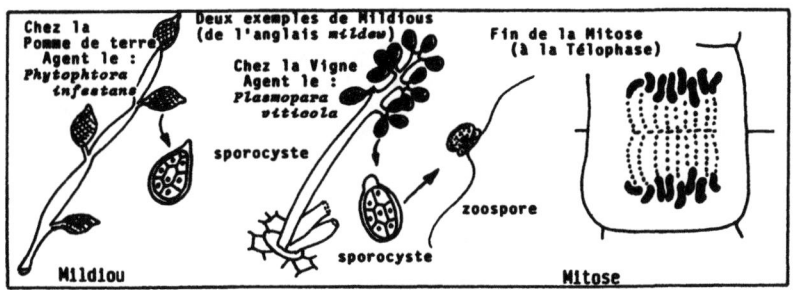

# MON

**Monadelphe,** adj. (gr. monas, unité; adelphos, frère).
| Se dit d'un androcée dont toutes les étamines sont soudées, partiellement ou totalement entre elles, formant un seul faisceau. Ex. l'androcée de l'Ajonc d'Europe ( *Ulex europaeus* ) de même que celui des Malvacées est monadelphe.

**Monandre,** adj. (gr. monos, seul; andros, mâle). |
Caractère d'une fleur dont l'androcée est réduit à une seule étamine. Ex. maintes Orchidées sont monandres et leur étamine unique se présente sous la forme de deux pollinies.

**Moniliforme,** adj. (lat. monile, collier; forma, forme).
| En forme de chapelet du fait de la succession d'éléments renflés séparés par des étranglements. Ex. le mycélium de diverses Mucorales, en conditions difficiles pour lui, devient moniliforme, tout comme l'est, normalement, le rhizome du Crosne du Japon.

**Monocarpique,** adj. (gr. monos, un seul; karpos, fruit).
| Se dit d'une plante qui ne fleurit qu'une seule fois et meurt (soit durant l'année qui suit sa germination et la plante est alors une monocarpique annuelle; soit après plusieurs années de vie végétative et la plante est alors une monocarpique vivace).| Ex. la Drave printanière (*Erophila verna*) est une monocarpique annuelle; l'Agave (Amaryllidacées) ou les Bambous (Poacées) sont des monocarpiques vivaces.

**Monochlamydée,** adj. (gr. mono, un seul; chlamys, manteau). | Se dit des Plantes à fleurs dont le périanthe ne comporte qu'un seul verticille de pièces vertes ou colorées. Ex. l'Anémone des bois qui ne possède qu'une enveloppe périanthaire est une Monochlamydée.

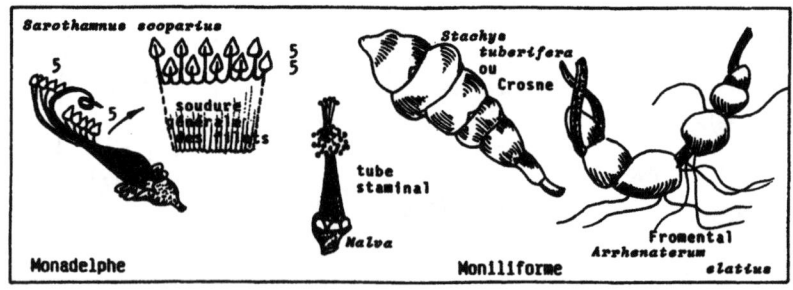

Monadelphe — Moniliforme

## MON

**Monocotylédones,** n.f.pl. (gr. monos, seul; kotulêdôn, cavité, petite coupe). ❙ Végétaux Phanérogames Angiospermes dont: la tige et la racine sont (presque toujours) dépourvues de cambiums et donc de formations secondaires; la feuille est presque toujours pourvue de nervures parallèles; la fleur est construite sur le type "3"; le grain de pollen ne possède qu'un seul pore de germination; la graine renferme un embryon à un seul cotylédon.

**Monogénétique,** adj. (gr. monos, un seul; gennetikos, génération). ❙ Qualifie un Cycle de reproduction dans lequel la fécondation puis la réduction chromatique se suivent immédiatement (ou l'inverse). De ce fait une seule génération (soit haploïde, soit diploïde) est bien représentée chez cette espèce à cycle monogénétique. Ex. chez les Algues, les *Chlamydomonas*, Algues Vertes ou les *Fucus*, Algues Brunes, ont un cycle monogénétique.

**Monoïque,** adj. (gr. monos, un seul; oïkos, habitat). ❙ Se dit d'une espèce végétale dont tout individu est bisexué en ce sens qu'il peut élaborer des gamétocystes (ou des gamétanges) de chacun des deux sexes, soit en mélange, soit côte à côte, soit sur des rameaux distincts. Le Noisetier est monoïque.

**Monophylétique,** adj. (gr. monos, un seul; phylum, lignée). ❙ Se dit d'un ensemble de végétaux dont on suspecte qu'ils dérivent, soit les uns des autres, soit d'ancêtres communs, n'ayant donc jamais constitué qu'un seul phylum.

**Monopode,** n.m. (gr. monos, un seul; podos, pied). ❙ Mode de croissance d'une tige que caractérise la

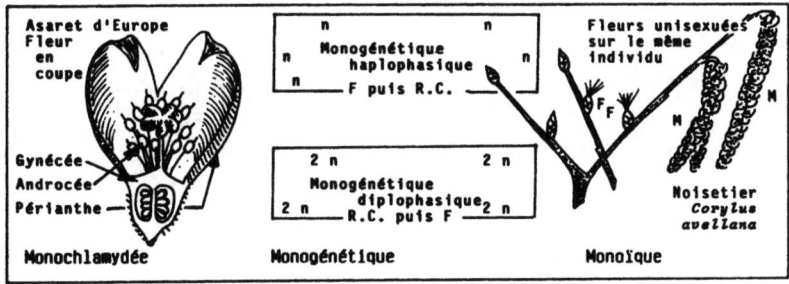

permanence de son bourgeon terminal. Les ramifications proviennent <u>des seuls bourgeons axillaires</u> et sont axillées chacune par une bractée. Il n'y a, de la sorte, jamais substitution d'apex. ▌ Comparer avec Sympode.

**Monostèle,** n.f. (gr. <u>monos</u>, un seul; <u>stela</u>, colonnette. ▌ Structure vasculaire d'un organe au niveau duquel la totalité du bois et du liber constitue un ensemble unique. La protostèle est la forme la plus simple de monostèle. ▌ Comparer avec Polystèle.

**Morphologie,** n.f. (gr. <u>morphê</u>, forme; <u>logos</u>, science). ▌ Partie des sciences qui se consacre à l'étude de la forme et la structure des êtres vivants.

**Mosaïque foliaire,** (lat. <u>mosaicum</u>, mosaïque). ▌ Disposition réalisée par les feuilles de certains végétaux qui se juxtaposent d'une manière telle qu'elles ne se superposent aucunement et permettent d'utiliser le maximum d'énergie solaire. Les jeunes Erables Sycomore (*Acer pseudo-platanus*) ou les Vignes-Vierges (qu'à l'automne on voit rougir sur les murs (*Parthenocissus*), réalisent de parfaites mosaïques foliaires.

**Mousses,** n.f.pl. (francique <u>mosa</u>). ▌ Voir Muscinées.

**Mucilage,** n.m. (lat. <u>mucilago</u>, mucilage). ▌ Production végétale liquide à base de glucides très divers (mais surtout pectosiques) susceptible de gonfler au contact de l'eau. ▌ Hydrolysés, les mucilages donnent de l'arabinose et du galactose. ▌ Les Algues en sont particulièrement riches (et font l'objet d'une extraction industrielle) mais on en trouve aussi chez des Végétaux Supérieurs appréciés pour cette raison

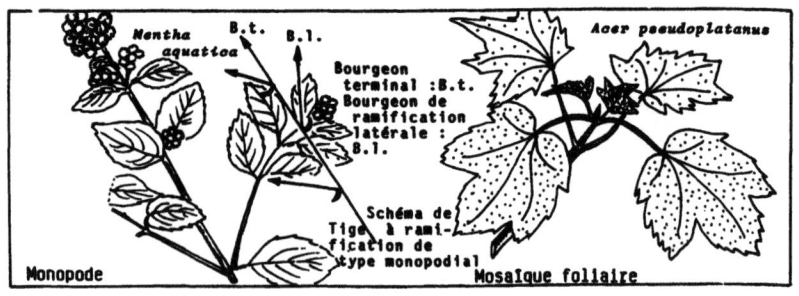

comme les Coings (pour les gelées), les graines de Lin (aux téguments mucilagineux), la racine de Guimauve (aux propriétés émollientes).

**Mucroné,** adj. (lat. mucro, pointe). ▌ Se dit d'un organe qui se termine brusquement en pointe courte et raide. Ex. les feuilles de certains Gaillets sont mucronées.

**Multifide,** adj. (lat. multus, nombreux; fissura, fissure). ▌ Caractère d'un organe très divisé en nombreuses languettes étroites. Ainsi en est-il des feuilles de diverses plantes aquatiques ( *Myriophyllum, Ranunculus* ) ou même terrestres ( *Senecio adonidifolius* ).

**Multiloculaire,** adj. (lat. multus, nombreux; francique laubja, loge). ▌ Qui présente de nombreuses loges. Se dit essentiellement d'un ovaire multicarpellé à placentation (v. ce mot) axile ou laminale. Ex. l'ovaire de la fleur d'Oranger ( *Citrus aurantium* ) est multiloculaire.

**Multiplication,** n.f. (lat. multiplex, multiple). ▌ Production de nouveaux individus à partir d'une plante-mère, sans qu'intervienne quelque processus sexué que ce soit. ▌ Les possibilités de multiplication sont extrêmement variées. Les unes sont naturelles, spontanées, d'autres sont le fait de l'homme. La multiplication offre certains avantages, et en particulier la rapidité d'obtention de nouveaux végétaux, la conservation des caractères du sujet multiplié. ▌ Citons, parmi les procédés les plus communs (naturels ou provoqués) : le bourgeonnement; l'émission de stolons ou de drageons; la fragmentation de bulbes, rhizomes ou tubercules; le bouturage; le marcottage. ▌ Ex. la

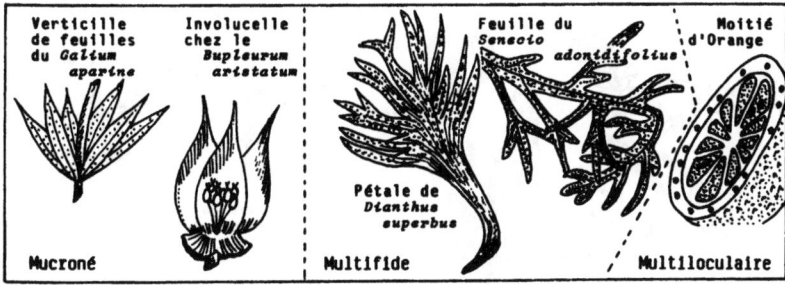

## MUS

multiplication des Fraisiers, des Ails ou ... des Ronces dans nos haies et en forêt.

**Muscinées,** n.f.pl. (du francique mosa, mousse). | L'une des Classes de Bryophytes (v. ce mot) connue sous l'appellation de Mousses. On y inclut en général Andréales, Bryales et Sphagnales. Quelques auteurs en excluent les Sphagnales (v. ces mots). Les Muscinées ont un gamétophyte feuillé et un sporophyte en général discret, dominé, dont la capsule possède une columelle, mais pas d'élatères.

**Mutation,** n.f. (lat. mutare, changer). | Apparition imprévisible, accidentelle, d'individu(s) présentant un caractère nouveau génétiquement transmissible (ou létal!) au sein d'une population végétale. | Quelques exemples de mutations célèbres : le *Chelidonium laciniatum* (en Allemagne) à pétales laciniés, et non entiers comme chez la Grande Eclaire, *Chelidonium majus* ou Herbe aux verrues; le *Fragaria monophylla* (à Paris), à feuilles à une seule foliole, et non trifoliolées comme chez notre Fraisier commun; l'*Oenothera nana*, (en Hollande), très petite comparativement à la population environnante d'*Oenothera biennis*. La science moderne, en recourant à des substances ou à des traitements mutagènes, sait induire l'apparition de mutants.

**Mycélium,** n.m. (gr. mukês, champignon). | Appareil végétatif arachnéen (v. ce mot) élaboré par de très nombreux Champignons. Ce mycélium est septé (cloisonné) chez les Champignons Supérieurs, mais siphoné (à structure continue) chez les Champignons Inférieurs.

**Mycobionte,** n.m. (gr. mukês, champignon; bios, vie). | Partenaire fongique (et donc hétérotrophe) d'une

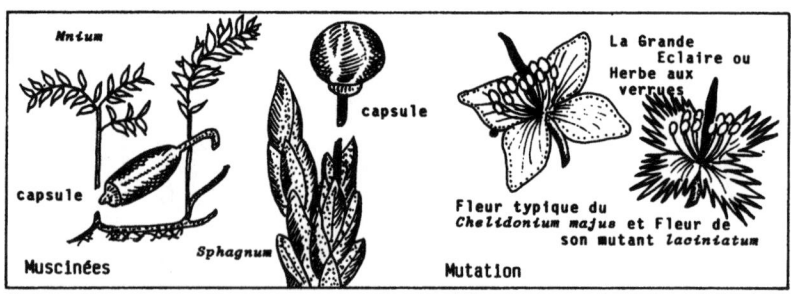

Muscinées — *Mnium*, capsule, *Sphagnum*, capsule

Mutation — Fleur typique du *Chelidonium majus* et Fleur de son mutant *laciniatum*; La Grande Eclaire ou Herbe aux verrues

## MYC

Algue Verte ou d'une Cyanobactérie dans le cas d'une symbiose (v. ce mot) lichénique. ▌ Sur une section de thalle, c'est lui qui représente l'essentiel du Lichen, le phycobionte (v. ce mot) ne se localisant d'ailleurs qu'au niveau d'une zone assez fine, dite couche gonidiale, si le Lichen est hétéromère (v. ce mot). Chez les Lichens homéomères (v. ce mot) les deux partenaires sont plus uniformément emmêlés.

**Mycologie,** n.f. (gr. mukês, champignon; logos, science. ▌ Partie des sciences qui consiste à étudier les Champignons. Le spécialiste des Champignons est appelé mycologue.

**Mycorhization,** n.f. (gr. mukês, champignon; rhiza, racine. ▌ Réalisation spontanée (ou du fait de l'homme) de complexes symbiotiques associant une espèce de Champignon aux racines, rhizomes, ou thalles, d'une espèce d'Hôte, pour conduire à l'élaboration de mycorhizes, mycorhizomes ou mycothalles (v. ces mots). Il est donc des cas de mycorhization naturelle, et des cas de mycorhization dirigée, ou artificielle. L'importance pratique de la mycorhization est énorme.

**Mycorhize,** n.f. (gr. mukês, champignon; rhiza, racine). ▌ Association symbiotique entre certains Champignons et les parties souterraines de diverses plantes (presque toujours chlorophylliennes). ▌ En fonction de la nature de l'organe investi par le Champignon, on parlera de : mycorhize (union avec une racine), mycorhizome (union avec un rhizome), mycothalle (union avec un thalle). Voir ces mots, et aussi Ectomycorhize et Endomycorhize.

**Mycose,** n.f. (gr. mukês, champignon). ▌ Ce terme dési-

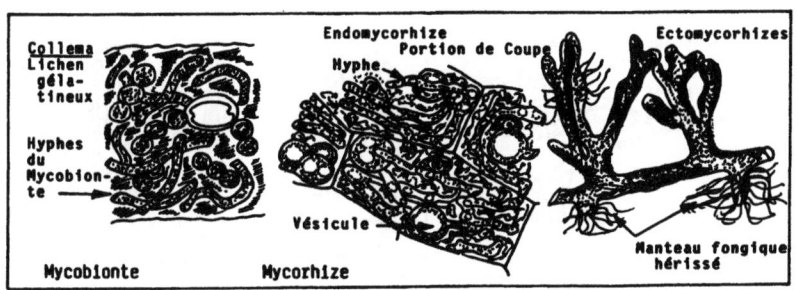

Mycobionte     Mycorhize

## MYC

gne chacune des maladies que les Champignons sont susceptibles de provoquer aux dépens d'autres plantes, d'animaux et même de l'homme. Ex. le pourridié des arbres fruitiers; la muscardine du ver à soie; l'aspergillose pulmonaire des mineurs de fond.

**Mycotrophie,** n.f. (gr. mukês, champignon; trophé, se nourrir). ❘ Mode d'approvisionnement en certains aliments de végétaux symbiotiques (v. le mot Symbiose) par le biais de leur association avec des Champignons. ❘ Voir aussi Ectomycorhize, Endomycorhize, Mycorhize.

**Myrmécophile,** adj. (gr. murmêkos, fourmi; philos, ami). ❘ Se dit de végétaux ligneux des régions chaudes qui entretiennent des relations particulières avec des Fourmis qui colonisent des cavités de leur tronc, de leurs branches, ou de leurs stipules (v. ce mot). Ex. l'*Acacia sphaerocephala*, de la famille des Mimosacées, est une plante myrmécophile.

**Myxomycètes,** n.m.pl. (gr. muksa, mucosité; mukês, champignon). ❘ Groupe de Champignons très inférieurs dont les cénocytes (v. ce mot) sont dépourvus de paroi squelettique. Leur organisme est donc un plasmode nu, coulant, visqueux, capable de mouvements amiboïdes, qui ne se dessèche qu'au moment de la sporulation. Les sporocystes (v. ce mot) renferment alors des spores et des filaments stériles qui constituent le capillitium (v. ce terme) du Myxomycète. Du fait de l'absence de paroi squelettique, ces Champignons sont franchement marginaux dans le règne végétal.

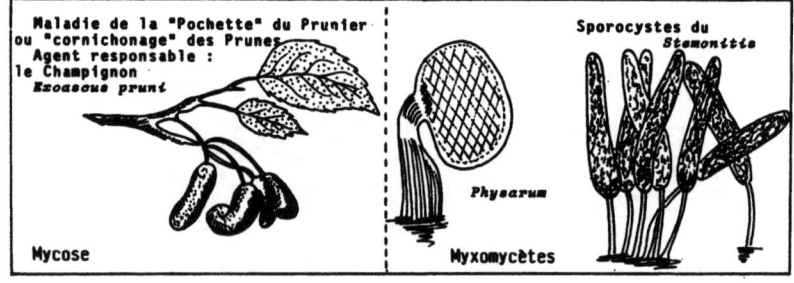

# N

**Nanophanérophyte;** n.m. (gr. <u>nanos</u>, nain; <u>phaneros</u>, visible; <u>phuton</u>, plante). | Plante, d'une hauteur maximale de 2 m., affrontant l'hiver en exposant ses tiges porteuses de bourgeons. Ex. l'Epine-Vinette (*Berberis vulgaris*) n'est, le plus souvent, qu'une nanophanérophyte.

**Napiforme,** adj. (lat. <u>napus</u>, navet; <u>forma</u>, forme). | Se dit d'un organe qui affecte la forme générale d'un navet. Les gamétophytes de certains Lycopodes sont napiformes et hypogés (v. ce mot).

**Nasties,** n.f.pl. | Mouvements de certains organes végétaux <u>sans</u> que leur croissance soit concernée. Ainsi en est-il des positions "veille" et "sommeil" des folioles de certaines espèces de Trèfles ou d'*Oxalis* par exemple. | C'est donc une notion nettement distincte de celle de tropisme, lequel implique une croissance dissymétrique sous l'influence d'une excitation orientée.

**Natrices,** n.f. (lat. <u>natrix</u>, nager). | Qualifie une plante à fleurs chez laquelle le tube germinatif du grain de pollen se déchire et <u>libère</u> des gamètes mâles <u>ciliés</u> qui vont, par leurs propres battements de cils, parvenir jusqu'à l'oosphère à féconder, au niveau du gamétophyte femelle. On dit alors que la fécondation s'effectue par zoïdogamie et que la plante appartient au groupe des natrices. | Seules les Préspermaphytes, a-

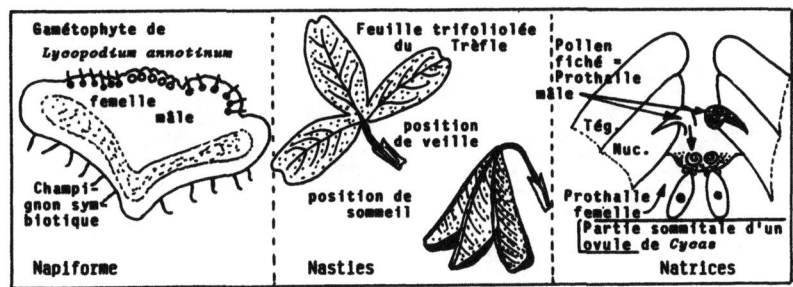

**NAT**

vec les *Ginkyo* et les *Cycas*, parmi les plantes actuelles, ont recours à ces modalités de fécondation et cela explique qu'on les ait isolées du reste des Spermaphytes.

**Naturalisées,** adj. (lat. naturalis, naturel). ❙ Caractéristique d'espèces végétales assez récemment introduites par l'homme dans un nouveau territoire. Leur naturalisation étant, de toute façon, postérieure à l'époque historique. Ex. ont été naturalisés en France le *Robinia pseudoacacia* ou l'*Elodea canadensis* ; pour l'Elodée, on situe son introduction, via la Normandie, vers 1845.

**Nécridie,** n.f. (gr. nekros, cadavre). ❙ Chez les Cyanobactéries filamenteuses, ce terme désigne une cellule qui meurt et permet alors à son niveau la rupture du filament initial en deux filaments-frères. C'est un moyen courant de multiplication chez certaines espèces de Cyanobactéries.

**Nécroses,** n.f. (gr. nekros, cadavre). ❙ Altérations visibles qui traduisent la mort d'un organe, ou seulement de parties d'organe (racine, branche, feuille). Ex. la cause de l'altération peut être due à un pathogène (Bactérie, Champignon), sinon à des effluents polluants ou autres facteurs nocifs.

**Nectarifère, Nectaire,** adj. et n.m. (gr. nektar, nectar). ❙ Le terme nectaire désigne un organe sécrétant du nectar: soit qu'il s'agisse d'une formation spécialisée (disque, glande, staminode nectarifère); soit que le nectaire ne corresponde qu'à une annexe d'un organe par ailleurs bien reconnaissable (pétale ou feuille). ❙ Ex. le disque nectarifère des Rutacées

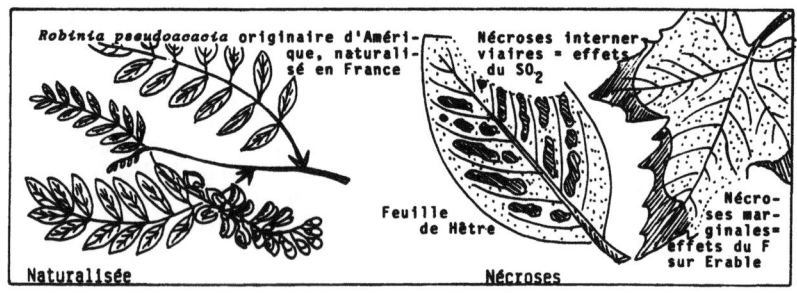

*Robinia pseudoacacia* originaire d'Amérique, naturalisé en France

Nécroses internervaires = effets du $SO_2$

Feuille de Hêtre

Nécroses marginales = effets du F sur Érable

Naturalisée  Nécroses

ou les nectaires des feuilles de Laurier-Cerise ( *Prunus lauro-cerasus* ).

**Néoténie,** n.f. (gr. (néo, nouveau). | Acquisition de l'état adulte (en matière d'aptitude à la reproduction) par des formes végétales encore à l'état de jeunesse végétative.

**Nervation,** n.f. (lat. nervus, nerf). | Disposition des nervures au niveau du limbe d'une feuille, d'une fronde, ou d'une phylloïde. Ex. les feuilles du *Ginkyo biloba* ont une nervation dichotome.

**Nervures,** n.f. (lat. nervus, nerf). | Localisation des éléments conducteurs (bois et liber) au niveau d'un limbe foliaire (typique ou modifié comme le sont les pièces florales), d'une fronde ou d'une phylloïde (v. ces mots). | La disposition de ces nervures s'appelle la nervation. | En fonction de leur prééminence, on distingue des nervures de 1er ordre, de 2nd ordre, et des nervioles. | Les nervures des feuilles de Monocotylédones sont en principe parallèles; celles des Dicotylédones constituent un réseau. | Les phylloïdes sont uninerviées.| C'est par extension que l'on parle de la nervure d'une feuille de Mousse car il n'y a là, ni bois ni liber, mais seulement, dans l'axe de l'organe, des cellules étirées ayant vocation à transporter l'eau et les substances en solution.

**Neutrophile,** adj. (lat. neuter, ni l'un ni l'autre; philos, ami). | Se dit d'une plante se rencontrant de préférence sur sol très légèrement acide ou neutre. Ainsi en est-il du Muguet, de la Parisette, de la Mercuriale vivace ou du Fraisier des bois. Le phytosociologue tient compte de ces plantes indicatrices.

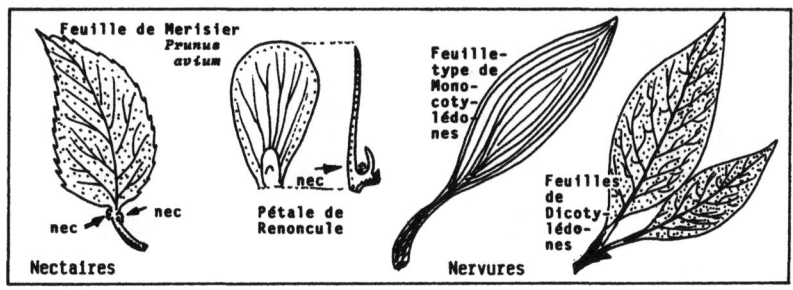

## NIT

**Nitrophile,** adj. (gr. nitron, nitre; philos, ami). ▌ Se dit d'une espèce végétale qui recherche les stations riches en azote (surtout sous forme de nitrates). La plante est une nitrophyte. Ex. diverses Solanacées et les Chénopodiacées sont nitrophiles.

**Nitrophyte,** n.f. (gr. nitron, nitre; phuton, plante). ▌ Plante qui affectionne les stations dans lesquelles abondent les composés azotés assimilables. Tel est, en particulier, le cas de microstations proches des habitations humaines. L'Ortie (*Urtica dioica*) ou les Chénopodes sont des nitrophytes.

**Nodosités,** n.f.pl. (lat. nodosus, noueux). ▌ Nodosités des Fabacées: Formations supportées par le système racinaire de ces plantes et nées chacune de l'hypertrophie d'une radicelle sous l'influence de Bactéries symbiotiques (du genre *Rhizobium*) hébergées dans la nodosité qui est alors le siège de la fixation d'azote libre par le couple Bactérie-Fabacée. La coloration rosée de leur section est due à la présence de leghémoglobine (v. ce mot). ▌ Nodosités des Aulnes, Argousiers et autres non-Fabacées : formations supportées par le système racinaire de ces espèces ligneuses et nées chacune de l'hypertrophie et de la coalescence de plusieurs radicelles sous l'influence de l'Actinomycète symbiotique hébergé dans la nodosité qui est le siège de la fixation d'azote libre par le couple Actinomycète-Hôte. Parfois ces nodosités composites (qui peuvent atteindre la taille d'une balle de ping-pong) sont colorées par des anthocyanes.

**Noeud,** n.m. (lat. nodosus, noueux, noeud). ▌ Ce mot désigne, sur une tige, chacun des niveaux d'insertion de feuilles ou de divergence de rameaux. ▌ Chez certai-

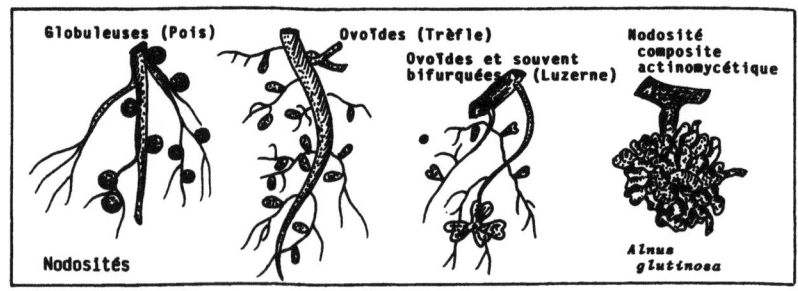

Nodosités — Globuleuses (Pois) — Ovoïdes (Trèfle) — Ovoïdes et souvent bifurquées (Luzerne) — Nodosité composite actinomycétique — *Alnus glutinosa*

# NOM

nes plantes, la tige est renflée au niveau des noeuds (tel est le cas des Caryophyllacées); chez d'autres, la tige, creuse, est obstruée au niveau de chaque noeud par un diaphragme (comme chez les Poacées). Il est enfin courant que ce soit, dans le cas des tiges rampantes, à la hauteur de chaque noeud que naissent les racines adventives. Ex. chez la Renoncule rampante, *Ranunculus repens*.

**Nomenclature binomiale**, n.f. (lat. nomenclatura, action d'appeler quelqu'un par son nom). | Désignation des végétaux universellement acceptée depuis Linné, son initiateur, vers 1750. Elle consiste : à recourir au latin; à juxtaposer deux mots, l'un pour désigner le genre, l'autre pour préciser l'espèce. | Le nom du Genre commence toujours par une Majuscule; le nom d'espèce, toujours par une minuscule. | A ce binôme il convient d'accoler l'initiale (ou l'abrégé du nom) du premier descripteur de l'espèce. Ex. le Chou-navet doit être désigné par *Brassica napus* L. (genre *Brassica* et espèce *napus*; premier descripteur Linné).

**Noyau**, n.m. (lat. nucalis, dérivé de nux, noix). | A l'échelle cellulaire: Élément permanent, essentiel, de la cellule; son véritable "chef d'orchestre". On distingue usuellement, selon les noyaux observés : la membrane nucléaire, le suc nucléaire, le (ou les) nucléole(s), des chromocentres.. ou non, un réseau chromatique... ou non.| C'est au niveau du noyau que se situent les chromosomes et donc le stock des caractères génétiques de l'individu. | Les Procaryotes (v. ce mot) ne possèdent pas de noyau bien délimité, typique, mais du matériel nucléaire diffus. | Voir méïose et mitose. | En matière de fruits: Endocarpe sclérifié de certains fruits charnus (v. drupe). Le

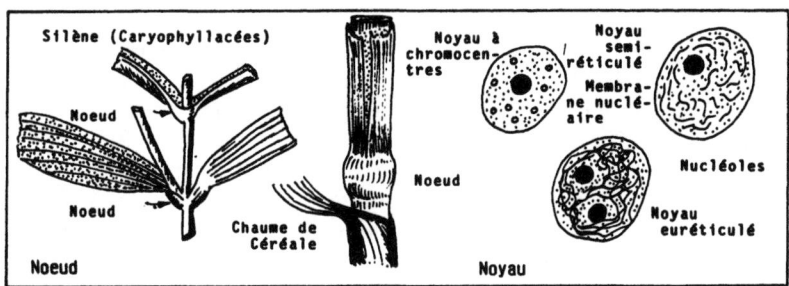

## NUC

noyau renferme une graine nommée amande. L'emploi du mot noyau dans le cas de la Datte est une erreur: ce fruit est une baie, c'est sa graine unique qui est très riche en hémicelluloses et dure.

**Nucelle,** n.m. (lat. nux, noix). ▌ Massif cellulaire diploïde remplissant chaque ovule jeune. L'une de ses cellules et à l'origine du gamétophyte femelle à la faveur d'une méïose. Au cours de l'évolution de l'ovule en graine (v. ce mot) le nucelle sera, plus ou moins précocement, lysé.

**Nucule,** n.f. (lat. nucula, petite noix). ▌ Fruit sec, indéhiscent, à une seule loge renfermant une seule graine, et à paroi très dure. Ex. les nucules du Chêne, du Noisetier ou du Tilleul. ▌ Parfois on parle de nucule pour désigner chacune des parties constituant un fruit sec composite, comme chez les Boraginacées et les Lamiacées où, groupés par 4, les nucules incitent à appeler le fruit entier, indéhiscent: tétrakène.

**Nudicaule,** adj. (lat. nudus, nu; caulis, tige). ▌ Ce terme qualifie une tige dépourvue de feuilles.

**Nutation,** n.f. (lat. nutatio, balancement de la tête). ▌ Mouvement lent, imperceptible à l'oeil (bien qu'il puisse se révéler ample après enregistrement) que peut décrire un apex de tige ou de racine d'un végétal en cours de croissance, et dont la cinématographie rend excellemment compte. Compte-tenu de la trajectoire souvent hélicoïdale suivie par cet apex, on parle souvent de circumnutation. Les plantes volubiles en apportent les plus nets exemples.

**Nyctinastie,** n.f. ▌ Nastie (v. ce mot) se renouvelant

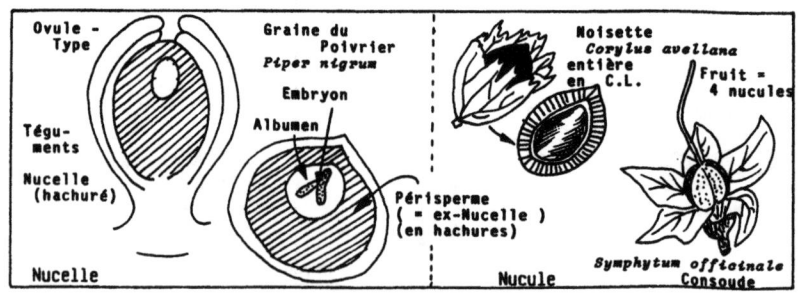

au rythme des nycthémères (ou alternances des jours et des nuits). Ainsi en est-il des mouvements des feuilles ( ou folioles ) de certains végétaux ( souvent des Fabacées ) capables de passer de l'état de veille ( le jour ) à l'état de repos ( la nuit ), à savoir que ces organes sont, le jour, étalés ou dressés et, la nuit, repliés ou rabattus.

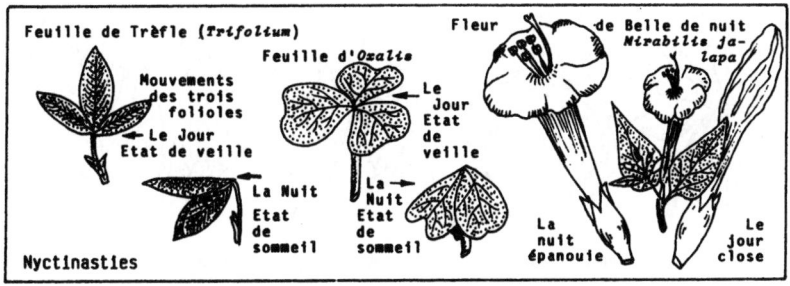

# O

**Obcordé,** adj. (lat. <u>ob</u>, opposé à; <u>cor</u>, coeur). | Qualifie un organe qui a la forme d'un coeur renversé ( avec l'échancrure au sommet ). Ex. les folioles de la feuille d'*Oxalis stricta* sont obcordés.

**Obdiplostémone,** adj. (préf. <u>ob</u>, opposé à; gr. <u>diploë</u>, double; lat. <u>stamen</u>, fil).| Ce terme s'applique à certaines fleurs d'Angiospermes dont l'androcée comprend un nombre d'étamines <u>double</u> de celui des pétales, <u>en même temps que</u> le premier des deux verticilles d'étamines (le plus externe) est <u>opposé</u> aux pétales (et non en alternance comme lorsqu'il y a diplostémonie. Ex. chez la Soldanelle (Primulacées), comme chez les Caryophyllacées, l'androcée est obdiplostémone.

**Oblong,** adj. (lat. <u>oblongus</u>, oblong). | Une feuille oblongue est nettement plus longue que large et ses deux extrémités sont arrondies. Elle s'inscrit donc sensiblement dans une ove étirée. Ex. la feuille du Troène ( *Ligustrum vulgare* ).

**Obtus,** adj. (lat. <u>obtusus</u>, obtus). | Se dit d'une pièce (sépale, pétale, feuille...) dont le sommet est manifestement arrondi. Ex. les feuilles de l'Amélanchier ( *Amelanchier vulgaris* ) sont obtuses.

**Ochréa,** n.f. (lat. <u>ocrea</u>, jambière qui couvre l'avant de la jambe). | Gaine de la feuille d'une Angiosperme

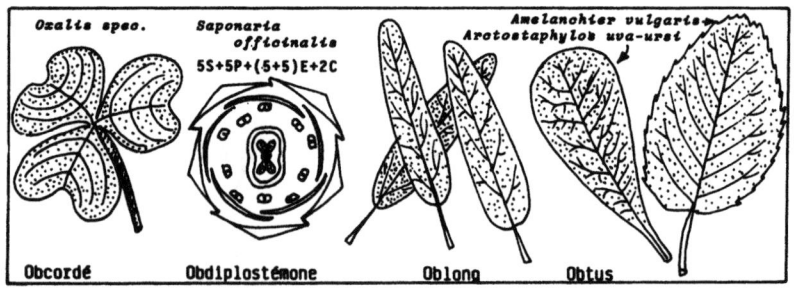

Obcordé     Obdiplostémone     Oblong     Obtus

## OEU

constituée par les stipules (v. ce mot) soudées, et qui entoure la tige au-dessus du point d'insertion du pétiole. Ex. les feuilles des Polygonacées (*Rumex*, Rhubarbe ou Sarrasin) possèdent une ochréa.

**Oeuf,** n.m. (lat. ovum, oeuf). ▌ Souvent appelé zygote par les biologistes, l'oeuf, dans le règne végétal, est une cellule à lot double de chromosomes résultant de la fusion de deux gamètes (l'un mâle, l'autre femelle), fusion qui implique celle des cytoplasmes (voir Plasmogamie) et celle des noyaux (voir Caryogamie). ▌ L'oeuf pourra, suivant les espèces, soit subir sur le champ la méïose et engendrer des tétraspores (v. ce mot), soit se développer en un individu diploïde (appelé le diplonte ou sporophyte).

**Oïdies,** n.f.pl. (gr. ôon, oeuf). ▌ Formes liées à la multiplication de certains Champignons et qui revêtent l'aspect de compartiments se renflant parfois et se désarticulant ensuite, un à un, à l'extrémité de filaments mycéliens où ils constituent parfois un chapelet.

**Oignon,** n.m. (lat. unio, oignon). ▌ Appellation usuelle du bulbe (v. ce mot) de certaines plantes à fleurs (Liliacées notamment). On parle souvent des "oignons à fleurs".

**Oligo-éléments,** n.m.pl. (gr. oligoi, quelques-uns; lat. elementum, élément). ▌ Eléments chimiques qui entrent dans la composition des végétaux à des doses beaucoup plus faibles que les macro-éléments (v. ce mot), c'est-à-dire à des concentrations de l'ordre du cent-millième au millionième, voire moins. Citons, entre autres oligo-éléments: Fe, Zn, Mn, Cu, Al, Ni,

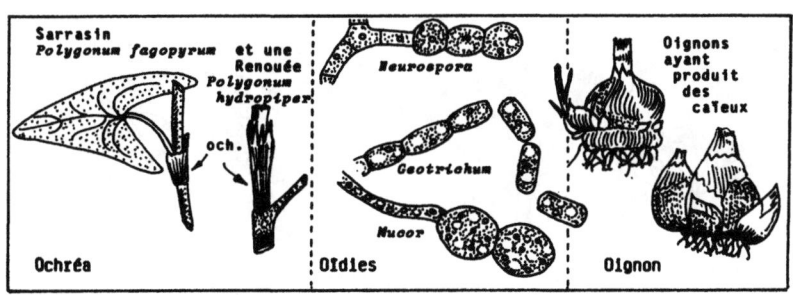

Ochréa | Oïdies | Oignon

## OMB

Co, Mo, B, I, F, Br. Leur insuffisance dans le sol est de nature à déclencher des carences.

**Ombelle**, n.f. (lat. umbella, parasol). ▮ Ombelle simple: inflorescence indéfinie (un bourgeon en occupe le centre), centripète, dont les pédoncules floraux (ou rayons d'ombelle), égaux entre eux, naissent tous en un même point et supportent des fleurs se situant sensiblement sur le même plan. Chaque pédoncule se trouvant axillé par une bractée, l'inflorescence possède donc un involucre (v. ce mot) de bractées. Ex. d'ombelle: l'inflorescence de l'ail. ▮ Ombelle composée: parfois chaque rayon d'ombelle supporte non pas une seule fleur, mais une petite ombelle ou ombellule, riche à sa base d'une couronne de bractéoles constituant là un involucelle (v. ce mot). On est alors en présence d'une "ombelle à deux étages" ou ombelle composée. Ex. l'inflorescence de la Carotte (*Daucus carota*) est une ombelle composée.

**Ombellule**, n.f. (lat. umbella, parasol). ▮ Ombelle élémentaire participant à la constitution d'une ombelle composée (v. Ombelle). Ex. les ombellules de l'inflorescence de la Carotte.

**Ombiliqué**, adj. (lat. ombilicus, ombilic). ▮ Ce terme s'emploie pour qualifier un organe qui offre en son centre une dépression (ou ombilic). Il peut s'agir d'une feuille (ex. chez l'*Umbilicus*, Crassulacée)ou des fruits pomacés (Pomme, Poire). Voir ce mot.

**Ombrophile**, adj. (gr. ombros, pluie). ▮ Se dit d'un végétal qui aime la pluie. on ne confondra pas ce terme avec sciaphile (v. ce mot). Ex. la plupart des espèces de la zone équatoriale sont ombrophiles.

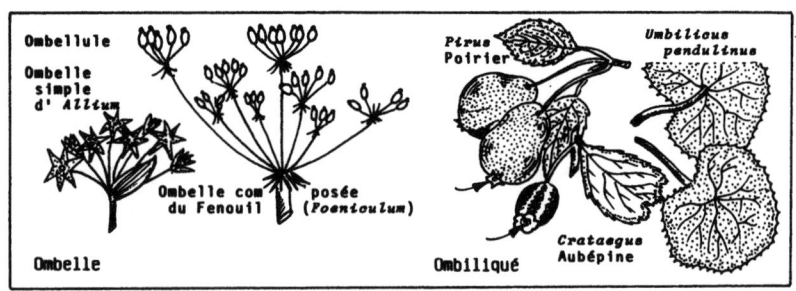

Ombellule — Ombelle simple d'*Allium* — Ombelle composée du Fenouil (*Foeniculum*) — Ombelle — Pirus Poirier — Ombiliqué — *Umbilicus pendulinus* — *Crataegus* Aubépine

## ONT

**Ontogenèse,** n.f. (gr. onto, ce qui a été; lat. genesis, naissance). | Histoire du développement d'un végétal depuis son origine (à partir de gamètes, d'une spore, d'une propagule...)jusqu'à l'achèvement de son cycle. Comparer à Phylogenèse.

**Oogamie,** n.f. (gr. ôon, oeuf; gamos, mariage). | Union d'un petit gamète mâle, mobile, flagellé, avec un gros gamète femelle, immobile. C'est une forme très nette d'anisogamie (v. ce mot) ou hétérogamie. Ex. chez les *Fucus* l'union du petit anthérozoïde biflagellé et de la grosse oosphère aplane est un très net exemple d'oogamie.

**Oogone,** n.f. (gr. ôon, oeuf; gonê, génération). | Chez certains Champignons et Algues les gamètes femelles (ou oosphères, v. ce mot) sont élaborés au sein d'un gamétocyste (v. ce mot): c'est l'oogone. Ex. l'oogone des *Fucus* (Algues Brunes), ou l'oogone d'un *Pythium* ou d'un *Allomyces* (Champignons siphomycètes).

**Oomycètes,** n.m.pl. (gr. ôon, oeuf; mukês, champignon). Groupe de Champignons inférieurs qui prennent place au sein des Phycomycètes (v. ce mot) et dont les spores ou les gamètes sont biflagellés. Les Oomycètes affectionnent les ambiances humides. Ils sont souvent parasites. Ex. Sont des Oomycètes, les *Saprolegnia* malmenant les Poissons rouges ou le *Plasmopara viticola*, agent du Mildiou de la Vigne.

**Oosphère,** n.f. (gr. ôon, oeuf; sphaira, sphère). | Gamète femelle mûr et fécondable. L'oosphère est en général beaucoup plus volumineuse que l'anthérozoïde (v. ce mot). | Au niveau du sac embryonnaire (v. ce terme) des Angiospermes, l'oosphère se situe au pôle

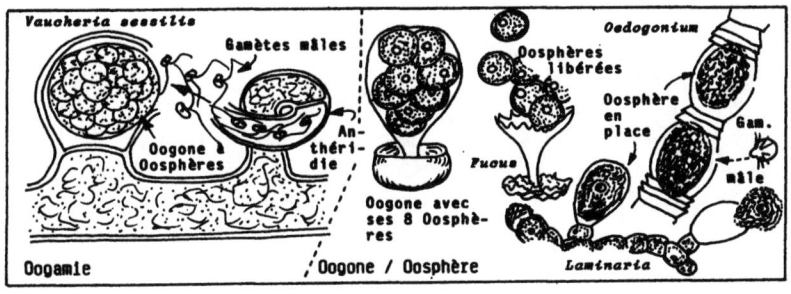

## OPE

micropylaire, entre les deux synergides.

**Opercule,** n.m. (lat. operculum, couvercle). ▍ Organe élaboré à l'apex des capsules de Mousses ou à celui de l'asque de certains Ascomycètes (qualifiés alors d'Operculés). Chez les Mousses il est caduc; chez les Ascomycètes, il se soulève comme un clapet pour laisser sortir les ascospores.

**Opposés,** adj. (lat. oppositus, mis devant). ▍ Caractère d'organes qui s'insèrent par deux à un même niveau, en se faisant face. Lorsque, d'une paire à la suivante, l'angle de divergence est de 90°, on dit, en outre, que les pièces sont décussées. Ex. les feuilles des Oléacées (Frêne, Troène, Lilas) sont opposées; celles des Lamiacées sont opposées-décussées.

**Oreillettes,** n.f.pl. (lat. auricula, oreille). ▍ Petits prolongements scarieux qui flanquent parfois, à gauche et à droite, la base d'une ligule de feuille de Poacée. ▍ Petits lobes basaux d'un limbe foliaire de Dicotylédone, qui tendent à enserrer la tige, quoique d'une manière qui reste lâche. Ex. les oreillettes d'une feuille de Saule (*Salix aurita* ).

**Orthotrope,** adj. (gr. orthos, droit; tropos, tour). ▍ Se dit d'un ovule d'Angiosperme symétrique par rapport à un axe qui prolongerait le funicule. De ce fait, le hile, la chalaze et le micropyle (v. ces mots) sont alignés. On dit encore que l'ovule est droit. Ex. l'ovule des Noyers, de l'Ortie ou du Sarrasin est orthotrope.

**Ostiole,** n.m. (lat. ostiolum, petite ouverture). ▍ Le sens général de ce mot (petite ouverture) explique

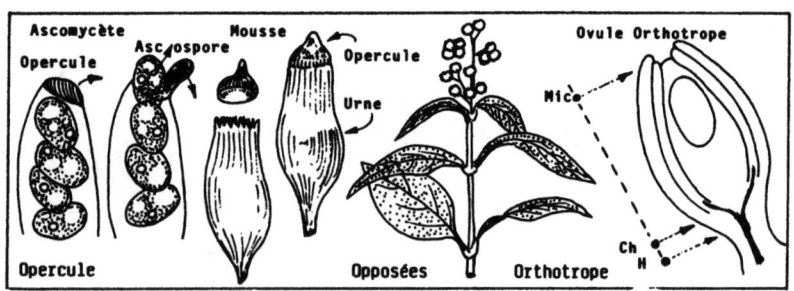

## OVA

qu'on l'emploie à propos de végétaux très éloignés les uns des autres dans la classification. | Orifice du sommet du col des périthèces (v. ce mot) chez certains Ascomycètes. | Orifice des conceptacles (v. ce mot) chez certaines Algues, tels les *Fucus*, permettant la libération des gamètes. | Orifice des stomates, au niveau de l'épiderme des feuilles et des portions jeunes de tiges de Plantes Supérieures, ou au niveau de ceux que l'on rencontre sur l'apophyse (v. ce mot) de la capsule de diverses Mousses.

**Ovaire**, n.m. (lat. ovarium, de ovum, oeuf). | Partie basale du gynécée. Né de la soudure des carpelles, ou de la fermeture du carpelle s'il est unique. L'ovaire renferme les ovules (v. ce mot) dont la disposition en son sein correspond à la notion de placentation (v. ce mot). | Après la fécondation, l'ovaire devient le fruit et les ovules fécondés évoluent en graines. | Au sein de la fleur la position de l'ovaire est variable par rapport aux autres pièces (voir Infère et Supère).

**Ovipare**, adj. (lat. ovum, oeuf; parere, engendrer) | Bien que ce terme s'applique essentiellement à certains animaux, on peut l'utiliser à propos des Préspermaphytes (*Cycas, Ginkyo*..). En effet, chez ces végétaux curieux, les ovules sont physiologiquement abandonnés avant d'être fécondés: soit qu'ils choient au sol, soit qu'ils demeurent sur l'arbre mais sans aucun rapport trophique avec lui. La fécondation peut n'intervenir que plusieurs mois après cette "coupure physiologique". | Voir Vivipare.

**Ovule**, n.f. (lat. ovum, oeuf). | Macrosporange contenu dans l'ovaire chez les Angiospermes, relié à la paroi

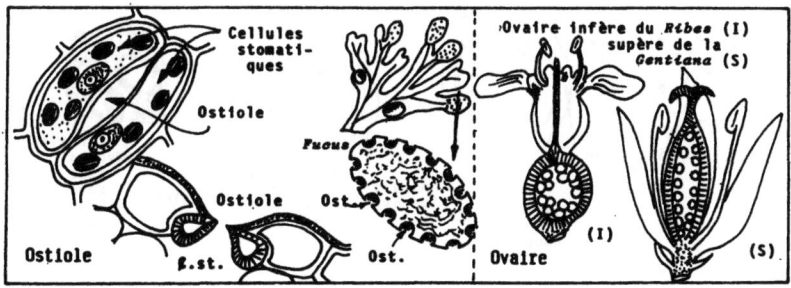

265

## OVU

par un funicule (v. ce mot) et différenciant en son sein le gamétophyte femelle (ou sac embryonnaire). A l'intérieur d'un (ou deux) tégument(s) se situe le nucelle diploïde et (lorsque l'ovule est mûr) le gamétophyte femelle. Après fécondation l'ovule évoluera en graine (v. ce mot). | Chez les Gymnospermes et Préspermaphytes, l'ovule reste à nu sur les feuilles fertiles femelles ou carpelles (v. ce mot).|Note:Seules les Préspermaphytes et Spermaphytes possèdent des ovules.

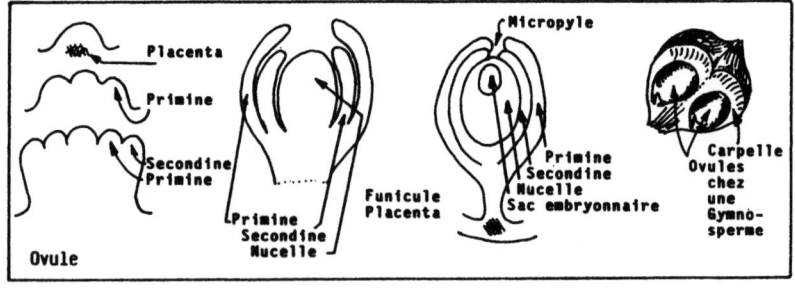

# P

**Pachyte,** n.m. (gr. pakhutês, épaisseur). ▍ Au niveau d'une tige ou d'une racine, c'est l'ensemble du bois et du liber secondaires et de leur cambium générateur.

**Paille,** n.f. (lat. palea, paille). ▍ Chaume de Poacée après extraction des grains de son infrutescence. Ex. la paille des Céréales (Avoine, Blé, Riz).

**Palais,** n.m. (lat. palatum, palais). ▍ Renflement de la base de la partie libre des pétales de certaines corolles gamopétales irrégulières, fermant plus ou moins la gorge de cette corolle. Ex. le palais jaune de la fleur violette de la Linaire cymbalaire ( *Linaria cymbalaria*).

**Paléobotanique,** n.f. (gr. palaios, ancien; botanê, herbe). ▍ Étude des végétaux qui vécurent à travers les temps géologiques. Les apports de cette science sont essentiels pour la compréhension des végétaux actuels et de leur répartition.

**Palissadique,** adj. (lat. palus, pieu). ▍ Ce terme permet de qualifier le parenchyme assimilateur de très nombreuses feuilles du fait de l'élongation et de la disposition des cellules le constituant comme les lattes d'une palissade.

**Palmatifide, Palmatilobé, Palmatipartite, Palmatiséquée,**

## PAL

adj. (lat. palma, paume de la main). | Ces 4 adjectifs reflètent un gradient dans le degré de découpure en lobes d'une feuille palmée (c'est-à-dire d'une feuille imitant une main ouverte avec des "doigts" (segments) plus ou moins profondément individualisés). Lorsque les divisions : n'atteignent pas le milieu du limbe, la feuille est palmatilobée (Ex. *Acer pseudoplatanus*); atteignent environ le milieu du limbe, la feuille est palmatifide; dépassent le milieu du limbe, la feuille est palmatipartite (Ex. chez le *Potentilla*); atteignent pratiquement le raccord limbe-pétiole, la feuille est palmatiséquée.

**Palmée**, adj. (lat. palma, paume de la main). | Se dit d'un limbe foliaire divisé en segments qui se réunissent tous au sommet du pétiole, comme les doigts de la main sont tous liés à la paume. Ex. la feuille des Marronniers est palmée.

**Palustre**, adj. (lat. palustris, des marais). | Caractère des végétaux qui croissent dans les marais. Ex. la Prêle des marais (*Equisetum palustre*), le Populage ou Souci d'eau (*Caltha palustris*), sont des plantes palustres.

**Palynologie**, n.f. (lat. pollen, fleur de farine; gr. logos, science). | Etude de la flore au cours des temps quaternaires à la faveur de l'analyse des pollens fossilisés (en particulier de ceux que recèlent les carottes de sondages réalisés dans les tourbières).

**Pampa**, n.f. (origine esp. d'Amérique). | Formation végétale bien représentée en Argentine, essentiellement herbacée. C'est une végétation de type steppique (à cause d'une sécheresse assez prononcée) qui se prête

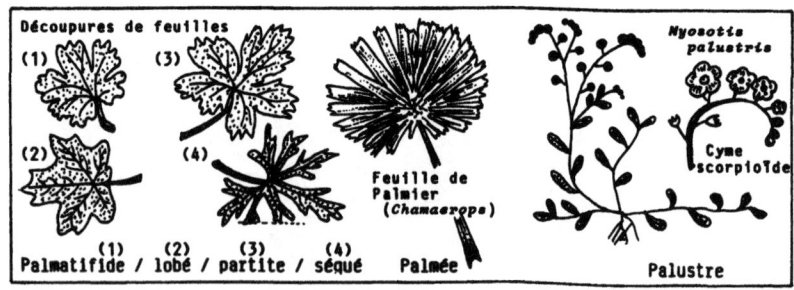

à l'élevage.

**Panaché,** adj. (ital. pennachio, dérivé de penna, plume). ▌ Se dit d'un organe (feuille ou pétale, le plus souvent), qui n'est pas uniformément coloré, mais que ponctuent des zones de couleurs variées. Si la chlorphylle fait localement défaut, il en résulte des plages jaunes ou blanches. Souvent cette dépigmentation partielle est ornementale et singularise des formes horticoles. C'est ce que traduisent les appellations latines *picta* ou *variegata* données usuellement à maintes formes panachées. Ex. l'Erable Negundo panaché, arbre décoratif, est très répandu.

**Panicule,** n.f. (lat. panicula, panicule). ▌ Inflorescence indéfinie (et donc terminée par un bourgeon) et dérivée de l'épi (v. ce mot) en ce que les fleurs, isolées ou groupées en épillets, sont ici pédonculées. Ex. l'inflorescence mâle du Maïs (*Zea mays* ) et celle des Roseaux (*Phragmites australis*) sont des panicules.

**Papilionacée,** adj. (lat. papilio, papillon). ▌ Qualifie la corolle très particulière dans la famille des Fabacées ou Papilionacées. ▌ Les 5 pétales de la fleur sont très différenciés : l'un, recouvrant, est l'étendard; deux autres, libres et latéraux, sont les ailes; les deux derniers, inférieurs, inclus entre les ailes, plus ou moins soudés entre eux, constituent la carène. Ex. de végétaux ayant des fleurs à corolle papilionacée : le Haricot (*Phaseolus* ), le Lupin ( *Lupinus*), le Pois de senteur (*Lathyrus*).

**Papille,** n.f. (lat. papilla, papille). ▌ Saillie obtuse d'une cellule épidermique. L'abondance des papilles rend "veloutée" la face supérieure des pétales de la Pensée. Ex. les papilles des pétales de Rose.

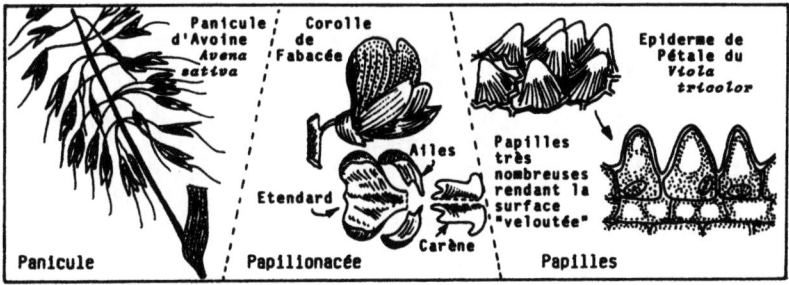

## PAP

**Pappus,** n.m. (gr. pappos, aigrette). ▎ Aigrette qui a, pour certains auteurs, valeur de calice modifié de la fleur, et qui surmonte les fruits de diverses Astéracées, facilitant leur dissémination par le vent. En fonction de l'hygrométrie ambiante, les soies du pappus sont rapprochées ou étalées.

**Paramylon,** n.m. (gr. para, à côté de; amylon, amidon). ▎ Polyoside synthétisé par certaines Algues, telles que les Euglènes. Il est élaboré à l'extérieur des plastes, alors que, chez d'autres plantes, c'est de l'amidon intraplastidal qui est produit.

**Paraphyses,** n.f. (gr. para, à côté de; physa, vessie).▎ Poils stériles, souvent pluricellulaires et à sommet élargi, s'intercalant entre : les asques dans l'hyménium des Ascomycètes; les gamétanges mâles (ou anthéridies) chez les Mousses; les organes reproducteurs de certaines Algues.

**Paraplasme,** n.m. (gr. para, à côté de; plasma, formation). ▎ Ensemble des éléments figurés de la cellule qui peuvent se former de novo à la faveur du métabolisme cellulaire, ou, parfois, dériver de la division d'inclusions semblables préexistantes. Le paraplasme regroupe : le vacuome (v. vacuole); le lipidome (v. ce mot); les parois squelettiques (v. paroi).

**Parasite,** n.m. (gr. para, à côté de; sitos, aliment). ▎ Voir Parasitisme. ▎ En outre, soulignons que l'on distingue: des parasites de blessure, lesquels bénéficient d'une porte d'entrée; des parasites de faiblesse qui ne frappent que des hôtes déjà amoindris; des parasites facultatifs capables de mener une vie indépendante de celle de l'hôte habituel; des parasites

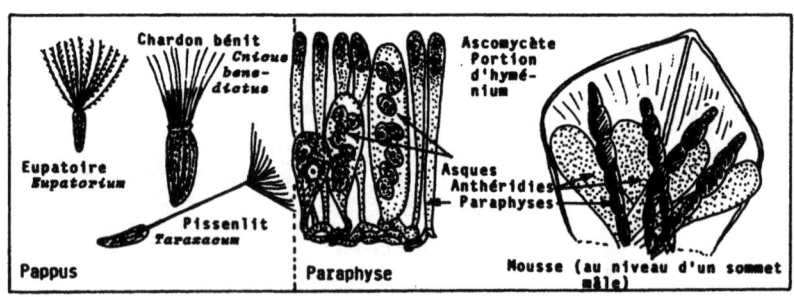

obligatoires, incapables de mener une vie indépendante de celle de l'hôte qui les héberge.

**Parasitisme,** n.m. (gr. para, à côté de; sitos, aliment). ❙ Comportement biologique qu'adoptent certains végétaux (qualifiés alors de parasites, v. ce mot) en vivant aux dépens d'une victime qu'on appelle l'hôte. ❙ Si le parasite demeure superficiel, il est appelé ectoparasite; s'il se développe manifestement dans les tissus de l'hôte, il est appelé endoparasite (v. ces mots). ❙ On rencontre des espèces végétales parasites chez les Bactéries, les Champignons, les Algues et même chez les Plantes Supérieures (voir à ce propos: Hémiparasite et Holoparasite).

**Parenchyme,** n.m. (gr. para, à côté de; egkhuma, effusion). ❙ Tissu végétal ordinairement constitué de cellules peu, ou pas, spécialisées, dont les parois squelettiques restent génralement minces et purement pectocellulosiques. Ce sont des tissus à vocation conjonctive. On distingue, en fonction de la forme de leurs cellules, de leur position anatomique, et/ou de leurs fonctions particulières, des parenchymes aérifère, assimilateur, de réserve, ligneux, libérien, médullaire...

**Parichnos,** n.m. (mot grec). ❙ Organe d'aération très archaïque qui se rencontre chez des Ptéridophytes fossiles et chez quelques autres Plantes Vasculaires primitives. Il se présente sous la forme de canaux aérifères qui assurent la continuité entre le tronc et le mésophylle. Ex. le parichnos du *Ginkyo* ou de différents Conifères.

**Pariétale,** adj. (lat. parietis, paroi). ❙ Type de

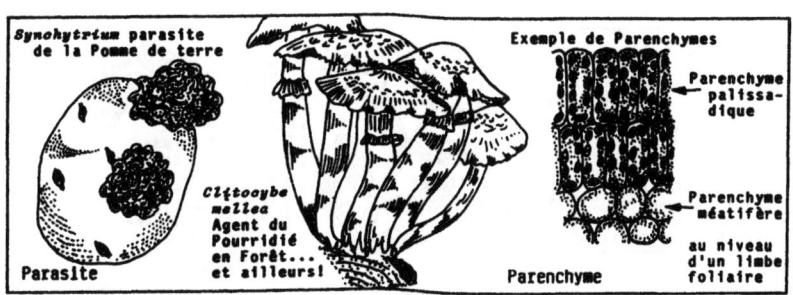

*Synchytrium* parasite de la Pomme de terre
Parasite

*Clitocybe mellea* Agent du Pourridié en Forêt... et ailleurs!

Exemple de Parenchymes
Parenchyme palissadique
Parenchyme méatifère
au niveau d'un limbe foliaire
Parenchyme

**PAR**

placentation correspondant: <u>soit</u> à un ovaire (v. ce mot) unicarpellé ne portant des ovules qu'au niveau de la suture qui ferme le carpelle; <u>soit</u> à un ovaire pluricarpellé dont les différents carpelles se sont affrontés puis soudés entre eux par leurs marges <u>sans</u> s'être <u>au préalable</u> refermés chacun sur soi. Les ovules sont donc nécessairement disposés contre la paroi de l'ovaire, d'où le qualificatif.

**Paripennée**, adj. (lat. <u>par</u>, paire; <u>penna</u>, plume). | Se dit d'une feuille composée pennée (v. ce mot) qui ne possède pas de foliole terminale. Le nombre de folioles est donc pair. Ex. le Pistachier (*Pistacia lentiscus*) a des feuilles paripennées.

**Paroi**, n.f. (lat. <u>paries</u> ou <u>parietis</u>, paroi). | La paroi cellulaire constitue un élément essentiel de distinction entre les cellules animale et végétale. Chez les végétaux, qui en possèdent une, elle est même souvent très bien développée à la faveur de dépôts secondaires. Sur un cadre essentiellement pectique (qui constitue la lamelle moyenne) se dépose, dans un premier temps, un peu de cellulose. Cette membrane primaire ne manque pas, le plus souvent, de s'enrichir en nouveaux dépôts de cellulose, mais d'une manière heureusement incomplète, de sorte que, au niveau de cette membrane secondaire, demeurent, respectivement, des amincissements uniquement pectiques (ou ponctuations) et des solutions de continuité (ou plasmodesmes) qui constituent des points de passage pour le transit des aliments et des métabolites. | Les dépôts ultérieurs peuvent, selon les cas, être constitués : soit encore par de la cellulose, ou par de la lignine, sinon par de la subérine. En fonction de la nature, de l'importance et des modalités de dépôt de ces sub-

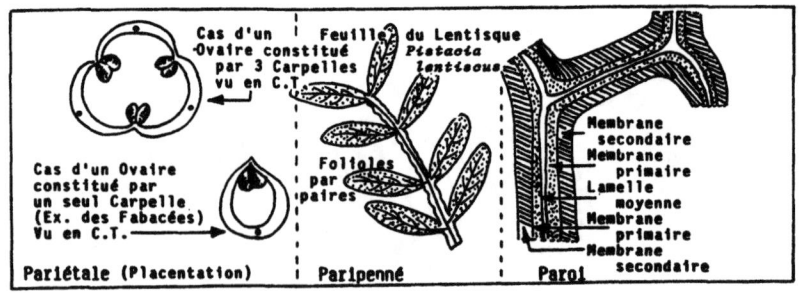

stances, se caractériseront les différents tissus.

**Parthénocarpie**, n.f. (gr. parthenos, vierge; karpos, fruit). ▌Développement d'un ovaire en fruit sans qu'il y ait eu fécondation des ovules. Le résultat en sera donc un fruit parthénocarpique dépourvu de graines.▌ C'est un phénomène relativement fréquent, obligatoire ou accidentel selon les cas. ▌ Ex. les Oranges et les Bananes sans pépins sont des fruits pathénocarpiques obligés; les Olives, les Courges peuvent, sous certaines influences, engendrer des fruits sans semences. C'est alors de la parthénocarpie accidentelle. On connaît aussi maints exemples de parthénocarpie expérimentale.

**Parthénogamie**, n.f. (gr. parthenos, vierge; gamos, mariage). ▌Ce terme désigne, chez les Champignons Ascomycètes, la fécondation curieuse qui peut s'opérer entre un ascogone et son propre trichogyne, sans le secours de l'anthéridie (v. ces mots).

**Pathogène**, adj. (gr. pathos, souffrance; lat. genesis, engendrer). ▌ Se dit d'un germe (Bactérie ou Champignon) capable de s'attaquer à un hôte et de le faire souffrir (parfois jusqu'à la mort de l'hôte). Ex. le *Ceratostomella ulmi*, Champignon Ascomycète sous sa forme parfaite, est pathogène à l'encontre des Ormes et autres Ulmacées.

**Pathologie végétale**, n.f. (gr. pathos, souffrance; logos, science). ▌ Etude des maladies des végétaux quels qu'en soient les agents (facteurs de l'environnement, animal, ou autre végétal). On dit encore, de plus en plus, Phytopathologie. C'est un domaine capital de la recherche actuelle en matière de Végétaux.

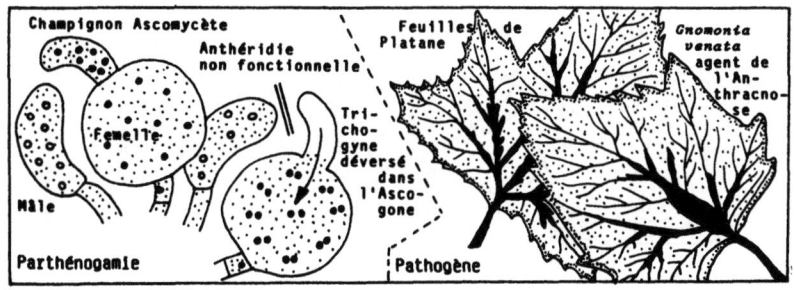

# PEA

**Peau,** n.f. (lat. pellis, peau). ❙ Désignation populaire de la membrane limitant un fruit charnu. C'est alors (le plus souvent) de la partie périphérique du péricarpe (v. ce mot) qu'il s'agit, et donc de l'épicarpe. Ex. la peau de la Tomate (baie), celle de la Pêche (drupe) ne sont que l'épicarpe de ces fruits charnus.

**Pectines,** n.f.pl. (gr. pêktikos, sujet à se figer). ❙ Polysaccharides en mélange (à dominante d'acide polygalacturonique) qui constituent la lamelle moyenne des parois cellulaires et assurent la cohésion des cellules entre elles. ❙ C'est à la faveur de l'hydrolyse de la pectine que la ménagère prépare des gelées à partir de la pulpe de divers fruits. Voir aussi Composés pectiques.

**Pédalée,** adj. (lat. pedalis, relatif au pied). ❙ Se dit d'une feuille dont les segments s'articulent les uns sur les autres à la façon des fleurs successives d'une cyme scorpioïde (v. Cyme). Ex. les feuilles de l' *Helleborus niger* et de l'*Helleborus foetidus* sont pédalées.

**Pédicelle,** n.m. (lat. pedicellus, petit pied). ❙ Partie fine, longue, qui existe chez le sporophyte (ou sporogone, v. ce mot) de nombreuses Bryophytes et qui, prenant appui sur le gamétophyte par l'intermédiaire d'un pied (ou suçoir) se dilate à son sommet en une urne (ou capsule, v. ce mot). ❙ Les Sphaignes, chez les Mousses, et nombre d'Hépatiques (Marchantiales) possèdent des sporophytes sans pédicelle. ❙ Synonyme de Soie.

**Pédoncule,** n.m. (lat. pedunculus, diminutif de pied). ❙ Axe portant la fleur, puis le fruit, né à l'aisselle

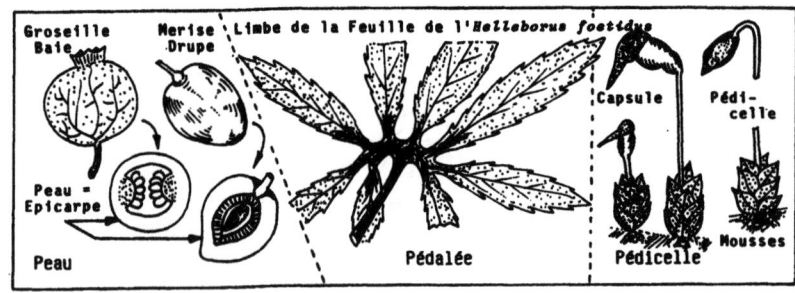

## PEL

d'une bractée. Il peut être simple (comme chez la Tulipe (encore qu'il existe depuis peu des variétés horticoles de Tulipes à inflorescences rameuses), ou fourchu (comme chez certains Narcisses).

**Pélagique,** adj. (gr. <u>pelagos,</u> mer). ▌ Caractère du phytoplancton marin qui se rencontre en haute mer (loin des littoraux). Il s'agit d'Algues très ténues aux formes fines et gracieuses, aptes à se maintenir "entre deux eaux".

**Pélorie,** n.f. (gr. <u>pêloros,</u> monstrueux).▌ Anomalie florale qui provoque l'apparition d'une fleur actinomorphe (v. ce mot) au niveau d'une inflorescence normalement constituée de fleurs zygomorphes (v. ce mot). Ex. des fleurs péloriées ont été signalées chez les Digitales ( *Digitalis purpurea* ) et chez les Linaires.

**Peltée,** adj. (gr. <u>peltê,</u> petit bouclier elliptique). ▌ Se dit d'une feuille orbiculaire dont le pétiole s'unit au limbe au centre de celui-ci. ▌ Se dit aussi de certaines étamines à filet central, entre les loges qui l'entourent).▌ Ex. les feuilles de la Capucine ( *Tropaeolum sp.*) ou de l'Hydrocotyle sont peltées, de même que les étamines de l'If ( *Taxus* ).

**Pennatifide, Pennatilobée, Pennatipartite, Pennatiséquée,** adj. (lat. <u>penna,</u> plume). ▌ Ces 4 adjectifs reflètent un gradient dans le degré de découpage en lobes d'une feuille pennée (v. ce mot). Lorsque les divisions : n'atteignent <u>pas le milieu</u> de chaque demi-limbe, la feuille est pennati<u>lobée;</u> atteignent <u>environ le milieu de chaque demi-limbe, la feuille est pennatifide; dépassent</u> le milieu de chaque demi-limbe, la feuille est pennati<u>partite;</u> atteignent, ou peu s'en

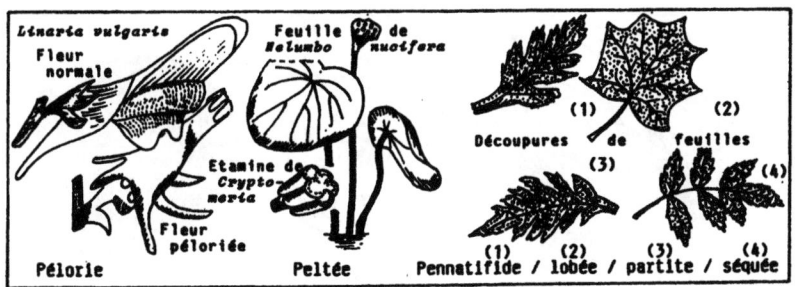

## PEN

faut, la nervure médiane, la feuille est pennati<u>séquée</u>.

**Pendant,** adj. (lat. <u>pendere</u>, pendre). | Synonyme d'Anatrope (v. ce mot) pour qualifier certains ovules.

**Penne,** n.f. (lat. <u>penna</u>, plume). | Division du premier ordre d'une fronde (v. ce mot) de Fougère ou de Préspermaphyte. Ex. la fronde du Polypode vulgaire est découpée en pennes, elle est pennée.

**Penné,** adj. (lat. <u>penna</u>, plume). | Qualifie une feuille ou une fronde composées dont les folioles (pour la feuille), ou les pennes (pour la fronde) sont disposées de chaque côté de l'axe principal de cette feuille ou de cette fronde comme les barbes d'une plume. | S'applique aussi aux thalles d'Algues dont les ramifications sont pareillement disposées. | Ex. la fronde du *Lomaria spicant* (Fougères) est pennée.| Voir Imparipennée et Paripennée.

**Pentacyclique,** adj. (gr. <u>penta</u>, cinq; <u>kuklos</u>, cercle). | Caractérise une fleur composée de 5 verticilles de pièces florales (1 : calice; 2: corolle; 3 et 4: étamines; 5: gynécée). Plusieurs Ordres d'Angiospermes Dicotylédones Gamopétales (v. ces mots) sont regroupés, à la faveur de ce caractère commun, sous l'appellation de Gamopétales Pentacycliques. Ex. les Ericales et les Primulales sont des pentacycliques.

**Pépin,** n.m. (étym. obscure; patois : <u>pipin</u>, <u>pimpin</u>). | Nom donné à chacune des graines d'une baie ou d'un fruit pomacé (v. ce mot). Ex. les pépins de Melon, de Raisin, de Poire.

**Péponide,** n.f. | Baie (v. ce mot) cortiquée par suite

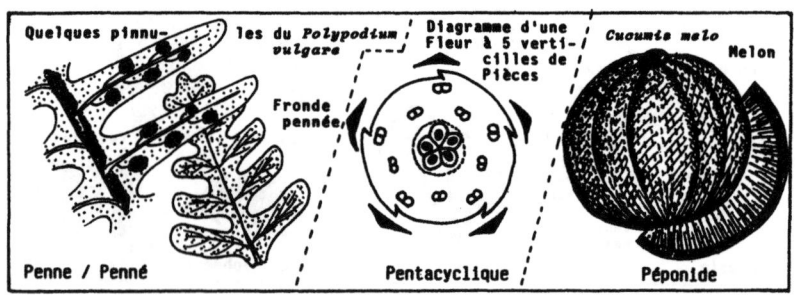

Penne / Penné — Quelques pinnules du *Polypodium vulgare* — Fronde pennée / Pentacyclique — Diagramme d'une Fleur à 5 verticilles de Pièces / Péponide — *Cucumis melo* Melon

## PER

de l'épaississement et de la cutinisation importante en surface de son péricarpe. Ce dernier peut même acquérir une consistance ligneuse. Ex. le Melon, la Citrouille ou la Courge sont des péponides.

**Pérennant,** adj. (lat. perennis, continuel). ❙ Qualifie des organes végétaux qui durent plusieurs années en résistant aux conditions climatiques du lieu. Sont usuellement pérennants (hormis dans le cas des ligneux, des sous-arbrisseaux aux arbres) : les racines, rhizomes, bulbes, tubercules. ❙ En contrées désertiques aussi les rares plantes qui résistent développent des appareils souterrains considérables par rapport à leur appareil aérien (à moins évidemment qu'il ne s'agisse d'Ephémérophytes, v. ce mot).

**Perfolié,** adj. (lat. per, à travers; folia, feuille). ❙ Se dit d'une feuille sessile dont la base du limbe se prolonge de telle façon que celui-ci enserre totalement la tige et, se resoudant en arrière de celle-ci, donne l'impression que la feuille est traversée par la tige. Ex. la feuille perfoliée du *Bupleurum rotundifolium* ( Apiacées ). Comparer avec Connées.

**Périanthe,** n.m. (gr. peri, autour; anthos, fleur). ❙ Ensemble des pièces protectrices de la fleur: calice + corolle si le périanthe est complet; calice seul si la fleur est monochlamydée (v. ce mot).

**Péricarpe,** n.m. (gr. peri, autour; karpos, fruit). ❙ Paroi du fruit (qui fut, avant fécondation, paroi de l'ovaire) qui laisse souvent reconnaître la superposition de 3 structures distinctes (v. les 3 mots) : l'épicarpe, à l'extérieur; le mésocarpe, au milieu; l'endocarpe, vers le centre du fruit). En fonction

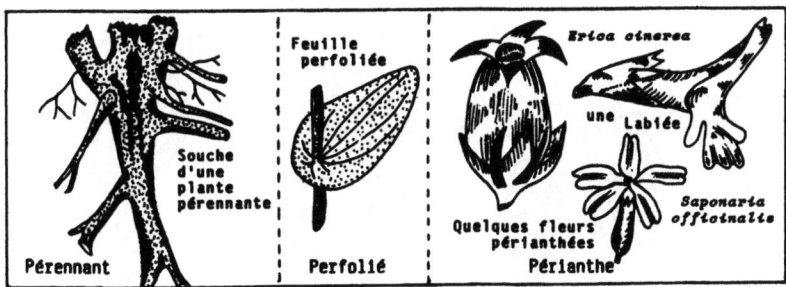

des particularités de chacune de ces 3 structures, le fruit relève d'une catégorie distincte (dont les plus communes sont, dans le vocabulaire de chaque jour, la baie, la drupe, la capsule et l'akène).

**Péricycle**, n.m. (gr. peri, autour; kuklos, cercle).
| Assise cellulaire dont la localisation est très précise dans la racine et dans la tige: c'est la plus externe des assises du cylindre central (ou stèle, v. ce mot) qu'elle sépare donc de l'écorce (v. ce mot). C'est à son niveau que sont initiées les ramifications de la racine (pense-t-on le plus souvent, encore que certains auteurs admettent que d'autres tissus pourraient se comporter de même).

**Péridium**, n.m. (mot latin).| Paroi du sporocyste (v. ce mot) chez les Myxomycètes (v. ce mot). | Paroi de l'apothécie (v. ce mot) de certains Ascomycètes hypogés comme la Truffe. | Enveloppe des amas charbonneux de spores chez les Ustilaginales (Champignons responsables des Charbons). | Formation stratifiée (en exopéridium et endopéridium) qui entoure la masse fertile chez les Champignons Basidiomycètes Angiocarpes (v. ce mot).

**Périgyne**, adj. (gr. peri, autour; gunê, femme). | Se dit d'une série de pièces florales qui paraissent s'insérer autour de l'ovaire. Par extension, lorsque l'ensemble des pièces florales s'insère sur le bord du réceptacle déprimé, protégeant en son sein le gynécée resté libre, la fleur est dite périgyne. Ex. la fleur du Pêcher (*Prunus persica*) est périgyne.

**Périsperme**, n.m. (gr. peri, autour, sperma, semence). | Le périsperme d'une graine est constitué par le

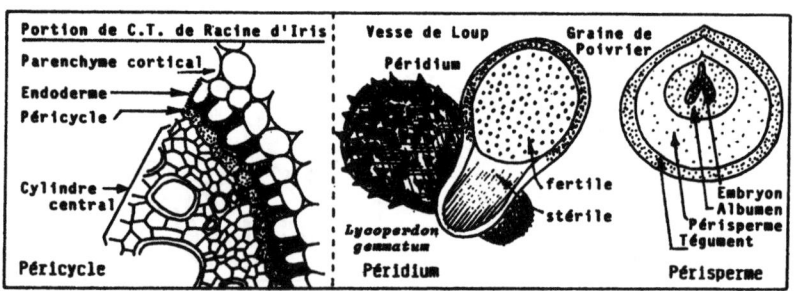

tissu diploïde du nucelle (v. ce mot) de l'ex-ovule, dans le rare cas où ce tissu n'a pas été précocement lysé par l'albumen et l'embryon nés de la double fécondation. Ex. la graine de Poivrier ou celle du Balisier (le *Canna*) sont des graines à périsperme.

**Péristome,** n.m. (gr. peri, autour; stoma, bouche). ❙ Formation spéciale entourant l'orifice de la capsule de certaines Bryophytes (les Bryales) et constituée par une ou plusieurs rangées de dents ( = files de cellules vouées à la dessiccation et à la déformation en fonction de l'hygrométrie de l'air ambiant). Le reploiement des dents du péristome vers l'extérieur, par temps sec, a pour conséquence l'élimination de l'opercule (v. ce mot) et la libération des spores haploïdes.

**Périthèce,** n.m. (gr. peri, autour; thêkê, étui). ❙ Fructification de certains Champignons Ascomycètes caractérisée par sa forme en mini-bouteille dont la partie renflée (le ventre) est tapissée par l'hyménium (asques + paraphyses; v. ces mots), cependant que la partie étroite (ou col) s'ouvre par un ostiole par où seront disséminées les ascospores. ❙ La différenciation des périthèces caractérise les Pyrénomycètes.

**Persistant,** adj. (lat. persistere, persister). ❙ Se dit d'une pièce (feuille par ex.) ou d'un ensemble de pièces (calice par ex.) qui demeure en place au-delà de la durée classique de vie d'une telle formation. Ex. chez la Tomate le calice est persistant puisqu'on le retrouve, vert, à la base du fruit; chez le Buis, les feuilles sont persistantes.

**Personée,** adj. (lat. persona, masque de théâtre). ❙ Se dit d'une corolle à deux lèvres rapprochées,

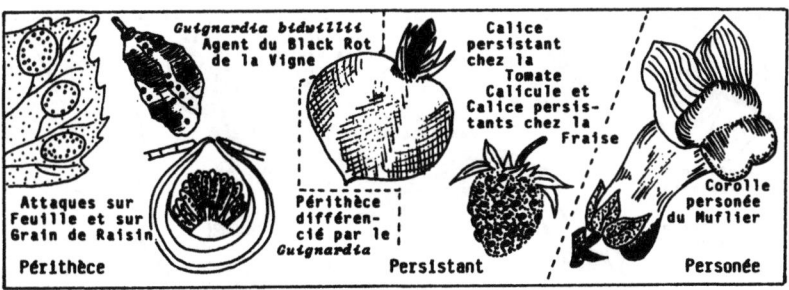

*Guignardia bidwillii* Agent du Black Rot de la Vigne
Attaques sur Feuille et sur Grain de Raisin
Périthèce différencié par le *Guignardia*
Périthèce

Calice persistant chez la Tomate
Calicule et Calice persistants chez la Fraise
Persistant

Corolle personée du Muflier
Personée

## PET

la gorge de la corolle étant fermée par une proéminence que l'on appelle le palais (v. ce mot). Ex. les Scrofulariacées ont une corolle personée.

**Pétale,** n.m. (gr. petalon, pétale). | Chacune des pièces, normalement colorées, de la corolle d'une fleur d'Angiosperme. Les pétales peuvent être: absents, chez les fleurs apétales; présents et libres, chez les fleurs dialypétales; présents et soudés entre eux, chez les fleurs gamopétales. | Par leurs couleurs, leurs formes, leurs tailles, les pétales contribuent énormément à la beauté ou à la curiosité des fleurs. | Chez la Vigne ( *Vitis* ) les pétales sont présents mais fugaces.

**Pétalodie,** n.f. (gr. petalon, pétale). | Rétrogradation des étamines et/ou des carpelles d'une fleur d'Angiosperme à l'état de lames colorées (mimant alors des pétales). Ex. le stigmate trifurqué de la fleur d'Iris est un exemple de pétalodie.

**Pétaloïde,** adj. (gr. petalon, pétale). | Se dit d'un organe qui mime un pétale, par la forme et/ou par la coloration. Ex. les sépales pétaloïdes des fleurs d'Anémones; les bractées pétaloïdes des inflorescences du *Poinsettia pulcherrima.*

**Pétiole,** n.m. (lat. petiolus, petit pied). | Partie basale, étroite, et souvent subcylindrique de certaines feuilles (dites feuilles pétiolées) qui sert donc d'intermédiaire entre le limbe et la tige (et que le public appelle à tort, "la queue" de la feuille). Parcouru par les tissus conducteurs qui irriguent le limbe au niveau des nervures (v.ce mot), le pétiole présente sur les coupes transversales une symétrie

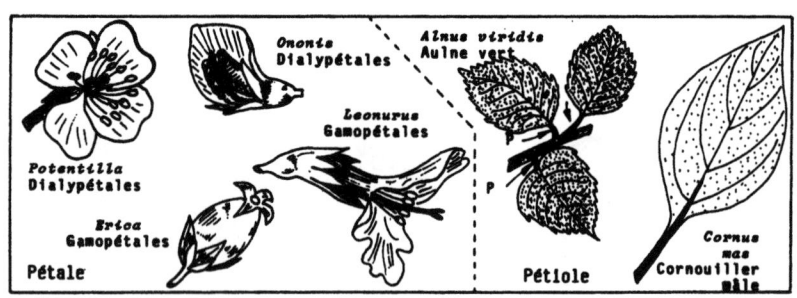

bilatérale. | Chacun des petits pétioles qui supportent les folioles de certaines feuilles composées est parfois appelé pétiolule.

**Peuplement**, n.m. (lat. populus, peuple). | Ce terme est utilisé pour désigner tout groupement végétal qui occupe un territoire déterminé, mais il est particulièrement riche de sens lorsqu'on lui accole le qualificatif forestier. Il désigne alors l'ensemble des arbres qui croissent sur une parcelle définie. Ex. un peuplement de Bouleau, un peuplement de Hêtre. On pourra personnaliser en utilisant les appellations spécifiques : une boulaie, une hêtraie.

**pH** . | Voir Potentiel Hydrogène.

**Phaéoplaste** ou **Phéoplaste**, n.m. (gr. phukos, algue; plastês, qui façonne). | Plaste . des Algues Brunes au niveau duquel la chlorophylle est masquée par divers pigments dont la fucoxanthine.

**Phanérogames**, n.f.pl. (gr. phaneros, apparent; gamos, mariage).| Plantes Supérieures différenciant des phanères bien visibles et spécialement dans le sens de la sexualité. Les phanères auxquelles nous faisons allusion ici constituent en effet les fleurs. Mais l'un de leurs caractères les plus importants, lié à la floraison, est l'élaboration de graines. On tend de plus en plus à préférer le mot Spermaphytes (v. ce mot) à celui de Phanérogames.

**Phanérogamie**, n.f. (gr. phaneros, apparent; gamos, mariage). | Partie des sciences qui consiste à étudier, sous tous leurs aspects, les végétaux regroupés sous l'appellation de Phanérogames. C'est l'objet essentiel d'intérêt (mais non exclusif) de maintes sociétés

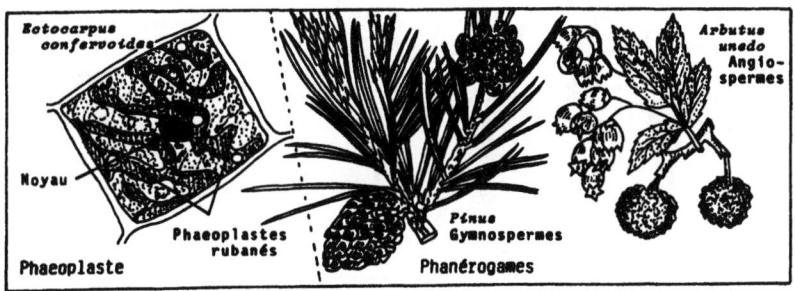

Ectocarpus confervoides
Noyau
Phaeoplastes rubanés
Phaeoplaste

Pinus
Gymnospermes
Phanérogames

Arbutus unedo
Angiospermes

**Phanérophyte,** n.m. (gr. phaneros, apparent; phuton, plante). ▌Plante d'une hauteur supérieure à 2m., affrontant l'hiver en exposant à ses rigueurs des tiges porteuses de bourgeons. Ex. le Pin, le Hêtre, l'Abricotier, le Noisetier sont des phanérophytes.

**Phelloderme,** n.m. (gr. phellos, liège; derma, peau). ▌Parenchyme secondaire né de l'activité du phellogène ou cambium externe, et constituant un dépôt centrifuge (à l'opposé du liège, centripète). Parfois les cellules néoformées se différencient en acquérant un faciès de tissu de soutien (collenchyme ou sclérenchyme, v. ces mots). Très souvent l'épaisseur de phelloderme engendré reste fort minime.

**Phénologie,** n.f. (gr. phainen, apparaître; logos, science). ▌Etude (au fil des saisons, au cours des temps) de l'influence des conditions climatiques locales sur le comportement physiologique des végétaux. Par exemple, en prenant en considération leur entrée en repos et leur reprise d'activité, ou leur germination, leur croissance, leur floraison, leur fructification, ou la maturation de leurs fruits, en fonction des dates, on réalise des études phénologiques.

**Phénotype,** n.m. (gr. phainen, apparaître; typos, marque). ▌Aspect extérieur d'un végétal tel qu'il résulte des influences conjointes de son génotype et des conditions de milieu dans lequel il est placé. C'est donc un habitus qui ne saurait être garanti si la descendance est assurée par la voie sexuée et si l'habitat change... des génotypes différents pouvant permettre, en fonction du milieu, l'expression de phénotypes

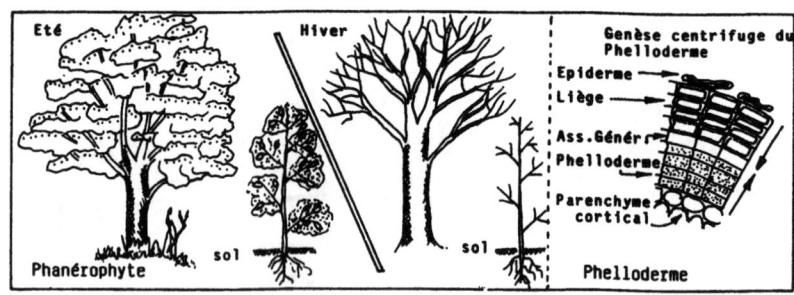

**Phéophycées,** n.f.pl. (gr. phéo, brun; phukos, algue). ▌Classe d'Algues, encore appelées Algues Brunes. Elles sont pourvues de chlorophylles a et c, mais ces pigments sont masqués, notamment par la fucoxanthine. Ex. les *Fucus*, *Ascophyllum* ou *Pelvetia* sont des représentants des Phéophycées.

**Phéoplaste,** n.m. (gr. phukos, algue; plastês, qui façonne). ▌Synonyme Phaeoplaste.

**Phialide,** n.f. (gr. phialê, coupe à libations). ▌Chez les formes végétatives de Septomycètes (Fungi Imperfecti en particulier, v. ce terme), ce mot désigne une cellule spécialisée vouée à la production de conidies (v. ce mot) en chapelets par bourgeonnement. Les phialides sont souvent regroupées en appareils ramifiés. Ex. les phialides d'un *Penicillium*.

**Phloème,** n.m. ▌Synonyme de Liber.

**Photobiologie,** n.f. (gr. photos, lumière; bios, vie; logos, science). ▌Partie de la biologie qui traite des rapports entre la lumière et les êtres vivants. En ce qui concerne le règne végétal, la plupart des phénomènes liés à la vie d'un individu sont sous la dépendance de la lumière (directement ou indirectement). Ils concernent, selon le groupe systématique auquel appartient la plante : sa germination, sa croissance, sa floraison, ses processus sexuels, le développement de ses carpophores, le déplacement de ses cellules mobiles, etc. Tout cela peut être sous la dépendance de la lumière (visible ou invisible, comme l'infrarouge). C'est une science en plein essor.

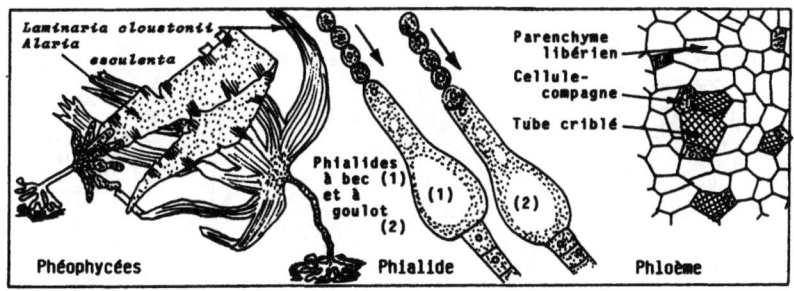

## PHO

**Photonasties,** n.f.pl. ▌Nasties (v. ce mot) provoquées par des variations de l'intensité de l'éclairement.

**Photopériodisme,** n.m. (gr. photos, lumière; periodos, période). ▌Influence de la durée relative de l'éclairement d'un végétal (toutes choses restant égales par ailleurs) sur son développement, et surtout sur sa mise à fleurs. ▌Grâce au comportement de plantes en expériences, en fonction de la durée respective des séquences de Jour (et de Nuit) pendant un nycthémère (ou durée de 24 heures) on sait distinguer : des plantes de jours courts, de jours longs, et des espèces indifférentes à la durée de l'éclairement. On parvient même à maîtriser la date de floraison dans le cas de certaines espèces de grande importance économique, comme les Chrysanthèmes.

**Photosynthèse,** n.f. (gr. photos, lumière; synthesis, synthèse. ▌Processus essentiel à la surface de la planète qui caractérise les végétaux verts (Plantes Vasculaires, Bryophytes, Algues et quelques Bactéries). ▌Grâce à la chlorophylle qu'ils possèdent et en période d'éclairement, ils synthétisent des molécules organiques à partir d'éléments minéraux. A ces synthèses, qui conditionnent le maintien de la vie sur la terre (et en particulier celle des Hommes) la photosynthèse (consommatrice de $CO^2$ et libératrice d'Oxygène) ajoute un rôle purificateur de l'atmosphère "souillée" par la respiration des animaux et des végétaux.

**Phototropisme,** n.m. (gr. photos, lumière; trépo, je tourne). ▌Phénomène d'attraction (ou de répulsion) d'organes végétaux en croissance par une source lumineuse (le plus souvent la lumière solaire). Lorsqu'il y a attraction de l'organe (qui se courbe en direction

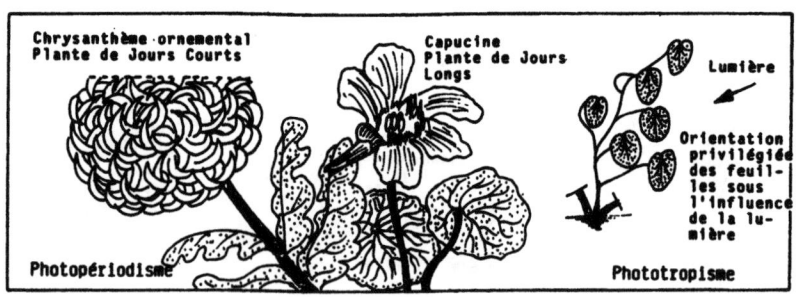

de la source lumineuse) on parle de phototropisme
positif; en cas contraire (répulsion) de phototropisme
négatif. ▌ Les horticulteurs prennent soin de tourner
périodiquement les pots de fleurs sur leurs tablettes
afin d'obtenir une croissance harmonieuse, équilibrée,
de la plante destinée au commerce.

**Phycobionte,** n.m. (gr. phukos, algue; bios, vie).
▌ Le phycobionte est le partenaire chlorophyllien
d'un Champignon (mycobionte, v. ce mot) au sein du
thalle d'un Lichen (v. ce mot). Il s'agit donc d'une
Algue Verte ou, par extension du terme (car les Cyanobactéries ne sont pas réellement des Algues à part
entière) d'une Cyanobactérie, vivant en symbiose avec
un être hétérotrophe, le Champignon.

**Phycocyanine,** n.f. (gr. phukos, algue; kuanos, bleu).
▌ Pigment bilichromoprotéique qui masque souvent la
chlorophylle chez les Cyanobactéries et chez certaines
Rhodophycées, et leur confère une teinte bleue, glau-
que ou violacée (suivant les proportions et la nature
des autres pigments superposés).

**Phycoérythrine,** n.f. (gr. phukos, algue; erythros,
rouge). ▌ Pigment bilichromoprotéique qui masque la
couleur verte de la chlorophylle chez les Rhodophycées
et chez certaines Cyanobactéries, et leur confère
une teinte le plus souvent rouge ou violacée, selon
la proportion des divers pigments superposés.

**Phycologie,** n.f. (gr. phukos, algue; logos, science).
▌ Synonyme d'Algologie.

**Phycomycètes,** n.m.pl. (gr. phukos, algue; mukês, champignon). ▌ Pour certains auteurs ce terme désigne

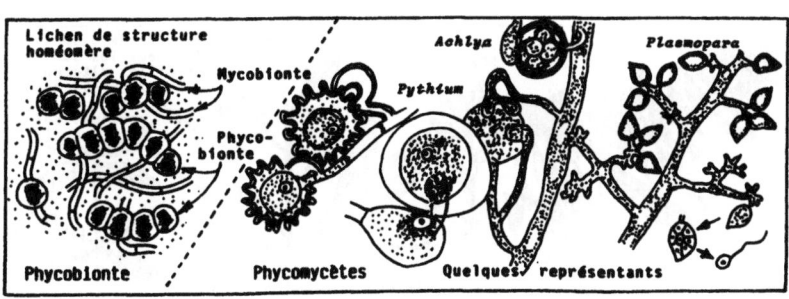

**PHY**

l'ensemble des Champignons dont le mycélium est dépourvu de cloisons transversales. On le dit aussi continu. Ce sont donc les Champignons Siphomycètes. ▌ Parfois on limite cette appellation aux seuls Siphomycètes libérant des spores mobiles (zoospores). On en exclut alors les Zygomycètes (v. ce mot) en ne conservant que les Mastigomycètes (v. ce mot).

**Phyllode**, n.m. (gr. phyllon, feuille; eidos, ressemblance). ▌ Pétiole (v. ce mot) aplati, élargi, mimant un limbe foliaire. On distingue un phyllode d'un limbe réel par : ses nervures toutes longitudinales (chez des plantes qui appartiennent à des familles de Dicotylédones à nervation en réseau). Ex. des Acacias australiens possèdent des phyllodes.

**Phyllodie**, n.f. (gr. phyllon, feuille). ▌ Anomalie dans le développement de divers organes végétatifs ou reproducteurs de Plantes Supérieures, lesquels acquièrent alors l'aspect de feuilles plus ou moins typiques.

**Phylloïdes**, n.f.pl. (gr. phyllon, feuille). ▌ Organe jouant (chez des Végétaux Vasculaires archaïques ou peu évolués, Psilotinées, Lycopodinées, Equisétinées) le rôle de la feuille des Plantes Supérieures. ▌ Une phylloïde est un organe de petite taille (en général), très étroit, et, surtout, uninervié. Ex. les phylloïdes d'une Sélaginelle ou celles d'un *Tmesipteris*. Voir aussi Microphylles.

**Phyllotaxie**, n.f. (gr. phyllon, feuille; taxis, ordre, arrangement). ▌ Disposition des feuilles sur la tige d'un végétal. Au-delà des qualificatifs usuels d'alternes, opposées, opposées-décussées, verticillées, l'ap-

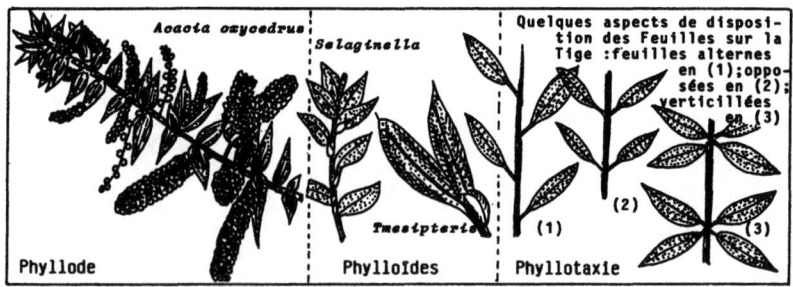

Phyllode — *Acacia oxycedrus* ; *Selaginella* ; *Tmesipteris* — Phylloïdes ; Phyllotaxie — Quelques aspects de disposition des Feuilles sur la Tige : feuilles alternes en (1); opposées en (2); verticillées en (3).

proche phyllotaxique permet: de définir l'angle dit de divergence entre deux feuilles successives; d'exprimer par une fraction simple (où figure au dénominateur le nombre de feuilles rencontrées avant d'en retrouver une qui s'insère exactement sur la même génératrice que celle de départ, et au numérateur le nombre de tours de spire parcourus pour y parvenir) l'indice phyllotaxique propre à l'espèce végétale étudiée. Très souvent plusieurs hélices foliaires seraient, en fait, impliquées.

**Phylogenèse**, n.f. (lat. phylum, lignée; genesis, naissance). | Histoire du développement d'un groupe de végétaux représentant une unité systématique, celle-ci étant considérée pour elle-même, ou par rapport à d'autres groupes voisins. Comparer à Ontogenèse.

**Phylum**, n.m. (mot latin). | Ensemble de végétaux appartenant à des unités systématiques plus ou moins importantes et vastes (races, espèces, genres, familles) témoignant de réels liens de filiation entre eux.

**Phytocénose**, n.m. (gr. phuton, plante; koinos, commun). | Ensemble de la végétation d'un biotope assez homogène, imprimant ses particularités édapho-climatiques sur le peuplement végétal considéré. Voir Station.

**Phytogéographie**, n.f. (gr. phuton,plante; gê,terre;graphé, description.| Partie de la Botanique qui traite de la distribution des espèces et des formations (voir ces mots) végétales à la surface de la terre.

**Phytopathologie**, n.f. (gr. phuton, plante; pathos, souffrance; logos, science). | Étude des maladies des végétaux. Voir aussi Pathologie végétale.

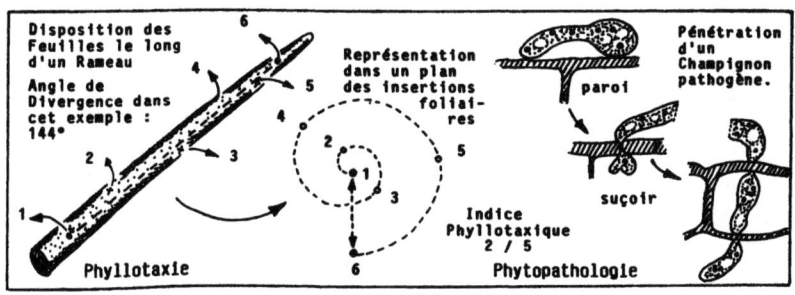

## PHY

**Phytosociologie,** n.f. (gr. phuton, plante; lat. socius, compagnon; gr. logos, science). ▌ Etude de la végétation, dans un périmètre défini, vue sous l'angle des associations végétales qui s'y sont constituées, en prenant en compte tous les facteurs écologiques : climatiques, édaphiques, biotiques.

**Pied,** n.m. (lat. pedem, pied). ▌ Elément possible du carpophore des Eubasidiomycètes, supportant alors le chapeau, et agrémenté, ou non, d'un anneau ou d'une cortine (v. ces mots). ▌ Elément constant du sporophyte des Bryophytes (même s'il est parfois extrêmement réduit, comme chez les Sphaignes). C'est en effet le lien entre le reste du sporogone (v. ce mot) et le gamétophyte qui supporte et nourrit celui-ci.▌ Synonyme Suçoir.

**Pigments,** n.m.pl. (lat. pigmentum, matière colorante). ▌ Composés chimiques colorés que l'on rencontre chez de très nombreux végétaux: soit au niveau des parois squelettiques; soit au niveau des plastes: chloro- ou chromoplastes; soit au sein des vacuoles ou du lipidome. ▌ Parmi les très nombreux pigments, citons : les chlorophylles, xanthophylles, carotène, des Plantes Supérieures; la phycoxanthine, ou fucoxanthine, des Algues Brunes; la phycoérythrine des Algues Rouges; la phycocyanine des Cyanobactéries et de certaines Algues Rouges; les anthocyanes du suc vacuolaire de beaucoup de Plantes Supérieures.

**Pinnule,**; n.f. (lat. pinnula, petite aile). ▌ Ramification de second ordre (et éventuellement d'ordre inférieur) d'une fronde (v. ce mot) de Fougère. La fronde est en effet parfois subdivisée en pennes (v. ce mot), lesquelles peuvent, à leur tour, l'être en pinnules.

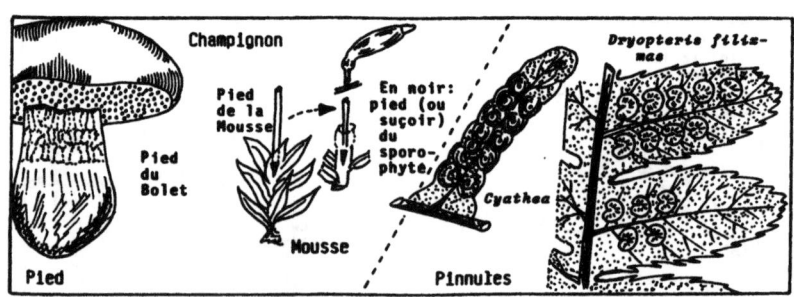

**PIS**

Ex. les pinnules d'une fronde de Capillaire ( *Adiantum capillus-veneris* ).

**Pistil,** n.m. (lat. pistillus, pilon). | Ensemble de l'ovaire, du style et du stigmate. On peut encore dire : ensemble des carpelles (v. ce mot). Synonyme de Gynécée.

**Pivotante,** adj. (origine obscure du mot pivot). | Se dit d'une racine principale (ou pivot) très dominante par rapport à des radicelles apparemment pratiquement insignifiantes, et assurant à elle seule l'ancrage de la plante, et souvent la mise en stock de réserves.

**Placenta,** n.f. (mot latin signifiant gâteau). | Zone de la paroi carpellaire au niveau de laquelle s'insère le funicule qui relie l'ovaire à l'ovule (v. ces mots). | C'est au niveau de ce tissu que transiteront les aliments nécessaires pour la croissance de la graine dérivée de l'ovule à la suite de la fécondation de ce dernier.

**Placentation .** n.f. (mot latin signifiant gâteau, pour placenta). | Chez les Angiospermes, ce terme concerne le mode d'insertion des ovules dans l'ovaire. | Rappelons que l'ovaire (v. ce mot) peut être constitué: (1) d'un seul carpelle; (2) de plusieurs carpelles soudés ensemble par leurs bords sans qu'auparavant chacun d'eux se soit refermé sur lui-même; (3) de plusieurs carpelles coalescents qui se sont d'abord refermés chacun sur soi avant de s'accoler entre eux; (4) de plusieurs carpelles s'étant initialement comportés comme en (3), mais ayant, par la suite, lysé leurs cloisons mitoyennes. | Rappelons aussi que les ovules (v. ce mot) sont le plus souvent portés exclusivement à

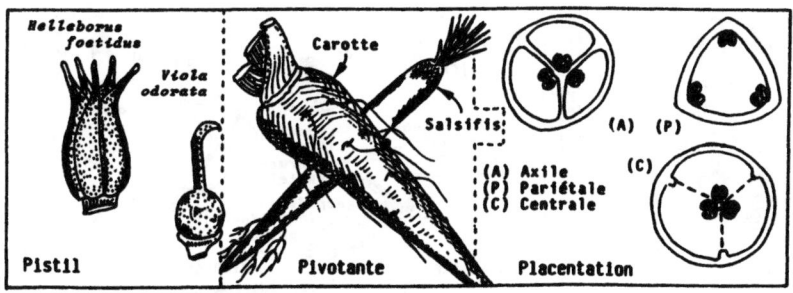

## PLA

la marge de chaque carpelle (5). Mais parfois (rarement il est vrai) ils peuvent être disséminés sur toute la surface carpellaire (6). | En combinant les quatre structures possibles de l'ovaire (numérotées de 1 à 4) et les deux positions possibles des ovules (numérotées 5 et 6), on comprend que la placentation puisse être : pariétale ( 1 + 5 ou 2 + 5); axile (3 + 5) centrale (4 + 5) ou septale (3 + 6).

**Plagiogéotropique ou Plagiotropique**, adj. (gr. plagios, oblique; gê, terre; trepo, je tourne). | Qualifie un organe dont la direction de la croissance sous l'influence de la pesanteur n'est : ni verticale de haut en bas (géotropisme positif), ni verticale de bas en haut (géotropisme négatif), mais oblique, intermédiaire, plus ou moins proche de l'horizontale (v. diagéotropisme). | Ex. les ramifications de nombreuses essences ligneuses sont plagiotropiques et confèrent à l'arbre isolé sa forme botanique (v. ce terme).

**Plancton**, n.m. (gr. plankton, ce qui erre). | Ensemble du monde vivant (animal ou zooplancton et végétal ou phytoplancton) qui vit "entre deux eaux" près de la surface des lacs, mers, océans. Les formes du phytoplancton ( Algues exclusivement ) sont très déliées et offrent ainsi une grande surface portante.

**Planogamète**, n.m. (lat. planus, plain; gamos, mariage). | Gamète mobile, par cils ou par flagelles, suivant les modalités de la planogamie (v. ce mot).

**Planogamie**, n.f. (lat. planus, plain; gamos, mariage). | Fécondation résultant de l'intervention de deux gamètes mobiles (ciliés ou flagellés) qui méritent donc l'appellation de zoogamètes.

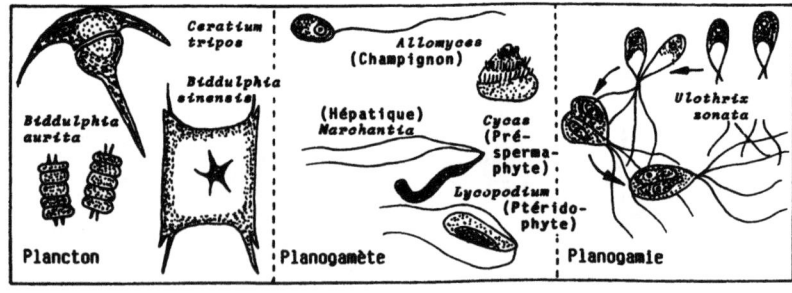

**Planospore**, n.f. (lat. planus, plain; spora, semence). ▌ Synonyme de Zoospore (v. ce mot).

**Plantule**, n.f. (lat. planta, plante). ▌ Jeune plante encore incluse dans la graine (v. ce mot) et qui développera ses organes en utilisant les réserves de cette graine au cours de la germination (v. ce mot). On reconnaît usuellement trois parties à la plantule que l'on nomme : gemmule, tigelle et radicule (v. ces mots).

**Plasmalemme**, n.m. ▌ Membrane cytoplasmique périphérique, très riche en phospholipides, aux molécules orientées, offrant donc un pôle hydrophile et un pôle hydrophobe. On dit encore Ectoplasme.

**Plasmode**, n.m. (gr. plasma, formation). ▌ Thalle des Myxomycètes, constitué par une masse cytoplasmique éminemment molle, déformable, dépourvue de paroi squelettique comme chez les autres végétaux, et multinucléée. C'est donc une structure cénocytique (v. ce mot). Ex. le thalle coulant du *Brefeldia maxima* est un plasmode.

**Plasmodesmes**, n.m.pl. (gr. plasma, formation; desma, lien). ▌ Trabécules cytoplasmiques assurant, à la faveur d'orifices ménagés dans la paroi squelettique pectocellulosique, ou pores, la continuité, de cellule en cellule, de cette substance fondamentale : le cytoplasme.

**Plasmogamie**, n.f. (gr. plasma, formation; gamos, mariage). ▌ L'un des deux processus de la fusion de cellules lors d'une fécondation: c'est l'union des cytoplasmes des deux gamètes. On dit encore Cytogamie.

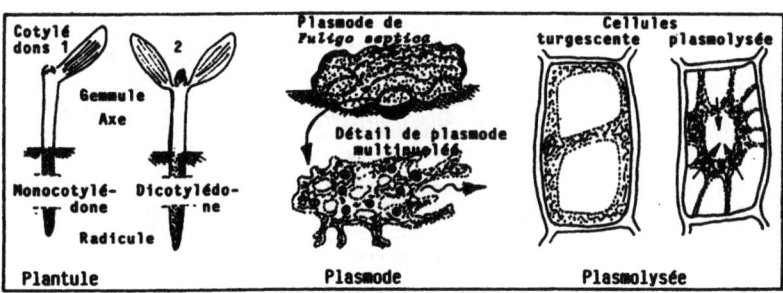

Plantule — Plasmode — Plasmolysée

**Plasmolysée,** adj. (gr. plasma, formation; luein, dissoudre). ▌ Etat d'une cellule se trouvant placée dans un milieu hypertonique et dont la place occupée par le vacuome est, de ce fait, considérablement amenuisée à cause d'une importante sortie d'eau hors de la cellule. Par suite de cette rétraction du vacuome, la paroi squelettique s'est quelque peu relâchée et la cellule a tendance à se déformer; elle est dite plasmolysée.

**Plastes,** n.m.pl. (gr. plastês, qui façonne). ▌ Inclusions cytoplasmiques de forme, de couleur, de taille et aux rôles variés, que l'on rencontre chez tous les végétaux, sauf les Procaryotes (v. ce mot). ▌ On peut distinguer des chloroplastes, des chromoplastes et des amyloplastes. ▌ Chloroplastes : ces plastes sont d'autant plus nombreux dans chaque cellule que le végétal appartient à un groupe plus évolué. Ils sont le siège de la photosynthèse. ▌ Chromoplastes : ces plastes se rencontrent dans divers groupes végétaux mais sont spécialement bien représentés au niveau des pièces florales, de la chair des fruits, et même de certaines racines. ▌ Amyloplastes : voir ce mot.

**Plastidome,** n.m. (gr. plastês, qui façonne). ▌ Ensemble des plastes d'une cellule. Voir Plastes.

**Plastique,** adj. (lat. plasticus, plastique). ▌ Se dit d'un végétal qui révèle une assez grande aptitude à coloniser des habitats variés où règnent des conditions écologiques différentes (conditions de sol, de température, d'humidité, d'éclairement...).

**Plectenchyme,** n.m. (gr. plect, tressé; egkhuma, effusion). ▌ Chez les Champignons et chez les Algues, ce terme désigne un entrelacs de files cellulaires algales ou d'hyphes mycéliennes. C'est un faux-tissu

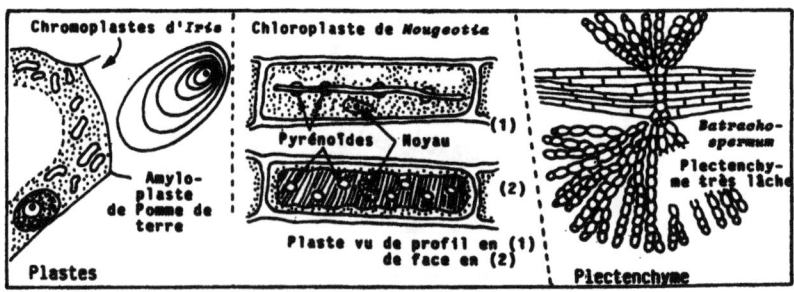

que l'on a parfois appelé "pseudo-plectenchyme". Voir à Tissu.

**Pleuridie,** n.f. (gr. pleuron, flanc, côté). | Terme relatif à l'organisation du cladome (v. ce mot), unité de base de la structure des Algues filamenteuses et massives. | Une pleuridie est une ramification latérale d'un axe, limitée dans son extension. Elle est susceptible de se rabattre contre l'axe, de s'y souder même, et de contribuer à la genèse d'un cortex (on parle alors de pleuridie corticante), ou, par soudure avec d'autres pleuridies portées par le même axe, elle peut enfin conduire à une structure en lame.

**Pleurocarpe,** adj. (gr. pleuron, flanc, côté; karpos, fruit). | Caractérise une Bryophyte (certaines Mousses en particulier) dont les gamétanges femelles se différencient latéralement (par rapport aux axes) et non en position apicale, ce qui entraîne une position comparable des sporophytes, lesquels s'échelonnent à leur tour, le long des axes. Ex. les *Hypnum* sont des Mousses pleurocarpes. | Pour les Hépatiques, on préfère en général le terme anacrogyne (v. ce mot). | Voir aussi Acrocarpe.

**Pli,** n.m. (lat. plicare, ployer). | Formations mimant des lamelles (v. ce mot) mais qui sont seulement très peu saillantes et assez épaisses, et agrémentent le dessous des carpophores et le pied (v. ces mots) de divers Champignons. A leur niveau, chez ces espèces fongiques, se situe l'hyménium pourvu de basides (v. ce mot). Ex. les plis décurrents d'une Girole ( *Cantharellus cibarius* ).

**Plumule,** n.f. (lat. pluma, duvet). | Voir Gemmule.

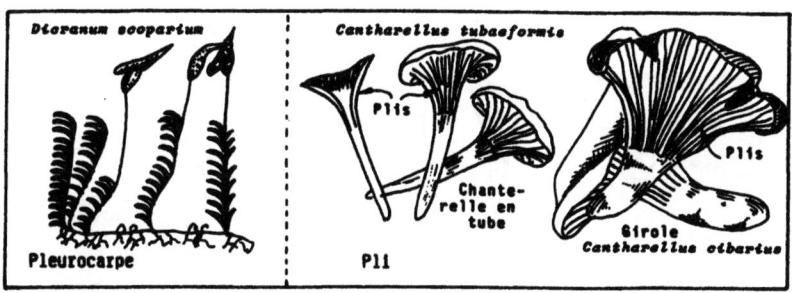

## PNE

**Pneumatophore,** n.m. (gr. pneuma, souffle; phoros, qui porte). ▌ Voir à Racine (respiratoire).

**Poche sécrétrice,.** ▌ Groupement de cellules sécrétrices au sein d'un parenchyme (le plus souvent) et ménageant entre elles une cavité, plus ou moins globuleuse, dans laquelle elles excrètent leur sécrétion. Ex. les poches sécrétrices du zeste de l'Orange.

**Podétion,** n.m. (gr. podos, pied). ▌ Partie érigée du thalle de certains Lichens (par ailleurs foliacés ) et qui supportent les apothécies (v. ce mot) lorsque le Champignon fructifie. Souvent les podétions affectent la forme d'une trompette portant les apothécies sur sa marge. Ex. les podétions des *Cladonia* agrémentés de fructifications rouge corail.

**Poils,** n.m.pl. (lat. pilus, poil). ▌ Productions communes de certains épidermes, les poils sont alors soit linéaires, soit ramifiés. Parfois les poils, uni- ou pluricellulaires, se gorgent de substances sécrétées par la plante. Ainsi en est-il des poils urticants (chez l' *Urtica dioica* ) ou des poils capités (ex. ceux des Chénopodes).

**Pollen,** n.m. (lat. pollen, fleur de farine). ▌ Production microscopique libérée par les anthères des étamines à la faveur de processus variés de déhiscence (v. ce mot). Rares sont les cas (Orchidacées par ex.) où le pollen, glutineux, est transporté en masse (pollinies, v. ce mot).▌ Souvent chaque microspore (v. ce mot) ou grain de pollen naissant a déjà connu une première mitose avant sa libération; c'est alors à un petit gamétophyte mâle bi- ou tri-cellulaire que

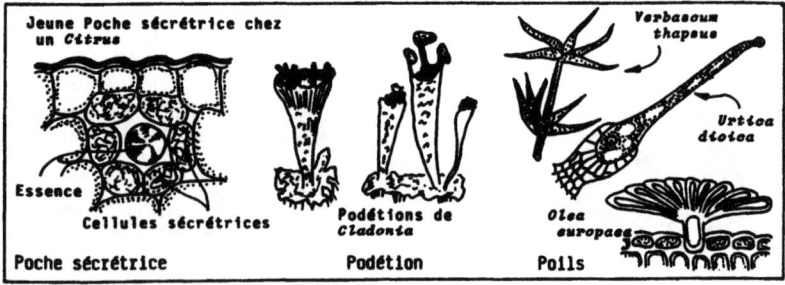

Poche sécrétrice — Podétions de *Cladonia* — Poils

correspond chaque "grain de pollen". Au terme de son évolution, il comptera 5 cellules chez les Préspermaphytes, 4 cellules chez les Gymnospermes, et seulement 3 (dont deux gamètes) chez les Angiospermes. L'ornementation des grains permet leur identification par les palynologues (voir Palynologie) et permet une réelle classification morphologique des pollens.

**Pollinie**, n.f. (lat. du mot pollen). Formation propre aux Orchidées qui correspond, au niveau de leur fleur, au contenu aggloméré d'un sac pollinique. Au sommet du gynostème (v. ce mot) chaque pollinie se prolonge en un caudicule qui se fixe dans une bursicule (ou légère concavité du rostellum), laquelle bursicule sécréte un amas visqueux (ou rétinacle). Voir ces mots.

**Pollinisation**, n.f. (lat. pollen, fleur de farine). La pollinisation, ou transport du pollen des pièces mâles jusqu'aux pièces femelles, a surtout pour agents : le vent (on la dit alors anémophile); les animaux (elle est zoïdophile); l'eau (on la qualifie d'hydrophile); l'homme (pour certaines plantes d'intérêt économique). C'est en ce dernier cas de pollinisation manuelle qu'il s'agit (Vanillier, Palmier-Dattier notamment).

**Pollinose**, n.f. (lat. pollen, fleur de farine). Troubles dus, chez les humains, à l'inhalation de certains pollens (v. ce mot). Le "rhume des foins" en est la plus connue des illustrations et les pollens de Poacées jouent là un grand rôle. Parfois ces pollens indésirables peuvent venir de très loin ( des centaines de kilomètres).

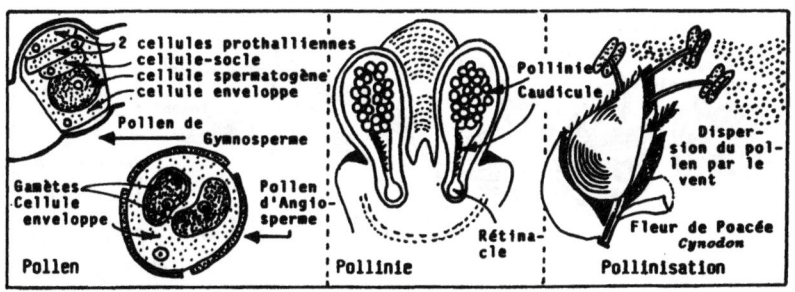

## POL

**Polycarpique,** adj. (gr. polys, nombreux; karpos, fruit). ▌ En matière de gynécée: synonyme de Dialycarpellé, v. ce mot. ▌ En matière de fructification: se dit d'une plante (nécessairement vivace) qui fleurit et fructifie plusieurs fois au cours de sa vie. Cette floraison a lieu soit régulièrement chaque année, soit à intervalles plus importants, soit sans discontinuer. ▌ La première floraison peut intervenir très tôt, ou seulement après des décennies (40-50 ans pour le Hêtre, *Fagus silvatica*. Le Pommier est un exemple évident de végétal polycarpique.

**Polygame,** adj. (gr. polys, nombreux; gamos, mariage). Voir Dicline.

**Polymorphisme,** n.m. (gr. polys, nombreux; morphê, forme). ▌ Propriété que possèdent certains végétaux capables de différencier les mêmes organes (feuilles par ex.) sous plusieurs formes. Cette variabilité est particulièrement nette chez les Bactéries et ce, souvent, en fonction de la composition du milieu de culture. Telle souche bactérienne peut se présenter ici en bâtonnets (bacille) et là en pseudo-filaments (mycobactérie) alors qu'il s'agit du même germe. ▌ Chez les Plantes Supérieures on peut citer le cas de la Sagittaire aux 3 types de feuilles. ▌ On parle parfois, ce qui est synonyme, de pléomorphisme.

**Polypétale,** adj.(gr. polys, nombreux; petalon, pétale). ▌ Ce terme qui s'applique à une corolle constituée de plusieures pièces libres entre elles est synonyme, assez rarement utilisé, de Dialypétale, plus courant.

**Polyphylétique,** adj. (gr. polys, nombreux; phylum, lignée). ▌ Se dit d'un ensemble de végétaux dont on

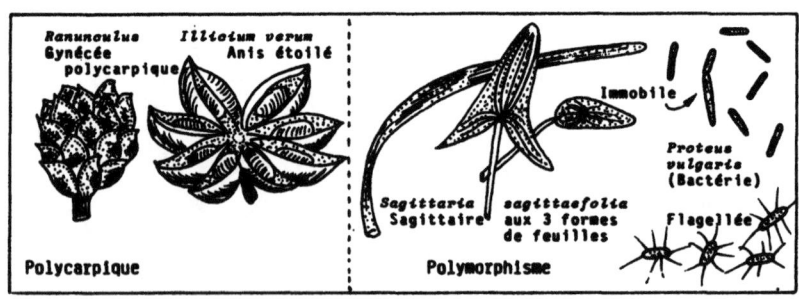

Polycarpique — Polymorphisme

suspecte , en dépit de possibles affinités (morphologiques ou autres) actuelles, qu'ils descendent, à travers les temps géologiques, d'ancêtres nettement différents, constituant autant de phylums qui ont évolué de concert. Ex. les Gamopétales (v. ce mot) sont manifestement polyphylétiques.

**Polyploïde,** adj. (gr. polys, nombreux; eidos, ressemblance). ▌Caractère d'une cellule possédant plus de chromosomes que le stock diploïde usuel (2n). Si son noyau renferme 3n chromosomes, elle est dite triploïde; 4n chromosomes, elle est dite tétraploïde; 6n chromosomes, elle est hexaploïde... Souvent la taille des cellules elles-mêmes croît avec le niveau de ploïdie, et la vigueur, comme la taille d'un individu, en sont accrues. Maintes variétés actuellement utilisées en agriculture comme en horticulture sont polyploïdes. ▌Si la polyploïdie résulte de la multiplication de la garniture chromosomique d'origine de l'organisme, il y a autopolyploïdie; si elle résulte de la juxtaposition de génomes différents, il y a allopolyploïdie.

**Polysépale,** adj. (gr. polys, nombreux; skepé, couverture; petalon, pétale). ▌Ce terme s'applique à un calice constitué de plusieurs pièces, libres entre elles. Il est synonyme de Dialysépale (v. ce mot). Voir aussi Polypétale.

**Polysperme,** adj.(gr. polys, nombreux; sperma, semence). ▌Se dit d'un fruit aux nombreuses graines (dérivées de nombreux ovules). Ex. le Melon et la Tomate sont des fruits polyspermes. La Pomme épineuse du *Datura* est une capsule polysperme.

**Polystèle,** n.f. (gr. polys, nombreux; stela, colonne).

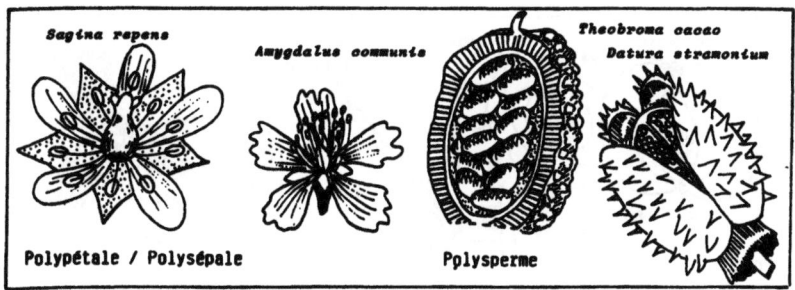

Polypétale / Polysépale    Pplysperme

**POM**

▌ Structure vasculaire qui se rencontre chez certaines Ptéridophytes où coexistent, sur une même section de tige, plusieurs stèles (v. ce mot) indépendantes, chacune délimitée par son propre péricycle.

**Pomacé**, adj. (lat. pomum, désignait la pomme). ▌ Dans la genèse d'un "fruit" pomacé (pomme, poire, coing) interviennent conjointement l'ovaire et le réceptacle floral déprimé (réceptacle dans lequel est enchâssé l'ovaire infère). ▌ Après fécondation des ovules, l'ovaire, et surtout le réceptacle floral, s'accroissent en même temps. Peu à peu se précisent les caractères de la Pomme, de la Poire ou du Coing que l'on connaît. ▌ Le prétendu fruit qu'ils représentent pour le public, et que certains auteurs assimilent à la coexistence de drupes (v. ce mot), n'est donc, en fait, que la juxtaposition : d'une partie vrai fruit (dérivée de l'ovaire et qu'on peut, grosso modo, assimiler au trognon); et d'une partie faux-fruit, la plus recherchée bien sûr, la plus massive, dérivée du réceptacle floral.

**Ponctuation**, n.f. (lat. punctuare, punctum). ▌ Zones demeurées minces de la paroi squelettique au niveau desquelles n'existe normalement que la membrane primaire (voire même que la lamelle mitoyenne pectique). ▌ Lorsque l'épaississement membranaire primaire est localement très faible il se constitue une ponctuation primaire. Lorsque les dépôts secondaires respectent, à leur tour, certaines zones, il se constitue alors des ponctuations secondaires, le cytoplasme reste au contact de la membrane primaire, voire de la lamelle moyenne. ▌ Au niveau de chaque ponctuation peuvent coexister plusieurs plasmodesmes (v. ce mot). ▌ Une ponctuation est simple ou aréolée (v. Aréole et Torus).

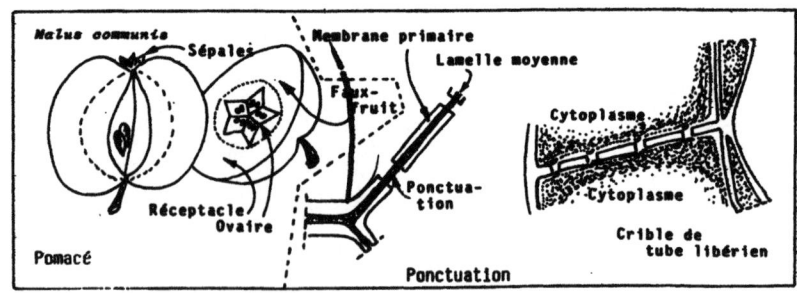

Pomacé — Ponctuation

298

**Poricide,** adj. (lat. <u>porus</u>, pore). ▌ Caractère d'une déhiscence qui se traduit par l'apparition de petits trous (ou pores) au sommet du fruit (comme dans le cas de la capsule du Pavot) ou au sommet des loges d'une anthère (comme c'est le cas chez la Pomme de terre, *Solanum tuberosum* ).

**Port,** n.m. (lat <u>portare</u>, porter). ▌ Voir Habitus.

**Porte-Greffe,** n.m. (lat. <u>portare</u>, porter; <u>graphium</u>, poinçon). ▌ Plante (ou partie de plante comprenant au moins le système racinaire) sur laquelle on a implanté un greffon (v. Greffe). On appelle encore ce porte-greffe le Sujet, ou l'Hypobiote. Ex. le Cognassier constitue un excellent porte-greffe pour le Pommier ( *Malus communis* ).

**Potentiel Hydrogène** ( communément pH ). ▌ Sans entrer dans le détail de la signification physico-chimique du terme, ni de son expression logarithmique (inverse de la concentration en ions Hydrogène) il convient d'indiquer que la connaissance de cette valeur est fondamentale pour tout botaniste de terrain et tout praticien. ▌ Les valeurs des pH enregistrées confirment la connaissance que l'on acquiert en matière de "préférences ioniques" des espèces végétales. Il est des plantes réputées calcicoles, calcifuges, acidiphiles, neutrophiles... (v. ces termes), et il importe (surtout pour entreprendre des cultures) d'en tenir le plus grand compte.

**Pourridié,** n.m. (lat. <u>putrescere</u>, pourrir). ▌ Grave altération des racines de nombreuses plantes herbacées ou ligneuses à l'origine de laquelle se trouvent des Champignons pathogènes, qui entraînent la pourriture

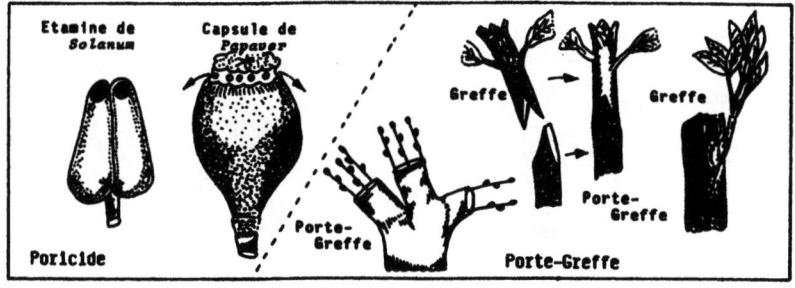

du système souterrain et, par suite, la mort de la plante tout entière. Le cas le plus connu, très redouté des forestiers et des arboriculteurs fruitiers, est le pourridié causé par une Agaricale, l'Armillaire couleur de miel ( *Armillariella mellea* ).

**Prairie,** n.f. (lat. pratum, pré). ▌Prairie naturelle: Ecosystème dominé par des végétaux herbacés, surtout vivaces, et parmi lesquels les Poacées et les Fabacées ont souvent tendance à dominer. ▌La prairie pâturée est livrée au bétail dès le printemps. C'est ce que l'on appelle un herbage. L'intervention des animaux freine nettement l'essor des Poacées (qui ne peuvent guère parvenir à fleurir) et, par contre, favorise les Fabacées dont les inflorescences plus proches du sol peuvent échapper à la dent du bétail. ▌La prairie de fauche, ou pré, n'est pas visitée par le bétail avant que la fenaison ait eu lieu. Au cours du printemps les Poacées ont pu s'exprimer totalement, fleurir, puis grainer en été, et elles tendent à supplanter les Fabacées en partie étouffées. ▌Toutefois, la stratification des systèmes racinaires (enracinement fasciculé superficiel des Poacées, enracinement relativement pivotant et plus profond des Fabacées) facilite normalement la coexistence des représentants des 2 familles et leur prééminence habituelle. ▌Prairie artificielle: véritable culture d'herbe, entrant souvent dans un assolement. On a le plus souvent recours à des Trèfles, Luzernes, Sainfoin (parmi les Fabacées) et Ray-Gras, voire Bromes récemment sélectionnés (parmi les Poacées).▌ Tout un cortège d'espèces appartenant à d'autres familles peuvent venir, en fonction des conditions écologiques, nuancer, voire bouleverser, la composition des prairies naturelles. La composition, assurément, fluctue beaucoup dans les prairies.

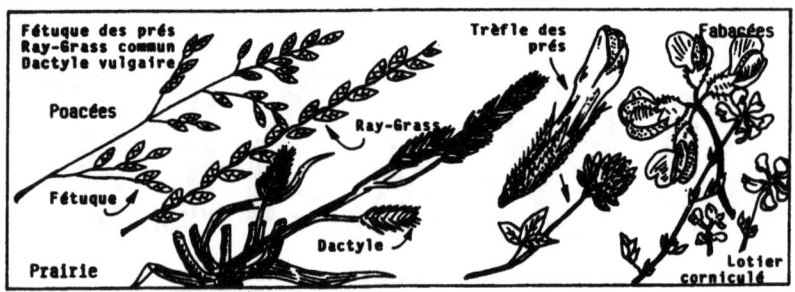

**Préangiospermes**, n.f.pl. (gr. _pré_, avant; _aggeion_, capsule; _sperma_, semence). ❙ Petit groupe de Phanérogames (v.ce mot) très curieux en ce sens qu'il associe aux plans vascularisation et organisation florale notamment, des caractères de Gymnospermes et d'Angiospermes (v. ces mots). ❙ On y reconnaît 3 ordres réduits chacun à une (ou quelques) espèce(s): les Ephédrales, Gnétales et Welwitschiales. Dans tous les cas, les ovules sont manifestement protégés, sans être encore totalement enfermés. Les graines qui en dérivent sont alors entourées par les bractées charnues accrescentes (v. ce mot).

**Prédateur**, n.m. (lat. _predator_, prédateur). ❙ Animal herbivore (nous nous limitons à ce cas) qui se nourrit de végétaux vivants. Le terme est rarement utilisé par qui songe à la vache ou au mouton, par ex., mais il est plus adapté quand on veut évoquer le monde immense des Insectes, des Nématodes, des petits Mammifères qui se nourrissent de végétaux souvent cultivés par l'homme pour son usage direct ou indirect.

**Préfloraison**, n.f. (lat. _pré_, avant; _floris_, fleur). ❙ A propos des Angiospermes, ce terme désigne la manière dont sont disposées les pièces de chacun des verticilles floraux (du périanthe surtout, et spécialement de la corolle) _dans_ le _bouton_ _avant_ l'épanouissement de la fleur. Cette considération peut revêtir un intérêt systématique. Ainsi, chez les Fabacées, en se limitant aux pétales, la préfloraison est _vexillaire_, l'étendard recouvrant les ailes qui recouvrent la carène; chez les Césalpiniacées elle est _carénale_, la carène recouvrant les ailes qui recouvrent l'étendard; chez les Mimosacées elle est _valvaire_, les 5 pétales s'affrontant bord à bord sans recouvrement.

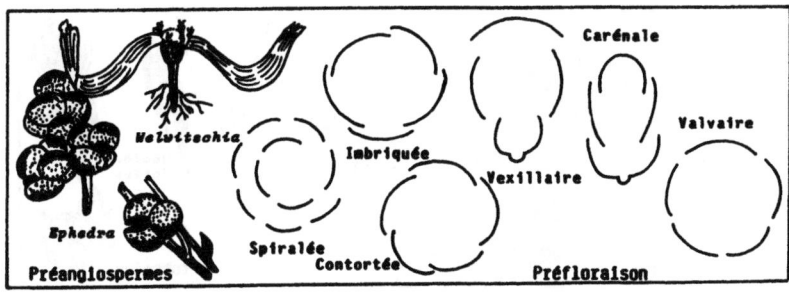

**Préphanérogames**, n.f.pl. (gr. pré, avant; phaneros, apparent; gamos, mariage). ❙ Voir Préspermaphytes.

**Préspermaphytes**, n.f.pl. (gr. pré, avant; sperma, semence; phuton, plante). ❙ Groupe d'Archégoniates Vasculaires qui élaborent des ovules mais se coupent physiologiquement de ceux-ci avant qu'ils aient été fécondés. Ils sont, en quelque sorte, ovipares (v. ce mot). Plus anciennes que les Phanérogames, ces plantes sont encore caractérisées par: leur anatomie primitive; leur dichotomie; leurs frondes filicoïdes fréquentes; leur diécie constante (v. dioïque); et surtout par leur zoïdogamie (v. ce mot).❙ Ex. les Cycas, le Ginkyo, les *Zamia*, les *Caytonia*.

**Primine**, n.f. (lat. primarius, premier). ❙ C'est le premier (par ordre d'apparition) des téguments qui entourent l'ovule bitegminé des Angiospermes; c'est le plus externe des deux téguments.

**Printanisation**, n.f. (de l'anc. franç. printemps, premier temps). ❙ Technique de traitement de semences stockées, par le froid sec contrôlé, afin de permettre de les semer seulement au printemps, et non en automne comme cela eut dû être fait sans ce traitement, tout en réalisant la récolte à venir à la date normale pour l'espèce considérée. ❙ Synonyme Vernalisation.

**Probaside**, n.f. (gr. pro, avant; basis, base). ❙ Voir Téleutospore.

**Procambium**, n.m. (préf. pro, avant; mot latin cambium). ❙ Au niveau des parties encore jeunes d'un axe, ce terme désigne un cylindre de cellules demeurées plus longtemps méristématiques que le reste des tissus

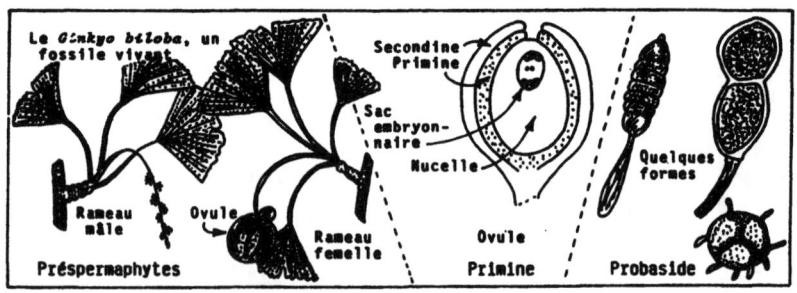

Préspermaphytes — Le *Ginkyo biloba*, un fossile vivant. Rameau mâle. Ovule. Rameau femelle.
Primine — Secondine, Primine, Sac embryonnaire, Nucelle, Ovule.
Probaside — Quelques formes.

de l'axe (moelle centrale et formations corticales périphériques). Ce procambium engendre alors progressivement le système vasculaire avec son bois primaire et son liber primaire.

**Procaryotes,** n.m.pl. (gr. proto, avant; karuon, noyau). ❘ Végétaux les plus archaïques, possédant dans leurs cellules du matériel nucléaire diffus, faute de "membrane nucléaire", faute donc de noyau classique (v. Noyau). ❘ Les Procaryotes regroupent les Bactéries et les Cyanobactéries. Ce sont les premiers êtres vivants apparus sur la terre. On dit encore Protocaryotes.

**Productivité,** n.f. (lat. producere, produire). ❘ Quantité de matière vivante (ou biomasse végétale) élaborée en une année sur une superficie définie d'une culture déterminée. Ex. la productivité du maïs - fourrage peut être de l'ordre de 70 tonnes par hectare et par an. Celle d'une hêtraie est infiniment moindre !

**Prolifère,** adj. (lat. proles, lignée; ferre, porter). ❘ Se dit d'une fleur dont l'axe poursuit (au-dessus des pièces florales et après avoir traversé la fleur) sa croissance en tige feuillée. Cette rare anomalie est particulièrement spectaculaire chez le Rosier. ❘ Se dit aussi d'un thalle d'Algue dont la marge (et parfois la surface) élaborent des expansions très comparables (taille mise à part) au thalle lui-même.

**Propagules,** n.f. (lat. propagare, reproduire).❘ Organes ténus, agents efficaces de propagation végétative chez certaines Mousses et Hépatiques. ❘ Chaque propagule est un amas pluricellulaire chlorophyllien, élaboré soit librement (sur un bord de feuille ou à l'apex

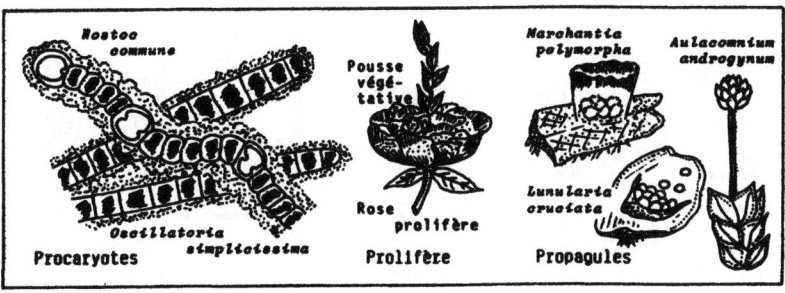

Procaryotes — *Nostoc commune*, *Oscillatoria simplicissima*
Prolifère — Pousse végétative, Rose prolifère
Propagules — *Marchantia polymorpha*, *Lunularia cruciata*, *Aulacomnium androgynum*

# PRO

d'un axe), soit au sein de petites corbeilles différenciées à la surface des thalles. | Ce sont, biologiquement parlant, des boutures.

**Prophase,** n.f. (gr. pro, premier; phasis, apparence). | La première des 4 phases de la mitose cellulaire. Elle précède la métaphase et correspond, tout à la fois, à : l'individualisation des chromosomes; la disparition de la membrane nucléaire; la fissuration de chaque chromosome en deux chromatides.

**Proplastes,** n.m.pl.(gr. pro, premier; plastês, je façonne). | Dans les cellules méristématiques, les proplastes (de taille et d'aspect très comparables à ceux des chondriosomes) sont les précurseurs des plastes.

**Prosenchyme,** n.m. (gr. pros, rapproché; egkhuma, effusion). | Voir à Tissu.

**Protandre ou Protérandre,** adj. (gr. proteros, le premier; andros, mâle). | Voir Dichogamie. | Sont protandres, par ex., la *Campanula rotundifolia* ou la *Scabiosa columbaria*.

**Protéines,** n.f.pl. (gr. proteus, je prends la première place). | Composés organiques renfermant essentiellement du Carbone, de l'Hydrogène, de l'Oxygène et de l'Azote. Ce sont les substances les plus importantes de la matière vivante. Les holoprotéines sont exclusivement constituées d'acides aminés; les hétéroprotéines libèrent, par hydrolyse, des acides aminés et un groupement prosthétique.

**Protérogyne ou Protogyne,** adj. (gr. proteros, le pre-

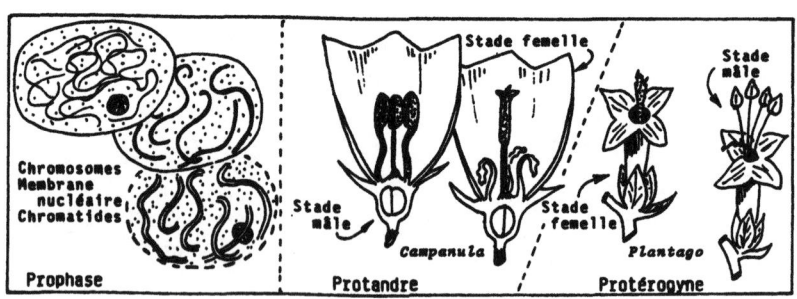

Prophase — Protandre — Protérogyne
*Campanula* — *Plantago*

# PRO

mier; **gunê**, femelle). ▌ Se dit d'une fleur dont les pièces femelles sont mûres avant que ne le soient les pièces mâles. ▌ Ex. sont protérogynes, le Lis Martagon ( *Lilium martagon* ) ou la *Luzula pilosa* chez les Monocotylédones; la Belladone (*Atropa belladona*) à l'intérieur des Dicotylédones. ▌ Voir aussi Dichogamie.

**Prothalle**, n.m. (gr. pro, en avant; thallos, rameau). ▌ C'est le gamétophyte (v. ce mot) des Ptéridophytes. ▌ Formation souvent fugace, née de la spore, porteuse d'archégones ou d'anthéridies, sinon des deux sortes de gamétanges à la fois, selon que le prothalle est unisexué ou bisexué. ▌ Les prothalles sont unisexués chez les Fougères aquatiques (Hydroptéridales) et chez les Sélaginelles et Isoétes. ▌ Ils sont bisexués chez les autres Ptéridophytes (Filicales, Lycopodes et Psilotacées). ▌ Ils offrent des nuances assez subtiles chez les Prêles ( *Equisetum* ) en fonction des espèces considérées.

**Protobasidiomycètes**, n.m.pl. (gr. protos, premier; basis, base; mukês, champignon). ▌ Synonyme Hétérobasidiomycètes, v. ce mot.

**Protocaryotes**, n.m.pl. (gr. protos, premier; karuon, noyau). ▌ On dit encore Procaryotes pour désigner les Bactéries et les Cyanobactéries, végétaux dont l'organisation cellulaire est nettement archaïque, du fait, notamment, de la présence d'un noyau atypique et de l'absence de plastes bien constitués.

**Protonéma**, n.m. (gr. protos, premier; nema, filament). ▌ Type de thalle extrêmement simple, chlorophyllien, ténu, constitué par des files unisériées de cellules, ramifiées de loin en loin. ▌ Sur le protonéma fugace des Bryophytes (première manifestation de la phase

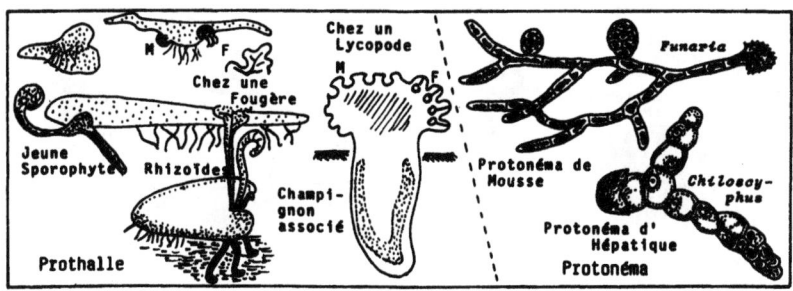

gamétophytique se différencient des bourgeons qui engendrent soit des pousses feuillées (chez les Bryales, Sphagnales, Andréales et certaines Hépatiques), soit des thalles (chez les autres Hépatiques et les Anthocérotales).

**Protophytes**, n.m. (gr. protos, premier; phuton, plante). ❙ Terme que l'on emploie parfois pour désigner les végétaux constitués par une seule cellule. ❙ Ce terme a pour symétrique celui de Protozoaire dans le règne animal. ❙ On réunit Protozoaires et Protophytes sous l'appellation de Protistes.

**Protoplasme**, n.m. (gr. protos, premier; plasma, formation). ❙ Ensemble (le noyau mis à part selon certains auteurs) des éléments figurés permanents de la cellule nés (selon les conceptions classiques) par division de structures semblables préexistantes. Le protoplasme regroupe : le cytoplasme, le chondriome et le plastidome.

**Protoplaste**, n.m. (gr. protos, premier; plastês, qui se façonne). ❙ Cellule végétale que l'on a réussi à débarrasser de sa paroi squelettique. La cellule est alors limitée par sa pellicule ectoplasmique et tend à acquérir une forme sphérique. Sous cette forme on réussit à associer des protoplastes, point de départ de nouveaux types d'individus "créés" exprimentalement.

**Protostèle**, n.f. (gr. protos, premier; stela, colonne). ❙ Stèle la plus simple qui soit, comprenant un cylindre axial de bois (sans moelle) entouré d'un manchon continu de liber. C'est un type de stèle courant chez les végétaux tenus pour archaïques. Les *Rhynia* du Dévonien, ancêtres, étaient de structure protostélique.

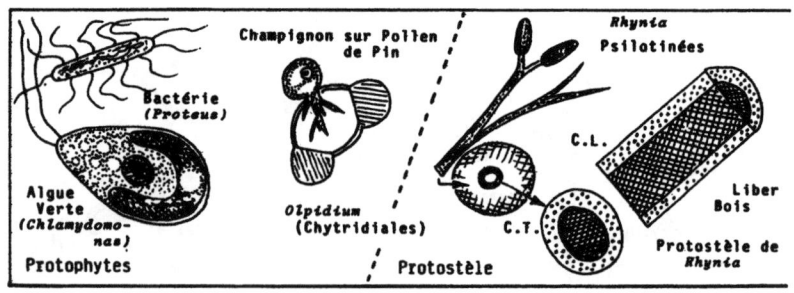

**Protothalle**, n.m. (gr. protos, premier;thallos, rameau)
| Disposition organisée, filamenteuse et rameuse, des cellules (ou des siphons) du thalle d'une Algue ou d'un Champignon. Ex. le protothalle d'un *Rhodotham - niella floridula* (Algue Rouge fixatrice des sédiments dans la zone intertidale). Voir le mot Mer.

**Protoxylème**, n.m. (gr. protos, premier; xylos, bois).
| Ensemble des premiers éléments conducteurs formés au niveau du pôle d'origine d'un faisceau de bois primaire. Ce ne sont donc que vaisseaux annelés et spiralés chez les Angiospermes.

**Proventifs**, adj. (lat. provenire, naître).| Bourgeons formés depuis longtemps (des années) mais qui ne s'expriment qu'à la faveur d'un afflux subit d'aliments et de lumière. Ce sont eux qui engendrent, après la coupe des grands sujets, la régénération du taillis en forêt. Voir aussi Dormant.

**Psammophytes**, n.m.pl. (gr. psammos, sable; phuton, plante). | Végétaux capables de vivre dans les sols sableux. Ex. l'Oyat (*Psamma arenaria*) ou le Liseron des sables (*Calystegia soldanella*) sont des psammophytes. Voir aussi Erémophyte.

**Pseudodioïque**, adj. (gr. pseudo, mensonge; di, deux; oikos, habitat). | Se dit d'un gamétophyte qui différencie à la fois des organes sexuels mâles et femelles, mais lesquels sont élaborés sur des pousses différentes, spécialisées, du même individu. Ex. les curieuses Bryophytes *Calobryum* sont pseudodioïques.

**Pseudophylle**, n.f. (gr. pseudo, mensonge; phyllon, feuille). | Fausse-feuille chez les Pins (Gymnospermes).

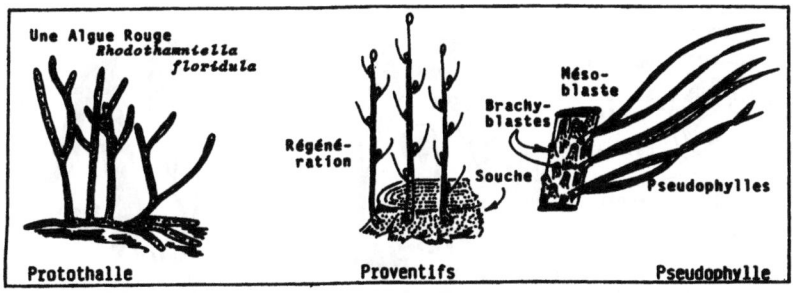

Protothalle — Proventifs — Pseudophylle

## PSE

Chez ces végétaux en effet les formations chlorophylliennes que l'on appelle "aiguilles" et qui sont groupées par 1 à 5 (selon les espèces de Pins) ne sont que les prolongements de chaque brachyblaste (v. ce mot) fendu. Les vraies feuilles, ou euphylles (v. ce mot), sont tout autre chose. ▌Voir aussi rameau.

**Pseudopode**, n.m. (gr. pseudo, mensonge; podion, petit pied). ▌Ce terme désigne, chez certaines Mousses (les Sphaignes) le prolongement haploïde de la plante feuillée supportant le sporophyte, pratiquement sessile. Ce pseudopode haploïde mime donc la soie (ou pédicelle) diploïde normalement bien développée chez les autres Bryophytes.

**Psilophytinées**, n.f.pl. ▌L'un des 5 sous-embranchements de Ptéridophytes (v. ce mot) que caractérisent : leur ancestralité (toutes les Psilophytinées sont des fossiles de l'ère primaire, Dévonien); leur absence de frondes ou de phylloïdes (v. ces mots): elles ne possèdent que des émergences (v. ce mot) ou n'ont que des axes nus; l'absence (en l'état actuel de nos connaissances) de données sur leurs gamétophytes, bien qu'on puisse affirmer que c'étaient des plantes homosporées (v. ce mot).

**Psilotinées**, n.f.pl. ▌L'un des 5 sous-embranchements de Ptéridophytes (v. ce mot) que caractérisent : leur ancestralité, comme en témoigne en particulier leur anatomie (ce sont des formes très affines aux Psilophytinées, v. ce mot); leurs axes nus (chez les *Rhynia*), à émergences chez les *Psilotum*, à phylloïdes chez les *Tmesipteris*; leurs sporanges terminaux et isolés chez les *Rhynia* ou groupés en synanges (v. ce mot) dans les deux autres genres; leur homosporie (v. ce

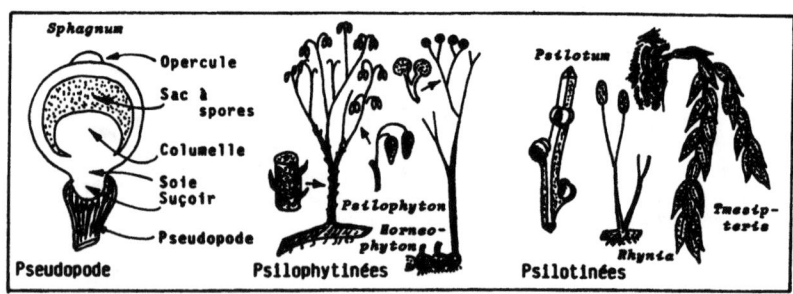

mot), et donc leur homoprothallie (v. ce mot) avec gamétophytes symbiotiques et durables.

**Psychrophytes,** n.m.pl. (gr. psukhros, froid; phuton, plante). | Végétaux capables de se développer dans des milieux très froids. Ex. le *Sporotrichum* esp.*carnis* Champignon dégradateur des viandes stockées en entrepôts frigorifiques est un psychrophyte.

**Ptéridophytes,** n.m.pl. (gr. pteron, aile; phuton, plante). | Embranchement du règne végétal qui regroupe les Fougères (ou Filicinées), les Prêles (ou Equisétinées), les Lycopodes, Sélaginelles et Isoètes (ou Lycopodinées), les Psilotinées et les Psilophytinées. | Ce sont des Cryptogames Vasculaires chez lesquelles le cycle de reproduction est digénétique (v. ce mot) à dominance diploïde puisqu'alternent un sporophyte important et un gamétophyte (ou deux s'ils sont unisexués) très discret(s).

**Ptéridospermales,** n.f.pl. (gr. pteron, aile; sperma, semence). | Communément appelées Fougères à graines (ce qui est une approximation doublement excessive) ces Préspermaphytes (v. ce mot) abondaient au Dévonien supérieur et au Carbonifère. Elles avaient un port de Fougères arborescentes avec des frondes de type *Cycas* (voir Cycadales).

**Pubescent,** adj. (lat. pubescens, poilu). | Caractère d'un organe qui possède des poils, qui est duveteux. S'oppose à Glabre (v. ce mot). | Ex. la face inférieure des feuilles du Chêne pubescent (*Quercus pubescens*), est couverte d'un important duvet: elle est pubescente et râcle la langue passée délicatement. Nombre de plantes des lieux secs sont pareillement pubescentes.

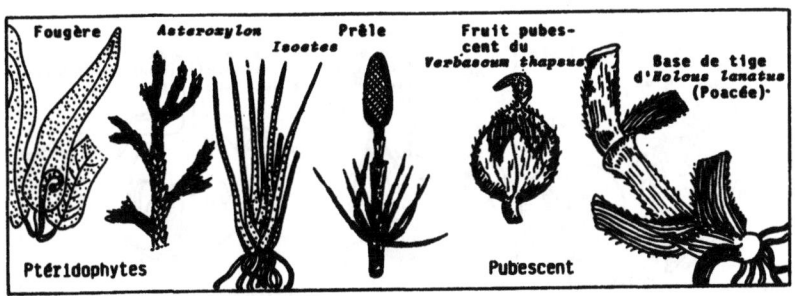

**Pulpe,** n.f. (lat. pulpa, pulpe). ▌ Tissu tendre, gorgé de réserves, souvent juteux et sucré, constituant une partie du péricarpe des fruits charnus. Ex. la pulpe de la Groseille et du Raisin (qui sont des baies, v. ce mot). ▌ Chair, gorgée de saccharose, de la racine tubérisée de certains végétaux, telle la Betterave à sucre (*Beta vulgaris* cv. *altissima*).

**Pycnide,** n.f. (gr. puknos, épais). ▌ Production fongique lagéniforme qui mime un périthèce (v. ce mot) mais ne dérive aucunement d'un processus sexué. C'est le lieu de production de pycnidiospores ou conidies (v. ce mot), véritables boutures, qui assurent la très efficace dispersion de certains Champignons.

**Pyrénoïdes,** n.m. (gr. purên, noyau). ▌ Corps globuleux, hyalins, protéïques, chimiquement complexes, qui existent au niveau des chloroplastes des Algues, et autour desquels apparaissent les grains d'amidon nés de la photosynthèse. Suivant les Algues considérées, il existe un seul (ou plusieurs) pyrénoïde(s) par plaste. Chez les Algues Brunes le pyrénoïde, accolé à la surface du plaste, est extraplastidal.

**Pyrénolichens,** n.m.pl. (gr. purên, noyau; leikhen, v. à lichen). ▌ Groupe de Lichens dont l'associé fongique est un Ascomycète Pyrénomycète (v. ce mot). Ex. les *Verrucaria* sont des Pyrénolichens.

**Pyrénomycètes,** n.m.pl. (gr. purên, noyau; mukês, champignon). ▌ Ascomycètes (v. ce mot) dont la fructification est à ouverture étroite (ou ostiole) et la partie basale ventrue, comme une bouteille. On l'appelle un périthèce (v. ce mot). Ex. les *Melanospora* sont des Pyrénomycètes.

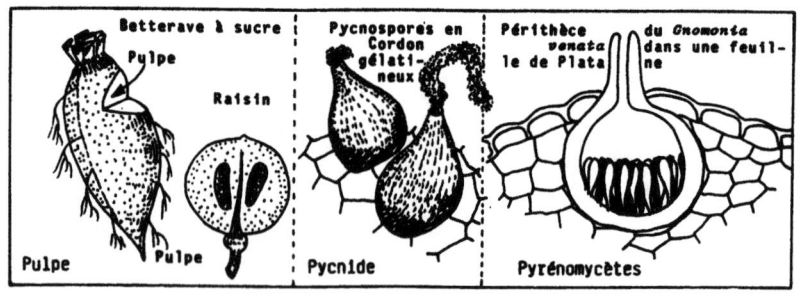

**Pyrophyte,** n.m. (gr. _pur_, feu; _phuton_, plante). ❙ Plante qui survit très souvent à l'incendie, ou lui succède, à la faveur de caractères morphologiques et physiologiques particuliers. Ex. le _Pinus banksiana_, de l'Ouest des U.S.A., peut supporter le passage des feux : c'est un pyrophyte.

**Pyxide,** n.f. (gr. _puxidion_, petite boîte). ❙ Fruit sec déhiscent, de forme sphérique, et qui s'ouvre par une fissure sensiblement équatoriale, les deux moitiés se séparant alors comme deux hémisphères qui se disjoindraient. Ex. la pyxide du Mouron rouge, _Anagallis arvensis_.

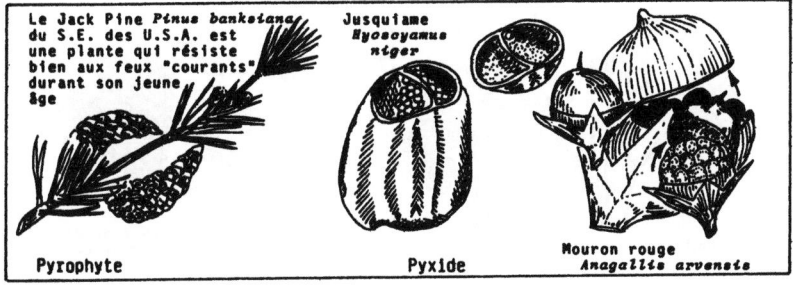

Pyrophyte — Pyxide — Mouron rouge _Anagallis arvensis_

# Q

**Quadrangulaire**, adj. (lat. quatuor, quatre; angulus, angle). ❙ Se dit d'un organe qui possède 4 angles. Ex. la tige des Lamiacées (ex-Labiées) est typiquement quadrangulaire en section.

**Quadrifide**, adj. (lat. quadrifidus, quadrifide). ❙ Se dit d'un organe qui possède 4 divisions assez nettement individualisées. Ex. une feuille quadrifide.

**Quadrifolié**, adej. (lat. quatuor, quatre; folia, feuille). ❙ Qui possède 4 feuilles, ou des feuilles groupées par 4. Note : l'expression "Trèfle à quatre feuilles" est erronée: c'est, par exception, de 4 folioles (au lieu de 3) à chaque feuille du Trèfle qu'il s'agit. Il conviendrait de dire qu'il est quadrifoliolé.

**Quadripolaire**, adj. (lat. quatuor, quatre; polus, pôle). ❙ Ce terme sert à caractériser le comportement de certaines espèces de Champignons hétérothalliques (v. le mot Hétérothallisme). ❙ Synonyme de Tétrapolaire (v. ce mot).

**Queue**, n.f. (lat. cauda, queue). ❙ Ce terme est employé par le public pour désigner, selon les cas : le pétiole (v. ce mot) d'une feuille; le pédoncule (v. ce mot) d'une fleur, puis d'un fruit. Ex. la queue de cerise; voire une plante entière ressemblant à une queue d'animal. Ex. la Queue de cheval (pour certaines Prêles

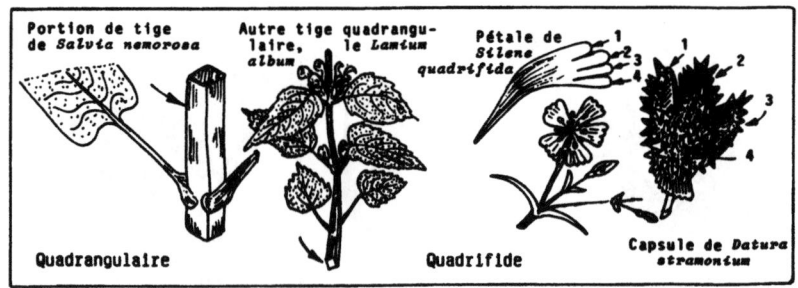

riches en rameaux verticillés, tel l'*Equisetum sylvaticum*); sinon la Queue de Renard pour l'Amarante; ou la Queue de Loup pour la *Digitalis purpurea*.

**Quinconciale**, adj(lat. quincunx, quinconce). | Disposition particulière des pétales dans le bouton de certaines fleurs à la faveur de laquelle ces pièces sont (lorsqu'il y en a 5): recouvrantes pour deux d'entre elles, recouvertes, pour deux autres, cependant que la cinquième est mixte.

**Quotient respiratoire**, n.m. (lat. quoties, combien de fois). | Rapport, en volumes, entre les quantités de Gaz carbonique dégagé et d'Oxygène absorbé, à la faveur de la respiration. Les valeurs de ce rapport fluctuent en fonction de la nature chimique du composé organique dégradé (glucide, lipide, protide).

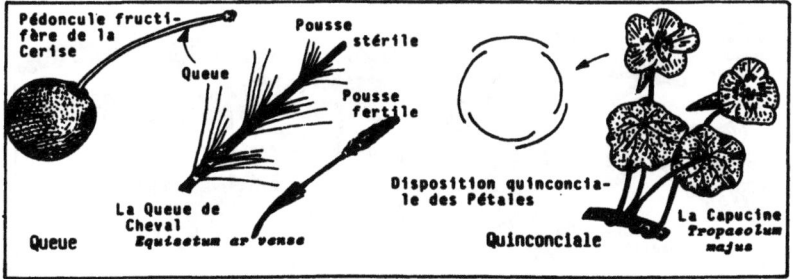
Queue — La Queue de Cheval *Equisetum arvense* — Disposition quinconciale des Pétales — Quinconciale — La Capucine *Tropaeolum majus*

# R

**Race,** n.f. (ital. <u>razza</u>, race). ▌ Ce mot revêt chez les biologistes et systématiciens végétaux un sens souvent imprécis, fluctuant. On lui préfère souvent le terme "variété" (v. ce mot). ▌ La distinction d'une race à l'intérieur d'une espèce végétale repose sur la reconnaissance, chez certains individus, de la possession d'un caractère particulier génétiquement transmissible (caractère morphologique le plus souvent, mais parfois d'une autre nature).▌ L'existence d'une race peut être en relation, selon le cas, avec une répartition géographique précise; des exigences écologiques distinctes; un comportement physiologique original.

**Racème, Racémeux,** n.m. et adj. (lat. <u>racemus</u>, grappe). ▌ Synonyme de grappe (v. ce mot) pour le terme racème, cependant que le qualificatif racémeux signifie "en forme de grappe".

**Rachis,** n.m. (gr. <u>rhakhis</u>, épine dorsale). ▌ Ce terme désigne toujours un axe supportant des pièces souvent réduites, de part et d'autre. ▌ Le rachis d'une fronde de Fougère supporte bilatéralement les pennes (v. ce mot) de cette fronde. Ex. le rachis d'une fronde de *Polypodium vulgare* . ▌ Le rachis d'un épi de Poacée supporte les épillets dans des excavations qui s'échelonnent sur sa longueur. Ex. le rachis d'un épi de *Lolium perenne* (Ivraie vivace ou Ray-grass). ▌ L'axe

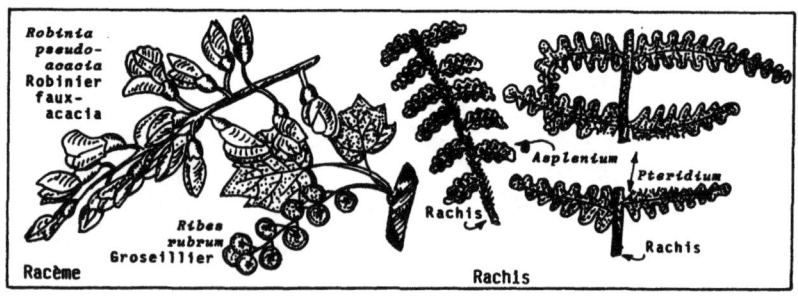

du cône d'un Résineux est parfois appelé rachis.

**Racine,** n.f. (lat. radix, racine). | Organe végétatif d'une plante vasculaire caractérisé par son bois primaire centripète (v. ce mot) alternant avec son liber primaire, et dont les rôles essentiels sont la fixation de l'individu et son approvisionnement en eau et en substances dissoutes (sève brute). | Au fil des ans, les racines de nombreuses plantes élaborent des formations secondaires et peuvent acquérir des dimensions importantes (voir les racines-maîtresses à la base d'un beau fût en forêt).| La racine manifeste (sauf rares exceptions, voir plus bas le terme pneumatophores) un géotropisme positif. Selon son aspect, sa position, son importance par rapport aux autres parties du même végétal, on la qualifiera : d'adventive lorsqu'elle apparaît dans une position peu classique (sur des rhizomes ou sur des axes aériens); de crampon lorsqu'elle joue, en position aérienne, un rôle fixateur sur un support; d'aérienne lorsqu'elle pend depuis une tige, dans l'air, avant d'atteindre (éventuellement) le sol; de pivotante lorsqu'elle est beaucoup plus développée que les autres (qui ne sont alors que de discrètes radicelles);de respiratoire (ou pneumatophore) lorsqu'elle obéit à un géotropisme négatif et contribue à la quête d'oxygène de l'air chez des plantes de lieux marécageux (ex. les racines respiratoires du Cyprès chauve de Louisiane); de traçante lorsqu'elle s'étend activement à faible profondeur, parallèlement à la surface du sol; de tubéreuse lorsqu'elle se gorge de réserves comme savent le faire celles du Dahlia.

**Radiale,** adj. (lat. radialis, de radius, rayon). | Qualifie un type de symétrie, liée à la disposition ré-

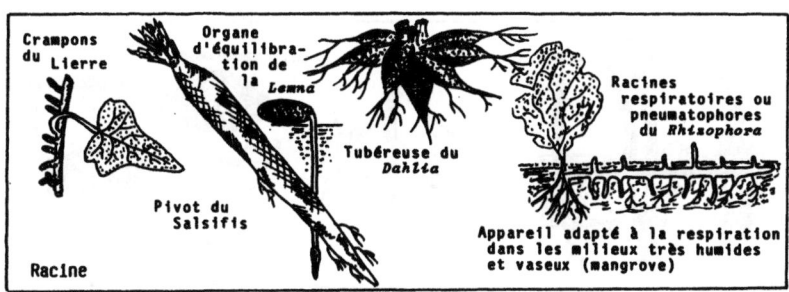

## RAD

gulière de tous les éléments homologues par rapport à l'axe d'un organe qui joue alors le rôle d'axe de symétrie. ▎ Qu'il s'agisse de pièces florales, de sporanges, de faisceaux conducteurs, etc.., la symétrie radiale implique qu'ils soient en disposition rayonnante. Ex. les pétales d'une fleur de Fraisier sont en disposition radiale. La fleur de Tulipe a une symétrie radiale.

**Radicante,** adj.(lat. radicalis, de radix, racine). ▎ Qualifie une tige qui manifeste une tendance nette à se maintenir contre le sol, contre une écorce ou sur un mur, pour y émettre des racines adventives. Ex. la Ronce a des tiges radicantes qui assurent efficacement l'occupation du terrain.

**Radicelle,** n.f. (lat. radicula, petite racine). ▎ On désigne ainsi chacune des ramifications de la racine principale. C'est au niveau des radicelles que l'absorption est la plus active. Ex. un plant forestier riche en radicelles est fort apprécié, et l'on parle alors de son abondant chevelu racinaire. ▎ On fera la distinction entre radicelle et radicule (v. ce mot).

**Radicule,** n.f. (lat. radicula, radicule). ▎ C'est la première racine élaborée par un végétal au niveau de son embryon et qui apparaît normalement lorsqu'une graine commence à germer (v. le mot Germination). ▎ On fera la distinction entre radicule et radicelle.

**Radiées,** n.f.pl. (lat. radiatus, rayonnant). ▎ Ce terme s'applique à l'une des divisions essentielles au sein de la famille des Astéracées dont les capitules (v. ce mot) sont caractérisés par la coexistence de fleurs périphériques ligulées (v. le mot ligule) et

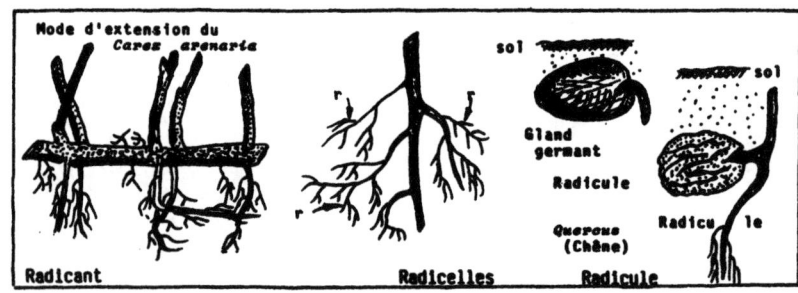

# RAM

de fleurs centrales tubulées. Ex. la Grande Marguerite (*Leucanthemum vulgare*) a des fleurs radiées.

**Rameau** lat. ramus, rameau). ❘ En général, ce mot désigne une formation ayant une structure de tige, née d'un bourgeon porté par un axe principal, au niveau d'un noeud, et portant, elle aussi, des feuilles. ❘ Avec le temps, le rameau peut s'accroître en longueur et en diamètre et prendre alors des proportions de tige secondaire porteuse à son tour de rameaux jeunes, ou ramules.❘ Chez les Gymnospermes, on est conduit à distinguer (en fonction de l'importance respective de leur élongation): des rameaux longs (ou auxiblastes) sur les parties jeunes desquels les feuilles pourront être plus ou moins espacées, et qui sauront acquérir la taille de réelles branches; des rameaux de moyenne croissance (ou mésoblastes) qui, le plus souvent, ne dépasseront guère quelques cm. de longueur et, bien entendu, porteront des feuilles (aiguilles ou écailles selon les genres), soit échelonnées, soit en bouquets; enfin, chez les Pins, se distinguent encore des rameaux réellement très courts ou brachyblastes) qui n'atteindront que quelques mm. de longueur et se termineront chacun par un faisceau de pseudophylles (v. ce mot) ou aiguilles du Pin.

**Ramure,** n.f. (lat. ramus, rameau). ❘ Ensemble des ramifications du tronc d'un arbre. En fonction de la disposition relative des branches maîtresses, rameaux, ramules d'une part, et de l'angle que forment entre eux ces divers éléments constitutifs d'autre part, s'élabore, pour chaque arbre, un port (ou Habitus, v. ce mot) caractéristique.

**Raphé,** n.m. (gr. raphê, suture). ❘ Partie du funicule

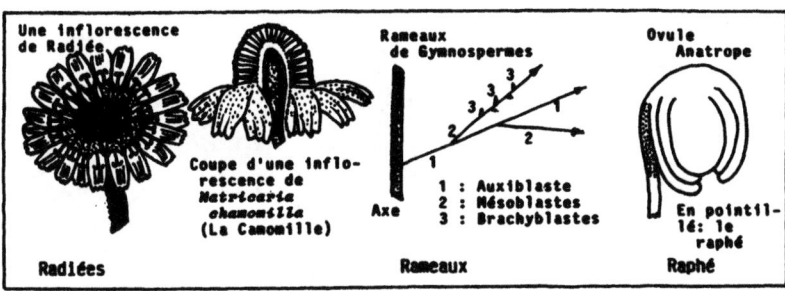

## RAP

soudée au corps de l'ovule lorsque celui-ci s'est replié contre lui, c'est-à-dire dans le cas des ovules anatropes (v. ce mot).

**Raphides,** n.f. (gr. raphidos, aiguille). | Aiguilles d'oxalate de calcium qui coexistent parfois en véritables "fagots" microscopiques au sein de certaines cellules. Ex. les cellules à raphides de la pulpe de la Banane.

**Rapport nucléoplasmique.** | Rapport entre le volume du noyau (au numérateur) et celui de la cellule moins le noyau (au dénominateur). Dans le cas d'une cellule jeune, par exemple au niveau d'un méristème, le volume du noyau peut atteindre les 3/4 du volume du protoplasme de la cellule.

**Rayon,** n.m. (lat. radius, rayon). | Agencement de cellules (demeurant en général à paroi mince) disposées radialement, comme un ruban traversant les tissus conducteurs. | Rayons primaires : d'origine médullaire (v. ce mot) ils s'allongent à la faveur de l'activité cambiale. | Rayons secondaires : ils dérivent de l'activité cambiale mais n'ont aucun contact avec la moelle. Ils ont commencé à se différencier plus tard que les rayons primaires. | Rayons libériens : ce qualificatif se rapporte en fait à la partie libérienne d'un rayon. | Rayons ligneux : ce qualificatif se rapporte, par contre, à la partie d'un rayon incluse dans le bois. | Rayons unisériés : rayons qui ne comptent, en épaisseur, qu'une seule couche de cellules. | Rayons multisériés : rayons comptant, en épaisseur, au moins deux assises de cellules.

**Réceptacle,** n.m. (lat. receptare, recevoir). | Renfle-

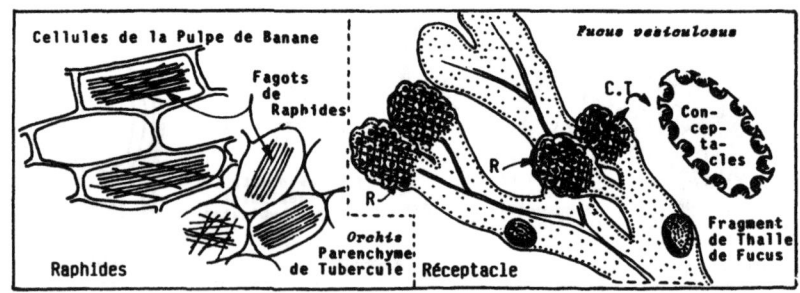

ment terminal des branches du thalle de certaines Algues (par ex. les *Fucus*) au niveau duquel sont logés les conceptacles (v. ce mot). ❙ Partie sommitale élargie et diversement déformée du pédoncule floral. Suivant les types de fleurs (ou d'inflorescences) le réceptacle peut être : plan, en plateau (par ex. chez les Astéracées, réceptacle d'une inflorescence d'Artichaut); bombé ou allongé en cône supportant les pièces florales étagées (on l'appelle alors un thalamus, comme chez les Renonculacées ou Magnoliacées); étalé en formant un disque nectarifère (par ex. chez les Rutacées, qui sont précisément des Discitflores); renflé et déprimé en calice (vase sacré) plus ou moins profond, à paroi libre ou soudée à celle de l'ovaire qui en occupe le coeur (par ex. chez le Pêcher (Amygdalacées) ou chez le Pommier (Malacées), les fleurs ainsi constituées se rattachant aux Caliciflores).

**Récurrence**, n.f. (lat. recurrere, revenir en arrière). ❙ Apparition (chez une espèce évoluée) d'organes dont la forme rappelle celle d'organes portés, jadis, par une espèce aujourd'hui disparue, ou portés, de nos jours, par une autre espèce géographiquement très éloignée.

**Recyclage**, n.m. (gr. re, répétition; kuklos, cercle). ❙ Succession d'interventions microbiennes (de Bactéries et Champignons notamment) couplées avec des actions de la faune, qui permettent la dégradation des restes d'êtres vivants et leur réutilisation en tant qu'aliments par de nouvelles générations. Ex. le recyclage des litières ou des composts.

**Réduction chromatique**, n.f. ❙ Phénomène biologique essentiel, synonyme de Méïose (v. ce mot).

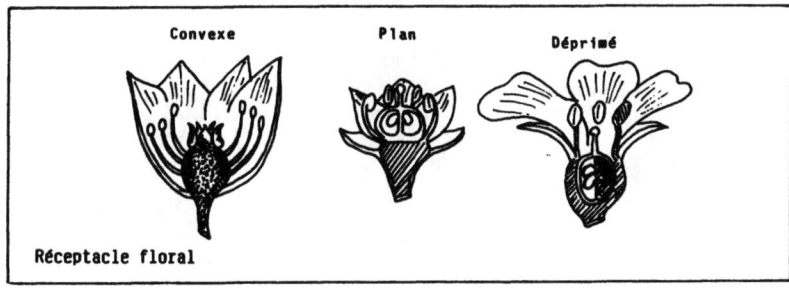

Réceptacle floral

## REF

**Réfléchi**, adj. (lat. <u>reflectere</u>, faire tourner.) Se dit d'un élément rabattu, récurvé, à l'opposé de son sens d'insertion sur la plante. Ex. les sépales de la Renoncule âcre (*Ranunculus acris*) sont réfléchis.

**Régénération**, n.f. (gr. <u>re</u>, à nouveau; <u>generare</u>, engendrer). | Processus de reconstitution: d'un végétal entier (à partir d'un fragment souvent appelé bouture ou propagule); ou d'un peuplement ligneux entier. C'est alors un terme de sylviculture, et il peut, suivant les cas, s'agir de régénération <u>naturelle</u> (par rejets, par semis spontanés), ou de régénération <u>artificielle</u> (à la faveur d'interventions humaines).

**Régime**, n.m. (lat. <u>regimen</u>, régime). | Type d'inflorescence, puis d'infrutescence en grappe (v. ce mot) particulière, propre à certaines familles de plantes. Ex. le régime de bananes des *Musa*, ou le régime de dattes d'un *Phoenix dactylifera*.

**Rejet ou Rejeton**, n.m. (lat. <u>rejectare</u>, rejeter). | Jeune pousse née du réveil d'un bourgeon au niveau d'une souche, du tronc ou d'une branche, le plus souvent à la suite d'une taille ou d'une exploitation. Ex. les rejets du Chêne sensibles au Blanc (v. ce mot).

**Remontant**, adj. (lat. <u>re</u>, à nouveau; <u>montare</u>, monter). | Se dit d'un végétal qui fleurit une seconde fois (voire une troisième) après la saison habituelle de sa pleine floraison. Ex. il est des Fraisiers, des Glycines, des Rosiers qui sont remontants.

**Réniforme**, adj. (lat. <u>ren</u>, rein; <u>forma</u>, forme). | Qualifie un organe qui a la forme d'un rein. Ex. l'in-

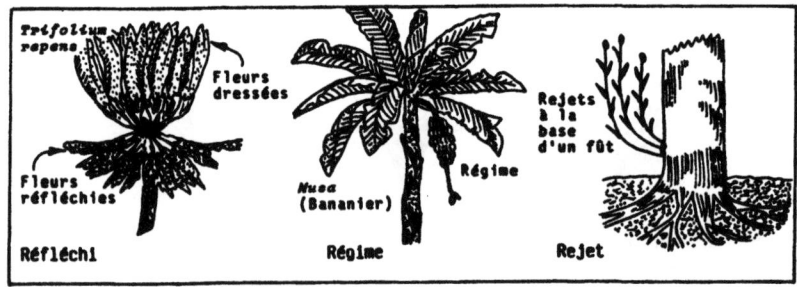

**REP**

dusie (v. ce mot) du *Dryopteris filix-mas* (Fougère banale de nos sous-bois) ou la graine du Haricot sont réniformes.

**Reproduction,** n.f. (préf. re, à nouveau; lat. producere, produire). ❙ Processus de propagation d'une espèce végétale qui implique des phénomènes sexuels. Ce terme se distingue nettement du concept de multiplication (v. ce mot). Ex. la reproduction d'une Algue exige l'union de gamètes mâle et femelle.

**Résineux,** n.m. (lat. resina, résine). ❙ Autre appellation des Gymnospermes faisant allusion à leur aptitude quasi-générale (les Taxacées faisant exception) à produire de la résine. Les résineux croissent souvent plus vite que les feuillus et leur sont donc fréquemment préférés. Mais on leur reproche parfois d'être à l'origine de l'acidification du sol (jugement qui doit être modulé en fonction des essences). Leur feuillage est constitué soit par des aiguilles, soit par des écailles.

**Respiration,** n.f. (lat. respirare, respirer). ❙ Echanges gazeux entretenus (avec une intensité fluctuante) jour et nuit, par les végétaux aérobies (v. ce terme) et qui peut se résumer par : une absorption d'oxygène et un rejet de gaz carbonique (v. Quotient respiratoire). ❙ Au plan du bilan général pour un végétal vert, les échanges gazeux inverses liés à sa photosynthèse (v. ce mot) sont heureusement excédentaires, ce qui explique le rôle essentiel de la végétation chlorophyllienne dans le processus de "purification" de l'atmosphère souillée par la respiration.

**Résupinée,** adj. ❙ Qualifie une fleur d'Orchidée dont

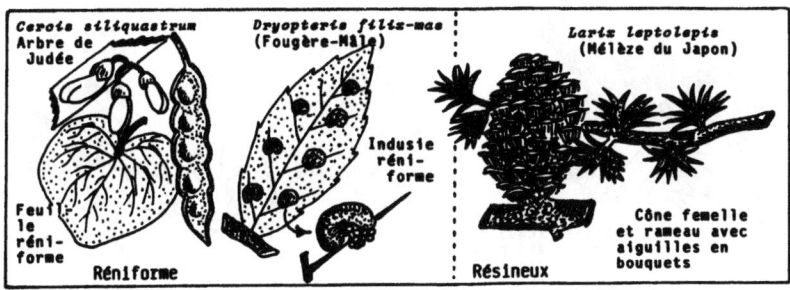

*Cercis siliquastrum* Arbre de Judée — Feuille réniforme — Réniforme

*Dryopteris filix-mas* (Fougère-Mâle) — Indusie réniforme

*Larix leptolepis* (Mélèze du Japon) — Cône femelle et rameau avec aiguilles en bouquets — Résineux

**RET**

le pétale dorsal (ou labelle, v. ce mot) est devenu ventral par suite de la torsion du pédoncule floral et/ou de l'ovaire de la fleur. Ex. c'est l'ovaire qui a subi la résupination chez les *Orchis*. ❙ Se dit aussi d'une fructification (ou carpophore, v. ce mot) de Champignon disposée en lame plus ou moins épaisse, appliquée sur un support ligneux.

**Réticulé,** adj. (lat. reticulum, petit rets). ❙ Se dit d'un organe dont la surface est ornementée d'un réseau de stries ou de nervures, dessinant comme les mailles d'un filet. Ex. les feuilles du *Clivia nobilis* (Amaryllidacées) sont réticulées.

**Réticulum endoplasmique,** n.m. ❙ Réseau de cavités intracytoplasmiques au sein de la cellule. Le cytoplasme est sillonné en tous sens par ce réticulum qui élabore, de place en place, des vésicules, et qui se poursuit de cellule en cellule par le biais des plasmodesmes. On connaît encore mal les fonctions de ce réticulum, encore qu'il joue assurément un rôle dans la synthèse des protéines cytoplasmiques.

**Reviviscente,** adj. (lat. reviviscere, revivre). ❙ Qualificatif (impropre) appliqué à certains végétaux (ou à certains organes isolés) qui se révèlent aptes à reprendre une vie active lorsqu'on les réhydrate, après avoir connu une phase (parfois longue) de vie latente en anhydrobiose (v. ce mot). Ex. les Sphaignes sont des Mousses reviviscentes.

**Révoluté,** adj. (lat. revolvere, rouler en arrière). ❙ Se dit d'une pièce (feuille ou pétale notamment) dont la marge est roulée et renvoyée vers l'extérieur et/ou vers le dessous de l'organe. Ex. les feuilles

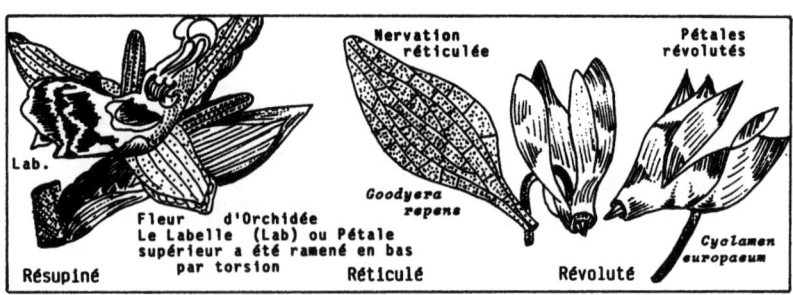

Fleur d'Orchidée
Le Labelle (Lab) ou Pétale supérieur a été ramené en bas par torsion
**Résupiné**

Nervation réticulée
*Goodyera repens*
**Réticulé**

Pétales révolutés
*Cyclamen europaeum*
**Révoluté**

du Romarin (*Rosmarinus officinalis*) ou les pétales du Cyclamen sont révolutés.

**Rhizine,** n.f. (gr. rhiza, racine). | Elément fixateur du thalle des Lichens (foliacés notamment) sur leur substrat. Une rhizine est constituée par l'association en mèche de plusieurs hyphes fongiques. Ex. les rhizines d'un *Peltigera*. Ne pas confondre rhizine et rhizoïde (v. ce mot).|

**Rhizoderme,** n m. (gr. rhiza, racine; derma, peau). | Voir Epiderme.

**Rhizoïde,** n.m. (gr. rhiza, racine). | Poil à vocation fixatrice et absorbante des gamétophytes de Bryophytes et de Ptéridophytes, et des thalles de nombreuses Algues. Ne pas confondre rhizoïdes et rhizines (v. ce mot). Ex. le prothalle en coeur du Polypode vulgaire (*Polypodium vulgare*) différencie des rhizoïdes à la face inférieure de son coussinet.

**Rhizome,** n.m. (gr. rhiza, racine; homos, semblable). | Tige souterraine, vivace, gorgée de réserves nutritives, émettant au fil des ans des pousses aériennes, des feuilles écailleuses et des racines adventives.| Il existe des rhizomes chez certaines Ptéridophytes (ex.de la Fougère-Aigle, *Pteridium aquilinum*) et chez certains représentants des Angiospermes (*Iris*).

**Rhizomorphe,** n.m. (gr. rhiza, racine; morphê, forme). | Forme très efficace d'extension et de colonisation de certains Champignons. Un rhizomorphe est constitué par la juxtaposition (voire la soudure très intime) de nombreuses hyphes parallèles. L'ensemble peut être très long (plusieurs mètres), très solide, structuré,

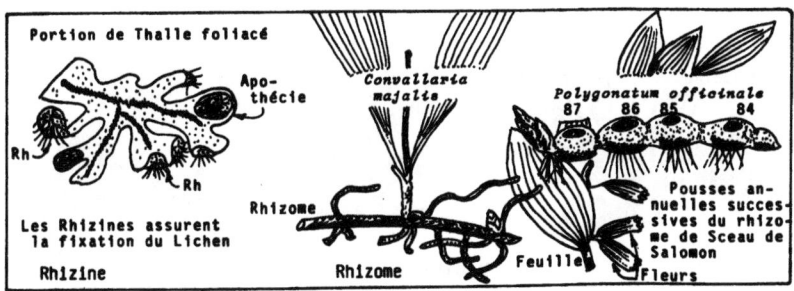

## RHI

et capable de supporter une phase prolongée de vie ralentie. Ex. les rhizomorphes en "lacet de soulier" de l'Armillaire couleur de miel ( *Armillariella mellea* ou *Clitocybe mellea* ) sont luminescents.

**Rhizosphère**, n.f. (gr. rhiza, racine; sphaira, sphère) ❙ Territoire privilégié dans l'environnement immédiat de chaque racine. Le plus souvent sous l'influence d'excrétions (v. ce mot) ce territoire est le siège d'une activité microbienne très intense.

**Rhodophycées**, n.f.pl. (gr. rhodon, rose; phukos, algue). ❙ Encore appelées Rhodophycophytes ou Algues Rouges, à cause de la présence d'un pigment surnuméraire rouge (la phycoérythrine, v. ce mot) masquant les chlorophylles a et d, les algues de cette classe, outre leur couleur fluctuante, sont surtout caractérisées par l'absence de formes mobiles (ciliées ou flagellées) et par leur amidon extraplastidal (v. amidon).

**Rhodoplaste**, n.m. (gr. rhodon, rose; plastês, qui façonne). ❙ Plaste (v. ce mot) que l'on rencontre chez les Algues Rouges et que colore essentiellement la phycoérythrine (parfois associée à des pigments subordonnés) masquant la chlorophylle.

**Rhytidome**, n.m. (gr. rhutidôma, ride). ❙ Ensemble des éléments (de taille, de couleur et de forme variables) que la genèse de liège par l'assise génératrice externe (v. ce terme) voue à la mort et à l'exfoliation. ❙ Sous la poussée des nouvelles productions de cette assise, le rhytidome s'exfolie par lambeaux (rhytidome écailleux du Pommier par ex.) ou par plaques beaucoup plus larges, pouvant arriver à l'anneau com-

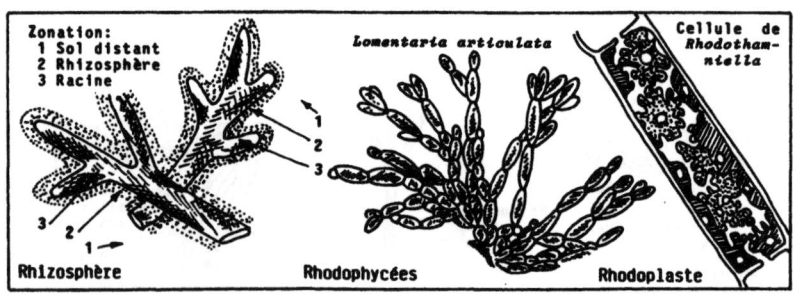

plet de tissus mortifiés (rhytidome annelé de la Vigne par ex.). ▮ C'est aux coloris des diverses plages de son rhytidome (coloris liés à l'âge relatif des diverses plages de liège) que le Platane doit le caractère très ornemental de son tronc.

**Rond de sorcière.** ▮ Disposition circulaire particulière des carpophores (v. ce mot) de Champignons Basidiomycètes dans une station naturelle. Ces cercles peuvent atteindre des dimensions considérables (100 m et plus) et correspondent au mode de croissance centrifuge caractéristique des si ténus mycéliums fongiques, avec déclenchement périodique et simultané des fructifications sur la marge de la colonie en extension.

**Roselière,** n.f. (du vieux fr. ros, roseau; ou du germ. rans, roseau). ▮ Formation végétale de lieux humides couverte de "roseaux". On distingue souvent, en fonction de la nature des grandes hélophytes (v. ce mot) qui dominent: la cariçaie, riche en *Carex* ; la phragmitaie, riche en *Phragmites* (Roseau); la scirpaie, riche en Scirpes ( *Scirpus*). On réserve parfois l'appellation de roselière au seul faciès à *Phragmites*.

**Rosette,** n.f. (lat. rosa, rose). ▮ Chez les Angiospermes acaules (v. ce mot) ce terme exprime la disposition particulière des feuilles, toutes insérées en disposition plus ou moins rayonnante au niveau du collet. ▮ L'expression "plantes en rosette" désigne donc un groupe reposant sur une donnée morphologique. ▮ Ex. la Pâquerette ( *Bellis perennis* ) ou les Pissenlits(*Taraxacum sp.*) ont des rosettes de feuilles.

**Rostellum,** n.m. (lat. rostellum, petit bec). ▮ Petit appendice en forme de bec situé au-dessus du stigmate

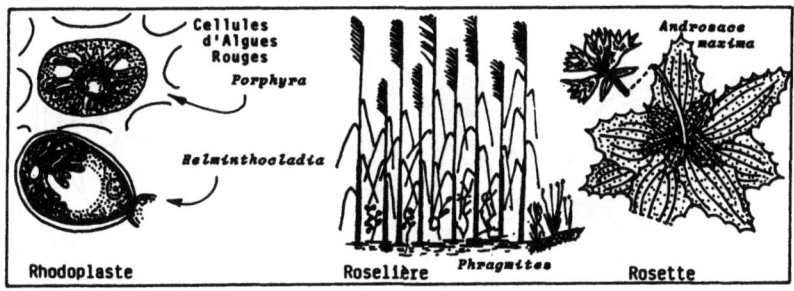

Rhodoplaste | Roselière *Phragmites* | Rosette

## ROT

ou surface réceptrice des pollinies) au sommet du gynostème (v. ce mot) des Orchidacées.

**Rotacée,** adj. (lat. rota, roue). ❙ Caractère d'une corolle gamopétale (v. ce mot) à tube très court ou presque nul, dont les pièces sont étalées comme les rayons d'une roue.

**Rouille,** n.f. (lat. robicula, rouille). ❙ Affections extrêmement diverses qui malmènent des végétaux vasculaires et sont imputables à des Champignons Hétérobasidiomycètes de l'Ordre des Urédinales. ❙ L'un des symptômes fréquents est l'apparition de plages de couleur "rouille" sur les feuilles, voire les tiges ou même les fruits des végétaux atteints. ❙ Il est des espèces de Champignons des Rouilles autoxènes, d'autres hétéroxènes (v. ces mots). L'un des exemples les plus classiques est celui de la Rouille du Blé due au *Puccinia graminis*.

**Rubanée,** adj. (néerl. ringhband, collier). ❙ Qui a la forme d'un ruban. Ex. les feuilles des Poacées, longues et étroites, de largeur assez constante, sont rubanées.

**Rudérale,** adj. (lat. ruderis, décombre). ❙ Se dit d'une plante qui croît dans un site fortement marqué par la pression humaine (terrain vague, décombres, bord de chemin). Ex. l'Ortie ( *Urtica dioica* ) ou le petit arbrisseau *Buddleja davidii* sont des plantes rudérales.

**Ruminé,** adj. (lat. ruminare, ruminer). ❙ Ne s'emploie guère que pour qualifier l'albumen (v. ce mot) de certaines graines à l'intérieur duquel les téguments

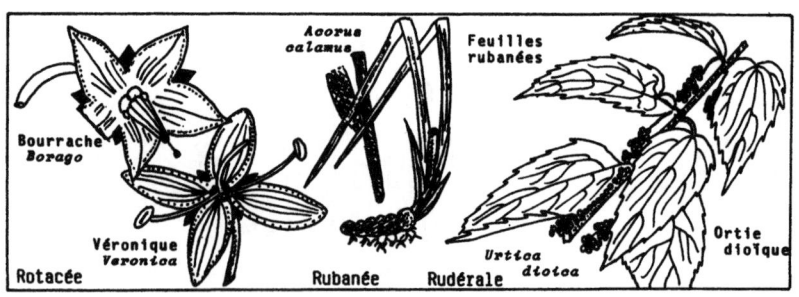

Rotacée — Véronique *Veronica* — *Acorus calamus* — Rubanée — Rudérale *Urtica dioica* — Feuilles rubanées — Bourrache *Borago* — Ortie dioïque

(v. ce mot) s'insinuent en y dessinant des sinuosités.
┃ Ex. l'albumen des graines de Lierre ( *Hedera helix* )
est ruminé.

**Rythme**, n.m. (lat. rhythmus, ou grec rhytmos, rythme).
┃ Concept lié à la notion de répétitivité à intervalles plus ou moins réguliers d'un phénomène donné.
Ainsi les saisons, la lunaison, la journée, entre
autres, déterminent-elles des rythmes dans des manifes-
tations vitales de nombreux végétaux. Ce sont là des
rythmes exogènes. Mais il est d'autres rythmes qui
semblent répondre à un mécanisme régulateur inhérent
à la plante que l'on étudie : ce sont les rythmes
endogènes. C'est un aspect de la biologie en pleine
évolution.

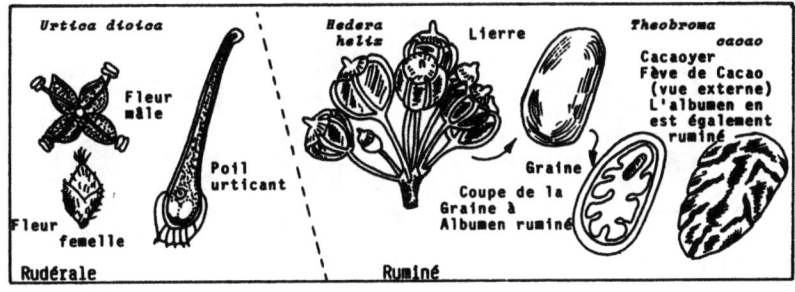

# S

**Sac Embryonnaire.** ▮ Chez les Angiospermes cette appellation désigne, au coeur de l'ovule, le gamétophyte femelle. C'est un très petit massif de 7 cellules avec 8 noyaux haploïdes: 3 antipodes uninucléées, 2 synergides uninucléées, 1 oosphère uninucléée et 1 cellule végétative à deux noyaux. ▮ Le sac embryonnaire dérive d'une cellule diploïde du nucelle qui a subi la méïose puis une mitose supplémentaire (d'où les 8 noyaux haploïdes). ▮ Lors de la fécondation : l'<u>oosphère</u> sera à l'origine de l'oeuf-embryon; la <u>cellule dicaryotique</u> sera à l'origine de l'oeuf-albumen. ▮ Le sac embryonnaire "type" ainsi décrit peut en fait révéler un certain nombre de variantes dans le nombre et la disposition des cellules qui le constituent.

**Sac Pollinique.** ▮ Au niveau de l'anthère d'une étamine, on appelle sac pollinique chacun des massifs de cellules-mères de grains de pollen au niveau desquels se réalisera donc la méïose. En principe, il en existe deux par étamine de Gymnosperme, et quatre par étamine d'Angiosperme.

**Saccharose,** n.m. (gr. <u>sakkharon</u>, sucre). ▮ Glucide simple surtout connu sous la forme de sucre de Canne ou de Betterave. Mais il existe aussi, par ex., chez de nombreux fruits. Ce diholoside peut être hydrolysé : en glucose et en fructose. Au niveau cellulaire il se localise dans le suc vacuolaire des cellules des

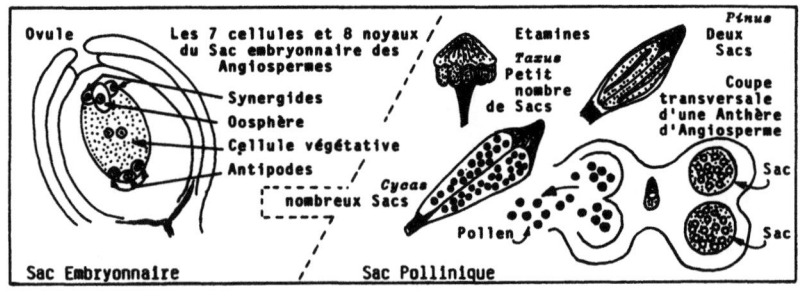

tiges, des racines, ou de la chair de certains fruits, à moins que ce ne soit la sève (cas de l'Erable à sucre du Canada, *Acer saccharum*) qui en soit riche.

**Sagitté,** adj. (lat. sagitta, flèche). | Caractère d'un organe en forme de fer de flèche. Ex. les feuilles aériennes de la Sagittaire ou de l'Oseille sauvage (*Rumex acetosa*) sont sagittées.

**Sagou,** n.m. (d'un mot papou signifiant pain). | Nom donné à une réserve amylacée très nutritive qui se rencontre dans la moelle de végétaux de positions systématiques très diverses: chez des Palmiers, appartenant aux genres *Metroxylon* et *Borassus*; chez des Préspermaphytes de l'Ordre des Cycadales (*Cycas* et *Encephalartos*). | Dans les pays où croissent de tels végétaux, les coutumes locales condamnent très sévèrement la consommation du sagou en dehors des périodes de famine déclarée.

**Samare,** n.f. (lat. samara, graine d'Orme). | Fruit sec, indéhiscent, monosperme, dont le péricarpe se prolonge par une aile, fort efficace pour la dissémination de cet akène par le vent. Ex. les fruits du Frêne (*Fraxinus excelsior*) et ceux de l'Orme champêtre (*Ulmus minor*) sont des samares.

**Saprophyte,** n.m. (gr. sapros, pourri; phuton, plante). | Voir Saprophytisme.

**Saprophytisme ou Saprotrophisme,** n.m. (gr. sapros, pourri, phuton, plante). | Comportement biologique de certains végétaux (qualifiés de saprophytes) s'alimentant aux dépens d'un support mort (litière, pain, cuir, fumier...). Ils jouent un rôle éminemment uti-

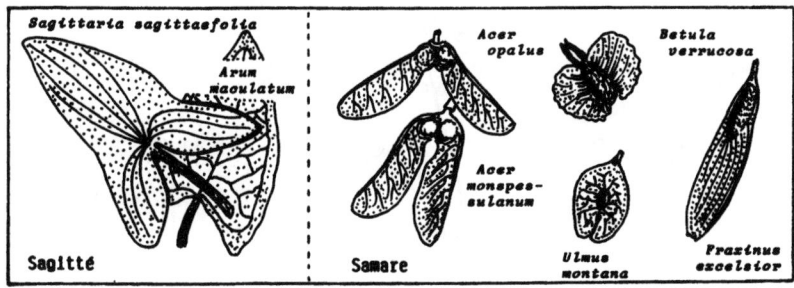

## SAR

le dans le "recyclage" de la matière organique, mais éminemment regrettable lorsqu'ils s'attaquent aux réserves constituées par les hommes. ❙ Ex. les Champignons de la maturation des fromages, ou ceux de la dégradation des litières pratiquent le saprophytisme. Ils sont des saprophytes.

**Sarcocarpe,** n.m. (gr. sarx, chair; karpos, fruit).
❙ Synonyme de Mésocarpe, v. ce mot.

**Sarmenteux,** adj. (lat. sarmentum, sarment). ❙ Se dit d'un végétal ligneux à tige souple, relativement grêle, très longue mais non volubile, inapte à s'élever sans support. Ex. la Clématite Vigne-Vierge (*Clematis vitalba*), la Vigne (*Vitis vinifera*) sont des plantes sarmenteuses.

**Savane,** n.f. (esp. sabana, à partir d'un mot d'Haïti, zavana). ❙ Formation végétale des contrées tropicales et subtropicales dominée par de hautes Poacées. Les arbres n'y sont que rares et épars. Cependant on y distingue : la savane herbeuse si les ligneux font totalement défaut; la savane arbustive lorsque des arbustes sont présents; la savane arborée si elle possède des arbres.

**Saxicole,** adj. (lat. saxum, rocher; colere, habiter). ❙ Se dit d'une espèce végétale qui s'installe dans les fissures de la roche ou sur les substrats pierreux. ❙ On a parfois utilisé le synonyme saxatile. ❙ Ex. l'*Asplenium marinum* est une Fougère saxicole des littoraux siliceux.

**Scalariforme,** adj. (lat. scala, échelle; forma, forme).
❙ Ce terme s'applique essentiellement aux trachéïdes

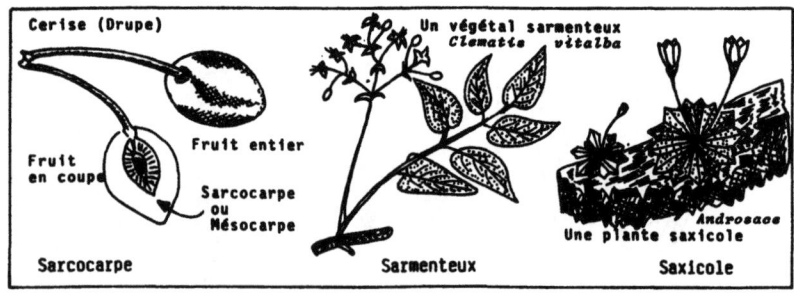

Sarcocarpe — Sarmenteux — Saxicole

# SCA

(v. ce mot) des Ptéridophytes dont il caractérise le mode de renforcement de la paroi par des dépôts de lignine "en barreaux d'échelle".

**Scarieux,** adj. (lat. scara, arbuste épineux). ❙ Se dit d'un organe écailleux, assez coriace et souvent semi-transparent. ❙ Ex. les bractées scarieuses de l'involucre des inflorescences (v. ces mots) d' *Astrantia* (Apiacées).

**Schizogène,** adj. (gr. skhizein, fendre; genos, origine). ❙ En matière d'appareil sécréteur, se dit d'une poche (ou d'un canal) née de la disjonction et de l'écartement des cellules sécrétrices qui la délimitent, constituant de la sorte un méat, sinon une lacune (v. ces mots) rempli d'essence ou autre sécrétion. Ex. les poches sécrétrices shizogènes des Myrtacées.

**Schizolysigène,** adj. (gr. skhizein, fendre; luein, dissoudre; genos, origine). ❙ En matière d'appareil sécréteur, se dit d'une poche née de la disjonction et de la lyse des cloisons (faisant face à la cavité créée) constituant de la sorte une poche dans laquelle s'accumulent les produits sécrétés. Ex. les poches schizolysigènes d'une Orange.

**Schorre,** n.m. (mot néerlandais, côte). ❙ Partie haute des prairies littorales (ou d'estuaire) en principe recouverte seulement lors des hautes-mers de vive-eau. Il s'y rencontre donc une flore comptant une majorité d'espèces halophiles (v. ce mot) ou, au moins, tolérantes au sel. Les niveaux inférieurs, biquotidiennement visités par la mer, constituent la slikke (v. ce mot). C'est au niveau du schorre que se situent, en grande partie, certains "prés salés " renommés.

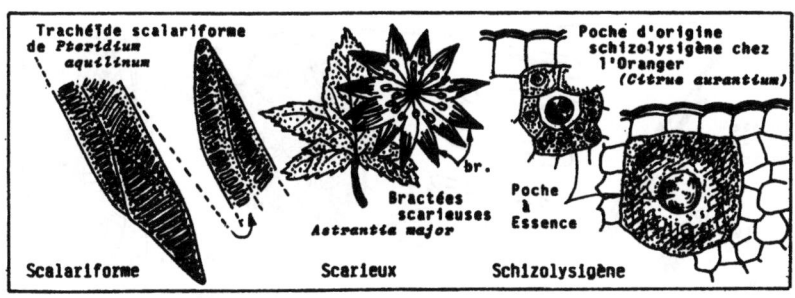

Trachéide scalariforme de *Pteridium aquilinum*

Scalariforme

Bractées scarieuses *Astrantia major*

Scarieux

Poche d'origine schizolysigène chez l'Oranger (*Citrus aurantium*)

Poche à Essence

Schizolysigène

## SCI

**Sciaphile,** adj. (gr. <u>scia</u>, ombre; <u>philos</u>, ami). ▮ Se dit d'un végétal (ou d'une formation végétale) qui préfère l'ombre. Ex. Beaucoup de Fougères, de Mousses et d'Hépatiques sont des espèces sciaphiles. ▮ Attention : ne pas confondre ce mot avec <u>ombrophile</u> (v. ce terme) qui a une signification très différente!

**Scion,** n.m. (francique <u>kith</u>, rejeton). ▮ Synonyme Jet, v. ce mot.

**Scissiparité,** n.f. (lat. <u>scindere</u>, scinder; <u>paria</u>, paire). ▮ Division d'un organisme unicellulaire en deux par simple bipartition, en particulier sans le rituel de la division nucléaire classique ou mitose. ▮ Synonyme Amitose, v. ce mot. ▮ Ex. la scissiparité est le mode de multiplication le plus répandu chez les Bactéries.

**Sclérenchyme,** n.m. (gr. <u>sklêros</u>, dur; <u>egkhuma</u>, effusion). ▮ Tissu à vocation de soutien ou de protection, à la faveur de l'épaississement souvent considérable des parois cellulaires par des dépôts de <u>lignine</u>. Les cellules du sclérenchyme (très souvent étirées en fibres aux deux extrémités fusiformes) meurent assez précocement. ▮ Ex. l'anneau de sclérenchyme qui confère la rigidité à la tige d'Asperge.

**Sclérite,** n.f. (gr. <u>sklêros</u>, dur). ▮ Cellule, précocement morte, dont la paroi est intensément lignifiée (rarement cutinisée ou subérisée), souvent de forme très irrégulière. Généralement les sclérites sont disséminés dans les parenchymes des organes de Végétaux Supérieurs. ▮ Synonyme Cellules scléreuses ou Scléréides. ▮ Ex. les sclérites (ou cellules pierreuses) de la chair d'une Poire.

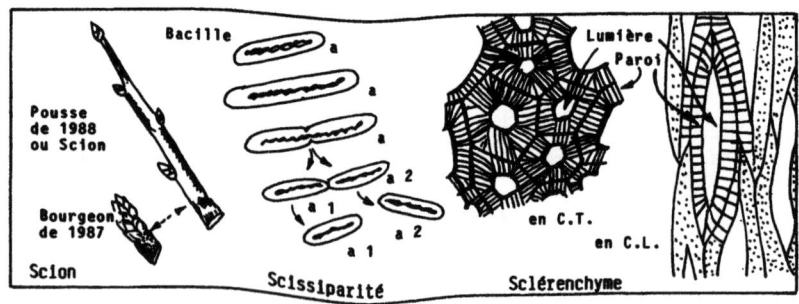

**Sclérophytes,** n.f.pl. (gr. sklêros, dur; phuton, plante). ▮ Catégorie de xérophytes (v. ce mot) caractérisées, entre autres, par : leurs feuilles cireuses, luisantes, ou réduites à l'état d'épines; leur lignification poussée; leurs tiges rabougries. ▮ Ces plantes, pauvres en chlorophylle, correspondant à une végétation surtout buissonnante, sont les constituants essentiels des maquis et garrigues (v. ces mots).

**Sclérote,** n.m; (gr. sklêros, dur). ▮ Ce terme désigne, chez les Champignons, une forme massive végétative permettant de survivre en face de conditions adverses du milieu. Les sclérotes, nés de l'intrication de nombreuses hyphes, peuvent atteindre la taille d'une noisette ou d'une noix. ▮ Les sclérotes arqués du *Claviceps purpurea*, élaborés au niveau des ovaires des fleurs infectées de diverses Céréales justifient l'appellation donné à la maladie connue sous le nom d'Ergot du Seigle.

**Scorpioïde,** adj. (lat. scorpio, scorpion). ▮ Littéralement considéré, ce terme s'applique à une disposition particulière des fleurs d'une cyme (v. ce mot) répondant à une articulation entre elles "comme les éléments de la queue d'un scorpion". Ex. la cyme scorpioïde unipare des Myosotis.

**Scutellum,** n.m. (lat. scutum, bouclier ou écusson). ▮ Désigne le cotylédon minime des embryons de Poacées, lequel est aplati et apprimé contre le volumineux albumen riche en réserves.▮ Voir Epiblaste.

**Secondaire,** adj. (lat. secundus, second). ▮ Caractère de certains tissus des Végétaux Supérieurs nés du fait de l'activité cambiale (assises génératrices

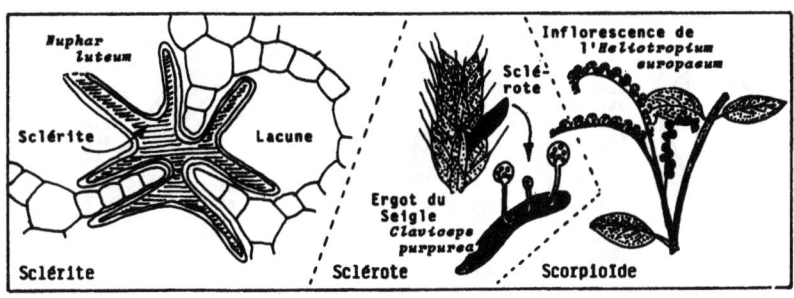

Sclérite — Sclérote — Scorpioïde

# SEC

externe et interne) et non dérivés des méristèmes (v. ce mot) primaires, apicaux. | Ex. le liège est un tissu secondaire.

**Secondine,** n.f. (lat. <u>secundus</u>, second). | Ce terme désigne le second (par ordre d'apparition) des deux téguments qui entourent un ovule bitégumenté; c'est le plus interne des deux.

**Sécréteur,** adj. (lat. <u>secretio</u>, séparation). | Se dit d'une cellule, d'un tissu, ou d'un organe, qui élabore des substances particulières (essences, résines, latex). | Chez les végétaux le système sécréteur se présente sous la forme de poils ou de papilles spécialisées, de poches, de bandelettes ou de canaux. | Ex. le zeste de l'Orange est riche en poches sécrétrices d'origine schizolysigène (v. ce mot). | On ne confondra pas la <u>sécrétion</u> ( = production ) et l'<u>excrétion</u> ( = libération, rejet ).

**Séismonasties,** n.f.pl. | Nasties (v. ce mot) résultant de chocs affectant tout ou partie d'une plante. Ex. la Sensitive (*Mimosa pudica*) présente de spectaculaires séismonasties.

**Sélaginellales,** n.f.pl. | Ptéridophytes du sous-embranchement des Lycopodinées (v. ce mot) que caractérisent notamment : <u>une</u> tige peu ligneuse, souvent dichotome, porteuse de phylloïdes ligulées (v. ces mots); <u>des</u> spores de deux sortes (hétérosporie, v. ce mot) nées dans des micro- et des macro-sporanges (v. ces mots) portés sur le même sporophyte (homophytisme, v. ce mot) à l'aisselle des sporophylles des strobiles (v. ces mots); <u>des</u> gamétophytes unisexués (hétéroprothallie, v. ce mot), très ténus et fugaces.

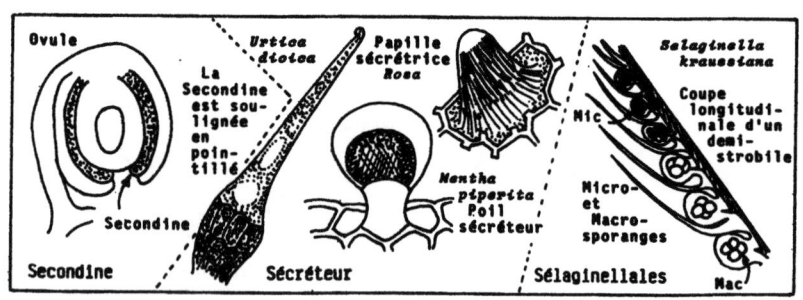

# SEM

**Semence**, n.f. (lat. <u>sementia</u>, semence). ▌ Graine, fruit, ou partie de fruit, qui contribue, soit spontanément, soit du fait de l'homme, à la dispersion d'une spermaphyte (v. ce mot) par voie de semis. ▌ De la même façon, un Haricot (graine), un caryopse de Blé (fruit), ou un méricarpe (v. ce mot) de Berce sphondyle (*Heracleum sphondylium* ) sont des semences.

**Sempervirent**, adj. (lat. <u>semper</u>, toujours; <u>virens</u>, vert). ▌ Qualificatif accordé aux végétaux ligneux qui conservent leur feuillage vert durant toute l'année (ce qui ne veut pas dire que le remplacement progressif des feuilles n'a pas lieu!). ▌ On retrouve parfois ce qualificatif dans la désignation latine (Linnéenne) de la plante: Buis et Séquoia toujours verts s'appellent, respectivement : *Buxus sempervirens* et le *Sequoia sempervirens*.

**Sépale**, n.m. (gr. <u>sképé</u>, couverture; <u>petalon</u>, pétale). ▌ Chacune des pièces, normalement vertes, du calice d'une fleur d'Angiosperme. ▌ Les sépales peuvent être <u>absents</u> (ex. la fleur de Saule ou celle du Blé); <u>présents</u> et <u>libres</u> entre eux (calices dits dialysépales); <u>présents</u> et <u>soudés</u> entre eux (calices dits gamosépales). ▌ Parfois les sépales revêtent les couleurs vives et attractives si familières pour les pétales et on les dit alors <u>pétaloïdes</u> (v. ce mot). ▌ Lorsque sépales et pétales se ressemblent beaucoup, on confond toutes ces pièces périanthaires sous la désignation commune de <u>tépales</u> (v. ce mot).

**Sépaloïde**, adj. (gr. <u>sképé</u>, couverture; <u>petalon</u>, pétale). ▌ Se dit d'une pièce florale (en général d'un pétale) qui mime un sépale (le plus souvent parce qu'il fait retour à la couleur verte).

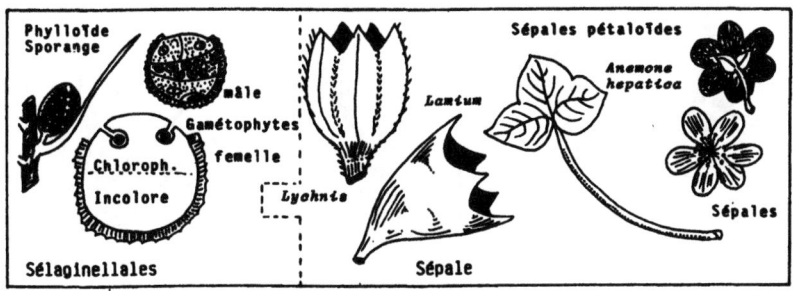

# SEP

**Septicide,** adj. (lat. <u>septum</u>, cloison; <u>coedere</u>, fendre). ▌ Mode de déhiscence d'une capsule lorsque l'ouverture se réalise suivant les lignes de soudure initiale des carpelles. ▌ Ex. la capsule des Colchiques (Liliacées) a une déhiscence septicide.

**Septomycètes,** n.m.pl. (lat. <u>septum</u>, cloison; gr. <u>mukês</u>, champignon). ▌ Ensemble des Champignons dont le mycélium est pourvu de cloisons transversales définissant des cellules ou des articles. On le dit alors septé. ▌ Sont regroupés là : les Ascomycètes, les Basidiomycètes et les Fungi Imperfecti (ou Deutéromycètes).

**Série,** n.f. (lat. <u>series</u>, série). ▌ Sous la désignation de série de végétation on entend la succession des stades évolutifs par lesquels passe la végétation d'un lieu. ▌ Si le tapis végétal évolue vers le climax (v. ce mot), la série est dite <u>progressive</u>; si la tapis végétal est soumis à des dégradations, il peut évoluer en sens inverse, la série est alors dite <u>régressive.</u>

**Sessile,** adj. (lat. <u>sessilis</u>, sessile). ▌ Qualifie tout organe (feuille, fleur...) dépourvu de pétiole ou de pédoncule, et qui s'insère donc directement sur l'axe. ▌ Ex. les Oeillets (*Dianthus*) ont des feuilles sessiles. ▌ Voir Pédoncule et Pétiole.

**Sétacé,** adj. (lat. <u>seta</u>, poil). ▌ Se dit d'un organe qui a les caractères morphologiques d'une soie : gracilité, longueur, raideur. Ex. les feuilles de diverses Bryales (Mousses) sont sétacées, de même que les rameaux de certaines Prêles (*Equisetum*).

**Sève,** n.f. (lat. <u>sapa</u>, vin cuit). ▌ Liquide qui par-

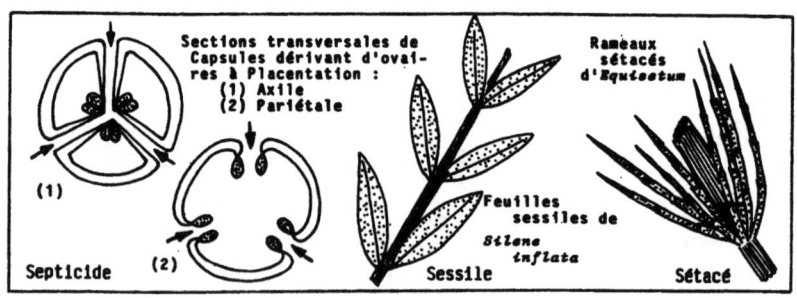

## SHO

court les éléments conducteurs du bois et du liber chez les Végétaux Vasculaires. ▌ La sève brute (ou sève ascendante) emprunte les vaisseaux du bois et se compose surtout d'eau et de substances minérales puisées dans le sol ou dans le milieu de culture. ▌ La sève élaborée (ou sève descendante) emprunte les tubes criblés du liber. Enrichie en produits de la photosynthèse, elle véhicule ces métabolites vers les parties inférieures du végétal (racines incluses). ▌ A la mauvaise saison, par le jeu des thylles et des cals (v. ces mots) il y a un arrêt de sève et repos du végétal.

**Shoot / Root,** (mots anglais: shoot, pousse aérienne; root, système racinaire). ▌ Rapport établi entre le développement des parties aériennes (shoot,. tiges feuillées) et celui des parties souterraines (root, racines) d'un végétal supérieur. ▌ Compte-tenu du rôle essentiel (dans l'approvisionnement en eau et en substances dissoutes) joué par les racines, l'expression de ce rapport est d'un indéniable intérêt. ▌ Les Fabacées, à enracinement important, se signalent à l'atttention par un rapport Shoot/Root qui peut être proche de l'unité. On comprend le rôle joué par les systèmes souterrains de ces plantes riches en azote dans les rotations de cultures, et donc leur place de choix dans les assolements.

**Silicicole,** adj. (lat. silex, caillou; colere, habiter). ▌ Voir Calcifuge.▌ Ex. le Saxifrage granulé, *Saxifraga granulata*, est une espèce silicicole.

**Silicule,** n.f. (lat. siliqua, silique). ▌ Chez les Brassicacées, ce terme désigne un fruit sec, déhiscent, à peine plus long que large, dérivant d'un gynécée

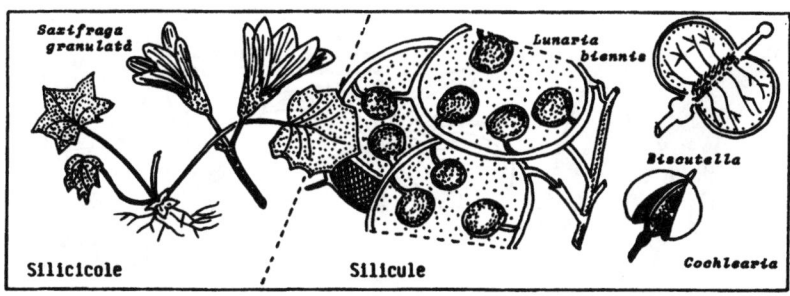

Silicicole — Silicule

## SIL

à 2 carpelles avec fausse-cloison (v. ce mot). ❙ Ex. les silicules de la Monnaie du pape (*Lunaria biennis*).

**Silique,** n.f. (lat. siliqua, silique). ❙ Chez les Brassicacées ce terme désigne un fruit sec, déhiscent, nettement plus long que large, dérivant d'un gynécée à 2 carpelles avec fausse-cloison (v. ce mot). ❙ Ex. les siliques de la Giroflée (*Cheiranthus cheiri*). Voir, pour comparaison : lomentacé et gousse. Attention : la ressemblance avec une gousse n'est que superficielle, l'organisation de cette dernière étant totalement différente.

**Simple,** adj. (lat. simplex, formé d'un seul élément) ❙ Se dit d'un organe non ramifié. Ex. une feuille formée par un limbe qui n'est pas divisé en folioles est dite simple (ainsi en est-il des feuilles du Châtaignier (*Castanea sativa*) ou du Muguet (*Convallaria maialis*).

**Sinué,** adj. (lat. sinuosus, sinueux). ❙ Caractère d'un organe à bords flexueux tout en courbes molles. Ex. la feuille du Chêne pubescent (*Quercus pubescens = Qu. lanuginosa*) est sinuée.

**Sinus,** n.m. (lat. sinus, ouverture). ❙ Echancrure entre deux lobes d'un organe. Ex. les sinus de la feuille d'*Acer platanoides*, la Plane, sont arrondis, alors que ceux de la feuille du Sycomore (*Acer pseudoplatanus*) sont aigus.

**Siphomycètes,** n.m.pl. (gr. siphôn, siphon; mukês, champignon). ❙ Ensemble des Champignons dont le mycélium est dépourvu de cloisons tranversales. On le dit aussi continu. ❙ Sont donc des Siphomycètes :

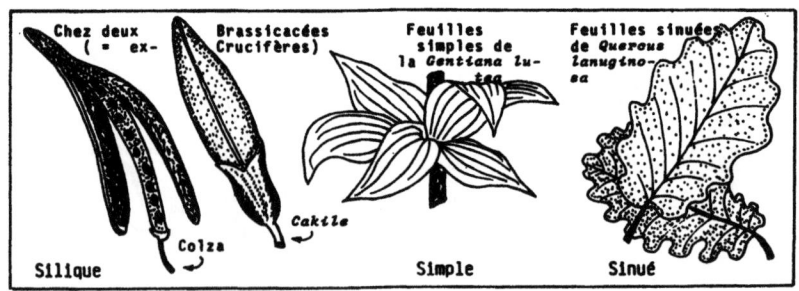

Silique — Simple — Sinué

les Phycomycètes et les Zygomycètes. La place des Myxomycètes (v. ce mot) est marginale avec leur plasmode sans paroi squelettique.

**Siphonée,** adj. (lat. siphon, siphon). ❘ Se dit de la structure de certains organismes (parmi les Thallophytes) ou de certains organes, dépourvus de cloisons, ce qui maintient plusieurs noyaux (voire un grand nombre) dans un cytoplasme commun. ❘ Pour désigner de tels filaments chez divers Thallophytes, on préfère parfois le terme siphon au mot hyphe (v. ce mot). ❘ Voir aussi le synonyme Coenocytique (structure).

**Siphonogamie,** n.f. (gr. siphôn, siphon; gamos, mariage). ❘ Processus intime de la fécondation chez les Phanérogames (Angiospermes et Gymnospermes) caractérisé par le cheminement des gamètes mâles jusqu'au prothalle femelle en empruntant le tube germinatif du grain de pollen qui les conduit jusqu'au contact direct des cellules femelles à féconder. ❘ Les gamètes mâles ne sont donc pas libérés et leur transport justifie que les Phanérogames soient encore qualifiées de Vectrices. ❘ On opposera ces termes à ceux de Zoïdogamie et de Natrices.

**Siphonostèle,** n.f. (gr. siphôn, siphon; stela, colonne). ❘ Stèle (v. ce mot) dont la masse ligneuse axiale est creusée d'une cavité cylindrique occupée par un parenchyme médullaire (v. moelle). Ex. on rencontre des siphonostèles chez certains Ptéridophytes.

**Slikke,** n.f. (flamand slijk). ❘ Partie basse des formations littorales (ou d'estuaire) qui est, en principe, recouverte à chaque marée. Sa flore est donc soumise là à une pression intense de la part du milieu aquati-

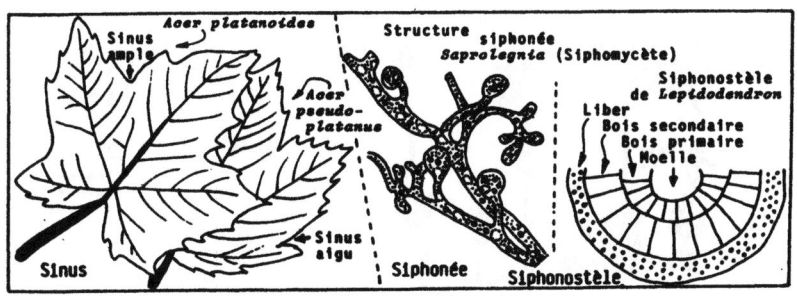

## SOC

que et parfois fortement salé. Ne savent s'en accommoder qu'un petit nombre d'espèces de Phanérogames hautement halophiles (v. ce mot). ❙ On rencontre, sur les côtes françaises, surtout la Spartine (*Spartina townsendii*), l'*Aster tripolium*, et des *Salicornia*.

**Sociabilité,** n.f. (lat. sociare, associer). ❙ Caractère dont tient compte le phytosociologue et qui prend en considération la façon dont se répartissent sur le terrain les individus appartenant à une même espèce. S'ils sont très regroupés, la sociabilité de l'espèce est élevée; s'ils sont épars, isolés, elle est faible. Ex. dans la hêtraie, l'Aspérule odorante (*Asperula odorata*) est une espèce très sociable, on en trouve de riches colonies.

**Soie,** n.f. (lat. seta, poil). ❙ Chez les Bryophytes, ce terme est synonyme de Pédicelle (v. ce mot).

**Solénostèle,** n.f. (gr. sôlên, canal, tuyau; stela, colonne). ❙ Ce terme s'applique à une siphonostèle (v. ce mot) qui n'est "perturbée" que de loin en loin, par la présence de petites brèches (v. ce mot) foliaires.

**Somatogamie,** n.f. (gr. sôma, le corps; gamos, mariage). ❙ Conjugaison de cellules quelconques capables de réaliser, dans l'immédiat, la plasmogamie, alors que la caryogamie se révèle, elle, retardée. ❙ On connaît des cas de somatogamie chez des Ascomycètes sexuellement dégradés. Le phénomène est devenu la règle chez les Basidiomycètes, puisque deux cellules quelconques, appartenant au mycélium primaire, engendrent sans problème apparent, la dicaryophase (v. ce mot).

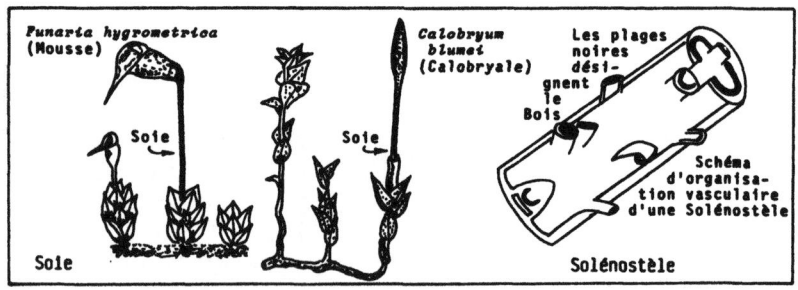

**Somme de Température.** ▎ Notion de physiologie végétale souvent utilisée pour expliquer la répartition géographique des végétaux. Elle correspond au total nécessaire des moyennes journalières de température pour qu'une plante : annuelle, "boucle" son cycle de développement; vivace, fleurisse, fructifie et mûrisse ses fruits.

**Soralie,** n.f. ▎ Chez les Lichens, une soralie correspond à une déchirure spontanée du cortex supérieur du thalle (v. ce mot) permettant l'éruption de sorédies (v. ce mot).

**Sore,** n.m. (gr. sôros, tas). ▎ Chez certains Champignons et Algues d'une part, chez les Fougères (Ptéridophytes) d'autre part, on désigne, sous ce nom, respectivement: un groupe de sporocystes (v. ce mot) supportés par un pédicelle commun ou une plage de production intense de spores; un groupe de sporanges protégés (ou non) par une (ou plusieurs) indusie(s) (v. ce mot). ▎ Ex. le *Puccinia graminis* élabore des sores de téleutospores à la face inférieure des limbes rubanés du Blé; chaque sore de sporanges des *Asplenium* se trouve dissimulé sous une indusie unique.

**Sorédie,** n.f. (gr. sôros, tas). ▎ Forme de propagation végétative chez de très nombreux Lichens (v. ce mot). Apparaît à la surface du thalle, au niveau d'une soralie (v. ce mot), un petit glomérule, non cortiqué mais mixte (phycobionte + mycobionte, v. ces mots) c'est une sorédie.▎ Lorsque les sorédies sont abondantes à la surface d'un thalle, celui-ci paraît, à l'oeil nu, pulvérulent. ▎ Détachée, chaque sorédie peut régénérer un nouveau thalle: c'est une véritable bouture.

**Souche,** n.f. (mot d'origine gauloise). ▎ Ce terme

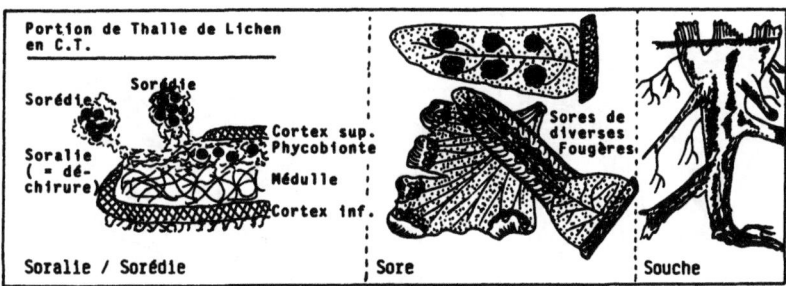

Soralie / Sorédie | Sore | Souche

## SOU

désigne la formation basale située juste au niveau du sol (et surtout sous le sol) qui demeure en place lorsqu'a été éliminée la partie aérienne d'un végétal vivace. ▌ Si la souche émet des rejets au retour de la saison favorable, le végétal reconstituera un appareil aérien. ▌ Dans le cas d'un arbre abattu, au fût unique que l'on a exploité, se substitueront des tiges compétitives nées autour de la section, et sera ainsi engendrée une cépée (v. ce mot). ▌ Nombre de plantes herbacées (Dahlia, Pivoine, Iris..) survivent pendant la période d'arrêt de la végétation sous forme de souches.

**Sous-arbrisseau,** n.m. (lat. subtus, sous; arboriscellus, arbrisseau). ▌ Terme qui désigne un végétal ligneux dont la taille ne dépasse pas (ou guère) celle de maintes espèces herbacées. ▌ Communément un sous-arbrisseau atteint seulement quelques dm. de hauteur. ▌ Ex. le Myrtillier ( *Vaccinium myrtillus* ) ou la Callune ( *Calluna vulgaris* ) sont des sous-arbrisseaux.

**Sous-étage,** n.m. (lat. subtus, sous; stare, se tenir). ▌ Au sein d'un peuplement forestier, ce terme désigne: soit le taillis (v. ce mot) dans le cas d'un taillis sous futaie; soit les dominés et les sujets de taille moindre poussant sous les sujets dominants (v. ce mot) d'une futaie pure ou mélangée.

**Spadice,** n.m. (gr. spadix, spadice). ▌ Inflorescence indéfinie (= centripète) constituée de fleurs sessiles, incomplètes et unisexuées. Souvent l'axe de cette sorte d'épi est quelque peu charnu, et l'ensemble du spadice est régulièrement entouré d'une spathe (v. ce mot). ▌ Les Aracées et les Arécacées (Palmiers) sont les plus connues des plantes à spadice, et sont

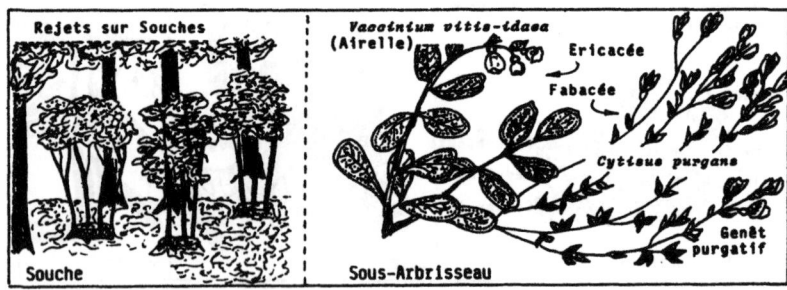

les familles essentielles de l'Ordre des Spadiciflorales.

**Spathe**, n.f. (gr. spathê, navette de tisserand). | Grande pièce stérile à valeur de bractée qui enveloppe (au moins dans le jeune âge) l'inflorescence en spadice (v. ce mot) des Aracées, Arécacées, Lemnacées. | Cette spathe peut être verte (ex. *Arum maculatum* ) ou plus ou moins brillamment colorée (*Spathiphyllum, Anthurium*) | Chez les Arécacées elle devient rapidement plus discrète au fur et à mesure que l'inflorescence prend un essor (parfois très important, telle celle des Palmiers-Dattiers).

**Spatulé**, adj. (lat. spathula, dimin. de spatha, épée). | Ce qualificatif caractérise un organe assez plat qui s'élargit vers son extrémité. Ex. la feuille d'une Pâquerette ( *Bellis perennis*) est spatulée.

**Spectre biologique**, n.m. (lat. spectrum, de specere, regarder). | Représentation conventionnelle sous forme de secteurs proportionnels dans un cercle ( ou de pourcentages dans un tableau ) de la composition floristique d'une formation végétale étudiée sous l'angle des types (ou formes) biologiques ( des phanérophytes aux thérophytes, v. ces mots) qui y sont représentés. | On pourra de la sorte voir dominer les Phanérophytes en forêt, les Hélophytes en zone d'étangs. | Voir Formes biologiques.

**Spermaphytes**, n.m.pl. (gr. sperma, semence; phuton, plante). | Ensemble des Gymnospermes et des Angiospermes (v. ces mots) ou plantes, respectivement, à graines nues et à graines encloses dans un fruit. C'est l'élaboration de ces graines qui leur confère précisément u-

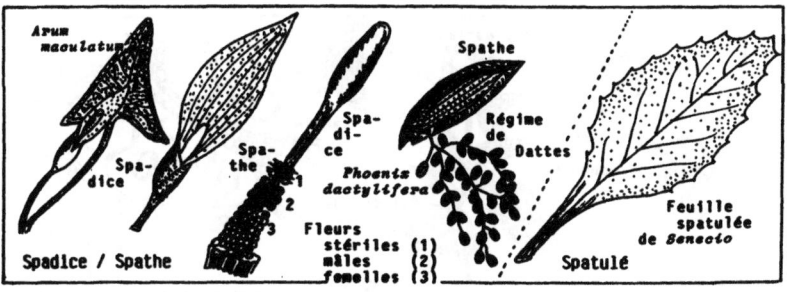

## SPE

ne indiscutable originalité. Synonyme:Phanérogames.

**Spermatie,** n.f. (gr. sperma, semence). ❙ Gamète mâle dépourvu de tout appareil locomoteur (cils ou flagelles) élaboré et libéré par les Algues Rouges et par certains Champignons (en particulier les Urédinales ou agents des Rouilles, v. ce mot).

**Spermatozoïde,** n.m. (gr. sperma, semence; zôon, animal). ❙ Désignation du gamète mâle chez les êtres vivants. Dans le règne végétal on emploie plus communément (bien qu'il y ait réelle synonymie entre les deux) le mot anthérozoïde (v. ce mot).

**Sphagnales,** n.f.pl. (gr. sphagnos, mousse). ❙ Ce groupe (qui correspond à nos Sphaignes) constitue l'un des Ordres de Bryophytes (v. ce mot) caractérisé par : son protonéma en lame; son gamétophyte en tige feuillée à symétrie radiale; son sporophyte dépourvu de soie et porté par un pseudopode gamétophytique; sa capsule à opercule et columelle, mais dépourvue de péristome.

**Spiralée,** adj. (lat. spira, spire). ❙ Disposition des pièces florales dans un bouton telle que les éléments d'un verticille sont disposés sur une spire et ne se recouvrent nullement entre eux. ❙ Lorsque les pièces de tous les verticilles respectent cette disposition, on dit que la fleur elle-même est spiralée (ou acyclique) et c'est en général l'indice d'un certain archaïsme de la plante qui l'a élaborée. ❙ Ex. les fleurs des *Calycanthus* sont : acycliques;car toutes leurs pièces s'insèrent en disposition spiralée.

**Spontanées,** adj. (lat. spontaneus, spontané). ❙ Synonyme d'Indigènes, v. ce mot.

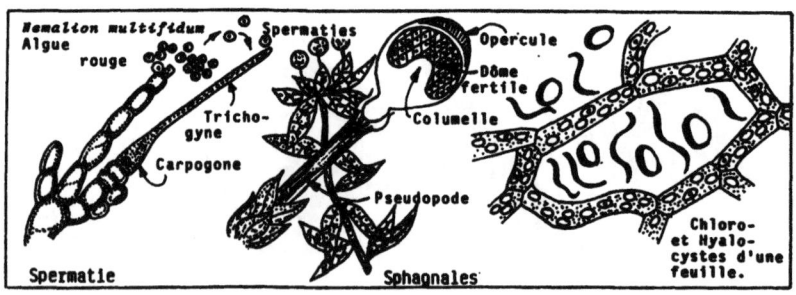

# SPO

**Sporange**, n.m. (gr. spopra, semence; aggeion, vase).
▌Organe constitué d'une zone centrale fertile et d'une partie périphérique (mono- ou pluristrate) stérile, qui est le siège de l'élaboration de spores à la faveur d'une méïose. ▌Seuls les Archégoniates élaborent des sporanges. Ceux des Phanérogames se localisent au niveau de l'anthère des étamines (microsporanges, v. ce mot) pour ce qui est du sexe mâle; au niveau de l'ovule, ou macrosporange (v. ces mots) pour ce qui est du sexe femelle. ▌Chez les Ptéridophytes les sporanges sont très visibles au niveau des frondes ou des strobiles, sinon des synanges (v. ces mots).

**Spore**, n.f. (gr. spora, semence). ▌Sens général : cellule isolée ou formation pluricellulaire pouvant assurer la dissémination d'une espèce. Ex. une spore bactérienne (ou Bactérie sporulée); une spore plurinucléée de Mucorale (née dans un sporocyste, v. ce mot). ▌Sens restreint (dans le cadre de la notion de Cycle, v. ce mot) : produit de la méïose au niveau d'un sporange ou d'un sporocyste (v. ces mots) et susceptible de germer en engendrant un individu haploïde (ou gamétophyte (v. ce mot).

**Sporée**, n.f. (gr. spora, semence). ▌Désigne l'ensemble des spores libérées par un végétal. ▌Chez les Champignons Basidiomycètes (v. ce mot) la couleur de la sporée est importante à considérer en vue de l'identification du Champignon. Cette couleur évolue du blanc (leucosporés) au noir (mélanosporés) en passant par le rose, le pourpre, l'ocracé, le violet... ▌Ex. spores blanches : Amanites, Clitocybes, Chanterelles; spores roses : Volvaires, Entolomes; spores ocracées : Cortinaires, Hébélomes; spores noires : Coprins, Strophaires.

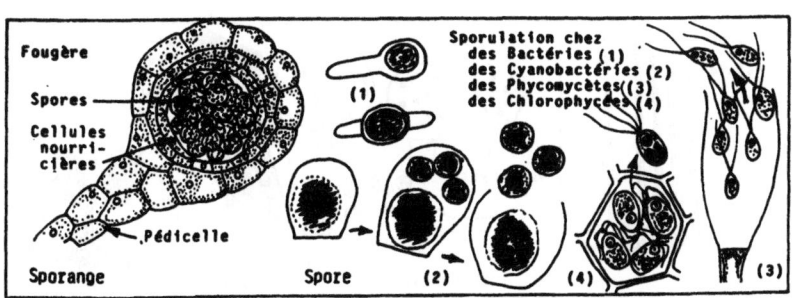

# SPO

**Sporocarpe,** n.m. (gr. spora, semence; karpos, fruit).
▮ Type de sore (v. ce mot) très particulier en ce qu'il est clos et à paroi coriace. On le rencontre chez les Hydroptéridales (Filicinées aquatiques). Ex. les sporocarpes des *Pilularia* ont la forme d'une lentille biconvexe; ceux des *Marsilea* sont réniformes (v. ce mot).

**Sporocyste,** n.m. (gr. spora, semence; kustis, vessie).
▮ Organe dans lequel a lieu la production de spores chez les Thallophytes. Son enveloppe se réduit à sa seule paroi squelettique, et donc la totalité de son contenu participe à l'élaboration de spores, méïotiques ou non. Ex. les sporocystes d'un *Mucor* produisent des spores plurinucléées; les sporocystes d'un carposporophyte ( v. ce mot) chez certaines Algues Rouges élaborent des spores diploïdes (qui donneront chacune naissance à un tétrasporophyte (v. au mot Cycle).

**Sporogone,** n.f. (gr. spora, semence; gonê, génération).
▮ Appellation particulière du sporophyte des Bryophytes, lequel peut comprendre un pied (ou suçoir), un pédicelle (ou soie), une capsule (ou urne). ▮ Ex. le sporogone de la Funaire hygrométrique ( *Funaria hygrometrica* ) est bien développé, celui du *Marchantia polymorpha* est enchâssé dans les tissus de l'archégoniophore (v. ce mot).

**Sporophylle,** n.f. (gr. spora, semence; phyllon, feuille). ▮ Chez les Archégoniates : pièce de nature foliaire à l'origine, qui se spécialise et supporte un ou plusieurs sporanges (v. ce mot). ▮ La fronde fertile d'une Fougère est une sporophylle; l'étamine d'une Phanérogame est une microsporophylle (v. ce mot); chaque écaille carpellaire d'un cône de Gymnosperme

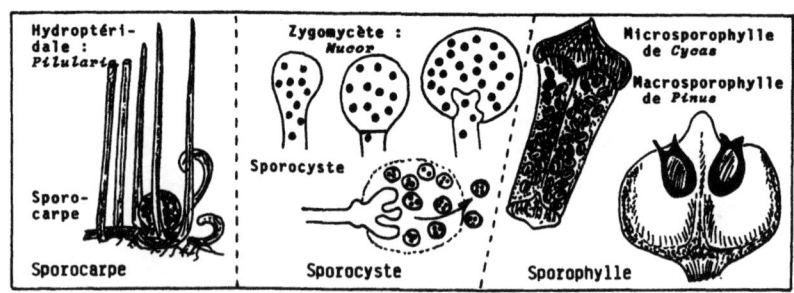

ou chaque carpelle d'un gynécée d'Angiosperme, est une macrosporophylle (v. ce mot).

**Sporophyte,** n.m. (gr. spora, semence; phuton, plante). ▎Dans le cadre des cycles liés à la reproduction sexuée, le sporophyte dérive toujours de la fécondation. C'est l'individu producteur de spores. ▎Phase prépondérante du cycle (v. ce mot) de reproduction de certains végétaux inférieurs, et de tous les végétaux supérieurs (à partir des Ptéridophytes incluses). ▎Ex. la plante massive chez le Pommier représente le sporophyte. Les gamétophytes (v. ce mot) y sont réduits au grain de pollen et au sac embryonnaire de l'ovule (v. ces mots).

**Squame,** n.f. (lat. squama, écaille). ▎Ce terme sert à désigner chacune des écailles qui agrémentent le dessus du chapeau des carpophores (v. ce mot) de certaines espèces de Basidiomycètes. Ex. la *Lepiota acutesquamosa* possède un chapeau particulièrement riche en squames, tout comme le *Polyporus squamosus*.

**Staminé,** adj. (lat. stamen, fil). ▎S'applique à une fleur qui est pourvue d'étamines. ▎Ex. les fleurs de Tulipe sont staminées; les fleurs des Houblons femelles ne le sont pas.

**Staminode,** n.m. (lat. stamen, fil). ▎Etamine atypique, stérile, le plus souvent de taille réduite et dépourvue d'anthère fertile. Ex. la fleur de Linaire cymbalaire ( *Linaria cymbalaria* ) possède 4 étamines typiques, fonctionnelles, et un staminode.

**Station,** n.f. (lat. statio, état de repos). ▎Lieu où se localise une espèce parce qu'elle y trouve réu- -nies des conditions climatiques, édaphiques et biolo-

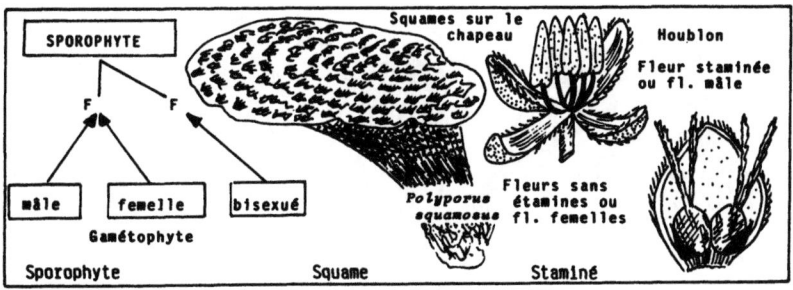

## STA

giques qu'elle affectionne. ❙ L'ampleur d'une station est donc éminemment fluctuante selon les cas. Il est des végétaux pour lesquels chacune de leurs stations ne dépasse guère le mètre carré, et d'autres qui peuvent couvrir plusieurs ares, voire davantage. ❙ Territoire à l'intérieur duquel la végétation, plurispécifique certes, reste assez uniforme, homogène, dans sa composition, du fait d'une certaine constance des conditions écologiques.

**Stathmocinèse**, n.f. (gr. kinein, mouvoir). ❙ Mitose aberrante pouvant être provoquée par diverses substances mitoclasiques qui conduisent de la sorte au doublement du nombre de chromosomes. La substance mitoclasique la plus utilisée est la colchicine (extraite de la Liliacée automnale *Colchicum autumnale*).

**Statolithes**, n.m.pl. (gr. statos, stable; lithos, pierre). ❙ Organites intracellulaires (grains d'amidon, chloroplastes, cristaux d'oxalate) susceptibles de changer de localisation dans la cellule sous l'influence de la pesanteur et, par voie de conséquence, de provoquer les réactions de croissance orientée que l'on constate chez les végétaux du fait de l'existence de cette force.

**Stèle**, n.f. (gr. stela, colonne). ❙ Partie centrale conductrice d'une tige ou d'une racine (on dit souvent cylindre central). ❙ Une stèle typique est extérieurement délimitée par le péricycle et regroupe une masse de bois central (pourvue ou non d'une moelle) entourée par un anneau de liber. ❙ En fonction de variantes dans la disposition des tissus essentiels (liber, bois, parenchyme médullaire) la diversité des types de stèles est manifeste.

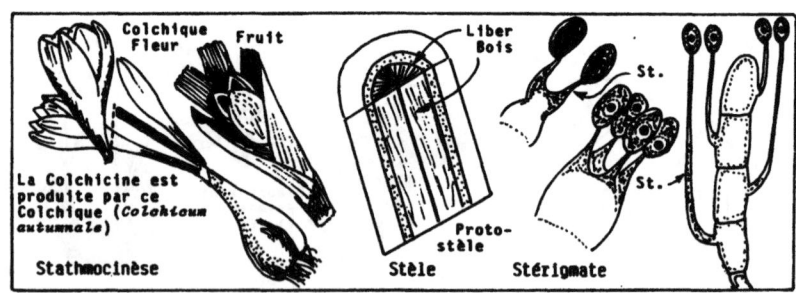

## STI

structure. On reconnaît la présence d'un stipe, outre chez des Algues Brunes de forte taille où le stipe est l'axe qui relie les haptères (v. ce mot) aux longs rubans du thalle, chez les Arécacées (ou Palmiers) et autres Monocotylédones arborescentes. Chez ces Angiospermes le stipe se présente comme un axe cylindrique marqué par les cicatrices des palmes tombées. Sa structure anatomique est totalement distincte de celle d'un tronc. La stèle en est une atactostèle (v. ce mot).

**Stipules,** n.f.pl. (lat. stipula, petite tige). ❙ Petits appendices, membraneux, foliacés, ou épineux, qui se rencontrent au point d'insertion de la feuille sur la tige, de part et d'autre de cette insertion. Les stipules sont parfois caduques, parfois persistantes. Il arrive que leur développement soit très important et qu'elles jouent alors un rôle évident de feuilles. Ex. les stipules du Pois (*Pisum sativum*) sont très développées, nettement plus grandes que les folioles; celles du Rosier sont soudées le long du pétiole de la feuille composée.

**Stolon,** n.m. (lat. stolo, rejeton). ❙ Tige aérienne, rampante ou arquée, capable de différencier de loin en loin (aux points de contact avec le sol) tout à la fois des racines et des bourgeons feuillés, permettant la multiplication de l'individu (lorsque le stolon s'altèrera lui-même). ❙ Le terme s'applique aussi à certains thalles d'Algues se comportant d'une manière comparable. ❙ Ex. les Ronces (*Rubus*) et les Fraisiers (*Fragaria*) se multiplient fort efficacement par le biais de stolons. Ce sont des plantes stolonifères.

**Stomate,** n.m. (gr. stomatos, bronche). ❙ Chez quelques

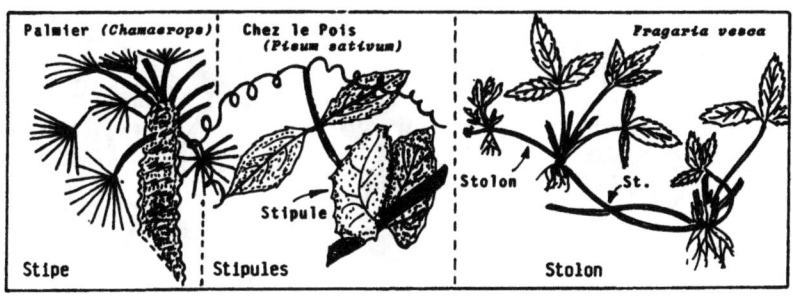

**Sténohalines,** adj. (gr. stenos, étroite; halos, sel).
❙ Se dit d'Algues qui ne tolèrent que d'étroites fluctuations de la teneur en sel de l'eau de mer dans laquelle elles vivent.

**Steppe,** n.f. (du russe step, steppe). ❙ Formation végétale de contrées incultes, à climat sec, dominée par des Poacées à feuilles étroites qui ont moins de 80 cm. de hauteur. On distinguera bien la steppe de la savane (v. ce mot) dont les grandes Poacées ont plus de 80 cm. de hauteur et dont les feuilles caulinaires sont larges.

**Stérigmate,** n.f. ❙ On désigne ainsi chacun des petits prolongements qui surmonte une baside et supporte une basidiospore (v. ce mot); ou chacun de ceux qui flanquent un conidiophore et supporte une conidie (v. ce mot). ❙ C'est en progressant par le fin canal de chaque stérigmate que cytoplasme et noyau (élaborés dans la baside ou dans le conidiophore) migrent vers la spore ou la conidie qui acquiert peu à peu sa taille définitive.

**Stigmate,** n.m. (lat. stigma, marque). ❙ Partie terminale du gynécée chez les Phanérogames Angiospermes. En général le stigmate est papilleux et visqueux et constitue une surface adaptée à la réception et à la rétention des grains de pollen. ❙ En fonction des espèces, le stigmate peut être pointu, globuleux, en cuilleron, plumeux, bifide....

**Stipe,** n.m. (lat. stipes, tige). ❙ Pied des carpophores de Champignons Basidiomycètes. ❙ Organe d'un végétal qui mime par sa forme, sa fonction, le tronc d'un ligneux , mais qui n'en possède ni la taille, ni la

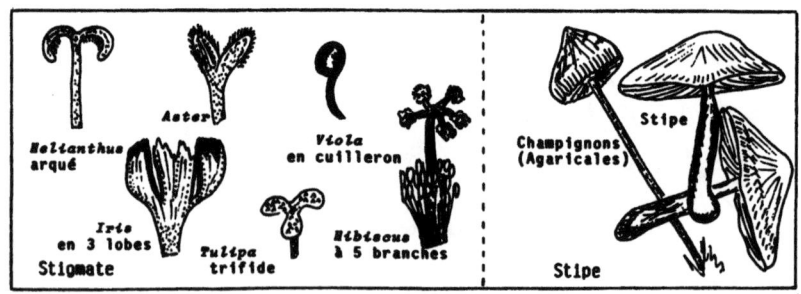

Bryophytes et chez les Végétaux Vasculaires on reconnaît la présence de ces structures qui jouent un rôle essentiel dans les échanges gazeux. ▮ Le plus souvent les stomates se situent surtout à la face inférieure des feuilles. Ce sont des structures superficielles, les cellules stomatiques (ou cellules de garde) étant des cellules épidermiques très différenciées. ▮ L'image simplifiée d'un stomate est celle : des deux cellules stomatiques (v. le mot cellule) ménageant entre elles un ostiole (ouvert ou fermé) permettant les mouvements de gaz avec la chambre sous-stomatique et les tissus du mésophylle (v. ce mot).

**Strate,** n.f. (lat. stratum, chose étendue). ▮ Chacun des niveaux de végétation dans un biotope (v. ce mot) donné. A partir du sol, il est usuel de considérer des strates : microbienne, muscinale, herbacée, arbustive, arborescente, avec, en sus, pour les végétaux qui sont fixés sur d'autres, une strate épiphytique. ▮ Toutes ces strates ne sont pas nécessairement représentées dans un écosystème donné. ▮ Sous le sol également on sait reconnaître une certaine stratification des systèmes racinaires. C'est à la faveur de ce phénomène que coexistent si bien Fabacées et Poacées (v. Prairie).

**Strobile,** n.m. (gr. strobilos, objet arrondi en spirale). ▮ Formation composite grossièrement conique, regroupant, au sommet d'axes privilégiés, les sporophylles (v. ce mot) de certaines Ptéridophytes. Sont bien connus les strobiles (à tort appelés épis, si ce n'est cônes) des Equisétinées et des Lycopodinées. ▮ Ex. les Lycopodinées fossiles possédaient des strobiles qui pouvaient atteindre un ou deux décimètres

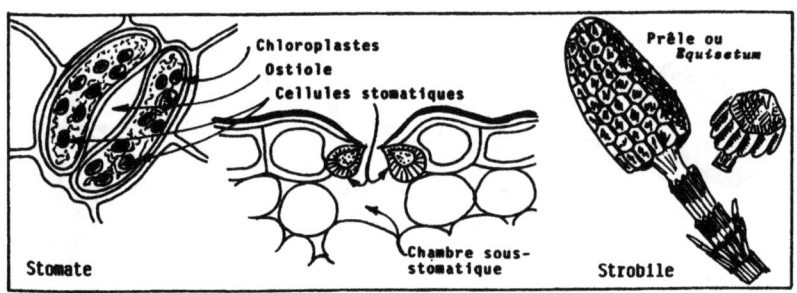

## STR

de longueur et plusieurs centimètres de diamètre. ❙ On a parfois désigné de la sorte d'authentiques cônes de Pins ou de Houblon. Nous déconseillons cette pratique.

**Stroma**, n. m. (mot latin). ❙ Ce terme désigne, chez les Champignons, une formation massive liée à la reproduction de l'espèce ( formation née ici de l'intrication de très nombreuses hyphes ) et au sein de laquelle s'élaborent les structures sexuées typiques qui y sont comme enchâssées (périthèces, v. ce mot, par exemple). C'est en somme un substrat qui appartient au Champignon et au sein duquel il fructifie.

**Strophiole**, n.f. (lat. _strophiolum_, ruban). ❙ Synonyme de Caroncule, v. ce mot.

**Style**, n.m. (gr. _stulos_, colonne). ❙ Partie du gynécée qui, chez les Angiospermes, surmonte le gynécée et se termine par le stigmate ou surface réceptrice du pollen. Le style est plus ou moins long, droit ou arqué, simple ou digité, selon que les carpelles constituant le gynécée sont parfaitement jointifs ou plus ou moins indépendants (au moins au niveau de ce style). ❙ Ex. le style des Primevères est simple, de longueur différente selon le type de fleur. Le style des Tulipes est très court et simple. Chez les Lins existent 5 styles élémentaires, chacun d'eux correspondant à l'un des 5 carpelles dont les bases sont, elles, bien soudées en un ovaire globuleux. Le style des fleurs de Violettes est acuminé crochu, alors que celui des Pensées est renflé et déprimé en cuilleron.

**Stylopode**, n.m. (gr. _stulos_, colonne; _pod_, pied). ❙ Petit disque nectarifère charnu qui couronne le

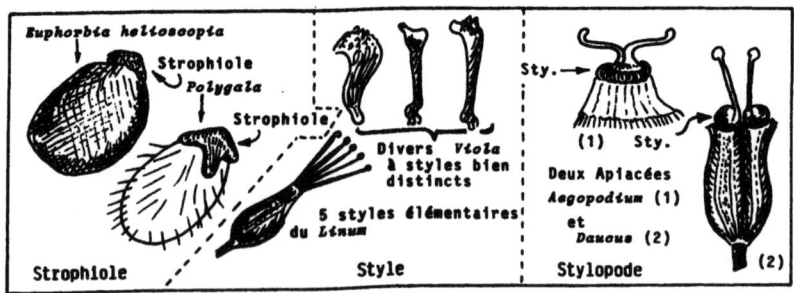

Strophiole — Style — Stylopode

fruit (un diakène) des Apiacées et qui porte les deux styles distincts. Ex. le stylopode d'une fleur de Ciguë (*Conium maculatum*).

**Suber**, n.m. (lat. suber, liège). ▍ Synonyme Liège, v. ce mot.

**Subérine**, n.f. (lat. suber, liège). ▍ Composé organique complexe (mélange de polyesters cireux et d'acides gras organiques), imperméable à l'eau et aux gaz, et constituant le dépôt caractéristique des parois squelettiques des cellules du liège.

**Subulé**, adj. (lat. subula, alène). ▍ Caractère d'un organe qui se termine très progressivement en pointe très aiguë, comme une alène de bourrelier. ▍ Ex. les aiguilles des *Juniperus*, comme les glumes (v. ce mot) de diverses Poacées sont subulées.

**Succulente**, adj. (lat. succulentus, de succus, suc). ▍ Se dit d'une plante qui possède des tissus charnus et très riches en eau (ce qui lui confère un habitus de plante "grasse"). ▍ La succulence est un caractère constant chez les xérophytes (v. ce mot). Des structures anatomiques particulières y minimisent d'ailleurs les pertes d'eau. ▍ Ex. les Euphorbes "grasses", les Cactacées, les Crassulacées, sont presque toujours des plantes succulentes.

**Suçoir**, n.m. (lat. sugere, sucer). ▍ A diverses reprises dans le règne végétal on peut se trouver en présencce de suçoirs. ▍ Dans le cas des Champignons pathogènes, il n'est pas rare que des hyphes inter- ou intracellulaires différencient dans le cytoplasme de la cellule-hôte des digitations aux apex plus ou moins

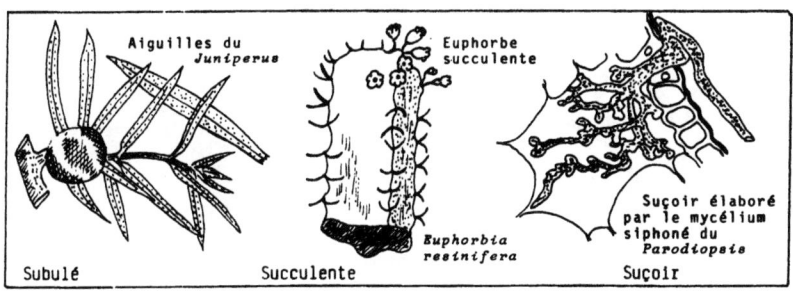

Subulé — Aiguilles du *Juniperus*
Succulente — Euphorbe succulente / *Euphorbia resinifera*
Suçoir — Suçoir élaboré par le mycélium siphoné du *Parodiopsis*

## SUJ

renflés, au niveau desquelles se réalisent les prélèvements nourriciers du pathogène: ce sont des suçoirs ou haustoria. ▍ La base du sporophyte (ou sporogone v. ce mot) des Bryophytes (implantée sur le gamétophyte et dépendant de lui pour son approvisionnement, au moins en eau et en sels minéraux) est souvent appelée le pied, mais également le suçoir. ▍ Un certain nombre de plantes holoparasites (v. ce mot) se fixent soit sur des organes aériens (cas du Gui, *Viscum album* ), soit sur les racines d'arbres (cas des *Rafflesia* notamment). Les "racines" de la plante holoparasite sont tellement déformées, atrophiées, qu'on leur applique le nom de suçoirs.

**Sujet**, n.m. (lat. subjectus, sujet). ▍ Voir Porte-Greffe.

**Supère**, adj. (lat. superus, de superior, supère). ▍ Qualifie l'ovaire d'une fleur (et le fruit qui en dérive) lorsque celui-ci est situé au-dessus du niveau d'insertion sur le réceptacle des autres pièces florales. ▍ Lorsqu'elle possède un ovaire supère, la fleur est dite hypogyne (v. ce mot) et l'ovaire est encore qualifié de libre. Ex. la fleur de la Tomate ( *Lycopersicon esculentum* ) possède un ovaire supère.

**Suspenseur**, n.m. (lat. suspendere, suspendre). ▍ Chez les Champignons Zygomycètes (v. ce mot) : les suspenseurs sont les deux compartiments qui soutiennent et flanquent les deux gamétocystes pareillement plurinucléés, lesquels fusionneront en un zygote. ▍ Chez certaines Ptéridophytes (Lycopodinées) et chez les Angiospermes : ce terme désigne une différenciation précoce du sporophyte, dès les premières divisions du zygote, né de la fécondation d'une oosphère ; le

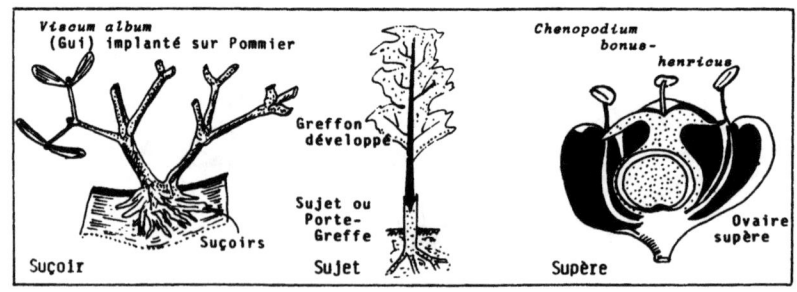

suspenseur est là, précocement distinct de l'embryon proprement dit.

**Suture,** n.f. (lat. sutura, couture). ▌ Ce terme s'applique à chacune des lignes visibles à la surface de l'ovaire, puis éventuellement du fruit, et témoignant de la soudure, suivant cette ligne, de deux carpelles entre eux, sinon de la fermeture du carpelle s'il est unique ou s'il est resté indépendant de ses voisins. Ex. la gousse du Pois, unicarpellée, possède une suture nette, opposée à la nervure principale.

**Sycone,** n.m. (étym. inconnue). ▌ Type très spécial d'inflorescence et d'infrutescence (que l'on rencontre tout particulièrement chez les Figuiers). Dans le cas d'un sycone, le réceptacle floral s'est dilaté, déprimé, et replié de façon à constituer une cavité presque close contenant les fleurs. ▌ Chez le Figuier les fleurs femelles tapissent la paroi interne du sycone et les fleurs mâles, également internes mais beaucoup moins nombreuses, sont localisées aux abords immédiats de l'orifice. ▌ C'est le réceptacle qui, à maturité, constitue la partie comestible de la figue, les petits fruits dérivés des nombreuses fleurs femelles n'étant que les akènes ténus craquant sous la dent. La Figue est donc un faux-fruit (v. ce mot).

**Symbiose,** n.f. (gr. syn, avec; bios, vie). ▌ Comportement biologique de certains végétaux (qualifiés de symbiotiques ou symbiotes (v. ce mot) qui vivent dans une indiscutable interdépendance nutritionnelle. ▌ Ces deux partenaires peuvent seulement coexister, sans que leurs organismes soient en contact fonctionnel et l'on parle de symbiose lâche (comme savent en réaliser des Champignons ou des Bactéries entre eux). ▌

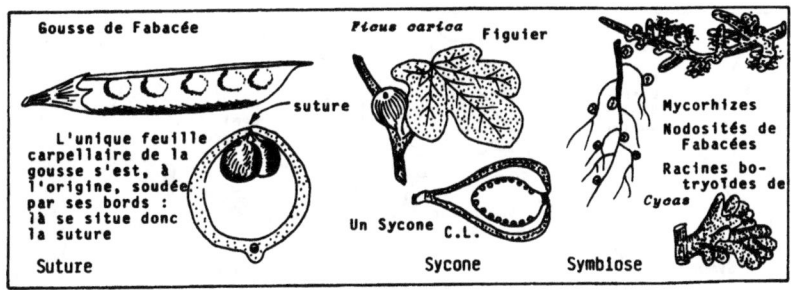

## SYM

Ou bien les deux organismes s'interpénètrent et l'on parle alors de symbiose étroite (comme c'est le cas chez les Lichens ou dans les Mycorhizes ou les Nodosités (v. ces termes).

**Symbionte ou Symbiote,** adj. (gr. syn, avec; bios, vie). | Désignation de chacun des deux partenaires impliqués dans la réalisation d'une symbiose. | On dira de la sorte que les *Rhizobium meliloti* et *Medicago sativa* (la Luzerne) sont les deux symbiotes (ou symbiontes) impliqués dans une symbiose.

**Sympode,** n.m. (gr. syn, avec; podos, pied). | Mode fréquent de ramification de rameaux et rhizomes à croissance définie (= limitée). Le bourgeon terminal cessant précocement sa croissance, c'est le bourgeon axillaire de la feuille située juste au-dessous de lui qui se développe alors, mais son bourgeon terminal cesse bientôt à son tour de croître et c'est à nouveau le bourgeon axillaire de la plus jeune feuille situé sous lui qui se développe. Il y a de la sorte continuellement substitution d'apex. | Comparer à Monopode.

**Synange,** n.m. (gr. syn, avec; aggeion, capsule). | Chez les Ptéridophytes, ce terme désigne un groupe de sporanges étroitement soudés entre eux. Ex. chaque synange du *Psilotum nudum* est constitué par 3 sporanges soudés ensemble et accolés sur l'axe triquètre.

**Synanthérées,** adj. (gr. syn, avec; antheros, fleuri). | Caractère propre à l'androcée de certaines fleurs (celles des Astéracées) dont les étamines, libres par leurs filets, sont soudées par leurs anthères. Jadis d'ailleurs les Astéracées étaient appelées Synanthérées.

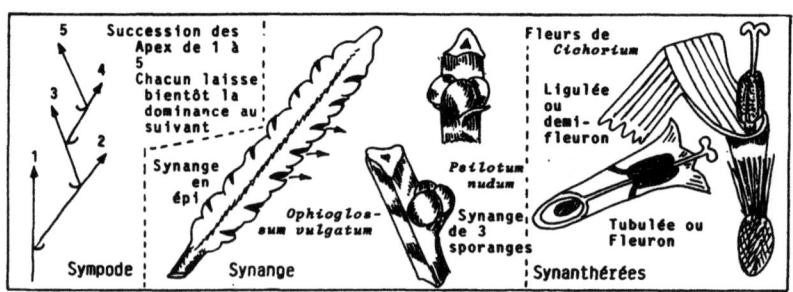

# SYN

**Synapses,** n.f.pl. (gr. sunapsis, point de jonction). ▌Contacts très ténus entre les cytoplasmes de deux cellules contiguës à la faveur de l'existence de fins pores perforant la paroi squelettique. Les cytoplasmes des cellules adjacentes s'affrontent souvent en différenciant au niveau de chaque synapse un double épaississement ou bouchon synaptique. ▌Les synapses des Champignons sont nettement perforés et s'agrémentent, selon le groupe, de parentésomes (Basidiomycètes) ou de grains de Woronine (Ascomycètes).

**Syncarpe,** n.m. (gr. syn, avec; karpos, fruit). ▌Fruit composé résultant de la juxtaposition de nombreuses drupéoles (v. ce mot). Ex. la Mûre (fruit du Mûrier) est un syncarpe.

**Synécologie,** n.f. (gr. syn, avec; oïkos, maison; logos, science). ▌Etude de l'écologie des groupements végétaux. C'est donc une approche synthétique, qui s'oppose à l'approche spécifique (ou autécologie,v. ce mot).

**Synenchyme,** n.m. (gr. syn, avec; egkhuma, effusion). ▌Voir Tissu.

**Synergides,** n.f. (gr. syn, avec; energia, énergie). ▌Ce terme désigne les deux cellules du sac embryonnaire (v. ce mot) des Angiospermes qui flanquent l'oosphère (v. ce mot) au pôle micropylaire de ce sac (v. micropyle).

**Système,** n.m. (lat. systema, système). ▌Agencement réfléchi des principes de base d'une classification d'un Groupe végétal et ensemble des unités taxonomiques qu'elle comprend.

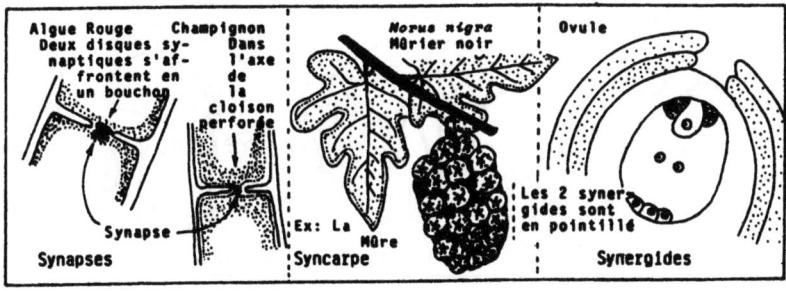

# T

**Tactisme,** n.m. ( lat. tactus, action de toucher). ▎Déplacement d'une cellule (ou d'un organisme s'il est de très petites dimensions, sinon d'un organe lorsque le végétal est franchement massif) orienté par rapport à un facteur externe qui "l'attire" ou le "repousse". ▎Ex. le chimiotactisme des gamètes mâles (attirés par divers composés organiques) ou le thermotropisme du plasmode des Myxomycètes.

**Taïga,** n.f. (mot russe). ▎Formation végétale assurant (en zone subarctique de l'hémisphère nord) la transition entre la forêt traditionnelle des régions plus tempérées et la toundra (v. ce mot). Les arbres (des Conifères, surtout des Mélèzes) y sont devenus rares et leur résistance surprend. La taïga est entrecoupée de tourbières et d'étendues d'eau libre.

**Taillis,** n.m. (lat. taliare, tailler). ▎Peuplement forestier constitué par le développement de l'ensemble des rejets et drageons (v. ces mots) qui s'élaborent au niveau des souches (v. ce mot) par réveil de bourgeons adventifs à la suite de la coupe. ▎Un taillis typique résulte donc de la coexistence de nombreuses cépées (v. ce mot). ▎Lorsque cohabitent de grands arbres (aux fûts bien développés) avec des éléments de taillis, le peuplement est appelé un taillis sous futaie.

**Talle,** n.m. (gr. tallos, rameau). ▎Chacune des ramifi-

Tactisme — Taillis (Pur, à gauche; Sous Futaie à droite)

## TAN

cations qui naissent au collet d'une plante et constituent, peu à peu, une touffe. Le végétal est alors qualifié de <u>cespiteux</u> (v. ce mot). ▌ C'est à la faveur de l'apparition de ses talles (étape du développement appelée <u>tallage</u>) que chaque pied de Blé possède plusieurs chaumes parallèles dont les plus vigoureux se termineront un jour par un épi.

**Tanins** ou **Tannins**, n.m.pl. (de <u>tan</u>, d'origine gauloise). ▌ Inclusions vacuolaires à fonctions phénoliques que l'on rencontre dissoutes ou précipitées dans les cellules du parenchyme de nombreuses espèces (ex. dans l'écorce ou le liber du Chêne et dans de nombreuses galles. ▌ On distingue les tanins phlorogluciques, les tanins pyrogalliques et les tanins condensés. Leur usage dans le tannage des cuirs n'a pas à être rappelé.

**Tapis**, n.m. (lat. <u>tapetum</u>, tapis). ▌ Assise nourricière des futurs grains de pollen au sein de l'anthère d'une étamine (v. ces mots). Ces cellules vouées à la dégénérescence pour nourrir les survivantes, sont polyploïdes (v. ce mot) ou polynucléées.

**Taxinomie** ou **Taxonomie**, n.f. (gr. <u>taxis</u>, arrangement; <u>nomos</u>, loi). ▌ Etude des principes qui doivent présider à la désignation et à la classification des êtres vivants en usant de taxons (v. ce mot) et en accordant une particulière attention à la morphologie des individus.

**Taxon**, n.m. (gr. <u>taxis</u>, arrangement). ▌ Appellation générale pour désigner toute unité systématique, de quelque rang qu'elle fut, jusques et y compris la famille. C'est dire que les <u>taxa</u> (pluriel courant

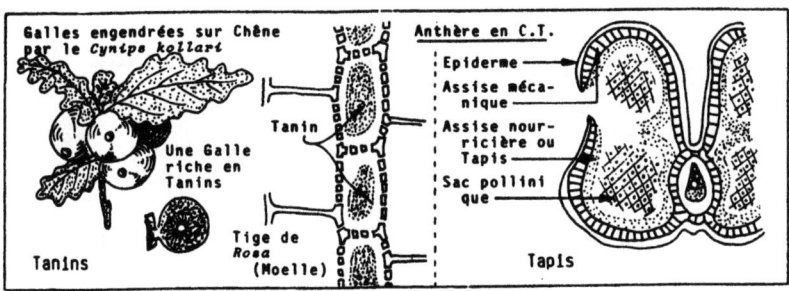

# TEG

préféré à <u>taxons</u>) les plus usuels sont : le genre, le sous-genre, l'espèce, la sous-espèce, la variété et la forme. Manier les <u>taxa</u>, c'est s'adonner à la taxinomie ou taxonomie.

**Tégument**, n.m. (lat. <u>tegere</u>, couvrir). ▌ Bien que ce terme puisse servir pour désigner tout revêtement, on l'utilise beaucoup plus régulièrement dans le sens suivant. Enveloppe protectrice de l'ovule (v. ce mot) chez les Préspermaphytes et Spermaphytes (puis de la graine chez les Spermaphytes). ▌ Souvent coexistent deux téguments (la <u>primine</u> et la <u>secondine</u>) ce qui est fort net dans le cas de la graine du Haricot. La <u>primine</u> en est plus ou moins épaisse, plus ou moins marbrée, selon les variétés de Haricots, cependant que la <u>secondine</u> est fine et parcheminée. ▌ Chez les Préspermaphytes, le tégument unique est stratifié et l'on distingue (à partir de l'extérieur): la sarcotesta, la sclérotesta et l'endotesta.

**Télétoxie**, n.f. (gr. <u>télé</u>, loin; <u>toxikon</u>, toxique). ▌ Manifestation à distance du pouvoir toxique d'une espèce végétale à l'encontre d'une autre espèce, et ce souvent par le biais d'excrétions racinaires (v. ce terme) volatiles ou non. ▌ Voir Autotoxicité.

**Téleutospore**, n.f. (gr. <u>teleutos</u>, fin; <u>spora</u>, semence). ▌ Chez les Champignons, c'est l'un des types de spores produites par les Hétérobasidiomycètes (v. ce mot) de l'Ordre des Urédinales (Rouilles). C'est au niveau de la téleutospore que se situent la caryogamie, puis la méïose productrice de 4 noyaux haploïdes qui se retrouveront dans la baside cloisonnée des Rouilles avant de migrer vers les 4 basidiospores. ▌ Les téleutospores peuvent être simples (*Uromyces*) ou à plusieurs

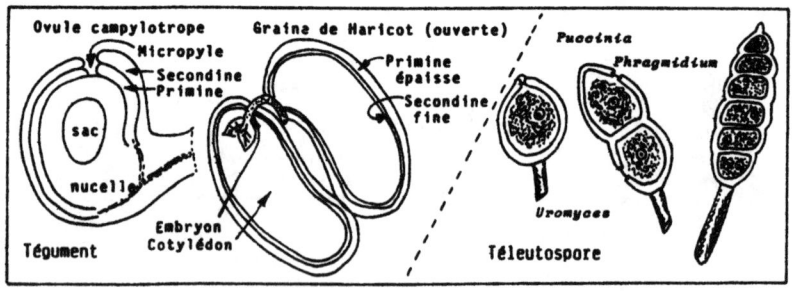

articles ( deux chez les *Puccinia*, trois chez les *Triphragmium*, quatre et plus chez les *Phragmidium*).Les modalités cytologiques décrites plus haut se répètent, identiques, au niveau de chacun des articles de la téleutospore (encore appelée probaside).

**Télophase,** n.f. (gr. télé, loin; phasis, apparence). ▌ Ce terme désigne l'ultime phase de la mitose cellulaire qui suit l'anaphase et pendant laquelle s'individualisent les noyaux-fils et se tend la nouvelle paroi squelettique (ou phragmoplaste), à valeur de membrane primitive.

**Tépales,** n.m.pl. (combinaison des mots pétales et sépales). ▌ Pièces périanthaires d'une fleur d'Angiosperme qui se ressemblent toutes entre elles (par la forme, la couleur) qu'elles appartiennent au calice (sépales) ou à la corolle (pétales). ▌ Ex. les tépales de la Tulipe sont au nombre de 6, et ceux du Muguet (au nombre de 6 également) sont soudés en clochette.

**Tératologie,** n.f. (gr. teratos, monstre; logos, science). ▌ Étude des formations monstrueuses, pathologiques, qui apparaissent chez les végétaux du fait d'attaques parasitaires, ou d'autres causes. ▌ Ex. l'étude des "Balais de sorcière" (v. cette expression) ou celle des fleurs péloriées (v. Pélorie) relèvent de la tératologie.

**Tétracyclique,** adj. (gr. tetras, ensemble de 4 choses; kuklos, cercle). ▌ Caractérise une fleur composée de 4 verticilles de pièces florales :(1) calice; (2) corolle; (3) androcée; (4) gynécée). ▌ Réunis sous l'appellation de Gamopétales Tétracycliques, plusieurs Ordres d'Angiospermes Dicotylédones (v. ces mots)

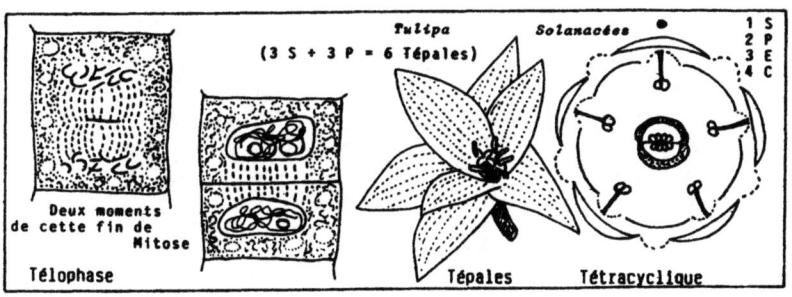

TET

partagent ce caractère. Ex. les Gentianales et les Astérales sont des Gamopétales Tétracycliques.

**Tétradyname**, adj. (gr. tetras, ensemble de 4 choses; dunamis, force). ▌ Qualifie l'androcée de certains végétaux dont les étamines sont de deux longueurs différentes (4 longues et 2 courtes). ▌ Ex. l'androcée des Brassicacées est typiquement tétradyname.

**Tétrakène**, n.m. (tetras, ensemble de 4 choses; a, privatif; khainen, ouvrir). ▌ Fruit sec, indéhiscent, se fragmentant à maturité en 4 méricarpes (v. ce mot) akénoïdes. ex. le fruit des Lamiacées est un tétrakène.

**Tétrapolaire**, adj. (tetras, ensemble de 4 choses; polos, pôle). ▌ Ce terme sert à qualifier certaines souches de Champignons Basidiomycètes (tels divers Coprins) qui élaborent des basidiospores complémentaires deux à deux. ▌ Appelons les 4 basidiospores (produites par une même baside) A, B, C et D, les combinaisons fertiles de mycéliums dérivés de ces 4 spores seront, par exemple, exclusivement, (A x C) et (B x D). C'est donc que coexistent, chez une même espèce, 4 sortes de souches relevant de 4 "pôles" complémentaires deux à deux. ▌ Ex. se conforment au type tétrapolaire d'assez nombreux Basidiomycètes dont le *Mucidula radicata* ou le *Coprinus micaceus*.

**Tétraspore**, n.f. (gr. tetras, ensemble de 4 choses; spora, semence). ▌ Chacune des 4 spores haploïdes dérivant d'une méiose au niveau d'un sporocyste, tétrasporocyste, ou d'un sporange. ▌ Les 4 grains de pollen dérivant d'une cellule-mère et constituant ce qu'on appelle parfois une tétrade, sont donc des tétraspores. ▌ Chaque tétraspore en germant produit

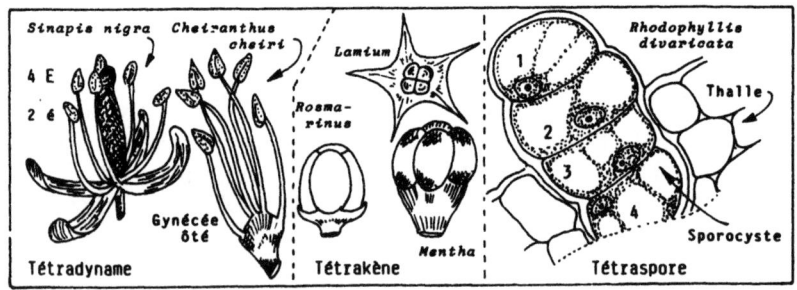

un haplonte.

**Tétrasporophyte,** n.m. (gr. tetras, ensemble de 4 choses; spora, semençe; phuton, plante). ▌ L'une des phases représentées au cours du cycle de reproduction de certaines Algues Rouges trigénétiques (v. Cycle). ▌ Le tétrasporophyte naît de la germination d'une carpospore diploïde et engendre ( à la faveur d'une méïose ) des tétraspores (v. ce mot) haploïdes, lesquelles seront à l'origine de nouveaux gamétophytes. Ainsi en est-il des *Nemalion*.

**Thalamiflore,** adj. et n.f. (gr. thalamus, lit; flos, fleur). ▌ Caractérise l'organisation florale de diverses Angiospermes qui possèdent un thalamus (v. ce mot) le long duquel s'échelonnent les points d'insertion des pièces florales. ▌ Les Thalamiflores sont tenues pour représenter une série de familles de Dicotylédones Dialypétales relativement primitives. ex. les Magnoliacées, Nymphéacées, Renonculacées sont des Thalamiflores.

**Thalamus,** n.m. (gr. thalamos, couche nuptiale). ▌ Réceptacle floral plan, bombé ou étiré en colonnette chez les Dicotylédones Dialypétales Thalamiflores (v. ces mots). ▌ Lorsqu'il supporte, tout à la fois, androcée et gynécée, le thalamus prend le nom d'androgynophore (cas des fleurs de Magnolia par ex.); s'il ne supporte que les carpelles (cas du Fraisier par ex.) on le nomme gynophore.

**Thalle,** n.m. (gr. thallos, rameau). ▌ Appareil végétatif des Végétaux Inférieurs et gamétophyte des Bryophytes et des Ptéridophytes (pour lesquelles on utilise plus régulièrement le terme de prothalle, v. ce mot).

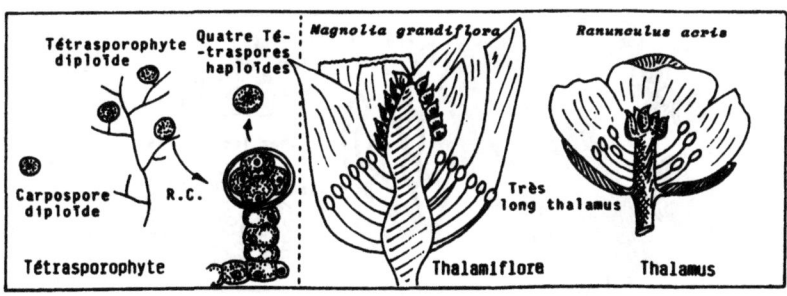

## THA

▌Parmi les multiples formes de thalles, on distinguera plus spécialement les suivantes. Thalle coccoïde: thalle réduit à une seule cellule qui peut jouer elle-même le rôle de sporocyste (Cyanobactéries); thalle en trichome: thalle constitué par une simple file de cellules, non ramifiée (Cyanobactéries,et certaines Bactéries); thalle archaïque ou archéthalle (v. ce mot, Cyanobactéries); thalle filamenteux et ramifié ou protothalle (v. ce mot. Cyanobactéries, Algues, Champignons). ▌Chez les Lichens, en fonction de leur morphologie externe ou de leur structure, révélée par l'observation de sections verticales, on sait distinguer plusieurs types de thalles : thalle crustacé, thalle inclus dans le substrat (pierre, écorce) et que l'on ne peut collecter sans prélever un fragment de ce substrat; thalle foliacé, thalle appliqué sur le support, fixé par des rhizines (v. ce mot) et aisément détachable; thalle fruticuleux, thalle dressé ou pendant, arbustif (cette appellation dérive du latin frutex, arbrisseau); thalle hétéromère, thalle au coeur duquel le phycobionte (v. ce mot) constitue une zone bien localisée, entre des zones de mycobionte (v. ce mot) pur; thalle homéomère, thalle au niveau duquel le phycobionte est uniformément réparti sur toute (ou presque) l'épaisseur du thalle, au sein du mycobionte; thalle mixte, thalle foliacé à sa base se prolongeant en une partie fruticuleuse, souvent érigée (ex. les *Cladonia*).

**Thallophytes,** n.f.pl. (gr. thallos, rameau; phuton, plante). ▌Ensemble des Végétaux Inférieurs qui ne sont donc pas vascularisés et sont dépourvus de tiges, feuilles, racines. Leur appareil végétatif est constitué par un thalle (v. ce mot). ▌Sont regroupés sous cette appellation : Algues, Champignons, Lichens.

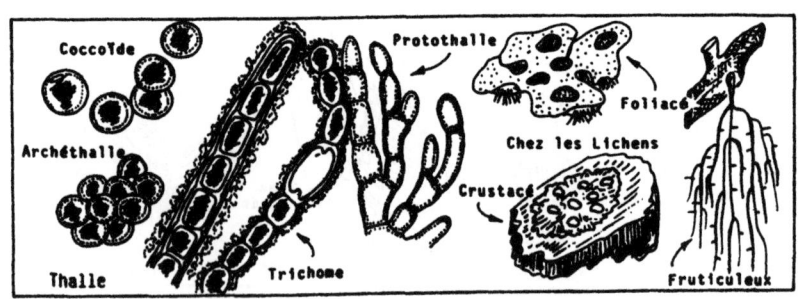

# THE

Parfois on y place aussi les Procaryotes (Bactéries et Cyanobactéries).

**Thermonasties,** n.f.pl. ▌ Nasties (v. ce mot) provoquées par des fluctuations de température.

**Thermopériodisme,** n.m. (gr. thermos, chaleur; periodos, période). ▌ Action différentielle des alternances, même subtiles parfois, de température sur le fonctionnement et le développement des plantes.

**Thérophyte,** n.f. (gr. theros, saison; phuton, plante). ▌ On désigne par ce terme une plante qui "boucle" son cycle en quelques mois (usuellement entre le printemps et l'automne sous nos climats) et dont ne subsistent, à l'entrée de l'hiver, que les graines qui engendreront de nouveaux individus l'an suivant. ▌ Synonyme de plante annuelle. ▌ Ex. la Mercuriale de nos jardins, ou la Bourse à pasteur (*Capsella bursa-pastoris*) l'une, banale aussi de nos "mauvaises herbes", sont des thérophytes.

**Thylle,** n.f. ▌ En anatomie végétale on désigne ainsi une intrusion de la lamelle moyenne de la paroi d'un vaisseau formant une sorte d'ampoule dans la cavité d'un vaisseau du bois, au niveau d'une ponctuation. ▌ Ce phénomène se produit plutôt à l'arrière-saison. La coexistence de plusieurs thylles peut conduire à l'obstruction du vaisseau. Au printemps suivant il se peut que les thylles régressent et que la circulation de la sève reprenne son cours.

**Thyrse,** n.f. (gr. thyrsos, thyrse). ▌ Inflorescence en grappe fusiforme. Ex. le Lilas (*Syringa vulgaris*) ou certaines Lysimaques (*Lysimachia thyrsiflora*) ont ce

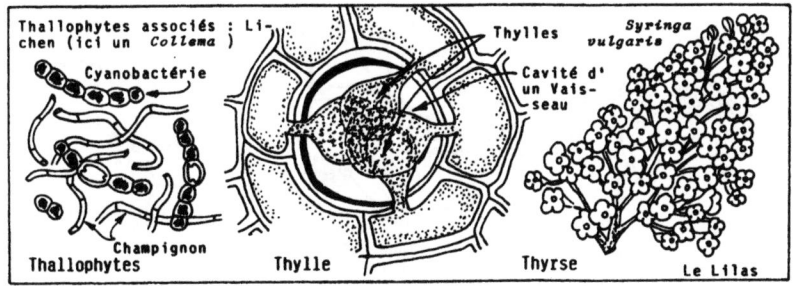

## TIG

type d'inflorescences.

**Tige**, n.f. (lat. tibia, flûte). ▍ Chez les Végétaux Vasculaires: organe aérien (ou souterrain) parcouru par des éléments conducteurs, constituant l'axe, plus ou moins ramifié, de la plante. ▍ La tige différencie des bourgeons susceptibles d'évoluer : soit en pousses florifères et fructifères, soit en axes secondaires purement végétatifs, soit en ramifications à vocation mixte. ▍ Anatomiquement la tige présente une structure primaire typique à bois primaire centrifuge (v. ce mot) au niveau de faisceaux libéro-ligneux (à liber et bois superposés). ▍ Au fil des ans, les tiges durables élaborent des formations secondaires et sont susceptibles de mériter la dénomination de troncs (v. ce mot).

**Tigelle**, n.f. (lat. tibia, flûte). ▍ Au niveau de l'embryon des Plantes Supérieures, ce terme désigne la petite tige qui supporte le (ou les) cotylédon(s) et les ébauches de premières feuilles (gemmule) regroupées en un petit bourgeon terminal. En général la portion de la tigelle située en-dessous du niveau d'insertion des cotylédons ne connaît qu'un piètre développement (c'est l'hypocotyle, v. ce mot). L'autre portion, sommitale, ou axe épicotylé (v. ce mot) connaîtra un tout autre devenir.

**Tissu**, n.m. (anc. franç. tistre, tisser). ▍ Chez les Thallophytes : la notion de tissu est souvent appliquée à ces végétaux, au prix de quelque extension dans son acception.▍ On parle de la sorte de : prosenchyme, lorsque des files de cellules sont lâchement enchevêtrées, ou seulement rapprochées; de synenchyme, lorsque les filaments pluricellulaires sont intimement unis,

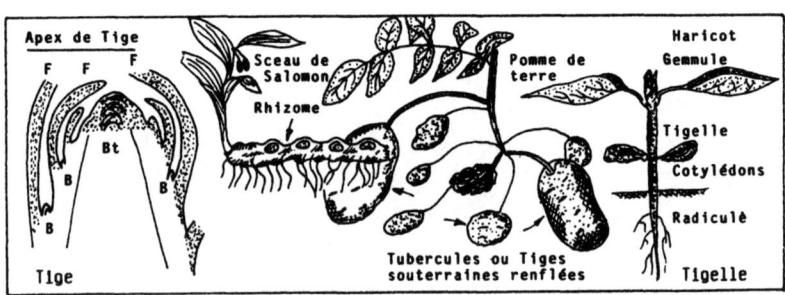

# TOM

pratiquement indissociables. ‖ Ainsi, au niveau d'un thalle hétéromère (v. thalle) de Lichen, on distingue aisément le cortex plectenchymateux de la médulle prosenchymateuse. ‖ Chez les Algues massives aussi (ex. les Algues Brunes) la notion de "tissu" (voire de faux-tissu) apparaît dans les écrits. ‖ Chez les Plantes Supérieures : on appelle tissu un ensemble de cellules ayant sensiblement la même forme, la même taille, et remplissant la même fonction. ‖ Les tissus sont plus ou moins spécialisés, mais tous dérivent de l'activité des méristèmes primaires (à l'apex des organes) ou secondaires (assises génératrices responsables de la croissance en diamètre de ces mêmes organes). ‖ La diversité des tissus est assez considérable. Les plus fondamentaux relèvent de l'une des catégories suivantes: tissus de revêtement (épiderme, liège); conducteurs (bois, liber); sécréteurs (glandes, canaux, laticifères); de soutien (collenchyme, sclérenchyme); conjonctifs (parenchymes aptes parfois à l'assimilation ou à la mise en réserve). ‖ L'agencement relatif des tissus entre eux fournit de précieux enseignements sur la nature des organes considérés.

**Tomenteux,** adj. (lat. tomentum, bourre, duvet). ‖ Se dit d'un végétal tout entier ou de certains organes (le plus souvent il s'agit alors des feuilles ou des tiges) qui sont recouverts de longs poils blancs et mous. Ex. le *Stachys lanata* est une plante tomenteuse , les jeunes coings (fruits du *Cydonia oblonga*) sont aussi tomenteux.

**Tonoplasme,** n.m. ‖ Fin liseré, né d'arrangements moléculaires spéciaux, que constitue le cytoplasme (v. ce mot) au contact des vacuoles (v. ce mot) qu'il délimite. On dit encore tonoplaste ou endoplasme.

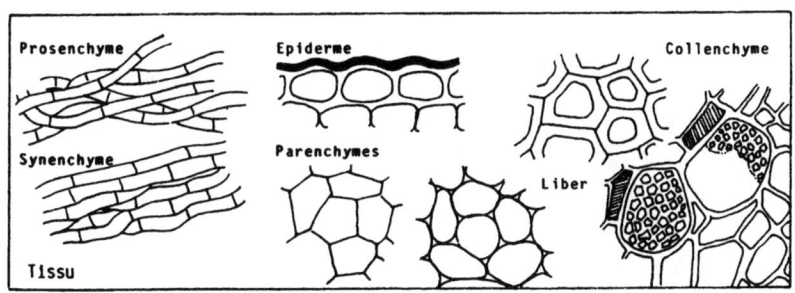

## TOR

**Tordue**, adj. (lat. *torquere*, tordre). ▌ Qualifie un mode de préfloraison dans laquelle chacun des pétales est mixte : recouvert par la pièce qui le précède, il recouvre la pièce qui le suit. Ex. les Malvacées ont une préfloraison tordue.

**Toruleux**, adj. (lat. *torulus*, renflé). ▌ Qualificatif qui s'applique à certains filaments de Thallophytes ou à des organes de Végétaux Supérieurs (siliques, v. ce mot, de Brassicacées par ex.) renflés de loin en loin avec des étranglements intermédiaires. Ex. la silique du Radis (*Raphanus raphanistrum*) est toruleuse.

**Torus**, n.m. (lat. *torus*, corde). ▌ Formation anatomique particulière au bois des Gymnospermes. Au niveau des trachéides de ces végétaux se rencontrent en effet des aréoles (v. ce mot). Le torus est le renflement (en forme de lentille biconvexe) de la partie centrale du réseau fibrillaire tendu entre les deux orifices de l'aréole. Ce sont les déplacements latéraux de l'ensemble axial qui peuvent plaquer le torus contre la paroi en dôme de l'une ou de l'autre des trachéides, et obstruer l'aréole, ne permettant plus alors les échanges transversaux de sève.

**Toundra**, n.f. (mot russe *tundra*). ▌ Formation végétale caractérisée par la taille très réduite de tous ses constituants (même celle des ligneux qui s'aventurent encore sous de hautes latitudes : bouleaux nains, saules rampants). Marécageuse, dominée par les Lichens, avec un sous-sol constamment gelé, cette formation essentiellement arctique se localise entre la taïga (v. ce mot) et les glaces et neiges éternelles. C'est à son niveau qu'évoluent les Rennes.

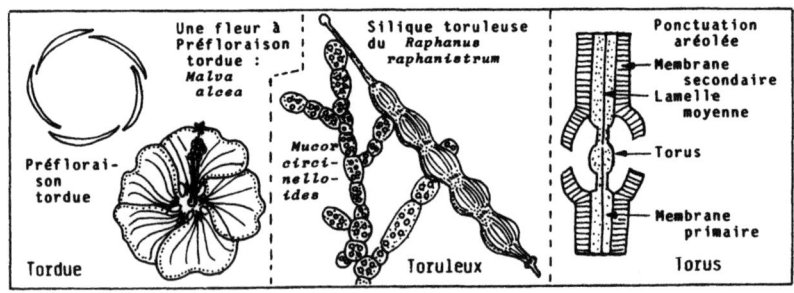

**Tourbière,** n.f. (francique turba, terre combustible).
| Formation végétale dominée par les Bryophytes :
Mousses surtout ( Hypnums ou Sphaignes selon l'acidité)
et par les Cypéracées et Ericacées. Elle est caractéristique des lieux très humides, à eau stagnante et
pratiquement en permanence superficielle. | La décompo-
sition des restes y est extrêmement lente et la tourbe
s'y accumule, née des parties basales, mortes puis
très mal dégradées, de la végétation adaptée à ces stations écologiquement marquées.

**Toxicité,** n.f. (lat. toxicum, toxique). | Voir Autoto-
xicité et Télétoxie. | Aptitude que peut présenter
un végétal à créer, chez l'homme ou chez l'animal,
voire chez une autre plante, une gêne, une intoxication
pouvant même conduire à la mort. Ex. la toxicité de
l'Amanite phalloïde n'est plus à démontrer.

**Traçant,** adj. (lat. trahere, tirer). | Se dit d'un
végétal à important développement horizontal, soit
sous le sol, peu profondément, soit juste à sa surface.
Ex. les stolons de la Renoncule rampante (*Ranunculus repens*) ou le système racinaire de nombreux Peupliers. Ce
sont là des plantes "traçantes".

**Trachéide,** n.f. (gr. trakheia, raboteux). | Elément
conducteur du bois des Ptéridophytes, des Gymnospermes
et des formations ligneuses très jeunes des Angiosper-
mes. | Il s'agit de vaisseaux imparfaits dont les
cellules constitutives ont conservé toutes leurs pa-
rois. | Chez les Ptéridophytes: les épaississements
de lignine sont disposés comme les barreaux d'une
échelle et l'on parle alors de trachéides scalarifor-
mes. | Chez les Gymnospermes: le dépôt de lignine
ne respecte que les aréoles (v. ce mot) et l'on parle

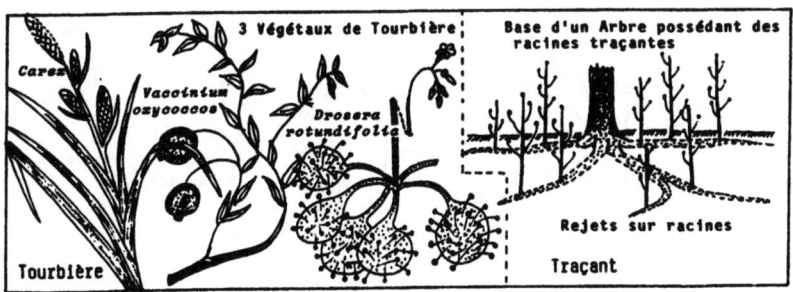

**TRA**

alors de trachéides aréolées. ❙ Chez les Angiospermes les trachéides sont soutenues: soit par une succession d'anneaux lignifiés (trachéides annelées), soit par une spire continue de lignine (trachéides spiralées), soit par un réseau de renforcement (trachéides réticulées).

**Transpiration,** n.f. (lat. transpirare, transpirer). ❙ Fonction d'élimination d'eau sous forme de vapeur que réalisent les végétaux au niveau de leurs stomates (v. ce mot). Cette sortie d'eau considérable crée un appel de sève brute capital pour la vie de la plante. C'est là un moyen essentiel d'approvisionnement en sels minéraux et autres substances dissoutes. Il convient, bien entendu, que l'intensité de la transpiration n'excède pas les possibilités d'absorption racinaire. ❙ Un arbre de belle taille peut transpirer plusieurs centaines de litres d'eau par jour en plein été. Communément la quantité d'eau qui transite utilisée réellement pour les synthèses ne dépasserait guère le centième du volume absorbé.

**Trichoblaste,** n.m. (gr. trichos, poil; blastos, germe). ❙ C'est un sclérite (v. ce mot), non ponctué, fourchu, rappelant un poil et occupant un espace intercellulaire dans une tige ou une feuille de plante aquatique. Ex. les trichoblastes des Nymphéacées. ❙ Synonymes Trichosclérite, Trichoscléréide, Poil interne.

**Trichogamie,** n.f. (gr. trichos, poil; gamos, mariage). ❙ Modalité de la sexualité que l'on rencontre chez les Rhodophycées (Algues Rouges) et chez certains Champignons Ascomycètes. Le carpogone (ou l'ascogone) sont prolongés par un trichogyne (v. ce mot) et seront fécondés par une spermatie (v. ce mot) ou par déversement de l'anthéridie. ❙ Pour plus de détails voir

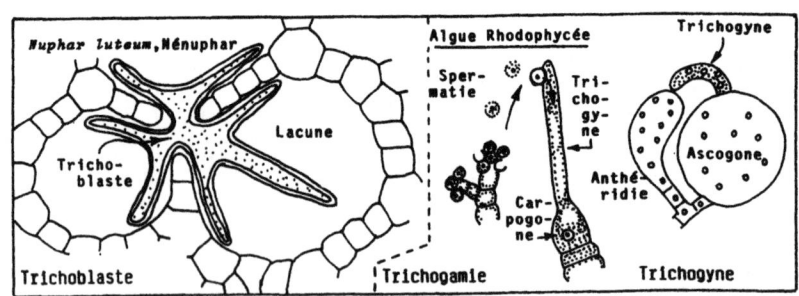

Trichoblaste | Trichogamie | Trichogyne

Trichogyne.

**Trichogyne,** n.f. (gr. trichos, poil; gunê, femme). ▌ Formation liée à la sexualité chez certains Thallophytes, et que l'on rencontre au niveau des pièces femelles. ▌ Chez certaines Algues Rouges le trichogyne couronne une cellule renflée appelée carpogone. Il est là le récepteur du gamète mâle (ou spermatie) et assure son acheminement jusqu'au carpogone (v. ce mot). ▌ Chez les Champignons Ascomycètes, le gamétocyste femelle (ou ascogone) est couronné par un trichogyne qui, entrant en contact avec un gamétocyste mâle (ou anthéridie) permettra le déversement du contenu anthéridial dans l'ascogone (v. ce mot).

**Trichome,** n.m. (gr. trikhôma, chevelure). ▌ Ce terme désigne: soit l'ensemble des poils qui tapissent la surface d'un organe végétal (mais son emploi dans cette acception reste assez rare); soit les formations pluricellulaires, filamenteuses, non bifurquées, que savent élaborer divers représentants du monde des Procaryotes (des Cyanobactéries et quelques Bactéries). Ex. le thalle des Oscillaires (*Oscillatoria*) est constitué par des trichomes.

**Tricoque,** adj. (lat. tri, trois; coccum, coque). ▌ Caractérise un type particulier de capsule (v. ce mot) qui se rencontre chez les Euphorbiales. C'est une capsule née d'un ovaire tricarpellé, à placentation axile, souvent avec un seul carpelle par loge. La déhiscence de cette capsule est triple, à savoir, tout à la fois: septicide, loculicide et septifrage (fissuration des cloisons intercarpellaires). L'Ordre des Euphorbiales reçut jadis le nom synonyme d'Ordre des Tricoques.

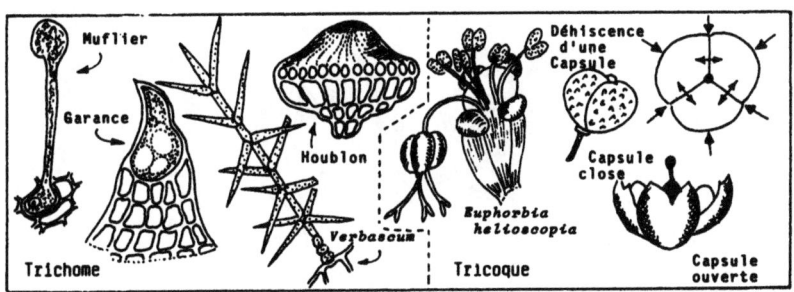

## TRI

**Trifide,** adj. (lat. tri, trois; findere, fendre).
▌Caractère d'un organe qui se termine par 3 pointes, qui est fendu en 3 parties. ▌Ex. les bractées des cônes du Douglas (*Pseudotsuga menziesii*) sont trifides, de même que les feuilles de diverses Renoncules.

**Trifoliolé,** adj. (lat. tri, trois; folium, feuille).
▌Ce qualificatif s'applique à des feuilles subdivisées en 3 folioles. Naturellement les Trèfles (*Trifolium*) possèdent des feuilles trifoliolées.

**Trigénétique,** adj. (gr. tri, trois; gennetikos, génération). ▌Chez des Algues Rouges, un tel type de cycle à trois générations se rencontre sous les formes successives de : gamétophytes unisexués haploïdes; puis (après fécondation) de carposporophytes générateurs de spores directes, diploïdes; et enfin de tétrasporophytes qui produisent (par méïose) des tétraspores qui germeront en gamétophytes (soit mâles, soit femelles). ▌Voir aussi Cycle.

**Trigone,** adj. (gr. tri, trois; gônis, angle). ▌Qualificatif qui s'emploie, à propos d'organes (tiges en section, fruits, graines) qui présentent 3 angles nets (et donc 3 faces). ▌Ex. le fruit du Sarrasin (*Polygonum fagopyrum*) ou la tige de diverses Laiches ou *Carex* sont trigones. ▌Voir aussi Triquètre.

**Trimère,** adj. (gr. tri, trois; meros, partie). ▌Caractère classique des fleurs (de Monocotylédones notamment) qui sont constituées de verticilles successifs de 3 pièces chacun. ▌Ex. la formule florale d'une Tulipe est la suivante : 3S + 3P + (3 + 3)E + 3C. C'est donc une fleur pentacyclique (v. ce mot) trimère. En outre ses 3S + 3P ont valeur de 6 Tépales.

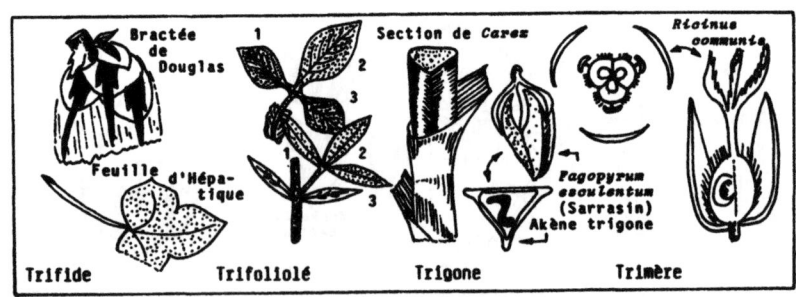

Bractée de Douglas — Feuille d'Hépatique — Trifide — Trifoliolé — Section de *Carex* — *Fagopyrum esculentum* (Sarrasin) Akène trigone — Trigone — *Ricinus communis* — Trimère

# TRI

**Triquètre,** adj. (gr. trikhé, triplement; edra, base). ▌ Se dit d'un organe de section triangulaire, puisqu'il présente trois angles saillants séparés par trois faces planes, ou quelque peu concaves. ▌ Ex. chez les Psilotinées (Ptéridophytes) le *Psilotum triquetrum*, archaïque, possède une tige triquètre. Certaines spores et certains grains de pollen sont également triquètres.

**Tristique,** adj. ▌ Disposition particulière des feuilles sur certaines tiges. L'angle de divergence (v. le mot phyllotaxie) est là de 120°. C'est dire que les feuilles sont disposées suivant 3 génératrices le long de la tige et que, sur la même génératrice, se retrouvent, par exemple, les feuilles n° 1, n° 4, n° 7, n° 10....

**Trivalve,** adj. (lat. tri, trois; valva, battant de porte). ▌ Caractère d'un fruit déhiscent qui se fissure à maturité en 3 valves.

**Tronc,** n.m. (lat. truncus, tronc). ▌ Désignation réservée à la tige d'un arbre lorsque celui-ci atteint une dimension importante. Compte-tenu de la production rythmée de formations secondaires, la section d'un tronc permet de distinguer des cernes (v. ce mot) annuels de croissance. ▌ En outre, à son niveau, on distingue en général fort bien, en ce qui concerne son bois, l'aubier et le duramen, ou bois de coeur (v. ces mots). ▌ On appelle fût (v. ce mot) la partie du tronc d'un arbre dépourvue de branches; grume, le fût de l'arbre abattu et ébranché; bille, une portion de grume.

**Tronqué,** adj. (lat. truncus, tronc). ▌ Se dit d'un organe qui donne l'impression d'être brusquement inter-

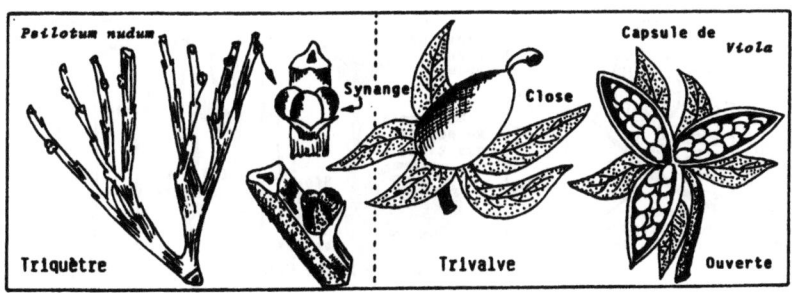

## TRO

rompu dans sa morphologie d'ensemble... comme s'il lui "manquait un morceau". | Ex. la feuille du Tulipier (*Liriodendron tulipifera*) est tronquée.

**Trophique**, adj. (gr. trophê, nourriture). | Tout ce qui concerne la nutrition relève d'une approche trophique de la biologie du végétal. Selon les modalités d'obtention de cette nourriture, un végétal sera qualifié, par exemple, d'autotrophe, d'hétérotrophe, de saprotrophe ou de biotrophe (v. ces mots).

**Tropisme**, n.m. (gr. tropos, tour). | Attirance (ou répulsion) particulière qu'exerce un facteur vis-à-vis d'un végétal en orientant sa croissance ou ses mouvements. | S'il y a attirance, le tropisme est considéré comme positif; s'il y a répulsion, le tropisme est tenu pour négatif. | Parmi les facteurs susceptibles de provoquer un tropisme, citons : la lumière (phototropisme), la pesanteur (géotropisme), l'humidité (hydrotropisme), la présence de certains composés chimiques (chimiotropisme), le contact avec un support (haptotropisme).

**Tube criblé**, n.m. (lat. tubus, tube; criblum, crible). | Elément conducteur du phloème ou liber dont la paroi squelettique est restée exclusivement celluloso-pectique. | Les tubes criblés sont parcourus par la sève élaborée. Ce sont des files de cellules qui n'ont pas perdu leurs cloisons transversales (lesquelles, obliques, multiperforées ou multiponctuées, portent le nom de crible, v. ce mot). Chez les Gymnospermes et les Ptéridophytes, de tels cribles existent aussi sur les parois verticales des tubes. | Du fait de la constitution saisonnière de cals (v. ce mot) les tubes criblés ne sont fonctionnels que durant une

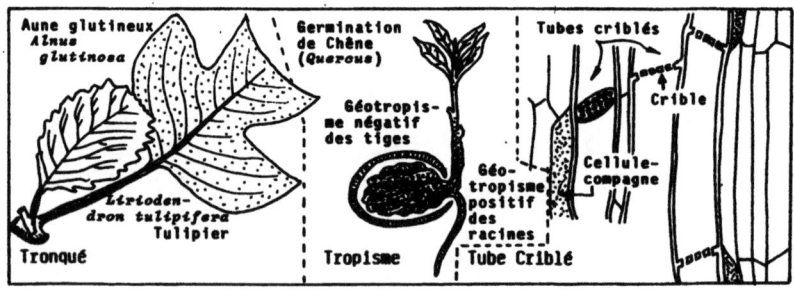

Tronqué — Tropisme — Tube Criblé

# TUB

partie de l'année. ▌ Chez les seules Angiospermes les tubes criblés sont flanqués de cellules-compagnes.

**Tube pollinique,** n.m. (lat. tubus, tube; pollen, fleur de farine). ▌ Production du grain de pollen parvenu à la surface du stigmate et correspondant à une extraordinaire évagination de son intine à travers l'un des pores de son exine (v. ces mots). ▌ Chez les Angiospermes, ce tube traverse donc le tissu stigmatique, parcourt le style et s'oriente (le plus souvent) vers le micropyle de l'un des ovules dans l'ovaire pour y réaliser la double fécondation (v. ce terme).

**Tubercule,** n.m. (lat. tuberculum, tubercule). ▌ Organe renflé, de nature caulinaire, généralement souterrain appartenant à un végétal vasculaire, et au niveau duquel la plante stocke des réserves. ▌ Tantôt c'est le parenchyme cortical qui s'hypertrophie et sert d'entrepôt, tantôt c'est le parenchyme médullaire. ▌ Du fait de cette capacité à stocker des substances de réserve, le tubercule joue un grand rôle pour la plante vivace elle-même, mais aussi pour l'alimentation animale ou humaine et pour l'industrie éventuellement. ▌ A la faveur de leur aptitude à développer au printemps leurs bourgeons en pousses actives, les tubercules constituent de précieux organes de multiplication de l'espèce (ex. les tubercules de la Pomme de terre). ▌ On appelle parfois tubercules des racines gorgées de réserves.

**Tubéreuse,** adj. (lat. tuberosus, plein de protubérances). ▌ Se dit d'une plante qui différencie régulièrement un ou plusieurs tubercules. On préfère ce qualificatif à celui de tuberculeuse (qui n'en est pas moins valide). ▌ Ex. les Pommes de terre et les Topi-

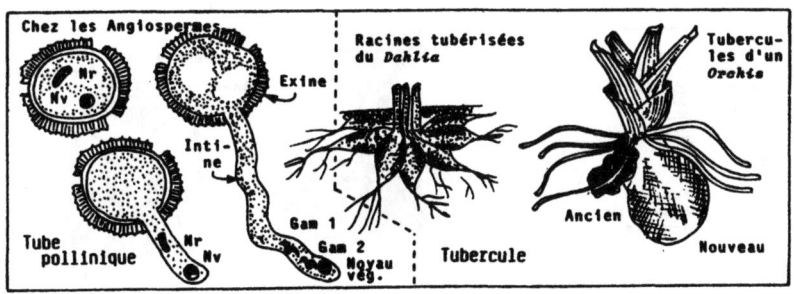

375

## TUB

nambours (*Helianthus tuberosus*, Astéracées) sont manifestement des plantes tubéreuses. Les tubercules de nos Pommes de terre sont de nature caulinaire, ceux de Topinambour de nature racinaire.

**Tubulée,** adj. (lat. tubulatus, tubulé). ▌ Se dit de fleurs particulières à certaines Astéracées (Tubuliflores et Radiées). Ces fleurs sont, selon les genres, stériles, mâles ou bisexuées. Leur corolle est constituée de 5 pétales soudés en un tube assez étroit. ▌ L'Artichaut et le Bluet sont des Tubuliflores; la Pâquerette ou la Camomille sont des Radiées.

**Tumeur,** n.f. (lat. tumor, tumeur). ▌ Prolifération pathologique d'un organe (ou d'une partie d'organe) sous l'influence possible: d'un afflux de sève, d'une attaque bactérienne, d'une infection virale, sinon en relation avec la genèse d'une galle (ou cécidie). ▌ Dans le processus de tumorisation peuvent intervenir : soit une simple hypertrophie cellulaire (= accroissement de la taille de chacune d'elles), soit une hyperplasie (accroissement du nombre de cellules du fait d'un processus de divisions à un rythme soutenu), soit les deux phénomènes de concert. ▌ Voir Hyperplasie et Hypertrophie.

**Tunique,** n.f. (lat. tunica, tunique). ▌ Ce terme s'applique à chacun des éléments foliacés, membraneux, qui constituent certains bulbes. Chaque tunique (dont la base équivaut sensiblement à la circonférence du bulbe) enveloppe donc complètement le bulbe. On dit alors qu'il est tuniqué (v. ce mot). ▌ Ex. le bulbe d'Oignon (*Allium sativum*) ou celui des Colchiques (*Colchicum autumnale*) sont parmi les plus banaux des bulbes tuniqués.

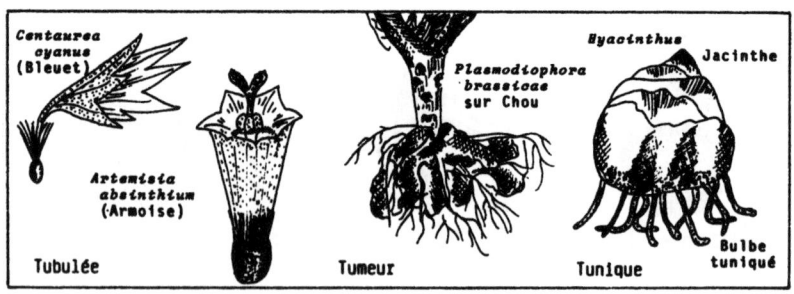

Tubulée — Tumeur — Tunique — Bulbe tuniqué

## TUR

**Turgescente,** adj. (lat. turgescens, de turgescere, se gonfler). | Etat d'une cellule se trouvant placée dans un milieu hypotonique et dont le vacuome est, de ce fait, en pleine expansion à la faveur d'une absorption importante d'eau. Sous la pression de ce vacuome en quelque sorte "distendu" la paroi squelettique est elle-même étirée au maximum. La cellule est dite turgescente.

**Turion,** n.m. (lat. turio, bourgeon). | Bourgeon (encore appelé "oeil") se développant sur les rhizomes de végétaux vivaces, et susceptibles d'engendrer une nouvelle tige. Ex. les turions de l'Artichaut ( *Cynara scolymus* ) ou ceux de l'Asperge ( *Asparagus officinalis* ).

**Types biologiques.** | Voir Formes biologiques.

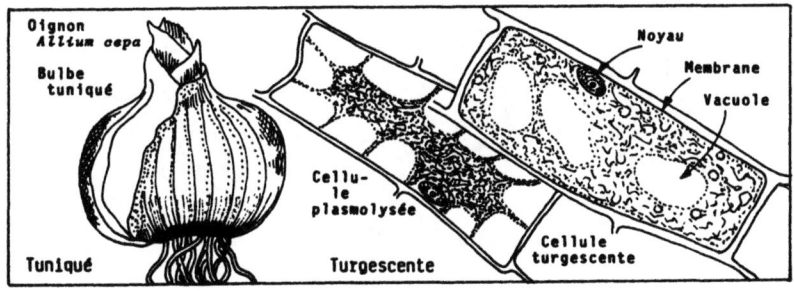

# U

**Ubiquiste**, adj. (lat. ubique, partout). ▮ Se dit d'une plante dont l'aire géographique est très étendue, compte-tenu de son aptitude à coloniser des stations variées, des biotopes différents. ▮ Ex. la Fougère-Aigle (*Pteridium aquilinum*),et le Paturin annuel ( *Poa annua* ) sont, comme le Laiteron maraîcher ( *Sonchus oleraceus* ) des plantes ubiquistes.

**Unciné**, adj. (lat. uncinula, en forme de crochet). ▮ Se dit d'un organe (le plus souvent d'une feuille ou d'une lamelle du carpophore de certains Basidiomycètes, sinon des fulcres ornant les périthèces (v. ce mot) de certains Ascomycètes Inférieurs) terminé par une pointe recourbée en crochet. ▮ Ex. les fulcres uncinés du Champignon de l'Oïdium de la Vigne ( *Uncinula necator* ).

**Uniloculaire**, adj. (lat. unus, un; francique laubja, loge). ▮ Se dit d'un gynécée dont l'ovaire est (d'origine, ou par suite de la régression ultérieure des cloisons intercarpellaires) à une seule loge. Ex. l'ovaire du Lupin (Fabacées) ou de la Violette sont uniloculaires.

**Uninervé** , adj. (lat. unus, un; nervus; nerf). ▮ Caractère d'un organe qui ne possède qu'une seule nervure. Ex. les phylloïdes (v. ce mot) de certaines Ptéridophytes sont uninervées, tout comme les feuilles de Mousses (encore que chez les Mousses la notion de nervure

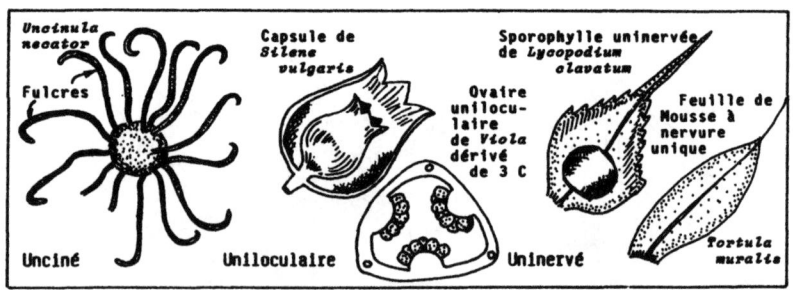

Unciné — *Uncinula necator*, Fulcres
Uniloculaire — Capsule de *Silene vulgaris*; Ovaire uniloculaire de *Viola* dérivé de 3 C
Uninervé — Sporophylle uninervée de *Lycopodium clavatum*; Feuille de Mousse à nervure unique, *Tortula muralis*

soit un peu particulière (v. Nervure).

**Uniovulé,** adj. (lat. unus, un; ovum, oeuf). ❙ Caractère d'un ovaire ( ou de chacune des loges ovariennes) qui ne renferme qu'un seul ovule. Ex. les carpelles des Aigremoines (Rosacées) sont uniovulés.

**Unipare,** adj. (lat. unus, un; paria, paire). ❙ Se dit d'une inflorescence en cyme (v. ce mot) dont une seule branche latérale se développe ( d'un côté de l'axe principal par conséquent). Ex. chez les Hélianthèmes ( *Helianthemum* ) l'inflorescence est une cyme unipare.

**Unisexué,** adj. (lat. unus, un; sexus, sexe). ❙ Chez les Préspermaphytes et Spermaphytes : se dit d'un individu (ou d'une simple fleur) qui ne possède qu'un seul sexe. ❙ Si tout individu d'une espèce est unisexué, on dira que l'espèce est dioïque (v. ce mot). ❙ Si chaque individu possède des fleurs unisexuées, mais qui sont , les unes mâles, d'autres femelles, l'espèce est dite monoïque (v. ce mot). ❙ Si chaque individu possède, à la fois, des fleurs unisexuées et des fleurs bisexuées, l'espèce est dite polygame.❙ Lorsque toutes les fleurs sont bisexuées, l'espèce est bien entendu monoïque (et on précise mieux encore en disant à fleurs hermaphrodites.❙ Chez les Cryptogames: se dit d'un gamétophyte qui n'élabore des gamètes que d'un seul sexe. Cela implique que si chaque gamétophyte est unisexué, il y ait deux sortes de spores à leur origine et donc qu'il existe, tout à la fois hétérothallisme (v. ce mot) pour les Bryophytes et hétéroprothallie (v. ce mot) pour les Ptéridophytes, en même temps qu'hétérosporie (v. ce mot) dans les deux cas.

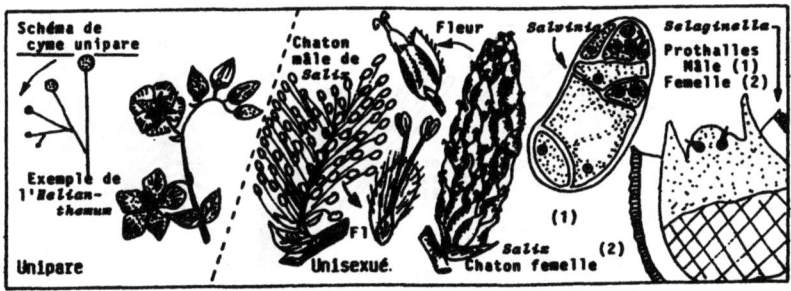

## URC

**Urcéolé,** adj. (lat. urceola, petite outre). ❙ Se dit d'un calice, d'une corolle, ou d'un ensemble de tépales (v. ce mot) dont les pièces sont soudées entre elles et dont la gorge rétrécie de la coupe ainsi formée fait ressembler l'ensemble obtenu à un grelot. ❙ Ex. la corolle de la fleur d'Arbousier (*Arbutus unedo*) ou le périanthe d'une fleur de Muguet (*Convallaria majalis*) sont urcéolés.

**Urédospore,** n.f. (lat. uredo, brûlure; spora, semence). ❙ Chez les Champignons, c'est l'un des types de spores élaborées par les Urédinales (Hétérobasidiomycètes parasites). Les urédospores sont binucléées car elles sont produites bien après qu'ait eu lieu la plasmogamie, mais alors que la caryogamie, elle, ne s'est pas encore réalisée. Aptes à germer sur une plante-hôte de la même espèce que celle qu'elles quittent, les urédospores sont de redoutables agents de propagation végétative chez les Rouilles. Ex. les urédospores de la Rouille du Blé (*Puccinia graminis*).

**Urne,** n.f. (lat. urna, urne). ❙ Synonyme de Capsule (v. ce mot) au niveau du sporogone des Bryophytes. ❙ Ce terme sert aussi à désigner tout (ou partie des feuilles très spéciales différenciées par quelques plantes "carnivores" (v. ce mot) et qui caractérise leur forme en cornet, en gobelet, ou en outre (*Utricularia*). Au coeur de ces "réservoirs" originaux stagne une eau de pluie qu'enrichissent des enzymes protéolytiques sécrétées par des cellules de la paroi interne de l'urne. Les petits animaux qui choient dans de telles urnes, en partie lysés, constitueraient une source d'aliments azotés pour la plante. Ex. les urnes des *Nepenthes*, des *Sarracenia* ou des *Darlingtonia*, sont fort connues et peuvent atteindre plusieurs dm.

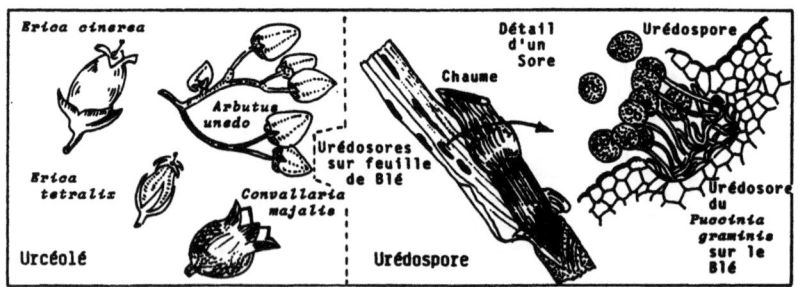

**Utricule,** n.f. (lat. utriculus, petite outre). ▌ Nous en *présentons deux acceptions totalement distinctes.* ▌ Pièges astucieux que portent, de loin en loin, les tiges des Utriculaires, et qui correspondent à certaines différenciations de laciniures de feuilles immergées. Suite à une excitation, l'utricule modifie brusquement sa forme, son volume, et l'entrée rapide d'eau dans cette petite outre provoque l'entraînement de proies animales ténues qui sont ensuite, en partie, lysées. ▌ Petite enveloppe (née, pense-t-on, de la coalescence de six tépales, v. ce mot) qui enclôt toute la base de chaque fleur femelle des Laiches ou *Carex* (Cypéracées). Seuls les stigmates font saillie hors de l'utricule qui enserre donc étroitement l'ovaire comme il le fera de l'akène qui dérivera de cet ovaire.

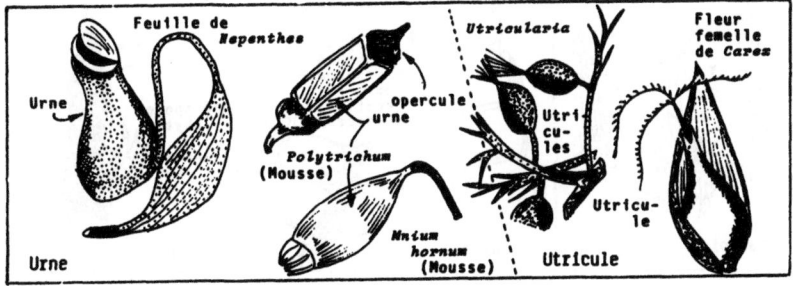

# V

**Vacuole,** n.f. (lat. <u>vacuus</u>, vide). | Elément du paraplasme de la cellule. C'est une enclave inerte dans le cytoplasme. Le suc vacuolaire est souvent chimiquement fort complexe. Le nombre de vacuoles par cellule tend à diminuer avec l'âge de la cellule et, peu à peu, on s'achemine vers 1, 3 ou 3 grandes vacuoles, dont les fluctuations de volume vont de pair avec les états "<u>turgescent</u>" ou "<u>plasmolysé</u>" de la cellule (v. ces mots) et toutes les situations intermédiaires.
| Parfois les vacuoles sont naturellement colorées par des <u>pigments</u> dissous (par ex. dans la pulpe de divers fruits, ou au niveau de nombreuses fleurs. Ainsi en est-il de la chair de la baie du Troène ( *Ligustrum vulgare* ) ou des pétales de Rose.

**Vacuome,** n.f. (lat. <u>vacuus</u>, vide). | Ensemble des vacuoles (v. ce mot) d'une cellule.

**Vagina,** n.f. (lat. <u>vagina</u>, gaine). | L'une des couches de la paroi squelettique des Cyanobactéries. De forme tubulaire, et se situant entre la <u>locula</u> et le revêtement périphérique <u>muqueux</u>, la vagina enserre la file de cellules comme dans un fourreau.

**Vaginule,** n.f. (lat. <u>vagina</u>, gaine). | La vaginule correspond, chez les Mousses, à la partie inférieure de la paroi de l'archégone, ou calyptre, qui persiste autour de la base du pied du sporophyte, né de la fécondation de l'oosphère. La partie supérieure de

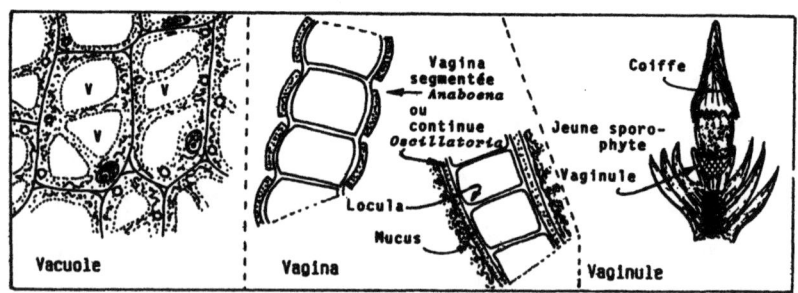

Vacuole | Vagina | Vaginule

# VAI

cette paroi archégoniale, elle, constituera la coiffe (v. ce mot).

**Vaisseau**, n.m. (lat. vascellum, vaisseau). | Nom donné à chacun des éléments conducteurs de la sève brute, regroupés en faisceaux, ou en cernes, pour constituer le bois. | Un vaisseau du bois dérive de la spécialisation d'une file de cellules qui peuvent : ne pas perdre leurs cloisons intercellulaires (et l'on parlera de trachéides (v. ce mot); ou perdre ces cloisons transversales et devenir des vaisseaux vrais ou trachées. La rigidité de tels vaisseaux, leur maintien béant, est assuré par des dépôts de renforcement de lignine. En fonction de l'ornementation liée à ces dépôts de lignine, on sait distinguer des vaisseaux annelés, spiralés, rayés, réticulés et ponctués. | Au niveau des cernes (v. ce mot) le bois de printemps est nettement plus riche en vaisseaux que le bois d'été.

**Valvaire**, adj. (lat. valva, battant de porte). | Disposition des éléments floraux dans le bouton telle que les pièces d'un même verticille (et en particulier les pétales) sont contiguës mais sans se recouvrir l'une l'autre. | Ex. chez la Vigne (*Vitis*) ou chez les Mimosacées (proches de la famille des Fabacées) la préfloraison est valvaire. Tel est le cas du Mimosa des fleuristes. Chez les Malvacées la préfloraison est tordue (v. ce mot) pour les pétales, mais elle est valvaire pour le calice.

**Valve**, n.f. (lat. valva, battant de porte). | Lorsqu'un fruit sec déhiscent (capsule, gousse) est parvenu à maturité, il s'ouvre et sa paroi se scinde alors en plusieurs valves. | Ex. les deux valves d'une gousse d'Ajonc, d'une silicule de Monnaie du pape. | Lorsque

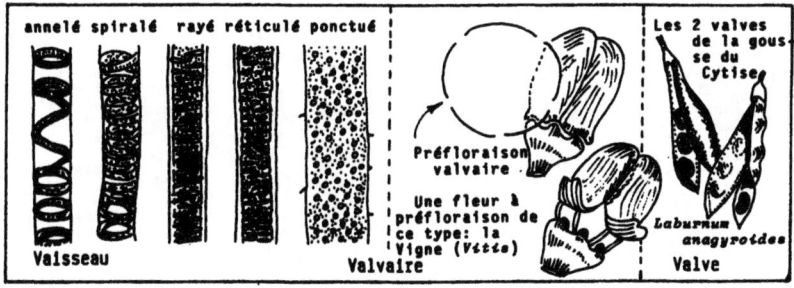

## VAR

la capsule (v. ce mot) de certaines Hépatiques (Bryophytes) est mûre, elle s'ouvre en engendrant le plus souvent 4 valves. Ex. la capsule des *Lunularia*.

**Varech,** n.m. (scandin. vrak ou vrag, débris, chose rejetée). ▌ Mélange d'Algues rejetées en épaves sur certains littoraux et constitué, le plus souvent, d'une majorité d'Algues Brunes, avec quelques Algues Vertes et de plus rares Algues Rouges. ▌ Synonyme Goémon (v. ce mot).

**Variété,** n.f. (lat. variare, varier). ▌ Subdivision d'une espèce qui regroupe les individus appartenant indiscutablement à cette espèce, mais qui révèlent en commun un (ou quelques) caractère(s) que ne possèdent pas les autres représentants de l'espèce. ▌ Souvent l'aire (v. ce mot) naturelle d'une variété est nettement plus réduite que celle de l'espèce tout entière. ▌ Voir Race.

**Vasculaires,** adj. (lat. vasculum, petit vase). ▌ Qualificatif que l'on attribue à toutes les plantes indiscutablement pourvues de tissus conducteurs (bois et liber) bien différenciés. ▌ Sont donc des Plantes Vasculaires : les Ptéridophytes, les Préspermaphytes et les Spermaphytes. Elles ont aussi en commun d'être des Archégoniates... mais les Bryophytes, non vascularisées, différencient également des archégones!

**Vectrices,** n.f.pl. (lat. vector, conducteur). ▌ Chez les Phanérogames, le tube pollinique "porte" les deux gamètes mâles "à domicile". Aussi désigne-t-on parfois ce groupe sous l'appellation de Vectrices. ▌ Voir aussi Siphonogamie.

**Végétation,** n.f. (lat. vegetare, croître). ▌ Ensemble

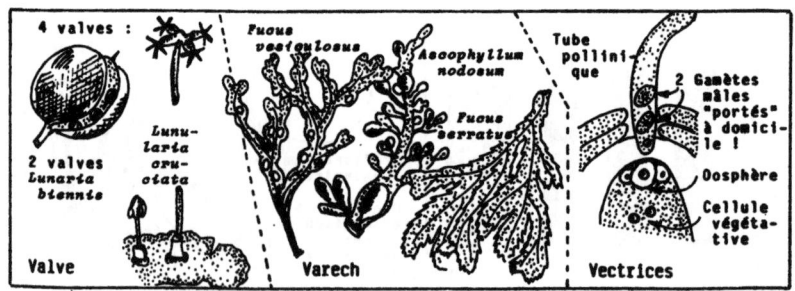

## VEL

physionomique constitué par les plantes qui peuplent un territoire donné. C'est une notion qui ne vise pas à être exhaustive, comme celle de Flore (v. ce mot). Elle repose sur la juxtaposition des espèces et le "cachet" particulier qu'elles impriment au paysage. A la limite, on pourrait presque évoquer la "végétation" d'un lieu sans citer une seule espèce en particulier ! On emploierait alors selon le cas, des termes tels que : friche, pelouse, fruticée, forêt.

**Velamen,** n.m. (lat. velamen, voile). ▌ Chez les Orchidées et chez d'autres Monocotylédones épiphytes, il est courant que des racines aériennes pendent au-dessous des individus ancrés dans l'humus accumulé à la furcation des branches. Ces racines aériennes possèdent alors, communément, en périphérie de leur écorce, de nombreuses assises de cellules mortes, remplies d'air, aptes à retenir la moindre pluie et à jouer un rôle de mini-outres. Cet ensemble périphérique protecteur et collecteur d'eau est appelé velamen.

**Velu,** adj. (lat. villus, poil). ▌ Qualificatif qu'on applique à un organe assez densément revêtu de poils. ▌ Ex. la tige et les feuilles des Boraginacées sont velues.

**Ventre,** n.m. (lat. venter, ventre). ▌ Partie basale et renflée d'un archégone (ou gamétange femelle, v. ces mots) qui fait suite au col. ▌ Au coeur du ventre de l'archégone, se situe, à maturité, l'oosphère, dans l'attente de la fécondation.

**Vernal,** adj. (lat. vernalis, de ver, printanier). ▌ Se dit d'une espèce qui se développe au printemps, qui fleurit au printemps. ▌ Ex. sous nos cieux, les Anémones des bois (*Anemone nemorosa*), les Jacinthes(*En-*

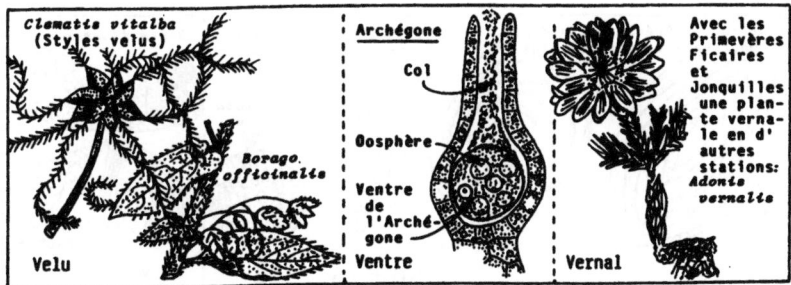

## VER

*dymion non-scriptus*) ou Jonquilles (*Narcissus pseudonarcissus*) sont des espèces vernales appréciées.

**Vernalisation,** n.f. (lat. vernalis, de ver, printemps).
❙ Résultat de l'application d'une température basse (ou élevée chez certaines espèces) aux semences d'un végétal pour permettre à celui-ci de conduire son cycle de développement jusques et y compris la floraison et la fructification. ❙ La période hivernale peut y contribuer naturellement (pour ce qui est des températures basses exigées parfois) mais le contrôle de cette thermopériode met à l'abri des possibles excès climatiques, ce qui est bien préférable pour éviter, très certainement, les accidents de végétation. ❙ Ainsi, la vernalisation du Blé d'automne permet alors son semis seulement au printemps de l'année de récolte. ❙ Synonyme Printanisation.

**Vernation,** n.f. ❙ Ce terme désigne, indifféremment, la disposition des feuilles dans le bourgeon encore clos ou celle des pièces florales dans le bouton encore fermé. ❙ Le mot correspond donc, selon les cas, soit à la notion de préfoliaison, soit à celle de préfloraison (v. ce mot).

**Verruqueux,** adj. (lat. verruca, verrue). ❙ Un organe qui est hérissé de petites excroissances (en principe non piquantes) est qualifié de verruqueux. Ex. la capsule des *Euphorbia hibernica*, *E. platyphyllos*, *E. serrulata*, est verruqueuse.

**Versicolore,** adj. (lat. versicolor, versicolore). ❙ Qualifie un ensemble, ou un organe, qui possède plusieurs couleurs ou qui change de couleur. ❙ Ex. l'inflorescence du *Lantana camara* est versicolore, toute changeante en cours de floraison.

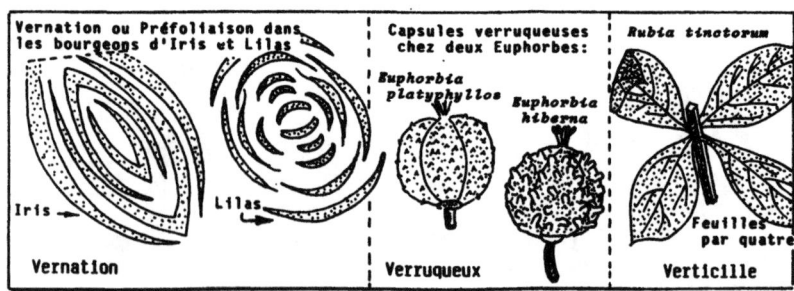

## VER

**Verticille,** n.m. (lat. verticillus, verticille). ▮ Ce terme désigne chacun des ensembles de pièces s'insérant sur un axe à un même niveau. ▮ Il peut aussi bien s'agir de rameaux d'un thalle d'Algue ou d'un sporophyte de Prêle (Ptéridophytes), que de feuilles sur une tige ou de sépales, pétales, étamines sinon carpelles sur un réceptacle floral, qui soient verticillés. ▮ Ex. chez le *Polygonatum verticillatum* (Liliacées) les feuilles s'échelonnent par verticilles de 3 à 8. Chez les Solanacées, la fleur comprend 4 verticilles de pièces.

**Vésicule,** n.f. (lat. vesicula, dimin. de vesica, vessie). ▮ Chez les Champignons : nom donné aux renflements intra- ou inter-cellulaires des hyphes des Champignons symbiotiques impliqués dans la constitution d'endomycorhizes, de mycorhizomes ou de mycothalles. ▮ Souvent tenues pour lieu de stockage de réserves (lipidiques), ces vésicules jouent parfois le rôle de sporocystes (v. ce mot). Ex. les vésicules des endophytes de Sélaginelles (Ptéridophytes). ▮ Chez certaines Algues : flotteurs facilitant le maintien dressé du thalle pendant les submersions (dans le cas d'Algues de la zone intertidale, v. ce mot). Ex. les vésicules aérifères du *Fucus vesiculosus*.

**Vésiculeux,** adj. (lat. vesicula, dimin. de vesica, vessie). ▮ Caractère d'un végétal qui possède des vésicules, ou d'un organe qui rappelle une vésicule par sa forme générale. ▮ Ex. les gousses de nos *Colutea arborescens* sont vésiculeuses; le *Cronartium ribicola* agent de la Rouille vésiculeuse des Conifères.

**Vexillaire,** adj. (lat. vexillum, étendard). ▮ Se dit d'une préfloraison du type de celle que l'on rencontre

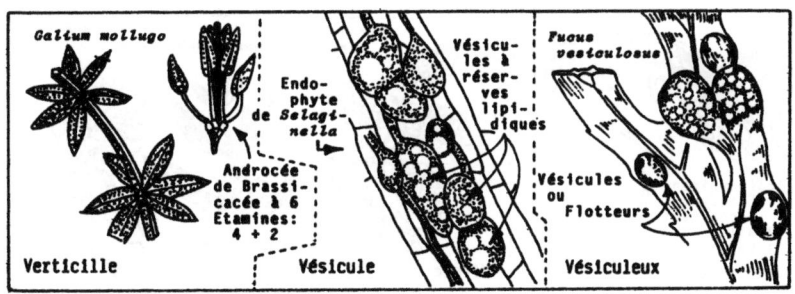

## VIC

chez les Fabacées, où l'**étendard** (= vexillum) recouvre les **ailes**, lesquelles recouvrent à leur tour la **carène**. ▌Une telle disposition relative des pétales des Fabacées est encore appelée : préfloraison descendante. Ex. la préfloraison vexillaire (ou descendante) chez le Pois de senteur (*Lathyrus odoratus*).

**Vicariante**, adj. (lat. **vicarius**, suppléant). ▌Ce terme s'emploie pour désigner une espèce végétale qui prend la place, **en un lieu donné**, d'une autre espèce (assez proche **d'elle systématiquement**) qui a les **mêmes** besoins écologiques, mais colonise un **autre** territoire, très éloigné du premier. Ex. le **Hêtre** (*Fagus silvatica*) peut être considéré comme vicariant par rapport aux *Nothofagus* de l'Hémisphère Sud.

**Virescence**, n.f. (lat. **virescere**, devenir vert). ▌Verdissement d'un organe végétal ordinairement coloré différemment. Lorsqu'elle survient, une telle anomalie concerne en particulier les pétales. Ex. la virescence d'une Rose.

**Virose**, n.f. (lat. **virus**, poison). ▌Affection parasitaire d'un végétal dont le responsable est un virus. ▌Ex. la frisolée de la Pomme de terre, la mosaïque du Tabac, les panachures des Tulipes "perroquet" sont les conséquences de viroses. Seul le dernier exemple (les Tulipes panachées) correspond à une virose offrant un certain intérêt ornemental et commercial.

**Virus**, n.m. (lat. **virus**, poison). ▌Particules qui ne sont constituées que par un seul acide nucléique (A.D.N. ou A.R.N.) qui participe à la constitution de nucléoprotéines, en s'associant à des unités protéi-

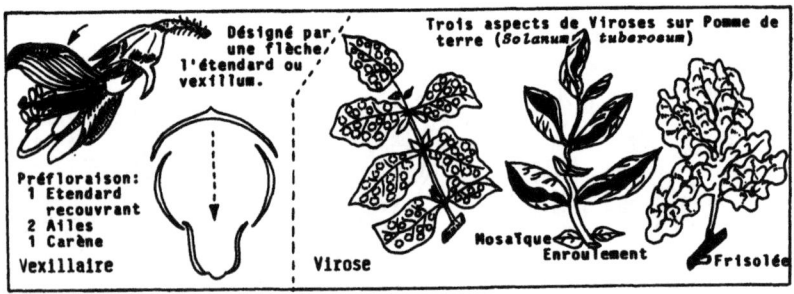

Préfloraison: 1 Etendard recouvrant 2 Ailes 1 Carène — Vexillaire — Virose — Trois aspects de Viroses sur Pomme de terre (*Solanum tuberosum*) — Mosaïque — Enroulement — Frisolée

ques. Les dimensions des virus, dépourvus d'enzymes et donc inaptes à réaliser des synthèses, oscillent entre 15 et 480 millimicrons. Ce sont manifestement des parasites absolus.

**Vivace**, adj. (lat. vivax, qui a de la vitalité). ▌ Qualifie un végétal qui vit plus d'un an en perdurant par son appareil végétatif. ▌ Celui-ci peut se maintenir par : une partie aérienne et une partie souterraine simultanément présentes; ou par des organes de pérennance souterrains uniquement (il s'agit alors de bulbes, tubercules ou rhizomes, v. ces mots). ▌ Une plante vivace peut : fleurir à diverses reprises (elle est alors dite polycarpique (v. ce mot); ou ne fleurir qu'une seule fois après plusieurs années de vie) et mourir sitôt après avoir mûri ses fruits (elle est alors dite monocarpique, v. ce mot).

**Vivipare**, adj. (lat. vivere, vivre; parere, engendrer). ▌ Ce terme, essentiellement employé à propos d'animaux, peut servir pour qualifier les Végétaux Supérieurs (Spermaphytes) qui ne se coupent pas physiologiquement de leurs ovules (v. ce mot) avant que ces derniers aient été fécondés et se soient développés en graines mûres avec un embryon bien constitué. ▌ En ce sens les Préspermaphytes (v. ce mot) qui "abandonnent" précocement leurs ovules, ne sont pas vivipares, mais ovipares (v. ce mot). ▌ On qualifie aussi parfois de vivipares certaines plantes dont les semences germent spontanément sur la plante qui les a élaborées. ▌ Enfin on tient pour vivipares des plantes dont les organes floraux sont très réduits et remplacés, sur l'axe, par la formation de bourgeons susceptibles d'évoluer ensuite en plantes entières lorsqu'ils se seront détachés de la plante-mère.

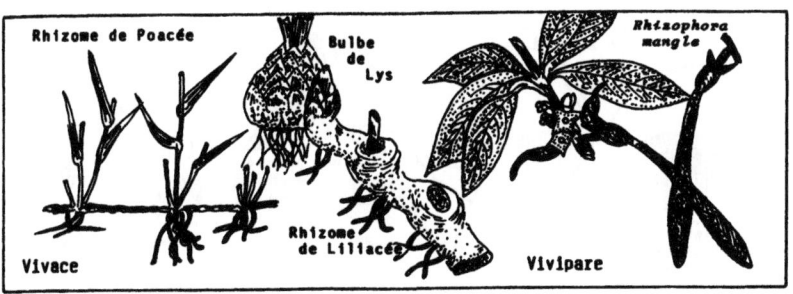

## VOI

**Voile,** n.m. (lat. <u>velum</u>, voile). ▌ Chez les Champignons ce mot désigne un faux-tissu membraneux susceptible d'occuper d'occuper deux positions au niveau des carpophores (v. ce mot) de Basidiomycètes. ▌ Parfois un voile est tendu entre le pied et le bord du chapeau jeune. Lors de l'ouverture du chapeau il demeure attenant au pied et retombe alors en anneau (v. ce mot) le long du pied (c'est le <u>voile partiel</u>). ▌ En ce qui concerne le voile qui entoure l'ensemble du carpophore jeune et peut subsister par la suite sous forme de volve basale et de squames sur le chapeau, c'est du <u>voile général</u> qu'il s'agit. ▌ Chez les Orchidées : voir le terme Velamen.

**Volubile,** adj. (lat. <u>volubilis</u>, qui tourne aisément). ▌ Se dit d'un végétal qui s'élève en enroulant sa tige autour d'un support contre lequel il demeure souvent étroitement appliqué (par <u>haptotropisme</u>, v. ce mot). ▌ Chaque espèce volubile a un sens d'enroulement défini: <u>dextre</u> (par exemple pour le Liseron des haies, *Calystegia sepium*), <u>senestre</u> (pour les Houblons).

**Volve,** n.f. (lat. <u>vulva</u>, volve). ▌ Formation propre aux carpophores de certains Champignons Basidiomycètes (v. ces mots) qui se présente (à la base du pied) comme une gaine appliquée, ample, durable ou fugace selon les espèces. C'est la partie basale du voile général (v. Voile). Ex. Amanites ou Volvaires sont des Champignons à volve.

**Vrille,** n.f. (lat. <u>viticula</u>, vrille de la Vigne). ▌ Organe aérien capable de s'enrouler autour d'un support et de conférer à la plante entière un port relativement érigé. ▌ Une vrille peut aussi bien être de nature <u>foliaire</u> (par ex. chez diverses Fabacées), que

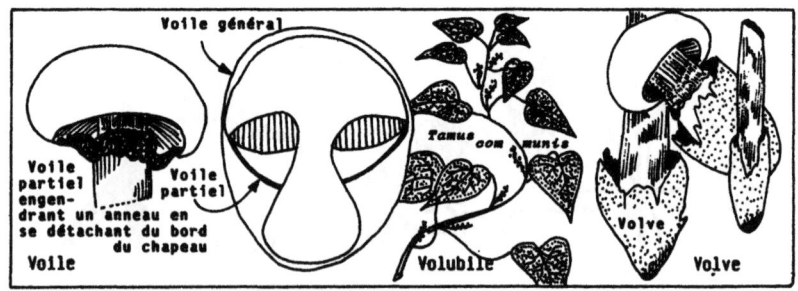

raméale comme chez la Vigne. | C'est l'observation anatomo-morphologique des éléments conducteurs permettant la mise en évidence d'une symétrie bilatérale (pour un organe de nature foliaire) ou de la symétrie axiale (pour un organe de nature raméale) qui permettra de déterminer l'appartenance organique exacte de la vrille observée.

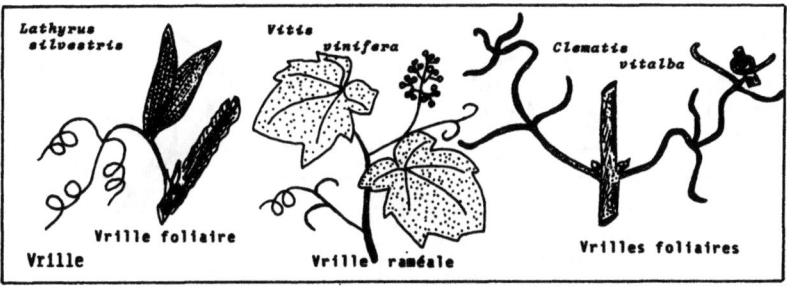

**Xanthophycées**, n.f.pl. (gr. xanthos, jaune; phukos, algue). ▌ Classe d'Algues de couleur jaune-vert du fait de l'importante présence de xanthophylle se superposant à la chlorophylle qu'elle masque donc en grande partie.

**Xanthophylles**, n.f.pl. (gr. xanthos, jaune; phyllon, feuille). ▌ Pigments jaunes que recèlent les végétaux verts. Ce sont des dérivés hydroxylés des carotènes ou oxycarotènes, normalement masqués au niveau des plastes foliaires par la chlorophylle. ▌ Ils se prêtent à l'observation tout particulièrement en période automnale, lorsque l'altération de la chlorophylle permet leur démasquage.

**Xénie**, n.f. (gr. xenia, étranger). ▌ Phénomène susceptible de se produire à la faveur d'une hybridation, et en vertu duquel l'albumen (v. ce mot) d'une graine présente un caractère appartenant au sujet parent qui a fourni le pollen. ▌ Les cas de xénie ont été particulièrement étudiés chez le Maïs (*Zea mays*).

**Xérophile**, adj. (gr. xeros sec; philos, ami).▌ Se dit en matière d'habitat d'une plante capable de vivre dans des conditions de sécheresse accusée. De tels végétaux, qui affectionnent les milieux secs, sont des xérophytes. Ex. les plantes des déserts ou des dunes sablonneuses littorales sont des espèces xéro-

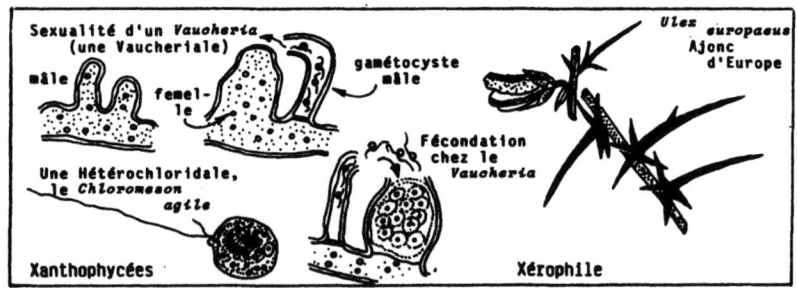

philes.

**Xérophytes**, n.f.pl. (gr. xeros, sec; phuton, plante).
▌ Plantes capables de vivre dans des conditions de sécheresse accusée. ▌ On dit encore de tels végétaux qu'ils sont xérophiles. Leur adaptation peut les conduire à deux faciès différents et, selon les cas, on parlera alors de sclérophytes ou de plantes grasses (v. ces termes). ▌ Ex. les Ajoncs et les Calycotomes, aussi bien que les *Cactus* et les *Opuntia* sont des xérophytes.

**Xylème**, n.m. (gr. xylon, bois). ▌ Tissu conducteur, synonyme de Bois (v. ce mot). ▌ Le xylème primaire dérive d'un méristème (v. ce mot) apical, cependant que le xylème secondaire résulte de l'activité du cambium (v. ce mot) profond, ou assise génératrice libéro-ligneuse.

**Xylophage**, adj. et n.m.pl. (gr. xylon, bois; phagein, manger). ▌ Animaux (surtout des Insectes) ou végétaux (des Champignons, dits lignivores) qui sont capables de s'attaquer au bois des arbres pour s'en nourrir (seuls, ou, comme les Termites, avec le concours de Bactéries spécialisées). ▌ Les ravages causés par les xylophages sont considérables, et le furent même à l'encontre, par exemple, des bois de marine de la glorieuse époque.▌ Ex. divers Coléoptères et Hyménoptères (pour les Insectes), diverses Polyporales (pour les Champignons) sont des xylophages.

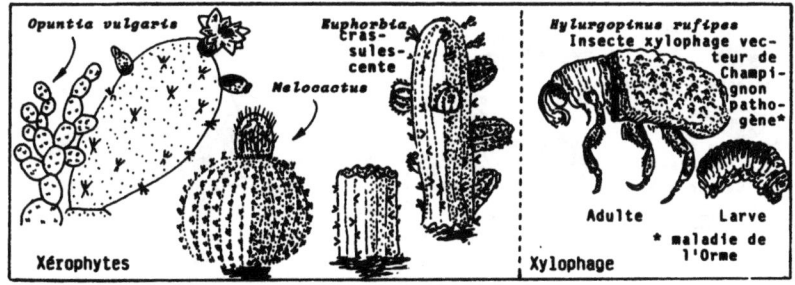

Xérophytes | Xylophage

# Z

**Zoïde,** n.m. (gr. *zôn*, animal). | Cellule mobile à la faveur de la possession de cils ou de flagelles, et qui contribue à la propagation (sexuée ou non, selon qu'il s'agit d'un gamète ou d'une simple spore) d'une espèce végétale. | Voir les mots Anthérozoïde, Spermatozoïde et Zoospore.

**Zoïdogamie,** n.f. (gr. *zôn*, animal; *gamos*, mariage). | Processus intime de la fécondation chez les Préspermaphytes, caractérisé par la libération des gamètes mâles, ciliés, capables de se déplacer par battements de cils pour rejoindre l'oosphère et s'unir à elle. | Voir aussi Natrice. | On opposera ces termes à ceux de Siphonogamie et de Vectrices (v. ces mots).

**Zoïdophile,** adj. (gr. *zôn*, animal; *philos*, ami). | Qualifie la pollinisation des fleurs lorsqu'elle est réalisée grâce au transfert du pollen par les animaux. | C'est nettement le rôle d'Insectes qui est le plus fréquent en matière de pollinisation zoïdophile. La participation des Abeilles ou des Papillons est courante. | Parfois certaines dispositions facilitent l'intervention animale (par ex. à la faveur d'odeurs spéciales) ou accroissent son efficacité (par ex. par des mouvements staminaux déterminés par la présence de l'Insecte).

**Zone subéreuse,** n.f. (lat. *zona*, zone; *suber*, liège).

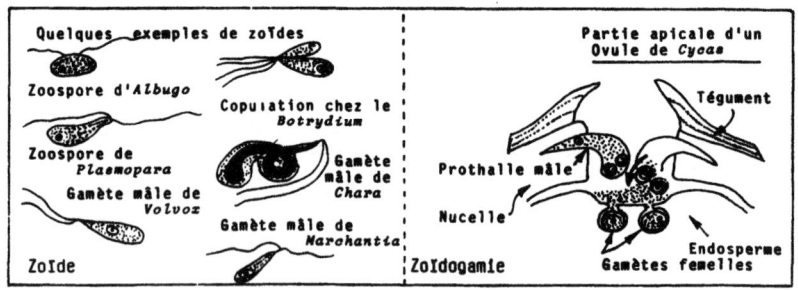

# ZOO

| Assise(s) de cellules d'origine primaire (donc engendrées par un méristème (v. ce mot) qui se différencient en imprégnant leur paroi squelettique de subérine (v. ce mot). | Ainsi isolées, privées d'aliments, d'eau, les cellules meurent précocement et entraînent donc la mort à très court terme des tissus plus externes (lesquels ne tardent pas à s'exfolier). La zone subéreuse est alors rapidement appelée à se comporter à son tour en tissu de revêtement (fut-ce en attendant, à ses dépens, le développement de formations secondaires de liège (v. ce mot).

**Zoocécidie,** n. f. (gr. zôon, animal; kêkidos, noix de galle). | Galle provoquée chez un végétal à la suite de l'intervention d'un animal. Il s'agit, le plus souvent, d'un Insecte, voire d'un Nématode. On a parfois recours à un préfixe pour mieux situer systématiquement l'animal impliqué. Ainsi une diptérocécidie est une galle provoquée par un Diptère. | Ex. les zoocécidies dues à de nombreux Cynipides sur les Chênes (*Quercus* ).

**Zoochorie,** n.f. (gr. zôon, animal; chor, disséminer ) . | Dispersion des diaspores par l'intermédiaire d'animaux. | Les fruits et graines accrochants ( fruits de *Geum*, infrutescences des Bardanes (*Lappa*) sont aisément dispersés par les Mammifères; les graines appartenant à des fruits appétissants sont couramment rejetées plus loin, avec leurs excréments, par les oiseaux frugivores. Ce sont là des exemples banaux de zoochorie. | Mais les spores de Champignons sont également souvent disséminées avec efficacité par des animaux.

**Zoogamète,** n.m. (gr. zôon, animal; gamos, mariage). | Gamète mobile à la faveur de la possession de cils

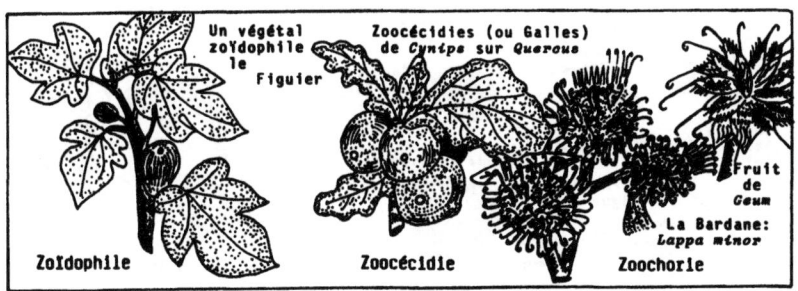

Zoïdophile — Un végétal zoïdophile le Figuier

Zoocécidie — Zoocécidies (ou Galles) de *Cynips* sur *Quercus*

Zoochorie — Fruit de *Geum* ; La Bardane: *Lappa minor*

## ZOO

ou de flagelles. ❙ Les zoogamètes se rencontrent assez communément chez les Algues, plus rarement chez les Champignons (seuls les plus inférieurs en élaborent). ❙ Chez les Bryophytes et les Ptéridophytes les gamètes mâles (ou anthérozoïdes) sont toujours des zoogamètes. ❙ Chez les Préspermaphytes enfin, on rencontre encore des zoogamètes (voir les mots Zoïdogamie et Natrices).

**Zoospore**, n.f. (gr. zôon, animal; spora, semence). ❙ Spore mobile à la faveur des cils ou des flagelles qu'elle possède. ❙ Les zoospores ne se rencontrent que chez certaines Algues et chez certains Champignons. ❙ Chez les Bryophytes et groupes plus évolués, il n'existe jamais de zoospores, les spores y sont toujours des aplanospores (v. ce mot).

**Zoosporocyste**, n.m. (gr. zôon, animal; spora, semence; kustis, vessie). ❙ Compartiment dans lequel sont élaborées les zoospores (v. ce mot) chez certaines Thallophytes. L'enveloppe d'un zoosporocyste est réduite à sa seule paroi squelettique, et donc la totalité de son contenu participe à l'élaboration de spores. Ex. les zoosporocystes du *Plasmopara viticola*, responsable du Mildiou de la Vigne.

**Zygomorphe**, adj. (gr. zygos, couple; morphê, forme). ❙ Se dit d'une fleur dont la symétrie (le plus souvent bilatérale) n'est pas axiale, cas usuel. Elle accepte donc alors un plan de symétrie. Mais il convient de noter qu'il arrive parfois que la fleur soit tellement irrégulière qu'elle n'accepte plus aucune symétrie. ❙ Ex. des familles entières de plantes ont des fleurs zygomorphes (Orchidacées, Lamiacées, Scrofulariacées).

**Zygomorphie**, n.f. (gr. zygos, couple; morphê, forme).

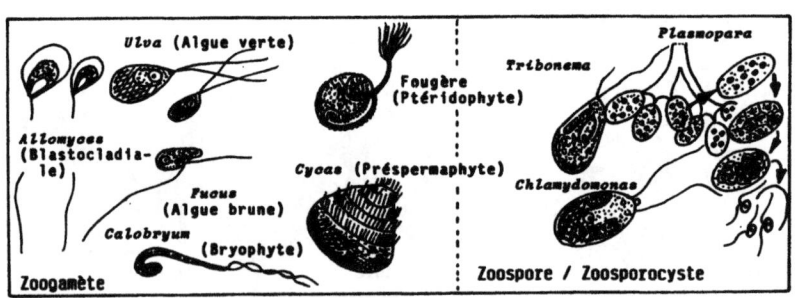

## ZYG

Symétrie bilatérale telle que la présente une fleur zygomorphe (v. ce mot). ❙ Il arrive que la zygomorphie n'affecte que certaines fleurs d'une inflorescence. Ainsi en est-il communément des seules fleurs périphériques d'une ombelle (v. ce mot) d'Apiacées. C'est alors d'une corolle zygomorphe qu'il s'agit essentiellement dans ce cas.

**Zygomycètes**, n.m.pl. (gr. zygos, couple; mukês, champignon). ❙ Important groupe de Champignons au mycélium siphoné (v. ce mot) et qui ne différencient jamais de cellules mobiles (spores ou gamètes, ciliés ou flagellés, donc jamais ni zoospores, ni zoogamètes (v. ces mots). Ce sont donc des Champignons Amastigomycètes. ❙ L'Ordre de Zygomycètes le plus connu est celui des Mucorales. Le genre *Mucor* est extrêmement répandu. De tels Champignons élaborent des zygotes que l'on appelle encore zygospores.

**Zygophycées**, n.f.pl. (gr. zugôtos, joint; phukos, algue). ❙ Algues Vertes dulçaquicoles qu'individualise l'absence de zoospores et de gamètes flagellés. De telles Algues pratiquent la conjugaison. On les appelle encore les Conjuguées (v. ce mot). ❙ Ex. les Spirogyres sont des Zygophycées ou Conjuguées.

**Zygospore**, n.f. (gr. zygos, couple; spora, semence). ❙ Nom donné, chez les Zygomycètes (et en particulier chez les Mucorales) à l'oeuf ou Zygote (v. ce mot).

**Zygote**, n.m. (gr. zugôtos, joint). ❙ Cellule résultant de l'union de deux gamètes ( ou parfois de celle de deux gamétocystes, s'il y a eu hologamie, v. ce mot). ❙ Les zygotes, classiquement diploïdes, sont encore

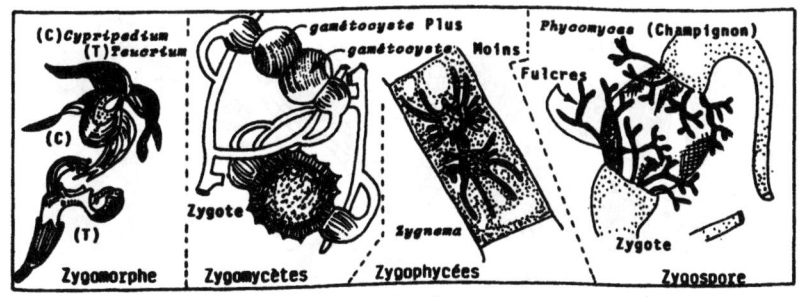

397

## ZYG

appelés oeufs (v. ce mot). | Ils marquent, dans les cycles de reproduction des végétaux, le début de la diplophase (v. les mots Cycle et Diploïde).

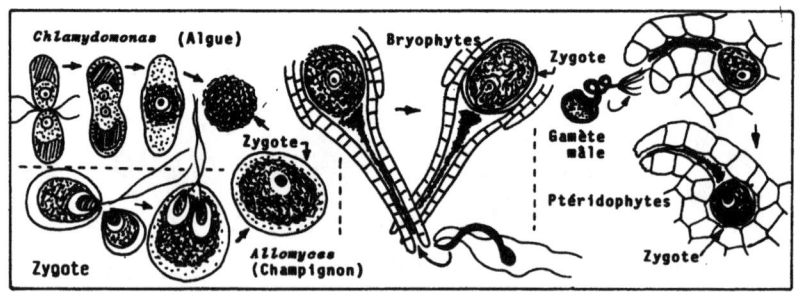

Dépôt légal, juillet 2008